□ 中国高等职业技术教育研究会推荐

高职高专电子/通信类专业“十三五”规划教材

传感器及实用检测技术

（第三版）

主　编　程　军
副主编　熊晓倩　石建华
参　编　胡　璞　彭朝晖　叶　俊
主　审　王煜东

西安电子科技大学出版社

内 容 简 介

本书构建了传感器及检测的基础知识平台，重点突出了传感器的实用技术，具体对温度、力敏、湿度和气敏、磁敏、流量、光电及物位检测用传感器的敏感材料及机理、测量电路、应用实例作了系统全面的介绍。

本书可作为高职高专院校电子、通信类专业学生用书，也可供广大工程、维修技术人员学习和参考。

图书在版编目(CIP)数据

传感器及实用检测技术/程军主编. —3版.
—西安：西安电子科技大学出版社，2017.7(2020.8重印)
高职高专电子/通信类专业“十三五”规划教材
ISBN 978-7-5606-4550-6

Ⅰ. ①传… Ⅱ. ①程… Ⅲ. ①传感器—检测—高等职业教育—教材
Ⅳ. ①TP212

中国版本图书馆CIP数据核字(2017)第155612号

策　　划　马乐惠
责任编辑　王　瑛
出版发行　西安电子科技大学出版社(西安市太白南路2号)
电　　话　(029)88242885　88201467　　邮　　编　710071
网　　址　www.xduph.com　　电子邮箱　xdupfxb001@163.com
经　　销　新华书店
印刷单位　咸阳华盛印务有限责任公司
版　　次　2017年7月第3版　2020年8月第6次印刷
开　　本　787毫米×1092毫米　1/16　印张　16.5
字　　数　386千字
印　　数　16 001～18 000册
定　　价　31.00元
ISBN 978-7-5606-4550-6/TP
XDUP 4842003-6

序

进入21世纪以来，高等职业教育呈现出快速发展的形势。高等职业教育的发展，丰富了高等教育的体系结构，突出了高等职业教育的类型特色，顺应了人民群众接受高等教育的强烈需求，为现代化建设培养了大量高素质技能型专门人才，对高等教育大众化作出了重要贡献。目前，高等职业教育在我国社会主义现代化建设事业中发挥着越来越重要的作用。

教育部2006年下发了《关于全面提高高等职业教育教学质量的若干意见》，其中提出了深化教育教学改革，重视内涵建设，促进"工学结合"人才培养模式改革，推进整体办学水平提升，形成结构合理、功能完善、质量优良、特色鲜明的高等职业教育体系的任务要求。

根据新的发展要求，高等职业院校积极与行业企业合作开发课程，根据技术领域和职业岗位群任职要求，参照相关职业资格标准，改革课程体系和教学内容，建立突出职业能力培养的课程标准，规范课程教学的基本要求，提高课程教学质量，不断更新教学内容，而实施具有工学结合特色的教材建设是推进高等职业教育改革发展的重要任务。

为配合教育部实施质量工程，解决当前高职高专精品教材不足的问题，西安电子科技大学出版社与中国高等职业技术教育研究会在前三轮联合策划、组织编写"计算机、通信电子、机电及汽车类专业"系列高职高专教材共160余种的基础上，又联合策划、组织编写了新一轮"计算机、通信、电子类"专业系列高职高专教材共120余种。这些教材的选题是在全国范围内近30所高职高专院校中，对教学计划和课程设置进行充分调研的基础上策划产生的。教材的编写采取在教育部精品专业或示范性专业的高职高专院校中公开招标的形式，以吸收尽可能多的优秀作者参与投标和编写。在此基础上，召开系列教材专家编委会，评审教材编写大纲，并对中标大纲提出修改、完善意见，确定主编、主审人选。该系列教材以满足职业岗位需求为目标，以培养学生的应用技能为着力点，在教材的编写中结合任务驱动、项目导向的教学方式，力求在新颖性、实用性、可读性三个方面有所突破，体现高职高专教材的特点。已出版的第一轮教材共36种，2001年全部出齐，从使用情况看，比较适合高等职业院校的需要，普遍受到各学校的欢迎，一再重印，其中《互联网实用技术与网页制作》在短短两年多的时间里先后重印6次，并获教育部2002年普通高校优秀教材奖。第二轮教材共60余种，在2004年已全部出齐，有的教材出版一年多的时间里就重印4次，反映了市场对优秀专业教材的需求。前两轮教材中有十几种入选国家"十一五"规划教材。第三轮教材2007年8月之前全部出齐。本轮教材预计2009年全部出齐，相信也会成为系列精品教材。

教材建设是高职高专院校教学基本建设的一项重要工作。多年来，高职高专院校十分重视教材建设，组织教师参加教材编写，为高职高专教材从无到有，从有到优、到特而辛勤工作。但高职高专教材的建设起步时间不长，还需要与行业企业合作，通过共同努力，出版一大批符合培养高素质技能型专门人才要求的特色教材。

我们殷切希望广大从事高职高专教育的教师，面向市场，服务需求，为形成具有中国特色和高职教育特点的高职高专教材体系作出积极的贡献。

中国高等职业技术教育研究会会长

2007年6月

高职高专电子/通信类专业“十三五”规划教材

编审专家委员会名单

前　言

《传感器及实用检测技术》一书应出版社要求再版，我们深受鼓舞，同时经过慎重思考后，决定再版保持原书特色和框架，增加“传感器课程设计实例”部分。

本书的编写思路就是尽可能地将纷繁的内容进行整合，以构建传感器知识平台为主线(包括各类传感器的共性知识及实用技术)，以讲解具体的传感器为辅线，着力突出思路清晰、知识够用、实践指导意义强的特点。在传感器种类的选取上以四大热工当量及常用的物理量为主，而每种传感器的知识构架以敏感材料及机理、测量电路、应用实例的详解为三大主要模块。

全书内容分为绪论及九大章节。

绪论部分从较广的视角来描述传感器的发展历程及特点、新技术的应用以及目前世界范围内传感器的市场态势。

传感器共性知识平台的内容主要集中在第1、9章。第1章从基础层面介绍了传感器的一些必备概念，第9章从实用角度介绍了传感器的应用技术。

工程实践中应用最广泛的四大热工当量的检测集中在第2章(温度传感器及检测)、第3章(力敏传感器及检测)、第6章(流量传感器及检测)及第8章(物位的检测)。其他一些常用传感器的内容集中在第4章(湿度传感器和气敏传感器)、第5章(磁敏传感器及检测)及第7章(光电传感器)。

本书的编写工作由武汉职业技术学院负责，其中绪论及第1、2、9章由程军编写，第5、6、8章由石建华编写，第3章由彭朝晖编写，第4章由胡璞编写，第7章由熊晓倩编写，附录由熊晓倩、叶俊编写。

由于编者水平有限，书中难免存在不妥之处，敬请广大读者提出宝贵意见及建议。

编　者

2017年5月

目　录

绪　论

传感器(sensor)作为信息的采集者，直接面向被测对象，将被测对象的有关参量转换成为电信号，是现代信息技术的重要基础部件。从日常生活到工业自动化、国防工程、航天航空、石油化工、生物工程、环境检测、交通控制等方方面面，传感器获得了越来越广泛的应用。

0.1　传感器的应用领域

在日常生活中，从楼道的节能声光感应灯到空调、冰箱等家电设备的智能化控制都有传感器的身影。

在工业过程控制中，传感器有着“工业耳目”、“前沿哨兵”的美誉。它能替代人类五官感知外在信息。例如在离子成分分析、磁场强弱、高温高压强腐蚀等环境下的参数，都是人类无法直接感知的。传感器将自动化生产过程中的各种控制参量进行精确的测量，为系统采集原始信息，保证工业生产的自动化、智能化。例如，在化工产品自动生产过程中，首先，进料时要自动对原料称重，分析原料成分或浓度，使它们按比例混合；混合后，在反应容器中自动反应，又必须测定容器中的压力或体积，如果是液体，还要测液位；然后在半成品生产线的传输中，需要自动控制传输的速度或流量，以及推动的压力或压强；最后成品自动分装时还要称重。所有这些环节均需要各种传感器对相应的非电量进行检测和控制，使设备或系统自动、正常地运行在最佳状态，保证生产的高效率和高质量。

在国防工程中，传感器应用在武器装备、军事监测、辅助决策、航天器等方面，大大地提高了武器的命中率和部队的快速响应能力，成为现代化装备部队的标志。

传感器又是典型的机电结合部或综合体，因此，在机电一体化产品中，传感器的应用对产品性能的开发有着重要作用。智能机器人就是典型的例子。日本在机器人上安装了位移、速度、加速度、视觉、听觉、触觉、味觉等大量的高品质的传感器，其花费是研制成本的一大半。而民用化产业中，汽车对传感器的需求正呈现上升态势。为了节能，各国都开展了汽车电子化运动，在汽车上安装了大量传感器，一辆普通轿车大约要安装 90 多个传感器，而豪华轿车中传感器的数量多达 200 余个，主要用于汽车发动机控制系统、底盘控制系统、车身控制系统和导航系统中。航空航天飞行器更是一个高性能传感器的集合体。医疗诊断的智能化与准确性等方面都反映出了传感器的普及性、专业性和重要性。

0.2　传感器的发展概述

1. 世界各国对传感器发展的重视

世界性“传感器热潮”始于 20 世纪 80 年代初期。随后美、日、英、法、德和独联体等发达国家都把传感器技术列为国家重点开发关键技术之一。

美国列出的国家长期安全和经济繁荣至关重要的22项技术中有6项与传感器信息处理技术直接相关。

日本将传感器技术列为国家重点发展的6大核心技术之一，并声称“支配了传感器技术就能够支配新时代”。日本科学技术厅制定的20世纪90年代重点科研项目中有70项重点课题，其中18项是与传感器技术密切相关的。

我国也把传感器技术列为中长期科技发展重点新技术之一，力图在传感器的关键制造工艺、新产品开发、科技成果的工程化等方面提高我国传感器的技术水平，促进我国传感器产业的形成，缩小与世界先进水平的差距。20世纪80年代，我国在黑龙江(气敏)、安徽(力敏)、陕西(电压敏)组建了三个产业基地与企业集团，随后又建立了昆山光电传感器基地。

2. 传感器的发展方向和新技术的应用

随着各种控制系统对自动化程度、复杂性以及环境适应性(如高温、高速、野外、地下、高空等)要求越来越高，需要获取的信息量也越来越多，这不仅对传感器测量精度、响应速度、可靠性提出了很高的要求，而且需要信号远距离传输。显然，传统的传感器已很难满足要求，集成化、微型化、智能化、网络化传感器将成为传感器的主流和方向，纳米、仿生等新技术的应用也使传感器走在了科技前沿。

1) 传感器的集成化

集成传感器是利用半导体的真空镀膜技术、扩散技术、光刻技术、精密加工技术和密封技术等将单个或多个敏感元件、信息转换单元、调理单元和电源等电路制作在同一个芯片上，实现多功能化发展的传感器，如集成温度传感器、多功能气体传感器等。

2) 传感器的微型化

微传感器是在一种具有重大影响的核心技术——微电子机械加工技术(MEMT，Micro Electro Mechanical Technology)的支撑下提出的。它具有微小体积、低成本、高可靠性等独特的优点。微传感器系统具有数字接口、自检、EPROM (CPU)、数字补偿和总线兼容等功能，系统各部件的组装工艺均采用MEMT。例如，一个压力成像微系统含有1024个微型压力传感器；传感器之间的距离为250 μm，每个压力膜片尺寸为50 μm×50 μm，整个膜片尺寸仅为10 mm×10 mm。信号处理单元提供信号放大、零点校正功能。所有这些部件均采用CMOS工艺集成在同一芯片上。

微型电子机械系统(MEMS)的应用及MEMS所涉及的技术领域见图0-1和图0-2。随着传感器技术、固态技术、微电子技术、计算机技术等的飞速发展，高精度、低驱动、高可靠性、低功耗、占用空间小、重量轻和快速响应的微型电子机械系统的传感器将得到广泛应用。

3) 传感器的智能化、网络化

智能传感器系统是具有微处理器单元的集成芯片，它具有自检测、自补偿、自校正、自诊断、远程设定、状态组令、信息储存和记忆等功能。随着信息技术的发展，特别是计算机网络技术的不断进步，对智能传感器的通信功能提出了新的要求。

为了实现信息的采集、处理和传输的协同与统一，将计算机网络技术和智能传感器技术进行有机结合。

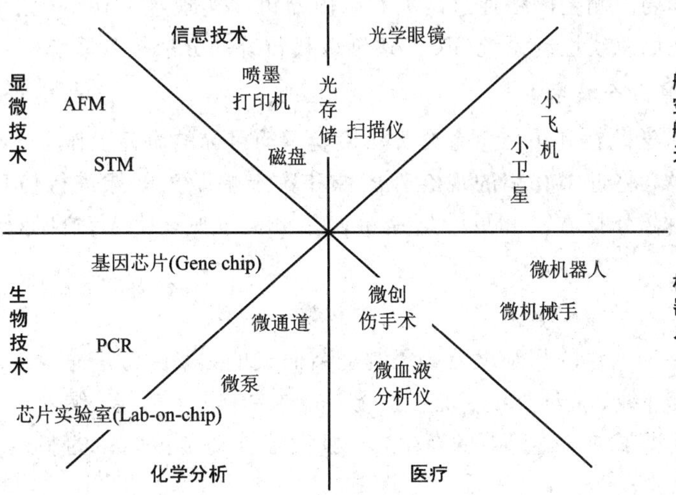

图 0-1　MEMS 的应用

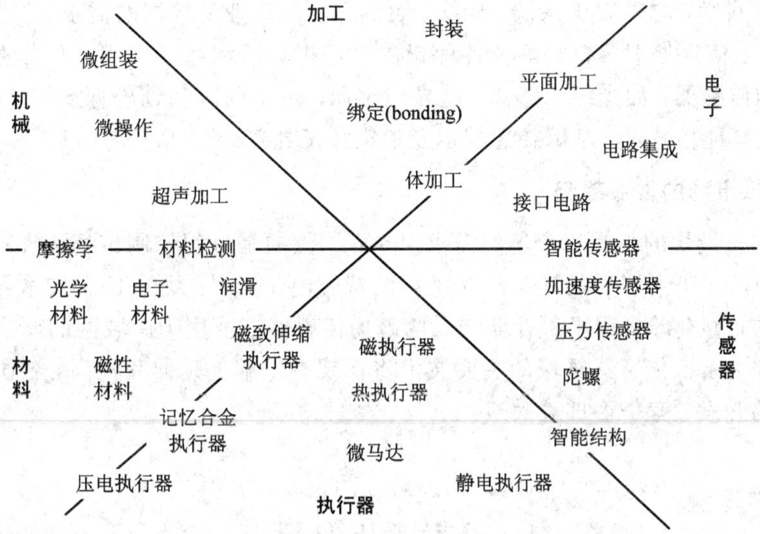

图 0-2　MEMS 所涉及的技术领域

智能传感器网络发展大致经历了以下三个阶段：

第一代传感器网络是由传统传感器组成的点到点输出的测控系统，它采用二线制 4～20 mA 电流和 1～5 V 电压标准，其缺点是布线复杂、抗干扰性差，已逐渐被淘汰。

第二代传感器网络是基于智能传感器的测控网络，它的信号传输方式与第一代基本相同，随着现场采集的信息量不断增加，在 DCS(Discrete Control System)中，数据通信标准 RS-232、RS-485 等被广泛应用。但智能传感器与控制设备之间仍然采用传统的模拟电流或电压信号通信。

第三代智能传感器网络即基于现场总线(Field Bus)的智能传感器网络。现场总线是连接智能化现场设备和控制室之间的全数字式、开放式、双向通信网络，现场总线的不断发展和基于现场总线通信协议的智能传感器的广泛应用，使智能传感器的通信技术进入局部测控网络阶段，其局部测控网络通过网关和路由器可以实现与 Internet 相连。随着现场总线技术的发展，现场总线控制系统(FCS)逐渐取代传统的分散控制系统(DCS)。

4）传感器信息融合技术

美国空军技术学院在利用信息融合方法检验运动目标的研究工作中选用了前视红外传感器和距离传感器，将近 100 幅的视红外图像和数十幅距离图像进行信息融合和比较分析，采用特征级融合分析方法和贝叶斯最小误差分类准则，使运动目标检测准确率大大提高。

5）纳米技术

纳米材料是由纳米级的超细微粒经压制烧结而成的，被认为是完全纯净、结构上没有缺陷的，具有抗紫外线、抗红外线、抗可见光、抗电磁干扰等功能。纳米电子技术和纳米制造技术的发展，促进了纳米传感器的诞生，它极大地推动了传感器的制造水平，拓宽了传感器的应用领域。

6）仿生传感器

仿生学、传感器学、计算科学的联合应用使得仿生传感器取得了重大进展。仿生传感器是跨学科的科学，它着眼于保健、环境、农业和食品工业的检测的需求。将微电子、光电子、生物化学、信息处理等各学科及各种新技术互相渗透和综合利用，人类研制出了一批新颖、先进的传感器，如光纤传感器、超导传感器、焦平面阵列红外探测器、生物传感器、诊断传感器、智能传感器、基因传感器以及模糊传感器等。

3. 传感器市场的发展趋势

市场上增长最快的是汽车市场的需求，占第二位的是过程控制市场，前景看好的是通信市场，位于汽车工业之后的还有家居类和消费类电子产品领域。信息技术促进了消费类传感器产品的批量生产，用于磁存储介质的磁场传感器以及用于局域网的便携式光探测器呈现快速增长之势。传感器领域的主要技术将在现有基础上延伸和提高，各国竞相加速新一代传感器的开发，竞争将日益激烈。

思考题及习题

1. 通过网络检索成文“我感兴趣的××传感器”。
2. 查阅资料了解目前汽车上传感器的应用情况。
3. 聊聊身边的传感器。

第 1 章　传感器基础知识

1.1　传感器的概念

1. 传感器

所谓传感器(sensor)，是指将感受到的物理量、化学量等信息，按照一定规律，转换成便于测量和传输的信号的装置。由于电信号易于传输和处理，因此一般概念上的传感器是指将非电量转换成电信号输出的装置。

传感器一般由敏感元件、转换元件和测量电路三部分组成，有时还需要加辅助电源，如图 1 - 1 所示。

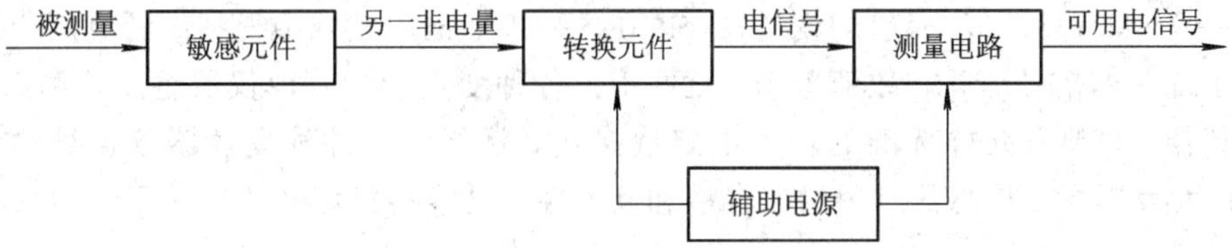

图 1 - 1　传感器的组成示意图

敏感元件(预变换器)：能够完成预变换的器件。如在传感器中各种类型的弹性元件常被称为敏感元件，并统称为弹性敏感元件。完成非电量到电量的变换时，并非所有的非电量都能利用现有手段直接变换为电量，往往是将被测非电量预先变换为另一种易于变换成电量的非电量，然后再变换为电量。为了获取被测变量的精确数值，不仅要求敏感元件对所测变量的响应足够灵敏，还希望它不受或少受环境因素的影响。敏感元件与传感器的区别在于，传感器不但对被测变量敏感，而且能相应地以电信号，如电压、电流、频率等形式将其传送出去。

转换元件：将敏感元件输出的非电量直接转换为电量的器件。例如应变压力传感器中，弹性膜片是敏感元件，它将压力的变化转换成应变输出，而弹性膜片的应变施于电阻应变片上，电阻应变片将应变量转换为电量输出，因此电阻应变片才是转换元件。

需要指出的是，一般的传感器都包括敏感元件和转换元件，但有一类传感器，其敏感元件和转换元件可合二为一，如压电晶体、热电偶等。

测量电路：将转换元件输出的电量变成便于显示、记录、控制和处理的有用电信号的电路。测量电路的类型视转换元件的分类而定，经常采用的有电桥电路及其他特殊电路，如高阻抗输入电路、脉冲调宽电路、振荡回路等。

2. 换能器

与传感器相关的还有另外一个常见名词——换能器(transducer),在有些产品介绍甚至学术文献中,经常将它与传感器混同使用。顾名思义,换能器的功能在于将信号从一种物理形式变换为另一种不同物理形式的相应信号。一般地,自然界中信号的物理形式有六种,即机械、热、电、磁、化学以及辐射(包括光在内的微粒辐射和电磁辐射)。所以,将一类信号变换成另一类信号的任何装置都可称为换能器。从这一意义上讲,换能器可以说是传感器的另一种定义形式。不过,传感器的含义侧重于扩展人们获取那些感官所不能察觉的物理量信息的能力,而换能器则意味着输入量与输出量不一样。另外,执行器将电信号转换为机械量等其他形式的信号,也包括在换能器的范围内。因此,换能器实际上包括两种形式,即输入换能器(物理信号/电信号)与输出换能器(电信号/执行或显示)。前者一般称为传感器或探测器,专用于信息的采集;后者则以执行器为主,主要用于功率转换。

3. 变送器

变送器是从传感器发展而来的,凡能输出标准信号的传感器都称为变送器。常用标准信号为 0~5 V 的电压信号或 4~20 mA 的电流信号。此外,以输出数字量为特征的满足某种传输协议(如现场总线协议)的变送器,也在各种工业测控领域中得到广泛应用。

有了统一的信号形式和数值范围,就便于把各种变送器和其他仪器组成检测系统。无论哪种仪器,只要有同样标准的输入电路或接口,就可以从各种变送器获得被测量的信息,这样大大提高了传感器应用的兼容性和互换性,仪器的配套也极为方便。

4. 转换器

输出为非标准信号的传感器,必须和特定的仪器或装置配套,才能实现检测或调节功能。为了加强通用性和灵活性,某些传感器的输出可以靠转换器将输出由非标准信号变成标准信号,使之与带有标准信号输入电路或接口的仪表配套,从而实现检测调节功能。

不同标准的信号可以借助转换器实现相互转换。例如,气/电转换、电/气转换,能把 20~100 kPa 的空气压力与 0~10 mA 的电流相互转换。

电/电转换也可以实现,如 4~20 mA 与 0~10 mA 电流之间的转换。这一类转换器也称电量传感器,它的出现顺应了现在信号调理电路设计中模块化的思路。

传感器输入量与输出量的外延正在不断丰富。

1.2 传感器的分类

一般来说,目前人类需要监测的被测量有多少,传感器就应该有多少种。并且对于同一种被测参量,可能采用的传感器有多种。同样,同一种传感器原理也可能被用于多种不同类型被测参量的检测。因此,传感器的种类繁多,分类方法也不尽相同。

传感器常用的两种分类方法见表 1-1。

表 1－1　传感器常用的两种分类方法

按被测量分类	按测量原理分类
位移传感器	电阻式传感器
力传感器	电感式传感器
荷重传感器	电容式传感器
速度传感器	电涡流式传感器
振动传感器	磁电式传感器
压力传感器	压电式传感器
温度传感器	光电式传感器
…	…

1. 按被测量分类

当输入量分别为温度、压力、位移、速度、加速度、湿度等非电量时，相应的传感器称为温度传感器、压力传感器、位移传感器、速度传感器、加速度传感器、湿度传感器等。这种分类方法给使用者提供了方便，容易根据测量对象选择所需要的传感器，也便于初学者应用。

2. 按测量原理分类

现有传感器的测量原理主要是基于电磁原理和固体物理学理论。如根据变电阻的原理，相应的有电位器式、应变式传感器；根据变磁阻的原理，相应的有电感式、差动变压器式、电涡流式传感器；根据半导体有关理论，相应的有半导体力敏、热敏、光敏、气敏等固态传感器。这是传感器研究人员所常用的分类方法。这种分类方法有助于减少传感器的类别数，并使传感器的研究与信号调理电路直接相关。

3. 其他分类

根据在检测过程中对外界激励的需要，可以将传感器分为有源传感器和无源传感器。有源传感器也可称为能量转换型传感器或换能器，其特点在于敏感元件本身能将非电量直接转换成电信号，例如超声波换能器(压/电转换)、热电偶(热/电转换)、光电池(光/电转换)等。与有源传感器相反，无源传感器的敏感元件本身无能量转换能力，而是随输入信号而改变本身的电特性，因此必须采用外加激励源对其进行激励，才能得到输出信号。大部分传感器，如湿敏电容、热敏电阻、压敏电阻等都属于这类传感器。由于被测量仅能在传感器中起能量控制作用，因此也称为能量控制型传感器。由于需要为敏感元件提供激励源，无源传感器通常需要比有源传感器用更多的引线。传感器的总体灵敏度也会受到激励信号幅度的影响。此外，激励源的存在可能增加在易燃易爆气体环境中引起爆炸的危险，在某些特殊场合需要引起足够的重视。

根据输出信号的类型，可以将传感器分为模拟传感器与数字传感器。模拟传感器将测量的非电学量转换成模拟电信号，其输出信号中的信息一般由信号的幅度表达。输出为方波信号，其频率或占空比随被测参量变化而变化的传感器称为准数字传感器。由于这类信号可直接输入到微处理器内，利用微处理器内的计数器即可获得相应的测量值，因此，准数字传感器与数字电路具有很好的兼容性。

1.3 传感器与检测系统

1. 测控系统框图

传感器能将被测物体的参量转换为电信号，从而成为检测系统的基础。在应用方面，传感器与检测系统也是密不可分的。

一个检测系统的首要任务就是测量，而测量的目的一般有两个：其一是用于客体对象的监测，例如对室内环境温度/湿度的测量、环境中大气压力及空气污染物的测量、医院中病人状态的监测等；其二是用于控制。

图 1－2 所示为一个典型的测控系统，主要包括测控对象(物理/化学参量)、传感器、信号调理(放大及线性化等)、信号转换与处理、执行器、显示/存储/传输等几个部分。

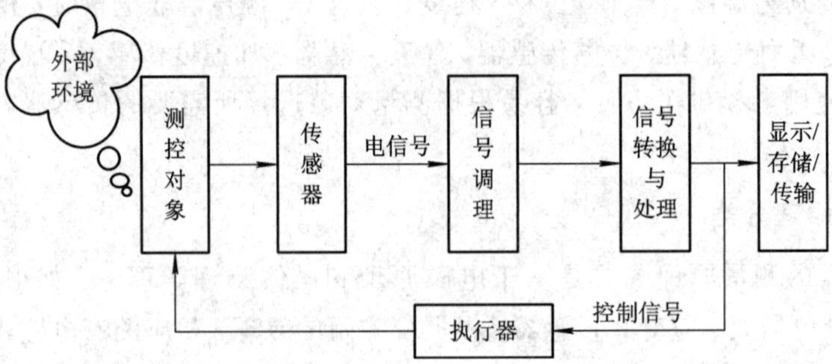

图 1－2　检测控制系统构成示意图

2. 传感器在系统中的作用

被测参量是指测控对象指定的物理/化学参量，如温度、湿度、压力等。

传感器一般处于测控系统的两个部分：一是位于输入端，与被测对象接触，采集系统监测信息；另一是位于输出端，采集输出量的变化并将之送回反馈通道，实现控制量的调节。

传感器的性能好坏直接影响系统性能。如果传感器不能灵敏地感受被测量，或者不能把感受到的被测量精确地转换成电信号，其他仪表和装置的精确度再高也无意义。这一点在现代仪器系统中表现尤其明显。计算机，尤其是单片机及嵌入式系统的快速发展，测量数据的智能化快速处理及显示存储早已经不是什么困难的事情，但前提是系统必须由传感器提供准确可靠的信息。如果传感器的水平与计算机的水平不相适应，计算机便不能充分发挥应有的作用和效益。

3. 信号调理

传感器所产生的电信号一般非常弱，必须经过放大处理后才能利用电缆线传输到数据获取(DAQ)模块进行进一步处理。有些传感器的输出信号虽然强，但许多 DAQ 部件的输入范围固定(如±10 V，0～5 V 等)，与传感器的输出范围往往不符，因此必须对传感器的输出范围进行再调整。此外，传感器信号中的无用噪声必须尽可能过滤掉或最小化，以得到“干净”的信号。所谓信号调理，即对传感器的输出信号进行再加工，使其更适合于后续的信号传输及处理。

信号调理单元在测量系统中的位置如图 1－3 所示。实际上，信号调理与检测电路之间的界限并不一定很清楚，有时还会合二为一，因此有些文献中也将电阻抗－电压转换电路，如电阻、电感、电容等的检测电路归为信号调理电路。

图 1－3　信号调理在测量系统中的位置

图 1－4 所示为一个典型的信号获取系统。

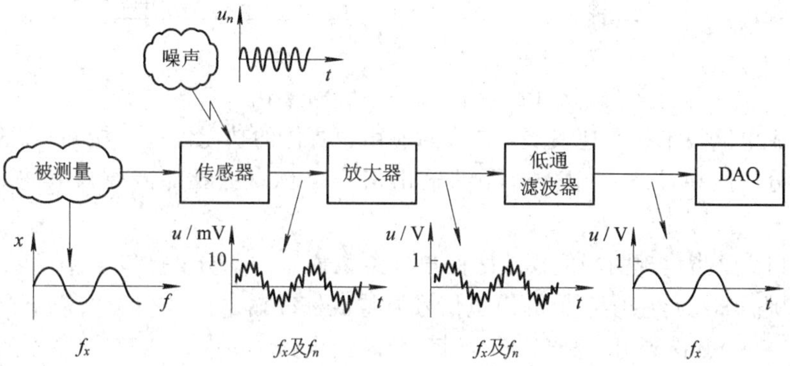

图 1－4　典型的信号获取系统

一般来说，信号调理大致可分为四种类型，即电平调整、线性化、信号形式变换、滤波及阻抗匹配。

电平调整是最简单的信号调理，最常见的例子是如图 1－4 中对电压信号进行的放大(或衰减)，此外，还包括传感器零位电压的调整等。

线性化是针对传感器的非线性特性的信号调理。虽然传感器的种类繁多，但面对具体的测控问题时，实际上可供选择的传感器很少，且大部分传感器的输入－输出特性呈非线性。这种非线性特性对于动态测量的场合尤其不利。非线性特性将导致动态信号波形产生畸变。当然，实际上不可能做到通过信号调理将非线性特性调整为理想的线性特性。线性化的作用在于尽可能扩大传感器响应特性的线性范围。

信号形式变换是指将传感器输出信号从一种形式变换为另一种形式，如电压－电流变换或电流－电压变换。此外，将敏感元件的电阻抗转换为电压或电流输出的电阻抗检测电路有时也被归结为这一类。

几乎所有的测控系统在设计实现过程中都必须重点考虑滤波及阻抗匹配。滤波器可以是由电阻、电容、电感等元件组成的简单无源电路，也可以是以运算放大器为中心的、复杂的多级有源滤波电路。若传感器的内部阻抗或电缆的阻抗可能会给测量系统带来重大误差，则阻抗匹配必须予以认真考虑。

4. 系统的模块化和接口

实际的测量系统是通过传感器、信号调理、数据采集、信号处理、数据显示、数据存储与传输等环节的有机组合实现的。由于传感器种类繁多，涉及的知识面宽广，因此要求测量系统的相关技术人员了解和掌握全部有关知识是不现实的。将系统进行模块化、标准化，相关技术人员就可以在不必深入了解每个功能模块的内部原理及结构的情况下，对整个系统进行设计、实现及维护。模块化的测量系统如图 1－5 所示。

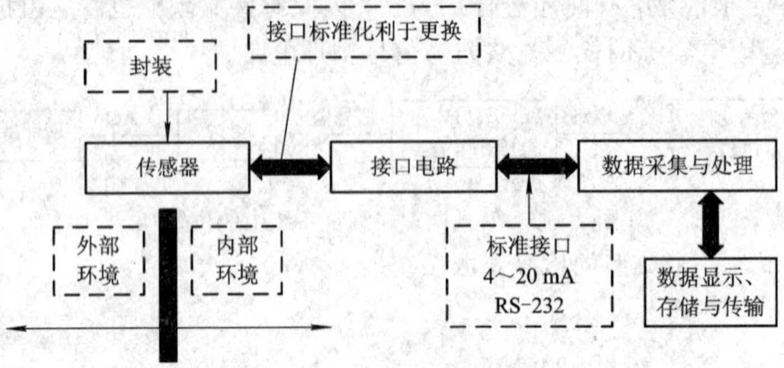

图 1－5　模块化的测量系统

随着集成电路技术的快速发展，在实际应用中具体的功能模块可能并不总是被分成截然不同的部分，但在最终利用传感器的输出信号之前，一般都需要对其进行某种信号处理。

所谓接口，是指实现两功能模块之间电气参数连接的部分。接口电路可以工作在同一电气参数范围，如将传感器输出的模拟信号调整成标准输出信号；也可将信号从一种形式(如图 1－6 所示)变换到另一种形式，如模/数转换电路。

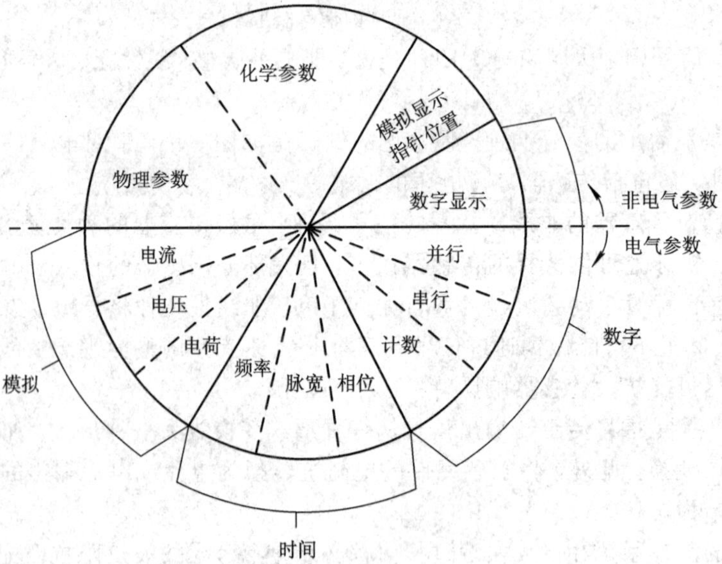

图 1－6　测量系统中可能涉及的物理量的形式

在传感器与测量系统的接口方面，传感器的输出阻抗决定了接口电路所需的输入阻抗。传感器的输出为电压信号时，要求接口电路有高的输入阻抗，以便使检测电压接近传感器的输出电压，如图 1－7(a)所示。相反，如传感器的输出为电流信号(如图 1－7(b)所示)，则要求接口电路的输入阻抗低，以便使输入电流接近传感器的输出电流。

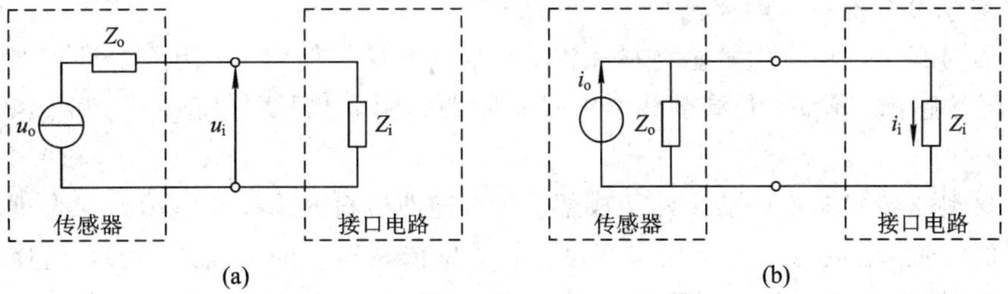

图 1－7　传感器输出信号形式与接口电路的阻抗

1.4　传感器技术

1.4.1　传感器技术学科特点

传感器技术是当今世界令人瞩目的迅猛发展起来的高新技术之一，也是当代科学技术发展的一个重要标志，它与负责信息传输的通信技术，担负信息处理的计算机技术构成现代信息技术的三大支柱，是现代社会信息化的基础技术。没有传感器提供的可靠、准确的信息，通信和计算机技术就成为无源之水。

以往，人们将传感器技术仅仅定位在测量科学研究上。实际上，从学科角度看，传感器技术是多学科的融合、多种应用技术的最佳结合，它涉及物理、化学、生物、材料、医学、微电子学和精密机械学等。但从严格意义上说，它又不是一个学科方向，这一点可以从图 1－8 的示意图中看出，传感器的相关研究几乎涵盖了从面向具体测量问题的测量系统到具体敏感机理的全部，越靠近测量系统，研究工作的工程性越强，越接近敏感机理，研究工作的科学性越强。虽然传感器技术经过多年的研究发展，已经有了许多共性的理论基础，但毕竟敏感机理是传感器的根本，传感器的性能受变换原理和变换方式或者构造所左右，传感器的属性仍处于被支配地位。现实的研究状况是：由于几乎任何学科方向的原理或工艺都可能在传感器领域有所体现，因而传感器的研究群体中包含了各个研究领域的专家。这种现状要求传感器的研究者与应用者不仅具备多学科的知识与工程设计能力，而且要有对新的基础研究成果与新技术、新工艺的敏锐洞察力。

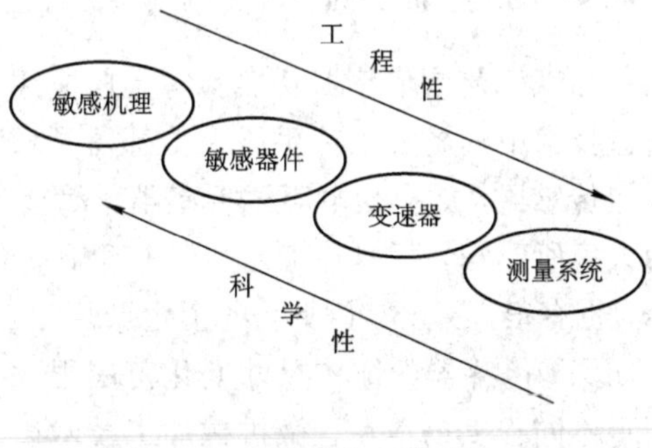

图 1－8　传感器技术学科特点

下面介绍传感器主要涉及的三大学科知识：材料科学、检测技术和工艺加工技术。

1.4.2　传感器的材料

传感器的敏感原理是一些物理现象或化学现象，而传感器的具体实现则是依靠一些能有效表现这些现象的材料。由于制作一种传感器有很多种材料可供选择，同时一种材料又可能对很多信息具有敏感特性，因此传感器所涉及的材料问题错综复杂，传感器材料的定义和分类至今没有统一和标准化。

传感器材料大致可分为敏感材料和辅助材料两大类。例如，电阻应变计主要需要四种材料：电阻敏感栅、基底、黏结剂和引出线。电阻敏感栅材料属敏感材料，其他三种属辅助材料。

辅助材料是传感器不可缺少的组成部分，对辅助材料的选择与应用是否合理将直接影响传感器的特性、稳定性、可靠性和寿命。应根据传感器不同的应用场合，选择符合特殊要求的辅助材料。例如，传感器用的保护材料就有耐腐蚀材料、抗核辐射材料、抗高温氧化材料、抗电磁干扰材料、耐磨抗冲刷材料、防爆材料等。

敏感材料是传感器材料的核心，它决定了传感器的作用机理。它的品种繁多，性能要求严格。按照敏感材料的材质分类，可分为半导体材料、敏感陶瓷材料、金属与合金材料、无机材料和有机材料、生化材料等。

1.4.3 检测技术

检测技术是根据传感器工作所依据的物理效应、化学反应、生物反应等机理，对信号采集、处理的技术。它涉及电子技术、半导体技术、激光技术、光纤技术、声控技术、遥感技术、自动化技术、计算机应用技术等。

1.4.4 工艺加工技术

加工工艺是传感器从实验室走向实用的关键。由于传感器研究的跨学科性，现代加工制造技术中的各种工艺手段在传感器领域都有所体现。尤其是以多个零部件组装而成的结构型传感器，如应变电阻式传感器、涡街流量传感器、电涡流传感器等，其敏感原理早已为大家所熟知，而加工工艺则各有千秋。传感器的性能，尤其是温度稳定性、可靠性等指标，也有很大差异。因此，各个生产厂家大都有自己独特的加工工艺，对关键技术往往讳莫如深。传感器的结构尺寸变化范围很大，几乎所有的现代加工技术都在传感器领域中得到了不同程度的应用。微机械加工技术以及集成电路生产工艺在传感器领域的应用，为传感器的小型化、微型化乃至智能化提供了一个重要手段，可以实现大批量生产小型、可靠的传感器，已经成为传感器生产的重要工艺手段。

图 1 - 9 给出了迄今为止各种加工技术所能达到的精度和被加工物体的大小。从此图中可以看出，机械加工精度最高 1 μm，集成电路的掩模精度可达 100 nm，用移动原子的处理方法精度可达零点几纳米。

传统的机械量传感器，如位移、压力、流量传感器，其敏感元件的尺寸一般比较大，且往往由多个零部件组合而成，因此也有人称之为结构型传感器，其生产过程的自动化程度依生产批量而定。这类传感器(即使是那些大批量生产的传感器)的加工工艺一般都包括人工调整环节。大量的生产厂家仍然采用机械加工结合手工调整的方式进行。

下面以电阻应变式传感器为例，对结构型传感器的加工工艺进行介绍。

电阻应变式传感器因结构、材料、选用器件、量程和用途的不同，以及生产厂家工艺装备、检测手段、标定设备的差异，致使其不可能有统一的工艺。但其原理和组成基本相同，都少不了弹性体、应变计和测量电路，所以有许多相似之处。总体来说，传感器的加工工艺可概括为：原材料的物理化学分析与力学性能测试工艺→弹性体的锻造、机加工及热

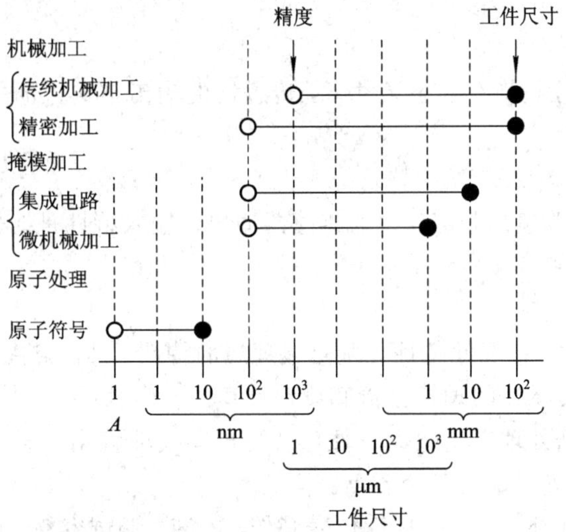

图 1-9　应用不同加工方法得到的加工精度

处理工艺→弹性体的稳定化处理工艺→弹性体的整体清洗，贴片面的准备工艺→应变计的筛选、配组工艺→应变计的粘贴、加压及固化工艺→组桥、布线及性能粗测工艺→线路补偿与调整工艺→传感器整机老化处理工艺→防潮密封工艺→性能检测与标定工艺。

1.5　传感器的基本特性

理想的传感器应该具有如下特点：

(1) 传感器的输出量仅对特定的输入量敏感。

(2) 传感器的输出量与输入量呈唯一的、稳定的对应关系，且最好是线性关系。

(3) 传感器的输出量可实时反映输入量的变化。

在实际应用中，传感器是在特定而具体的环境中使用的，因此传感器本身的结构、电子电路器件、电路系统结构以及各种环境因素的存在均可能影响到传感器的整体性能，具体如图 1-10 所示。

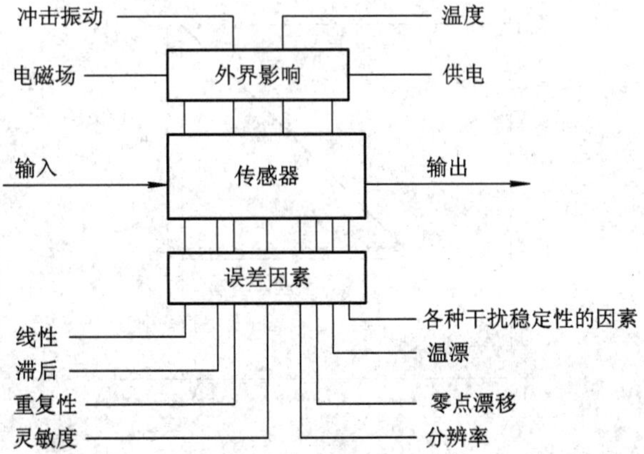

图 1-10　影响传感器性能的因素

1.5.1 静态特性

传感器的静态特性是指在稳态条件下，传感器的输出与输入的关系。典型的传感器静态特性曲线描述方式为

$$y = f(x)$$

其中，y 为输出量，x 为输入量。理想的传感器输出一输入特性是线性的，即输出与输入间的关系满足：

$$y = a_1 x + a_0$$

其中，a_0、a_1 为常数。这种线性特性无疑是最理想的特性。其优点在于：

(1) 可大大简化传感器的理论分析和设计计算。

(2) 为标定和数据处理带来很大方便，只要知道线性输出一输入特性上的两点(一般画零点和满度值)，就可以确定其余各点。

(3) 避免了非线性补偿环节，后续仪表制作、安装、调试容易，提高了测量精度。

然而，实际上许多传感器的输出一输入特性是非线性的，一般可用多项式表示输出一输入特性。因此，从某种意义讲，传感器工程设计就是追求尽量宽范围的近似线性特性的过程。

静态特性是传感器与测量系统的重要特性指标。在传感器与测量系统的研制、生产过程中，静态特性是首先需要测定的指标。在大多数测量系统中，待测的量变化缓慢，因而仅了解传感器的静态特性就已经足够了。尽管如此，当被测量随时间变化时，静态特性也会影响传感器的动态性能，需要综合进行分析。

下面给出一些常用的传感器静态特性参数。

1. 测量范围、上下限及量程

每个传感器都有其测量范围，它是该仪表按规定的精度进行测量的被测变量的范围。测量范围的最小值和最大值分别称为测量下限(X_{min})和测量上限(X_{max})，简称下限和上限，见图 1-11。

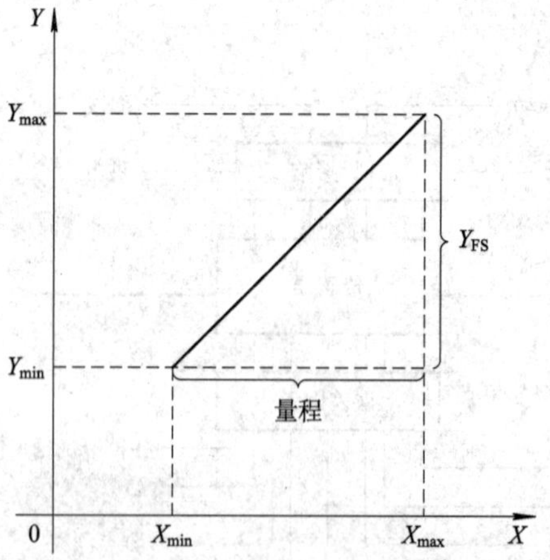

图 1-11 测量上下限、量程、满量程输出值、灵敏度

传感器的量程可以用来表示其测量范围的大小，是其测量上限值与下限值的代数差，即

$$量程=测量上限值-测量下限值$$

使用下限与上限可完全表示传感器的测量范围，也可确定其量程。例如，某压力传感器的测量范围为－400～＋400 mmHg(或表示为±400mmHg)，其量程为800 mmHg，这说明当输入压力在－400～＋400 mmHg之间变化时，该传感器可有相应的线性输出，超出这一范围时，传感器的输出值也可能会随压力变化而有相应的改变，但无法保证输出量与具体压力之间的对应关系。实际传感器的正负上、下限也可以不相等，如某医用血压传感器的下限值是－50 mmHg(真空)，上限值是450 mmHg，则其测量范围可表示为－50～＋450 mmHg，量程可表示为450 mmHg－(－50 mmHg)＝500 mmHg。由此可见，给出仪表的测量范围便可知其上、下限及量程，反之只给出量程，却无法确定其上、下限及测量范围。

2. 满量程输出值(Y_{FS})

满量程FS(Full Span)对应的输出值记为$Y_{FS}=Y_{max}-Y_{min}$(见图1-11)。

3. 零点迁移和量程迁移

测量范围的另一种表示方法是给出仪表的零点，即测量下限值及仪表的量程。由前面的分析可知，只要传感器的零点和量程确定了，其测量范围也就确定了。这是一种更为常用的表示方式。

在实际使用中，由于测量要求或测量条件的变化，需要改变传感器的零点或量程，为此可以对传感器进行零点和量程的调整。通常将零点的变化称为零点迁移，而量程的变化则称为量程迁移。

以被测变量值相对于量程的百分数为横坐标，记为X，以输出值相对满量程输出值的百分数为纵坐标，记为Y，可得到特性曲线图，如图1-12所示(假设传感器特性是线性的)。

考虑单纯的零点迁移情况，如线段2所示，此时量程不变，其斜率亦保持不变，线段2只是线段1的平移，理论上零点迁移到了原输入值的－25%处，终点迁移到了原输入值的75%处，而量程仍为100%。考虑单纯的量程迁移情况，如线段3所示，此时零点不变，线段仍通过坐标系原点，但斜率发生了变化，理论上量程迁移到了原来的70%处。

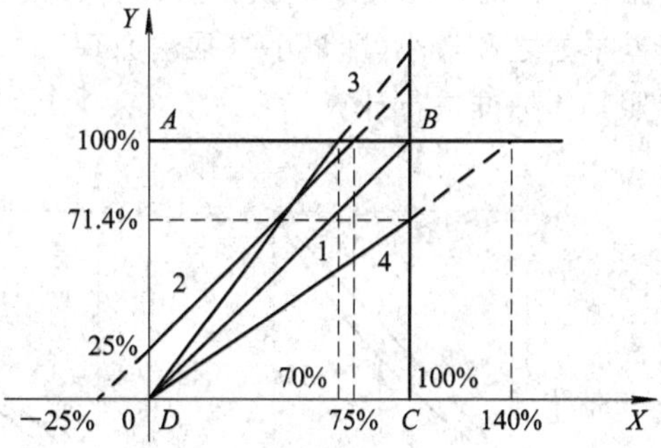

图1-12　零点迁移和量程迁移示意图

由于受传感器测量范围和输入通道对输入信号的限制，实际的特性曲线通常只限于正边形$ABCD$内部，即用实线表示部分；虚线部分只是理论上的结果，无实际意义。因此，线段2的实际效果是传感器有效使用范围迁移到原来的25%～100%，测量范围迁移到原来的0～75%。线段3的实际效果是传感器有效使用范围迁移到原来的0～100%，测量范围迁移到原来的0～70%。同理，考虑图中

线段4所示的量程迁移情况，其理论上零点没有迁移，量程迁移到原来的140%，而实际上只保持了原来有效范围的0～71.4%，测量范围则仍为原来的0～100%。

零点迁移和量程迁移可以扩大传感器的通用性。但是，在何种条件下可以进行迁移，以及能够有多大的迁移量，还需视具体的结构和性能而定。

4. 灵敏度和分辨率

灵敏度是传感器的输出增量与输入增量之比，记为S，则

$$S=\frac{\Delta Y}{\Delta X}=\frac{Y_{FS}}{\text{量程}}$$

对于线性传感器或非线性传感器的近似线性段，灵敏度就是传感器特性直线段的斜率。因此，量程迁移就意味着灵敏度的改变，而如果仅仅是零点迁移则灵敏度不变。

灵敏度是有量纲的物理量，表示对应固定输入量的输出值。例如，某位移传感器灵敏度为100 mV/mm，表示该传感器对应1 mm的位移变化就有100 mV的输出电压变化。

对于非线性传感器，灵敏度可用其一阶导数形式表示，但市场上的传感器产品一般会为用户提供线性特性输出。

容易与灵敏度混淆的是分辨率。分辨率是指输出能响应和分辨的最小输入量。分辨率是灵敏度的一种反映，一般说仪表的灵敏度高，则其分辨率同样也高。因此实际中主要希望提高仪表的灵敏度，从而保证其分辨率较好。

5. 线性度

线性度是传感器特性曲线与其规定的拟合直线之间的最大偏差Δ_{max}与传感器满量程输出Y_{FS}之比的百分数，记为δ_L，则

$$\delta_L=\frac{|\Delta_{max}|}{Y_{FS}}\times 100\%$$

值得注意的是，线性度的具体值与具体采取的拟合直线计算方法有很大的关系，这一点从图1-13就可以看出来。同样的传感器数据，采用不同的拟合直线可得到不同的线性度指标。目前拟合直线的获得有多种标准，一般是以在标称输出范围中和标定曲线的各点偏差平方之和最小(即最小二乘法原理)的直线作为拟合直线。但在研究或应用过程中，应参照具体标准进行计算。

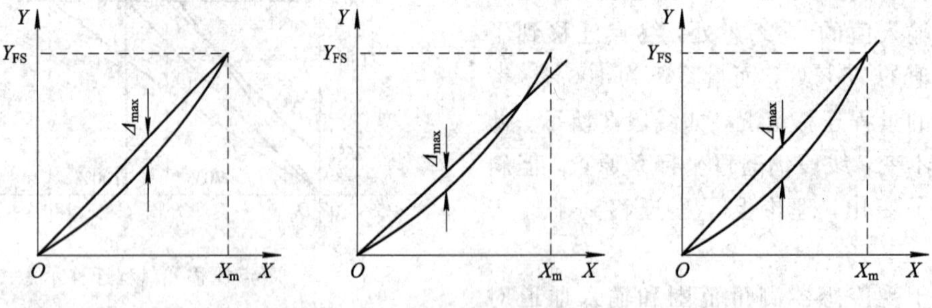

图1-13 传感器的线性度

6. 误差

传感器所测值称为示值，它是被测真值的反映。严格地说，被测真值只是一个理论值，因为无论采用何种传感器，测得的值都有误差。实际中通常采用适当精度的仪表测出的

(或用特定的方法确定的)约定真值代替真值。例如使用国家标准计量机构标定过的标准仪表进行测量，其测量值即可作为约定真值。

示值与公认的约定真值之差称为绝对误差，也就是通常所指的误差，即

$$绝对误差=示值-约定真值$$

绝对误差与约定真值之比称为相对误差，常用百分数表示，即

$$相对误差(\%)=\frac{绝对误差}{约定真值}\times 100\%$$

虽然用相对误差来衡量精度比较合理，但仪表多应用在测量值接近上限值时，因而常用量程取代约定真值，则引用误差为

$$引用误差(\%)=\frac{绝对误差}{量程}\times 100\%$$

可能造成传感器误差的来源很多，但基本上可分为五种类型：介入误差、应用误差、特性参数误差、动态误差及环境误差。

1）*介入误差*

这类误差来源于传感器敏感元件的介入对所测系统的环境造成的改变。实际上，几乎所有传感器均存在这种介入误差，只不过影响程度不同。如流体压力传感器，当传感器尺寸相对于所测系统而言太大时，传感器的安装就可能会影响到被测量环境的压力分布，这种误差就会凸现出来。再如加速度传感器，当传感器本身质量大到一定程度时，传感器的存在就很可能影响到所测系统的动态响应特性。

2）*应用误差*

这类误差在实际应用中最为常见，主要问题在于使用者对具体传感器原理缺乏了解或测量系统的设计缺陷。例如，当温度传感器用于测量空气环境温度时，传感器的放置位置不合适或传感器与固体之间的热绝缘不好均可能造成误差。

3）*特性参数误差*

顾名思义，这类误差来源于传感器本身的特性参数，也是传感器生产者及使用者考虑最多的误差。由于这类误差是传感器本身固有的特性，因此使用者所能做的就是在选取传感器时予以充分考虑。尤其是在量程、阈值及分辨率等方面。

4）*动态误差*

大部分传感器的特性参数是在稳态环境下通过标定测试得到的，因此当所测参数发生变化时，传感器的反应存在滞后。人们在日常生活中体会最深的恐怕要属体温计。老式的水银温度计固然反应慢，目前市场上的电子体温计一般也要数分钟才能得到结果。在实际应用中，如需测量快速变化的参量，必须考虑传感器对快变输入信号的反应能力的动态特性参数。

5）*环境误差*

各种环境参量均可能带来误差。最常见的为温度，另外，振动、冲击、电磁场、化学腐蚀、电源电压波动等因素均可造成误差。尤其是电源电压波动的影响，在使用交流市电作为测量系统的电源时必须予以充分考虑。

7. 滞环、死区和回差

由于传感器内部的某些元件具有储能效应，例如弹性变形、磁滞现象等，其作用使得检验所得的实际上升曲线和实际下降曲线常出现不重合的情况，从而使得传感器的特性曲线形成环状，如图 1－14(a)所示。该种现象即称为滞环。显然，在出现滞环现象时，仪表的同一输入值常对应多个输出值，并出现误差。

同时，由于传感器内部的某些元件可能还具有死区效应，例如传动机构的摩擦和间隙等，其作用亦可使得检验所得的实际上升曲线和实际下降曲线常出现不重合的情况。这种死区效应使得传感器输入在小到一定范围后不足以引起输出的任何变化，而这一范围则称为死区。考虑传感器特性曲线呈线性关系的情况，其特性曲线如图 1－14(b)所示。因此，存在死区的仪表要求输入值大于某一限度才能引起输出的变化，死区也称为不灵敏区。理想情况下，不灵敏区的宽度是灵敏区宽度的 2 倍。

也可能某个传感器既具有储能效应，也具有死区效应，其综合效应将是以上两者的结合。典型的特性曲线如图 1－14(c)所示。

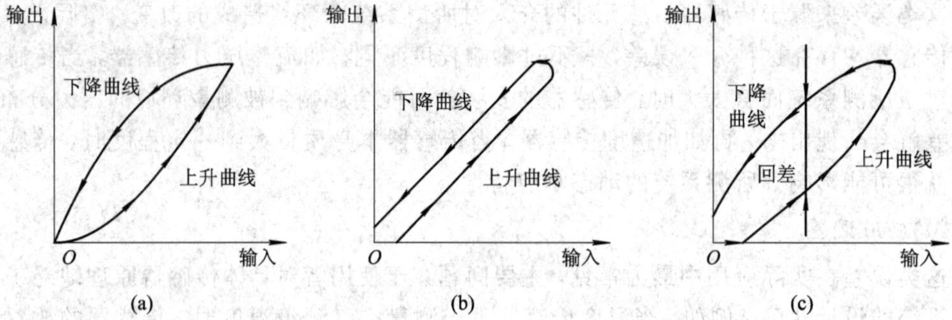

图 1－14　滞环、死区、综合效应分析

在以上各种情况下，实际上升曲线和实际下降曲线间都存在差值，其最大的差值称为回差，亦称变差，或来回变差。而通常以回差与满量程输出值之比的百分数来表示这一特性参量迟滞：

$$\delta_H = \frac{|\Delta_{max}|}{Y_{FS}} \times 100\%$$

8. 重复性和再现性

在同一工作条件下，同方向连续多次对同一输入值进行测量所得的多个输出值之间相互一致的程度称为重复性，它不包括滞环和死区。例如，在图 1－15 中列出了在同一工作条件下测出的 3 条实际上升曲线，其重复性就是指这 3 条曲线在同一输入值处的离散程度。实际上，重复性常选用上升曲线的最大离散程度和下降曲线的最大离散程度两者中的最大值与满量程输出值之比的百分数来表示：

$$\delta_R = \frac{|\Delta_{max}|}{Y_{FS}} \times 100\%$$

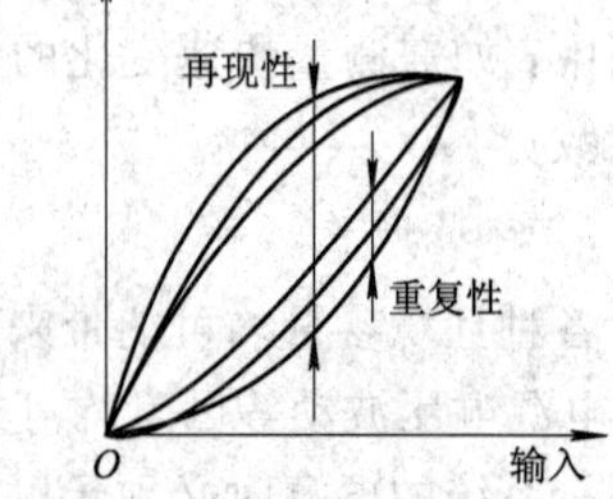

图 1－15　重复性和再现性

再现性包括滞环和死区，它是仪表实际上升曲线和实际下降曲线之间离散程度的表示。

重复性是衡量仪表不受随机因素影响的能力；再现性是传感器性能稳定的一种标志。因而在评价某种仪表的性能时常同时要求其重复性和再现性。重复性和再现性优良的传感器并不一定精度高，但高精度的优质传感器一定有很好的重复性和再现性。

9. 精确度

任何传感器都有一定的误差。因此，使用时必须先知道其精确程度，以便估计测量结果与约定真值的差距，即估计测量值的大小。精确度通常是用允许的最大引用误差去掉百分号(%)后的数字来衡量的。关于精度的定义及计算，在文献中有多种不同的说法。一种常见的做法是：综合考虑室温下传感器的线性度、滞后及重复性三方面的误差，按下式计算出传感器的精度：

$$\delta=\sqrt{\delta_L^2+\delta_H^2+\delta_R^2}$$

按工业规定，精确度划分成若干等级，简称精度等级，如0.1级、0.2级、0.5级、1.0级、1.5级、2.5级等。精度等级的数字越小，精度越高。

10. 可靠性

表征传感器可靠性的尺度有多种，最基本的是可靠度。它是衡量传感器能够正常工作并发挥其功能的程度。简单地说，如果有100台同样的传感器，工作1000小时后约有99台仍能正常工作，则可以说这批仪表工作1000小时后的可靠度是99%。

可靠度的应用亦可体现在正常工作和出现故障两个方面。在正常工作方面的体现是传感器平均无故障工作时间。因为传感器的修复多是容易的，因而以相邻两次故障时间间隔的平均值为指标，可很好地表示平均无故障工作时间。在出现故障方面的体现是平均故障修复时间，它表示的是传感器修复所用的平均时间，由此可从反面衡量传感器的可靠度。

基于以上分析，综合考虑常规要求，即在要求平均无故障工作时间尽可能长的同时，平均故障修复时间尽可能短的情况下引出综合性指标——有效度，其定义如下：

$$\text{有效度}=\frac{\text{平均无故障工作时间}}{\text{平均无故障工作时间}+\text{平均故障修复时间}}$$

11. 稳定性

影响传感器正常工作的因素很多，传感器的稳定性所涉及的因素也比较多，具体指标的计算方法也不尽相同。下面仅列出主要的三个指标，具体定义请参考其他相关文献。

(1) 时间零漂：传感器的输出零点随时间发生漂移的情况。

(2) 零点温漂：传感器的输出零点随温度变化发生漂移的情况。

(3) 灵敏度温漂：传感器的灵敏度随温度变化发生漂移的情况。

其中，输出零点的漂移可通过选择高稳定性器件、优化电路参数等方法减小，而与温度有关的漂移则可采用温度补偿的方式加以限制。

表1-2是某电容式位移传感器的技术数据。

表 1-2 某电容式位移传感器的技术数据

特点 \ 型号		***-0.2	***-0.5	***-1	***-2	***-5	***-10
测量范围/mm	金属被测体	0.2	0.5	1	2	5	10
	绝缘被测体	0.4	1	2	4	10	20
线性度		≤0.2%	≤0.2%	≤0.2%	≤0.2%	≤0.2%	≤0.2%
分辨率	静态：30 Hz	0.008	0.02	0.04	0.08	0.2	0.4
	动态：6 kHz	0.04	0.1	0.2	0.4	1.0	2.0
传感器外径/mm		6	8	10	20	40	60
传感器质量/g		2	12	7.1	61	120	230
测量体最小直径/mm	金属体	5	7	9	17	37	57
	绝缘体	7	10	12	24	48	72
灵敏度/(V/mm)		50	20	10	5	2	1
温度稳定性	零位/(μm/℃)	0.06	0.06	0.17	0.17	0.17	0.17
	灵敏度/(10^{-6}/℃)	11	30	30	30	30	30
仪器稳定性		≤0.01%/℃					
输出电压		0～10V DC					
供电		230/115V AC					
带宽		静态：4 kHz(0.1 dB)；动态：6 kHz(-0.3 dB)					
长期稳定性		≤0.02%/月					
温度范围	传感器	-50℃～+200℃					
	传感器电缆	-50℃～+150℃					
	前置放大器电缆	-20℃～+80℃					
	前置放大器	-10℃～+50℃					
电磁兼容		EN 50081-1，EN 50082-2					

1.5.2 动态特性

传感器的动态特性是传感器在测量中非常重要的特性。它是指传感器对于随时间变化的输入量的响应特性，是传感器的输出值能够真实地再现变化着的输入量能力的反映。动态特性好的传感器，其输出量随时间变化的曲线与相应输入量随同一时间变化的曲线相同或近似，即输出-输入具有相同类型的时间函数，因此可以实时反映被测量的变化情况。这一指标对实时性要求较高的场合至关重要，如动态测控系统等。

在数学上，动态特性与静态特性的描述形式不同。静态特性反映传感器对稳定输入的响应能力，与时间无关，其数学模型为一次函数。而动态特性则反映传感器对动态输入的响应情况，与时间有关，其数学模型用微分方程来描述。因此，动态响应与输入的激励函数类型有关，通常为阶跃和正弦函数。

思考题及习题

1. 家用体温计是温度传感器吗？为什么？谈谈你的改进思路(借助检索)。
2. 谈谈传感器与变送器的差别。
3. 某压力传感器量程范围为 1 kPa～1 MPa，输出为 4～20 mA。实验数据如下：

曲线 \ mA \ kPa	1	200	400	600	800	1000
正行程 1	4	7.4	10.8	14.3	17.7	20
反行程 1	4	7.2	10.5	14.0	16.9	20
正行程 2	4	7.5	10.8	14.4	17.4	20

(1) 求灵敏度、线性度、重复性、迟滞性和精度；
(2) 理论分析误差的来源。

第2章　温度传感器及检测

温度是国际单位制(SI)中七个基本物理量之一，也是四大热工当量之一。几乎没有不要求温度检测的生产过程和科学研究。因而，准确地测量和控制温度，对于获得正确的科研数据和保证产品质量都十分重要。例如，在金属冶炼过程中，若温度得以准确的测量控制，则能耗可降低17%，劳动生产率可提高18%，且金属产量可增加15%。但是，要准确地测量温度却不是件容易的事，这又涉及测试方法是否适宜，温度传感器选择是否得当等等，否则可能得不到准确的结果。因此，全面、系统地学习有关温度检测及应用的知识具有重要意义。

2.1　温度检测概述

2.1.1　温度

从热平衡的观点来看，温度是表征物体冷热程度的物理量，它代表了系统内部分子无规则运动的剧烈程度。温度高的物体分子平均动能大；温度低的物体分子平均动能小。

温度的高低，人可以感知，但这种感觉不可靠，也不准确。例如，我们在室温32℃环境会觉得闷热，但长时间在野外太阳直射下工作的人突然进入此屋，则会顿感凉爽。因此，简单地用人的感觉来判断温度是不科学的。

同时，温度还是一个特殊的"内涵量"，也就是说，温度是不可以像长度一样来叠加的。例如，两杯开水都是100℃，倒在一起温度仍是100℃，绝不会是200℃。

为了判断温度的高低，只能借助于某种特殊物质的性能参量随温度的变化的一些规律来进行。比较理想的有：液体、气体的体积或压力；金属、半导体的电阻；热电偶的热电动势和物体的热辐射等，利用这些性能就可以制成相应的温度传感器。

2.1.2　温标

衡量温度高低的标尺就是温标。这是温度传递的标准，是温度计与温度仪表进行分度的依据。常用的温标有经验温标、热力学温标和国际温标。

1. 经验温标

经验温标是以实验方法或经验公式为依据确定的，是最早使用的温标。它的产生和发展经历了漫长的历史进程，为科学技术的进步和现代化温标的形成起了先导作用。

1）最早的测温装置

最早的测温装置是由伽利略在1592～1603年发明的(如图2-1所示)。它由一个玻璃泡和一个长的玻璃管组成。测温时，将玻璃管插入到带色的液体中。若预先加热泡内的气体，则在其后的冷却中，液体会进入到管内。根据液体进入管内的程度，就可以判断大气温度的高低。

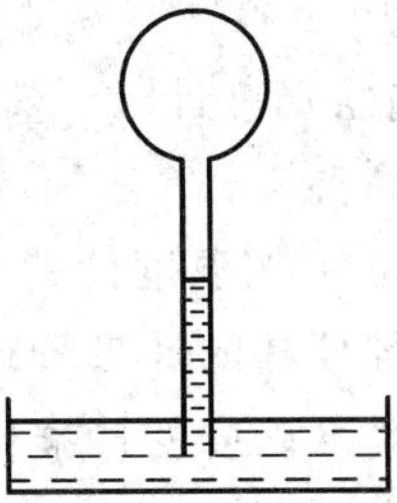

图 2-1　伽利略的温度计

2）华氏温标

在 1714 年，德国人华伦海特(Fahrenheit)以水银为测温体，利用其体积随温度变化的特性制作了水银温度计，并提出在标准大气压下的温度标定值：

(1) 冰水融体为 32℉。

(2) 水的沸点为 212℉。

(3) 中间等分为 180 份，每份为 1 度，以℉表示。

这种温标目前在欧美等国家还在使用。

3）摄氏温标

摄氏温标是由瑞典物理学家摄尔修斯(Anders Celsius)在 1742 年提出的。他将温度标定值设定为

(1) 冰水融体为 0℃。

(2) 水的沸点为 100℃。

(3) 中间等分为 100 份，每份为 1 摄氏度，以℃表示。

我国目前仍广泛使用这种温标。

2. 热力学温标

热力学温标是在 19 世纪中叶，由英国人开尔文(Kelvin)根据卡诺循环理论推出：

(1) 冰水融体为 273.15 K。

(2) 水的沸点为 373.15 K。

(3) 中间等分为 100 份，每份为 1 开尔文，以 K 表示。

(4) 绝对零度相当于−273.15℃。

3. 国际温标

国际温标(ITS-90)于 1990 年发布，记为“T_{90}”，其单位仍为 K。它与摄氏温度 t_{90} 的关系记为

$$t_{90} = T_{90} - 273.15$$

两者在描述温度差时，无论用℃或 K，其数值一样。

2.1.3　温度的标定

温度的标定以标准的测温仪器为基准。

国际上一般将整个温标分为4个温区，其相应的标准仪器如下：

(1) 0.65～5.0 K，^{3}He和^{3}He蒸汽压温度计。

(2) 3.0～24.5561 K，^{3}He和^{4}He定容气体温度计。

(3) 13.8033 K～961.78℃，铂电阻温度计。

(4) 961.78℃以上，光学或光电高温计。

而温度的标定又是按等级来进行的：按温度计的准确度分为基准、工作基准、一等标准、二等标准及工业用等级别；按标准仪器的计量管理部门垂直分布为国际计量局、中国计量局、省市技术监督局等等级。最高准确度的标准仪器在国际计量局，定期下属计量部门要和上一基准比对，以确保温度量值的统一性。

2.1.4 温度的检测方法

温度检测方法很多，从输出量有无电信号可以划分为非电测量和电测量两大类；从使用方式可以划分为接触类和非接触类，这种测温方式的特点如表2-1所示。

表2-1 接触法与非接触法测温特性

测量方法	接 触 法	非 接 触 法
特点	测量热容量小的和移动的物体有困难；可测量任何部位的温度；便于多点集中测量和自动控制	不改变被测介质温度，通常用于测量移动物体的表面温度
测量条件	测量元件要与被测对象很好接触；接触测温元件不要使被测对象的温度发生变化	由被测对象发出的辐射能充分照射到检测元件；被测对象的有效发射率要准确知道，或者具有重现的可能性
测量范围	容易测量1000℃下的温度，测量1800℃以上的温度时困难	测量1000℃以上的温度较准确，但测量1000℃以下温度时误差较大
准确度	通常为0.5%～1%，依据测量条件可达0.1%	通常为20℃左右，条件好的可达5℃～10℃
响应速度	通常较大，1～2 min	通常较小，2～3 s

2.1.5 温度传感器的分类及合理选用

1. 温度传感器的分类

温度传感器根据其工作原理、测温范围等可以分为许多种。

表2-2从物理效应方面予以概况；表2-3和表2-4从性能及测温范围方面予以总结。

表 2－2　温度传感器概况

温度传感器	应用的物理效应	温度计
热电偶	塞贝克效应	热电高温计
热电阻(热敏电阻)	电阻随温度的变化	数字温度计、多点温度计
二极管	P－N 结的温度特性	半导体温度计
太阳电池 光电倍增管	热电网效应 光电效应	辐射温度计 亮度温度计、比色温度计
晶体钛酸钡	热电效应	晶体温度计
氯酸钾($KClO_3$)	核磁共振	NQR 温度计
双金属、水银、酒精、气体	膨胀	双金属温度计 玻璃温度计、气体压力温度计 液体压力温度计
感温铁氧体	磁性变化	磁温度计
碳酸钾	化学变色	温度指示剂

表 2－3　常用温度计的种类及特性

原理	种类	使用温度范围/℃	准确度/℃	线性化	响应速度	记录与控制	价格
膨胀	水银温度计	－50～650	0.1～2	可	中	不适合	低
	有机液体温度计	－200～200	1～4	可	中	不适合	
	双金属温度计	－50～500	0.5～5	可	慢	适合	
压力	液体压力温度计	－30～600	0.5～5	可	中	适合	低
	蒸汽压力温度计	－20～350	0.5～5	非	中		
电阻	铂电阻温度计	－260～1000	0.01～5	良	中	适合	高
	热敏电阻温度计	－50～350	0.3～5	非	快	适合	中
热电动势	热电温度计 B	0～1800	4～8	可	快	适合	高
	热电温度计 S・R	0～1600	1.5～5	可			
	热电温度计 N	0～1300	2～10	良	快	适合	中
	热电温度计 K	－200～1200	2～10	良			
	热电温度计 E	－200～800	3～5	良			
	热电温度计 J	－200～800	3～10	良			
	热电温度计 T	－200～350	2～5	良			
热辐射	光学高温计	700～3000	3～10	非	—	不适合	中
	光电高温计	200～3000	1～10	非	快	适合	高
	辐射高温计	约 100～约 3000	5～20		中		
	比色温度计	180～3500	5～20		快		

表 2－4　各种温度计的测温范围

ITS-90定义固定点	13.8 K 平衡氢三相点 20.3 K 平衡氢蒸气压点 24.5661 K 氖三相点 54.3584 K 氧三相点 83.8058 K 氩三相点 0.01℃水相点 29.7646℃镓熔点 231.928℃锡凝固点 419.527℃锌凝固点 961.78℃银凝固点 1064.18℃金凝固点
温度计	铂电阻温度计；铂铑10-铂热电偶；光学高温计
温度	0 K　20 K　50 K　100 K　0℃　600℃　1000℃　3000℃
各种温度计的使用温度范围	0.01 K～1.5 K　磁温度计 0.2 K～3.3K　^{3}He蒸气压温度计 0.5 K～5.2K　^{4}He蒸气压温度计 1 K～125℃　GaAs感温体 1.5 K～100 K　锗电阻温度计 1.5 K～100 K　碳电阻温度计 4 K～500℃　气体温度计 4 K～350℃　热敏电阻温度计 11 K～250℃　晶体管温度计 14 K～960℃　电阻温度计 20 K～3000℃　热电偶 30 K～125℃　核磁共振温度计 75 K～650℃　玻璃温度计 125 K～500℃　双金属温度计 223 K～3000℃　辐射温度计 700℃～3500℃　光学高温计

2. 测温计的合理选择

准确测量温度的关键是做到感温部分与被测物体的温度一致。其次，还应详细了解测量目的、测量对象(参考表 2－5)，并在掌握温度传感器性质、安装情况的基础上，利用恰当的方法选择最适合的。

表 2－5　温度测量注意事项

注意事项	探讨的内容
测量对象的状态	固体、液体、气体中的哪种状态；是静止还是运动；大致的温度范围是多少，温度的变化速度如何；是否有吸热或放热现象，是否有热流
欲取得的信息	是局部温度，还是整体温度；是物体的表面温度，还是内部温度；是瞬间温度，还是某段时间的平均温度
主要的测定量	是温度的绝对值还是相对值；是温度值还是温差，而温差与空间、时间及其他何种因素有关；温度值是否变化，变化的大小及倾向或速度如何
测量对象与温度计的关系	测量对象的形状与温度计的安装方式的关系；测量对象的温度与检测元件温度一致的程度(对于利用辐射的温度计，测量对象发出的辐射应与射入温度计的辐射有正确对应关系)；测温元件对测量对象的影响程度；气氛、振动、温度、噪声等环境因素对测量对象及温度计的影响

通常，在温度传感器的选择中应主要考虑以下因素：

(1) 温度范围(见表 2－3 和表 2－4)：具体的使用温度范围、准确度及测量误差是否能达要求。

(2) 使用场合：根据实际工作环境来选择也是重要条件，经常要考虑尺寸、保护套材料、结构、安装条件、耐垫、耐蚀、耐震，防暴等级等方面的问题。

(3) 温度响应：响应速度主要由传感器的质量、材质和体积决定，接触式传感器时间常数愈小，温度响应速度就愈快。

(4) 传输方式：温度信号输出模式；读取、显示、记录、控制，报警等操作方式的选择。

其他需考虑的还有如价格、互换性、可靠性、工艺等要求。

2.2　热电阻测温传感器

随着温度的变化，导体或半导体的电阻会发生变化，利用这一关系测温的方法，就称为热电阻测温法，而用于测量的元件则称为热电阻。通常，热电阻是金属导体材料的称为金属热电阻；为半导体材料的称为热敏电阻。通常它们可以测量－200℃～850℃范围内的温度。

2.2.1　金属热电阻

金属热电阻一般具有如下特性：

(1) 准确度高。在所有的常用温度计中，它的准确度最高，可达 1 mK。

(2) 输出信号大，灵敏度高。如用 Pt100 铂电阻测温，灵敏度为 0.4 Ω/℃，如果通过 2 mA 电流，则可实现 800 μV 的电压输出。

(3) 稳定性好。在适宜条件下可长时间保持 0.1℃以下的稳定性。

(4) 无需参考点。温度值可由测得的电阻值直接求得。

(5) 输出线性好。只用简单的辅助回路就能得到线性输出。

(6) 机械加工性能好。

1. 敏感材料及测温原理

金属电阻的阻值大小与导体的长度成正比，与导体的横截面积成反比，即

$$R=\rho\frac{l}{S}$$

式中：R——导体的电阻；

ρ——导体的电阻率；

l——导体的长度；

S——导体的截面积。

改变温度 t，则金属导体的电阻率 ρ 与之大致成正比，即

$$\rho=\rho_0(1+\alpha t)$$

式中：ρ_0——0℃时导体的电阻率；

α——电阻温度系数。

这是因为随着温度的升高，金属内部原子的无规则振动加剧，对定向运动的电子阻碍加强，导致电阻率变大，电阻随温度升高而增加。不同的金属，其电阻随温度的变化是不一样的(如图 2-2 所示)。金属的电阻温度系数 α 与金属的纯度有关，一般是纯度越高，电阻温度系数越大；反之，金属的纯度越低，电阻温度系数越小，而且越不稳定。所以，纯金属的电阻温度系数比合金的要大且稳定。

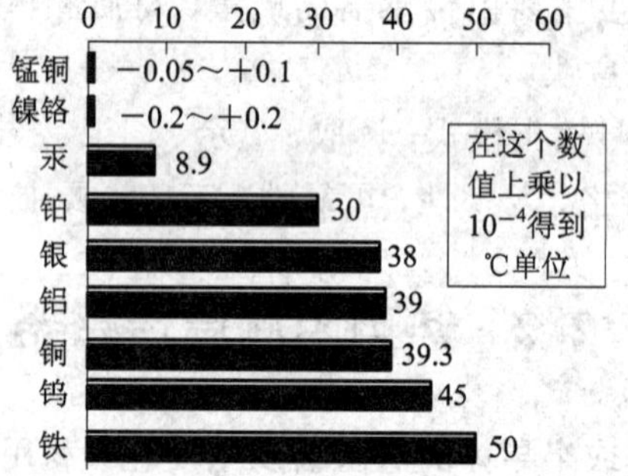

图 2-2　各种金属在 20℃时的电阻温度系数

制作电阻的金属和合金，应具备以下条件：

(1) 较大的电阻率。

(2) 温度系数较高。

(3) 电阻与温度关系线性良好。

(4) 物理与化学性能稳定。

(5) 机械加工性能好。

能满足以上条件的，应用最广泛的是铂电阻和铜电阻，其他还有镍、铁、铑等(见表 2-6)。

表 2-6　常用热电阻材料特性

材料名称	允许误差/K	温度系数 α /(℃$^{-1}$×10^{-1})	电阻率 ρ /(Ωmm^2/m)	温度范围/℃	特　性
铂	±0.001	3.92	0.0981	－200～850	近线性，稳定，互换性、重复性好
铜	±0.002	4.25	0.0170	－50～120	α 值大、线性、互换性好、易氧化、宜测低温、ρ 低、热惯性大
镍	±0.003	6.60	0.1210	－60～150	α 值大、非线性、易氧化、互换性差、宜测低温

铂丝纯度高，化学与物理性能稳定，电阻与温度线性关系良好，电阻率高，复制与加工性能好，长时间稳定的复现性可达 0.0001 K。另外，它的测温范围广，可低至－270℃，高到 850℃，是最好的热电阻材料，但价格也是最贵的。它应用广，是最重要的热电阻温度计。国际实用温标中规定，在 13K～960℃温度范围内，用铂热电阻温度计作为内插仪器，以它作为传递标准。

铂热电阻一般有标准型和工业型两大类。标准型铂热电阻是高精度热电阻，主要用作温标传递的计量仪器或用作精密温度测量仪器，它们都是在实验室条件下使用的，由纯度极高的铂丝制成的。工业型铂热电阻用于现场温度测量，其所用的铂丝为工业纯度，纯度低于标准型铂热电阻。

应用中通常有 Pt10、Pt100、Pt1000 等分度号，即 0℃时的标称电阻 R_0 分别为 10 Ω、100 Ω、1000 Ω。

铜电阻的测温范围通常为－50℃～150℃，其电阻－温度关系可近似为线性，铜电阻的 α 值较大，高纯铜丝易得，且价廉，互换性不错，但其电阻率低，体积较大，热贯性大，高温易氧化，不耐腐蚀，因此其工作环境要求高。通常用作温度补偿。

铜电阻的分度号一般有 Cu50 和 Cu100。

2. 金属热电阻的一般结构

金属热电阻的结构如图 2-3 所示。它主要由四部分组成：金属热电阻丝、绝缘骨架、引出线和保护套管。

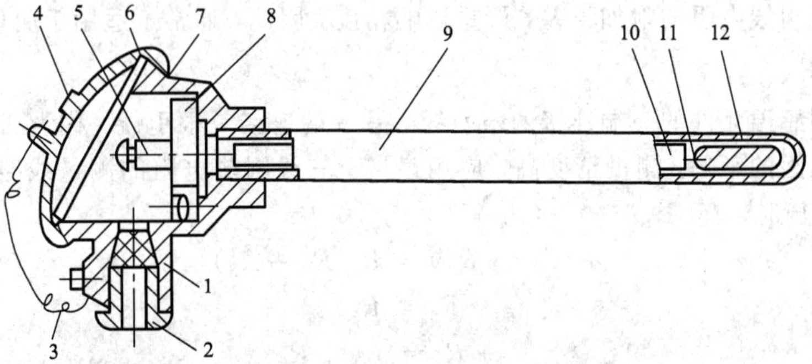

1—出线孔密封圈；2—出线孔螺母；3—链条；4—盖；5—接线柱；6—盖的密封圈；
7—接线盒；8—接线座；9—保护管；10—绝缘管；11—引出线；12—感温元件

图 2-3　金属热电阻的一般结构

绝缘骨架用来缠绕、支承或固定热电阻丝的支架，当热电阻与之固定时会引起应力变化，因此它的质量将直接影响热电阻性能，通常用的材料有云母、玻璃、陶瓷等。云母骨架的优点是机械抗振性好，响应快，但由于为天然物质，因而质量不稳定，使用温度宜在500℃以下；玻璃骨架的特点是体积小，响应快，抗振性强，最高安全温度为400℃，但4 K的低温仍可使用；陶瓷骨架的特点是体积小，响应快，绝缘性好，温度上限可达960℃。

保护套管需要选择化学稳定性好、导热好、易加工的材料，便于提高热电阻的使用寿命及响应速度，适于生产，通常由金属、陶瓷等材料制成。

3. 测温引线方式及电路

用于测量热电阻值的仪器种类繁多，它们的准确度、测量速度、连接线路各不相同。可依据测量对象的要求，选择适宜的仪器与线路。对于精密测量，常选用电桥或电位差计；对于工程测温，多用自动平衡电桥或数字仪表或不平衡电桥。从热电阻引线的方式可将之分为三种，分别为两线制、三线制和四线制，如图 2-4 所示。

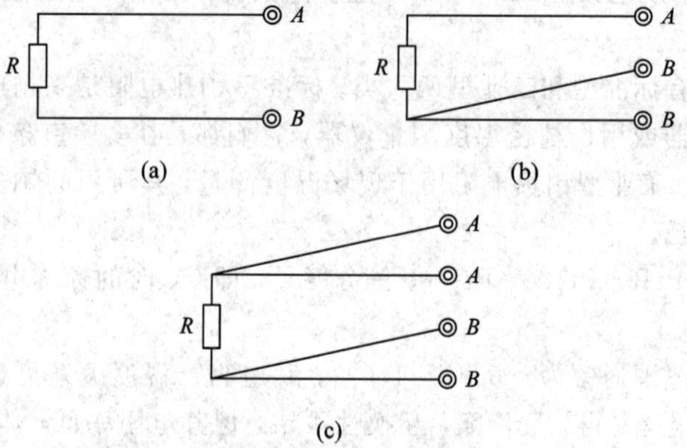

◎—接线端子；R—感温元件；A、B—接线端子的标号

图 2-4 感温元件的引线方式

(a) 两线制；(b) 三线制；(c) 四线制

1) 两线制

在热电阻感温元件的两端各连一根导线，称为两线制。其特点是配线简单，费用低，但由于引进了引线电阻的附加误差，严重影响精度，因此，通常不适用于测量。

2) 三线制

在热电阻感温元件的一端连接两根引线，另一端连接一根引线，称为三线制。它可以消除内引线电阻的影响，测量精度高，应用最广。三线制热电阻的测量线路如图 2-5 所示。当电桥平衡时，有

$$R_3(R_1+R_A)=R_2(R_T+R_B)$$

因为

$$R_2=R_3$$

所以

$$R_1+R_A=R_T+R_B$$

若

$$R_A=R_B$$

则

$$R_T=R_1$$

如果 $R_A \neq R_B$，则 $R_T \neq R_1$，将引入测量误差。因此，$R_A = R_B$ 是三线制热电阻消除内引线及连接导线电阻影响的前提条件。

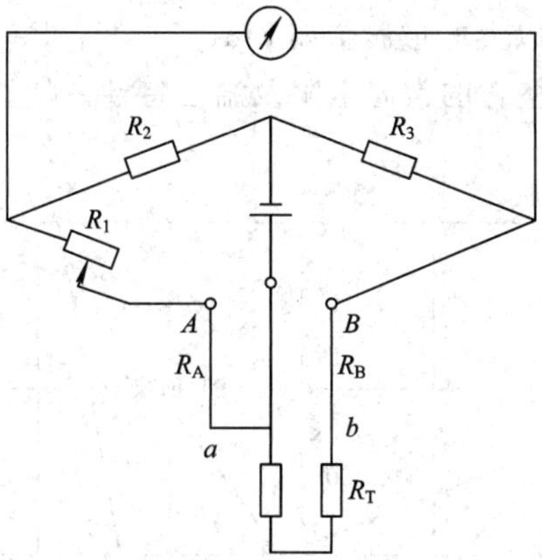

图 2-5　三线制测量电路

3）四线制

在热电阻感温元件的两端各连两根引线，其中两根接恒流源，另两根接电子电位差计，称为四线制。在高精度测量时，要利用四线制，这种方式不仅可消除内引线电阻影响，还可消除连接导线电阻的影响。

2.2.2　热敏电阻

热敏电阻是一种电阻值随其温度变化呈指数变化的半导体热敏感元件。它于 1940 年研制成功，最初用于通信仪器的温度补偿及自动放大调节装置。之后，由于材料性能的改进及老化机理的阐明，使其稳定性进一步提高。进入 20 世纪 60 年代，它成为工业用温度传感器。跨进 20 世纪 70 年代，大量应用于家电及汽车用温度传感器，目前已深入到各种领域，发展极为迅速。在各种温度计中，它仅次于热电偶、热电阻，占第三位，但销售量极大，每年几千万支。在许多场合下（−40℃～350℃），它已经取代了传统的温度传感器。

热敏电阻具有如下优点：

（1）灵敏度高。它的电阻温度系数 α 值较金属的大 10～100 倍，因此，可采用精度较低的显示仪表。

（2）电阻值高。其电阻值较铂热电阻高 1～4 个数量级，适于远距离检测与控制。

（3）体积小，结构简单。根据需要可制成各种形状，目前最小的珠状热敏电阻尺寸可小至 ϕ0.2 mm。

（4）热惯性小、响应时间短。

（5）功耗小，不需要参考端补偿。

（6）成本低。

（7）化学稳定性好，适于恶劣场合。

热敏电阻的主要缺点有：

（1）非线性。

（2）互换性及重复性差。

(3) 测温范围窄，一般不易超过150℃。

1. 热敏电阻的材料及特性

热敏电阻主要是由两种以上的过渡金属Mn、Co、Ni、Fe等复合氧化物构成的烧结体，根据其组成的不同，可以调整它的常温电阻及温度特性。典型的热敏电阻的温度特性如图2-6所示。

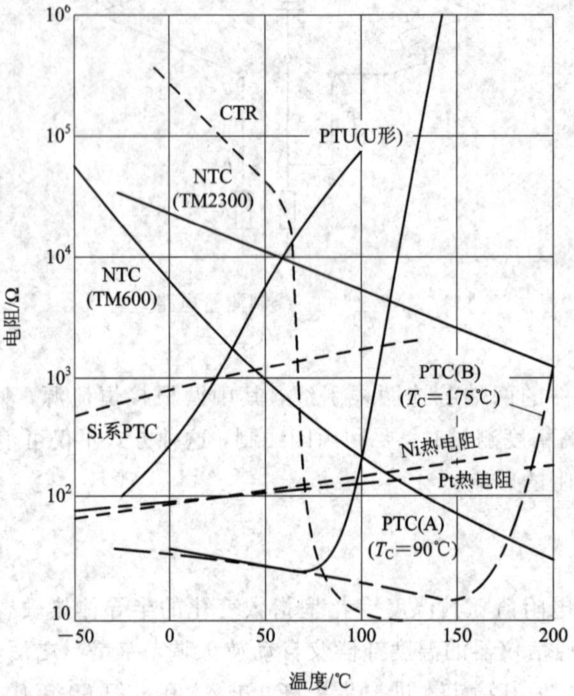

NTC—负温度系数热敏电阻；PTC—正温度系数热敏电阻；CTR—临界温度热敏电阻

图2-6 热敏电阻的温度特性

热敏电阻按其温度特性可分为如下三类：

(1) 负温度系数(Negative Temperature Coefficient，NTC)热敏电阻，通常将NTC称为热敏电阻。它的特点是，电阻随温度的升高而降低，具有负的电阻温度系数，故称为负温度系数热敏电阻。它的电阻-温度特性表现为指数规律，呈现非线性特性。

(2) 正温度系数(Positive Temperature Coefficient，PTC)热敏电阻。它的特点与NTC相反，电阻随温度的升高而增加，并且在达到某一温度时，阻值突然变得很大，故称为正温度系数热敏电阻。

(3) 临界温度热敏电阻(Critical Temperature Resistor，CTR)。它的特点是，在某一温度下电阻急骤降低，故称为临界温度热敏电阻。

2. 热敏电阻的结构

热敏电阻是由热敏电阻感温元件、引线及壳体等构成的(见图2-7)。通常将热敏电阻做成二端器件，但也有做成三端或四端器件的。二端或三端器件为直热式，即热敏电阻直接由连接的电路中获得功率，而四端器件则为旁热式。

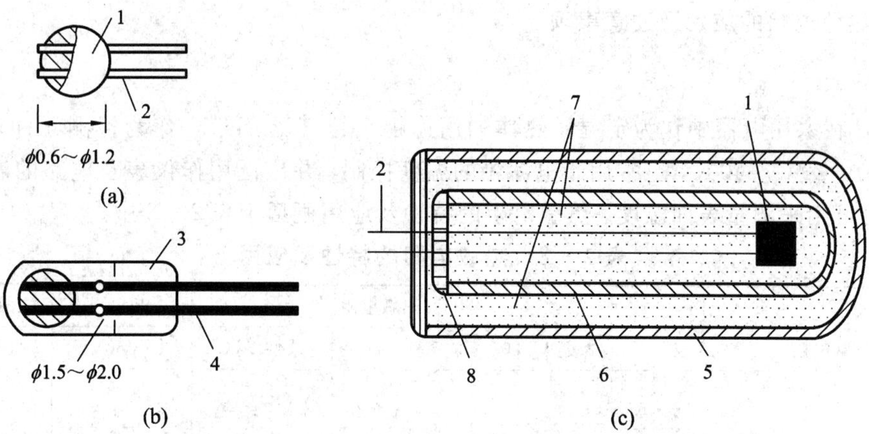

1—感温元件；2—引线；3—玻璃壳层；4—杜美丝；5—耐热钢管；
6—氧化铝保护管；7—耐热氧化铝粉末；8—玻璃黏结密封

图 2－7　热敏电阻的结构

根据不同的使用要求，热敏电阻可制成不同的结构形式(见图 2－8)，其特点如表 2－7 所示。

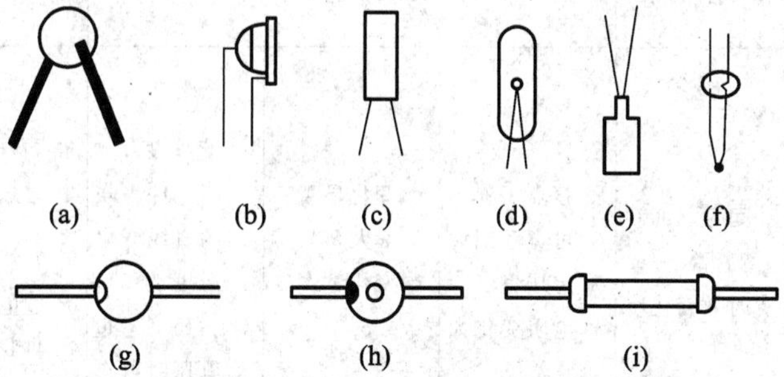

图 2－8　热敏电阻的结构形式
(a) 圆片形；(b) 薄膜形；(c) 杆形；(d) 管形；(e) 平板形；
(f) 珠形；(g) 扁圆形；(h) 垫圈形；(i) 杆形

表 2－7　热敏电阻结构特征

分类		特征	缺点
玻璃密封型	珠形	① 气密性好，可靠性高； ② 可用于高温； ③ 最适用于测温	① 感温元件、玻璃及引线等各种材料的膨胀系数要求一致； ② 成本高
	二极管形	① 气密性好、可靠性高； ② 成本较低	装配时由树脂膜产生的应力有时可使玻璃出现裂纹
树脂密封型	平板形	① 特性范围选择广泛； ② 成本低	① 耐热性能低于玻璃封装； ② 过多的反复热循环，将在树脂及基体中产生裂纹
	杆形	可制作高电阻低 B 的元件	外形尺寸大

3. 热敏电阻的应用及注意事项

1) 应用

PTC在家用电器中作为定温发热体的用途越来越广泛。NTC作为检测元件，测温范围通常为－20℃～40℃，也常用于电冰箱的温度控制，并广泛用作仪表及电路的温度补偿元件，也可用来测量表面温度。热敏电阻的特性及应用概括于表2－8中。

表2－8 热敏电阻的特性及应用

名称	NTC热敏电阻		PTC热敏电阻			NTC(＋PTC)热敏电阻	
	常温用	高温用	缓变PTC	突变PTC	线性PTC	V型	L型
温度特性	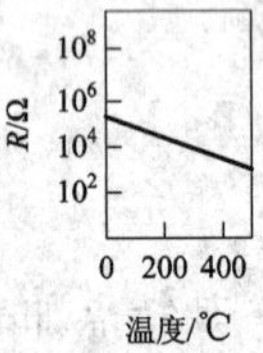	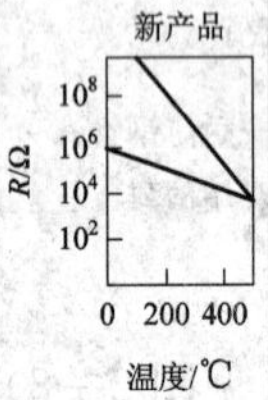	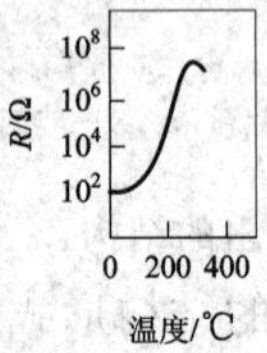	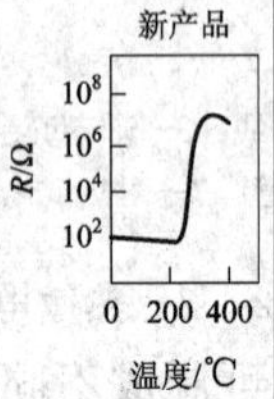	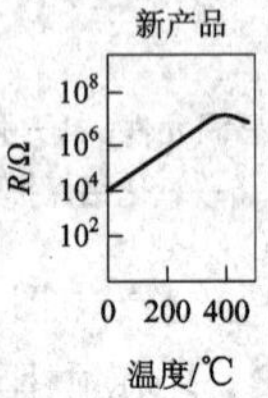	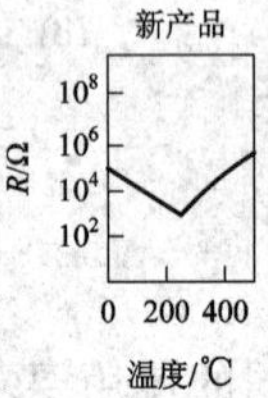	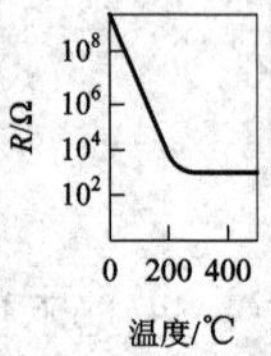
组成	MnO－NiO－CoO系	非氧化物系	(BaY)TiO_3 系			(PbSr)TiO_3 系	
特性	· 测温灵敏度高 · 容易电子化 · 使用温度范围宽(－20℃～500℃) · 可大批量生产，价格便宜	· 可耐500℃高温 · 时效变化小	· 接点工作 · 可宽范围设定居里点 · 电阻变化大	· 变化显著，最大55%℃ · 变化宽度4.5	· 0℃～50℃直线变化 · 两元件串联的直线变化温度为0℃～150℃，过电压时可自我保护	· 可改变NTC，斜率为2～8%/℃ · 有线性变化 · 过电压时可自我保护 · 居里点可移动	· 制造简单 · 用途广 · 居里点可移动
用途	温度传感器 温度补偿 限流开关	温度传感器	防止过热 限流开关 定温加热器	温度报警 防止过热	温度传感器 水位检测 温度补偿	温度传感器 水位检测 温度补偿	温度报警 水位检测 防止过热

2) 使用注意事项

热敏电阻的使用注意事项如下：

(1) 施加过电流时要注意，过电流将破坏热敏电阻。

(2) 应在经过时间常数的5～7倍以后再开始测量。

(3) 当热敏电阻采用金属保护管时，为减少由热传导引起的误差，要保证有足够的插入深度。当介质为水和气体时，其插入深度应分别为管径的15倍与25倍以上。

(4) 如果引线间或者绝缘体表面上附着有水滴或尘埃时，将使测量结果不稳定，并产生误差，因此，要注意使热敏电阻具有防水、耐湿、耐寒等性能。

(5) 要注意由自身加热引起的误差。热敏电阻元件体积很小，电阻值却很高，由自身电流加热很容易产生误差。为减少此误差，将测量电流变小是很必要的。如上所述，热敏电阻的阻值随温度变化非常大，即使微小电流也将输出很大信号，故应控制通过热敏电阻的电流所产生的能量，使之为耗散常数 δ 的 1/10～1/1000。

(6) 要注意防范电磁感应的影响。因热敏电阻的阻值很大，故易受电磁感应的影响。自身电阻值越高，受影响越大。为应对电磁感应的影响，可采用屏蔽线或将两根线绞绕成一根。

(7) 要注意热敏电阻的互换性。由于热敏电阻的材质，制作工艺及元件的结构都会使阻值波动，导致其互换性差，因此应尽量选择同一批号及品质好的产品。

2.2.3　热电阻的合理选择及命名

1. 选择原则

为了测量某物体或流体的温度，必须综合考虑的问题有：测温目的、测温范围、测温精度、测温环境及成本。

如果在上述基本要求尚不清楚的情况下，盲目选择温度计，则可能会得出错误结果。

2. 测量精度的选择

应明确测量要求的精度，不要盲目追求高精度。因为精度越高，价格就越贵，而且，还会给测量增加一些限制条件和不必要的麻烦。最好选择满足测量要求，精度适宜的热电阻。具体选择标准如下：

- 选择标准
  - 使用温度
    - 测量温度
    - 使用温度范围
  - 测量精度
  - 测量流体
    - 保护管材质
    - 保护管直径
    - 保护管壁厚
  - 响应速度
    - 保护管直径
    - 保护管内充填物
  - 测量场所
    - 保护管长度
    - 安装方法
      - 固定法兰
      - 固定螺纹
      - 有无插孔
    - 防爆结构
  - 维护保养
    - 接线方式
      - 接线盒
      - 接线柱
      - 螺旋定位端子
    - 安装方法

3. 注意事项

选择热电阻时的注意事项如下：

- 注意事项
  - 引起测量误差的原因
    - 热电阻自热效应引起的误差
      - 自热效应误差
      - 引线误差
      - 响应速度，电阻丝劣化引起的误差
        - 接触电阻
        - 附加热电动势
        - 绝缘电阻
    - 测量方法及操作引起的误差(插入深度引起的误差)
  - 保护管的选择
    - 从抗腐蚀角度选择保护管材质
    - 从机械强度选择保护管
      - 直径
      - 形状、结构

4. 产品型号的命名方式

根据机械行业标准 JB/T9236—1999《工业自动化仪表产品型号编制原则》，产品型号应表示产品的主要特性，作为产品名称的简化代号，供生产、订货及施工等使用。型号并不能完全表达产品的全部细节。但是，相同型号的产品一般是可以互换的。

产品型号的组成一般如下：

A	B	C	D	—	1	2	3	4
第一位	第二位	第三位	第四位		第一位	第二位	第三位	第四位
第一节					第二节			

第一节的第一位表示该产品所属的大类。第一节的第二位表示该产品所属的小类，以后的各位则根据产品不同情况表示该产品的原理、功能、用途等。第一节的大写拼音字母代号及其所表示的意义见表 2-9。

表 2-9 产品型号第一节代号及意义

代号	名 称	代号	名 称
WM	热敏电阻温度计	B	标准热电阻
WMC	热敏电阻	S	室温热电阻
WMX	便携式热敏电阻温度计	M	表面热电阻
WMZ	热敏电阻温度指示仪	K	铠装热电阻
WMK	热敏电阻温度控制仪	T	专用或特种热电阻
WZ	热电阻	WPZ	热电阻附属部件
WZP	铂热电阻*	WPZK	转换开关
WZC	铜热电阻*	WPZX	接线盒
WZN	镍热电阻*		

注：* 表示产品需标注分度号。

第二节各位根据产品不同情况，系列产品可以分别代表产品的结构特征、规格、材料等；非系列产品则可以是产品序号，均由产品型号管理单位根据产品具体情况规定所用的代号及其表示的意义。

例如：

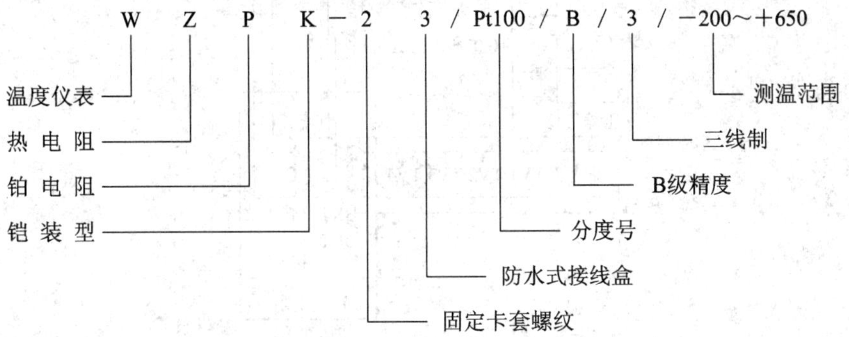

2.2.4　热电阻的应用实例

1. 液位报警器

图 2 - 9 所示为具有音乐报警功能的液位报警器，适用于电池电压为 6 V 的摩托车。图中，G 为 KD930 型音乐信号集成块；A 为 TWH8778 型功率放大集成块，在本电路中用作脉冲放大器；R_{t1} 和 R_{t2} 构成旁热式热敏电阻液位传感器。当传感器处于汽油中时，G 的 2 端触发电压低于 2 V，电路截止，扬声器 BL 不发声。当传感器露出液面后，R_{t2} 的阻值剧增，G 触发导通，输出音乐信号，并经 A 放大后推动 BL 发出足够的音乐报警声，为驾驶员提供加油信息。

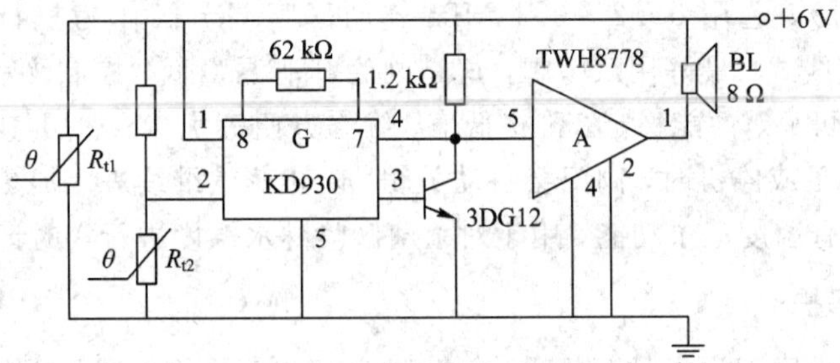

图 2 - 9　带音乐报警功能的液位报器电路

2. 啤酒杀菌机温度自控装置

本例是一种由铠装铂热电阻 STB - 138S 型智能调节器和气动薄膜调节阀组成的啤酒杀菌机自控装置。本杀菌机温控系统由检测、调节、执行机构三大部分组成，分 6 个回路对杀菌机的 8 个温区的喷淋水温度进行定值控制。

如图 2 - 10 所示，用蒸汽作为调节介质的回路采用气开式的调节法，调节形式为反作用。当喷淋水温度高于(或低于)给定值时，调节器根据给定值与测量值的偏差情况，输出相应的 4～20 mA 标准信号，电/气转换器把 4～20 mA 电流信号转换成 0.02～0.1 MPa

的标准气压信号，推动气动薄膜调节阀，使蒸汽阀门关小(或开大)，以达到把喷淋水温度控制在给定值的目的。

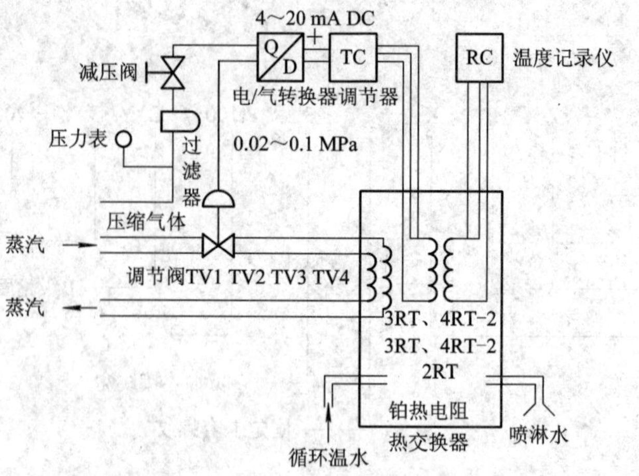

图 2-10　啤酒杀菌机温度自控装置

系统的组成及其特点如下：

(1) 检测部分采用铠装铂热电阻测温。铠装铂热电阻测量精度高，稳定性能好，密封性好。信号传送采用三线制接线方法，以补偿远距离传送误差，提高测量精度。

(2) 调节部分采用 DDZ-S 系列中的 STB-138S 型智能调节器。该调节器是智能控制仪表，它采用 8031A-P 单片机作为控制主机，输入端隔离，交直流开关电源供电，最大限度地减小接插件，受扰后有完善的自动复位电路，无死机现象，有效地增强了该仪表的抗干扰性和可靠性。

(3) 执行机构可选用国产各种型号的 4～20 mA 电/气转换器(注意其各项参数要与整个系统要求相符)，选用 0.02～0.1 MPa 气动薄膜调节阀作为执行机构。薄膜阀为 ZMAP-16K 型直线式，最好用双座阀，这是因为其泄漏量低，控制平稳。气动阀具有结构简单、动作安全可靠、性能稳定、价格低廉、维修方便等优点。选用气开式阀的好处是：当压缩空气压力不足或停机时，阀门会自动关闭，阻止蒸汽继续进入加热器。

(4) 本系统设有温度记录功能，用于对杀菌区喷淋水温度进行实时记录。

3. 用于继电保护

将突变型热敏电阻埋设在被测物中，并与继电器串联，给电路加上恒定电压。当周围介质温度升到某一定数值时，电路中的电流可以由十分之几毫安突变为几十毫安，因此，继电器动作，从而实现温度控制或过热保护。图 2-11 所示为用热敏电阻作为对电动机过热保护的热继电器。把三只特性相同的热敏电阻放在电动机绕组中，紧靠绕组处每相各放一只，滴上万能胶固定。经测试，在 20℃时其电阻为 10 kΩ，在 100℃时其电阻为 1 kΩ，在 110℃时其电阻为 0.6 kΩ。当电动机正常运行时温度较低，三极管 VT 截止，继电器 J 不动作。当电动机过负荷或断相或一相接地时，电动机温度急剧升高，使热敏电阻阻值急剧减小，到一定值后，VT 导通，继电器 J 吸合，使电动机工作回路断开，实现保护作用。可根据电动机各种绝缘等级的允许升温值来调节偏流电阻 R_2 的值，从而确定三极管 VT 的动作点。

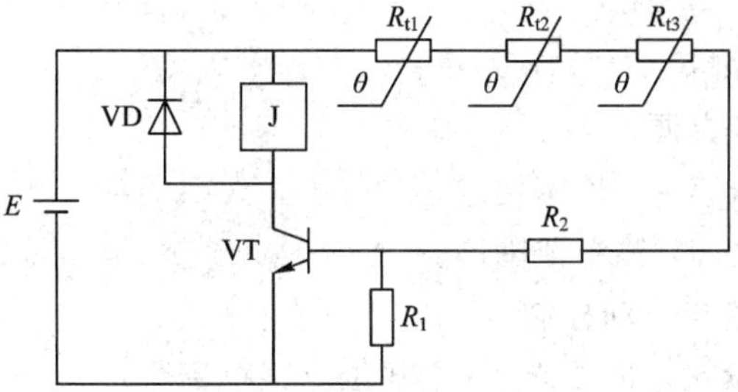

图 2－11　热继电器原理图

4. 电动机保护器

电动机往往会由于超负荷、缺相及机械传动部分发生故障等原因造成绕组发热，当温度升高到超过电动机允许的最高温度时，将会使电动机烧坏。利用 PTC 热敏电阻具有正温度系数这一特性可实现电动机的过热保护。图 2－12 所示是电动机保护器电路。图中 R_{t1}、R_{t2}、R_{t3} 为三只特性相同的 PTC 开关型热敏电阻。为了保护可靠性，热敏电阻应埋设在电动机绕组的端部。三个热敏电阻分别和 R_1、R_2、R_3 组成分压器，并通过 VD_1、VD_2、VD_3 和单结晶体管 VT_1 相连接。当某一绕组过热时，绕组端部的热敏电阻的阻值将会急剧增大，使分压点的电压达到单结半导体的峰值电压时，VT_1 导通，产生的脉冲触发晶闸管 VT_2 导通，继电器 K 工作，常闭触点 K_1 断开，切断接触器，则电动机得到保护。

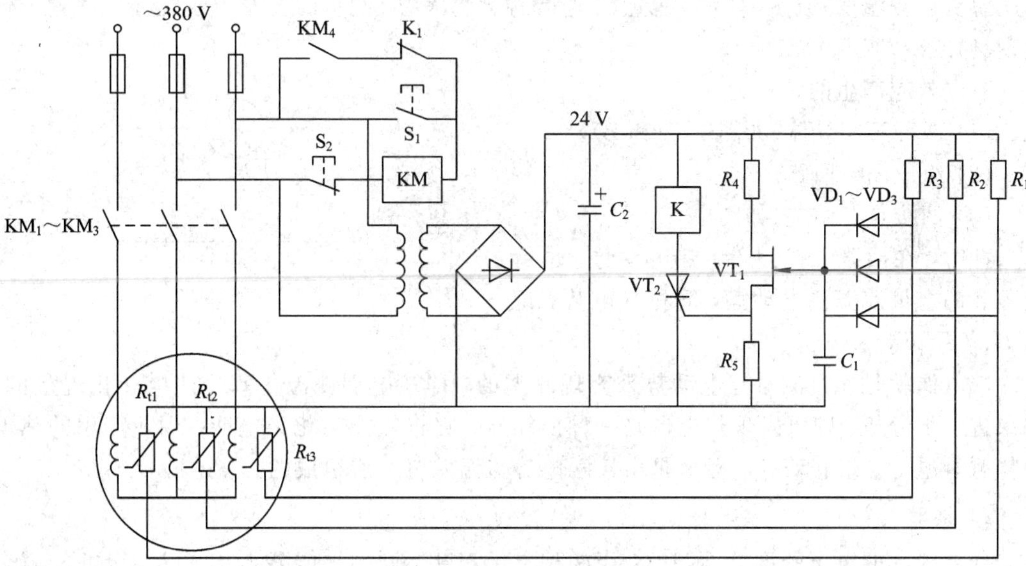

图 2－12　电动机保护器电路图

2.3　热电偶温度传感器

热电偶作为测温元件，可以直接测得温度并转换为与温度相应的热电动势。热电温度计通常由热电偶、补偿(或铜)导线及测量仪表构成，广泛用来测量－200℃～1300℃范围内的温度。在特殊情况下，可测至 2800℃的高温或 4 K 的低温。热电温度计的应用最普遍，用量也最大。

热电偶测温的优点如下：

(1) 检测直接，转换方便。

(2) 结构简单，制造容易，价格便宜。

(3) 惰性小，准确度高，测温范围广。

(4) 适于远距离测量与自动控制。

(5) 能适应各种测量对象的要求(特定部位或狭小场所)。

缺点如下：

(1) 测量准确度难以超过0.2℃。

(2) 必须有参考端，并且温度要保持恒定。

(3) 在高温或长期使用时，易受被测介质影响或环境腐蚀作用而发生劣化。

2.3.1 热电偶测温原理

1. 热电效应及热电势

1) 热电效应

热电偶的测温原理基于1821年塞贝克(Seebeck)发现的热电现象。著名的塞贝克实验如图2-13所示。图中，A、B称为热电极；接点1通常称为测量端(测量时将它置于测温场所感受被测温度)或热端(T)；接点2通常称为参考端(测量时要求温度恒定，它置于仪表现场)或冷端(T_0)。

热电效应产生的条件为：

(1) 两种不同导体(如图中A和B)。

(2) 组成闭合回路。

(3) 两接点有温差(如图中 $T \neq T_0$)。

此时，在回路中就会产生热电动势，也就是著名的塞贝克温差电动势，简称热电势，记为 $E_{AB}(T, T_0)$。

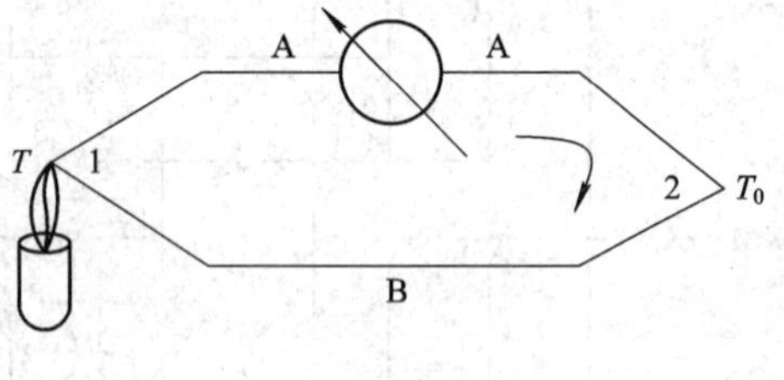

图2-13 热电效应示意图

热电偶就是通过测量热电动势来实现测温的，即热电偶测温是基于热电转化现象的。如果进一步分析，则可发现热电偶是一种换能器，它将热能转化为电能，用所产生的热电动势测量温度。该电动势实际上是由接触电势与温差电势所组成的。

2) 接触电势

导体内部的电子密度是不同的，当两种电子密度不同的导体A与B相互接触时，就会发生自由电子扩散现象，自由电子从电子密度高的导体流向电子密度低的导体。电子扩散的速率与自由电子的密度及所处的温度成正比。假如导体A与B的电子密度分别为 N_A、N_B，并且 $N_A > N_B$，则在单位时间内，由导体A扩散到导体B的电子数比从B扩散到A的电子数多，导体A因失去电子而带正电，B因获得电子而带负电。因此，在A和B间形成了电位差。一旦电位差建立起来，将阻止电子继续由A向B扩散。在某一温度下，经过一定的时间，电子扩散能力与上述电场阻力平衡，即在A与B接触处的自由电子扩散达到了动态平衡，此时，在其接触处形成的电动势称为接触电势，两个接点机理一样，分别用

符号 $E_{AB}(T)$、$E_{AB}(T_0)$表示。

显然，如果 A、B 两种导体材质相同，即 $N_A=N_B$，则

$$E_{AB}(T)-E_{AB}(T_0)=0$$

如果 A、B 的材质不同，但两端温度相同，即 $T=T_0$，则

$$E_{AB}(T)-E_{AB}(T_0)=E_{AB}(T_0)-E_{AB}(T_0)=0$$

3）温差电势

由于导体两端温度不同而产生的电势称为温差电势。由于温度梯度的存在改变了电子的能量分布，高温(T)端电子将向低温端(T_0)扩散，致使高温端因失去电子而带正电，而低温端恰好相反，因获电子而带负电。因而，在同一导体两端也产生电位差，并阻止电子从高温端向低温端扩散，最后使电子扩散建立一个动平衡。此时所建立的电位差称为温差电势，两种材质分别用符号 $E_A(T, T_0)$、$E_B(T, T_0)$表示。

同样，如果 A、B 两种导体材质相同，但两端温度不同，即 $N_A=N_B$，则

$$E_A(T, T_0)-E_B(T, T_0)=E_B(T, T_0)-E_B(T, T_0)=0$$

如果两端温度相同，但 A、B 的材质不同，即 $T=T_0$，则

$$E_A(T, T_0)-E_B(T, T_0)=E_A(T_0, T_0)-E_B(T_0, T_0)=0$$

4）热电偶闭合回路的总热电势

接触电势是由于两种不同材质的导体接触时产生的电势，而温差电势则是对同一导体其两端温度不同时产生的电势。在如图 2-14 所示的闭合回路中，两个接点处有两个接触电势 $E_{AB}(T)$、$E_{AB}(T_0)$，在导体 A 与 B 中还各有一个温差电势 $E_A(T, T_0)$、$E_B(T, T_0)$。因此，闭合回路中存在如下关系：

总热电势＝接触电势＋温差电势

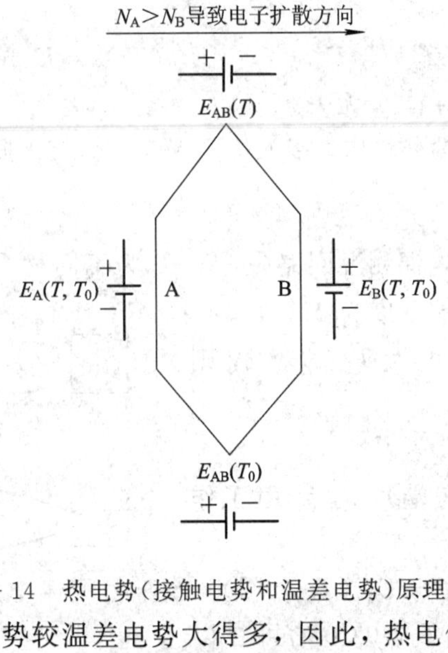

图 2-14　热电势(接触电势和温差电势)原理示意图

在总热电势中，接触电势较温差电势大得多，因此，热电偶总的热电势即为两个接点的分热电势之差。它仅与热电偶的电极材料和两接点温度有关，即

$$E_{AB}(T, T_0)=E_{AB}(T)-E_{AB}(T_0) \tag{2-1}$$

对于已选定的热电偶，当参考端温度恒定时，$E_{AB}(T_0)$为常数 C，则总的热电势就变成

测量端温度 T 的单值函数，即

$$E_{AB}(T, T_0)=E_{AB}(T)-C=f(T) \tag{2-2}$$

在热电偶分度表(表 2－12)中，参考端温度均为 0℃。因此，用测量热电势的办法能够测温，这就是热电偶测温的基本原理。

在实际测温时，必须在热电偶测温回路内引入连接导线与显示仪表。因此，要用热电偶准确地测量温度，不仅需要了解热电偶工作原理，还要掌握热电偶测温的基本定则。

2.3.2 热电回路的基本定律

1. 中间导体定律

在热电偶测温回路内，串接第三种导体，只要其两端温度相同，则热电偶回路总热电势与串联的中间导体无关。

将中间导体 C 接入热电偶回路，如图 2－15 所示，则回路中的热电势等于各接点的分热电势的代数和，即

$$E_{ABC}(T, T_0) = E_{AB}(T) + E_{BC}(T_0) + E_{CA}(T_0) \tag{2-3}$$

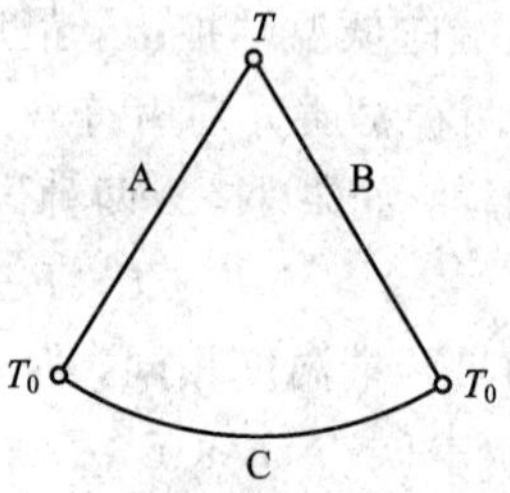

图 2－15 中间导体定律示意图

如果回路各点温度相同(T_0)，则回路电势一定为零，即

$$E_{AB}(T_0) + E_{BC}(T_0) + E_{CA}(T_0) = 0$$

则

$$E_{BC}(T_0) + E_{CA}(T_0) = -E_{AB}(T_0) \tag{2-4}$$

代入式(2－3)有

$$E_{ABC}(T, T_0) = E_{AB}(T) - E_{AB}(T_0) = E_{AB}(T, T_0)$$

显然，回路电势与中间导体 C 无关。

实践意义：在稳定的冷端环境中，接入检测仪表不会带来测量误差。

2. 中间温度定律

如图 2－16 所示，在热电偶测温回路中，A、B 为不同材质，当其两端温度为 T_1、T_2 时，其热电势记为 E_1；当两端温度为 T_2、T_3 时，其热电势记为 E_2。当两端温度为 T_1、T_3 时，则总的热电势为

$$E=E_1+E_2$$

若设 $T_3=0℃$，$T_2=T_0$(参考端)，$T_1=T$(工作端)，则有

$$E_{AB}(T, 0℃)=E_{AB}(T, T_0)+E_{AB}(T_0, 0℃)$$

其中，$E_{AB}(T, 0℃)$和 $E_{AB}(T_0, 0℃)$均可在以 0℃为参考端的分度表中查到对应数据。

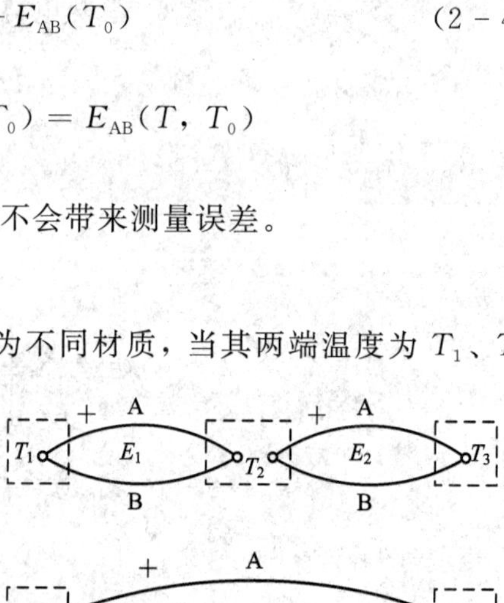

图 2－16 中间温度定律示意图

实践意义：任意冷端温度都可以用分度表加以修正。

3. 参考电极定律

如图 2－17 所示，设任何两个导体 A 和 B 与第三种导体 C 构成的热电偶的热电势分别为 E_{AC}、E_{BC}，则 A 和 B 导体构成的热电偶的热电势为

$$E_{AB}=E_{AC}-E_{BC}$$

由于金属铂的物理化学稳定性很好，通常将其选为参考电极。

实践意义：选定铂为参考电极，大大简化了热电偶的选配工作。

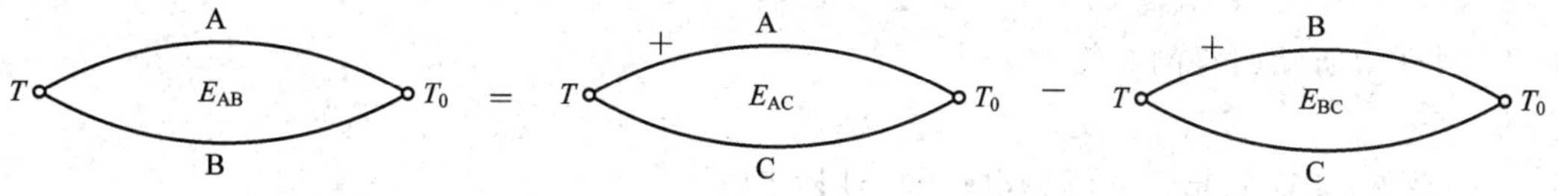

图 2－17　参考电极定律的示意图

2.3.3　热电偶材料及结构

1. 热电偶的材料

构成热电偶的材料称为热电极。热电极主要是用金属材料制成的，有时也用非金属材料及半导体材料制作。对热电极材料的要求是：化学稳定性高、物理性能稳定、热电势大、灵敏度高、线性度较好、材料复制性能优良、价格便宜、电阻温度系数低、机械性能好、便于拉丝与焊接等。显然，同时满足这些要求的材料是没有的，但可以根据需要，如所测温度高低、被测介质环境等实际情况，找到一些适合具体测温条件的材料。

理论上，两种不同的导体都可以构成热电偶，但在实践应用中，却有着其标准化的搭配。在国际标准中，热电偶是指生产工艺成熟、能成批生产、性能稳定、应用广泛、具有统一分度表、并已列入国际专业标准中的热电偶。目前，国际标准化热电偶共有 8 种，分别用 8 个不同的字母表示：S、R、B、K、N、E、J、T，常用的有 S(铂铑 10－铂)、K(镍铬－镍硅)型，具体材料及特性如表 2－10 所示。

表 2－10　常用热电偶材料特性

材料名称及极性	测温范围/℃	特性及用途
铂铑 10(＋)－铂(－)	0～1300	测量准确，复现性好，但价格昂贵
镍铬(＋)－镍硅(－)	－50～1312	复现性好，热电势大，线性好，价廉，用途广泛
镍铬(＋)－康铜(－)	－200～900	灵敏度高，价廉，适于还原性及中性介质
镍铬(＋)－金铁(－)	－200～10	热电势大，灵敏度高，适于低温测量

2. 补偿导线

1) 补偿导线作用

在一定温度范围内(包括常温)，具有与所匹配的热电偶热电势标称值相同的、带有绝缘层的导线称为补偿导线。其作用是将热电偶的参考端延长到远离热源或环境温度较恒定的地方，以补偿它们与热电偶连接处的温度变化所产生的误差。补偿导线的优点如下：

(1) 改善热电偶测温线路的力学与物理性能。采用多股线芯或小直径补偿导线可提高

线路的挠性，使接线方便，也可以屏蔽外界干扰。

(2) 降低测量线路的成本。当热电偶与仪表的距离很远时，可用补偿导线代替贵金属热电偶。

(3) 补偿导线质量的优劣，将直接影响温度测量与控制的准确度。

2) 原理

由热电偶测温原理可知，图 2-18(a)所示回路的总热电势为

$$E_{ABBA}(T, T_n, T_0) = E_{AB}(T, T_n) + E_{AB}(T_n, T_0)$$

图 2-18(b)所示回路的总热电势为

$$E_{AB\,B'A'}(T, T_n, T_0) = E_{AB}(T, T_n) + E_{A'B'}(T_n, T_0)$$

如果 A′与 B′能起到补偿热电势的作用，即

$$E_{ABBA}(T, T_n, T_0) = E_{AB\,B'A'}(T, T_n, T_0)$$

则

$$E_{AB}(T, T_0) = E_{A'B'}(T, T_0) \tag{2-5}$$

因此，能满足式(2-5)的连接导线，就能起到补偿导线的作用。

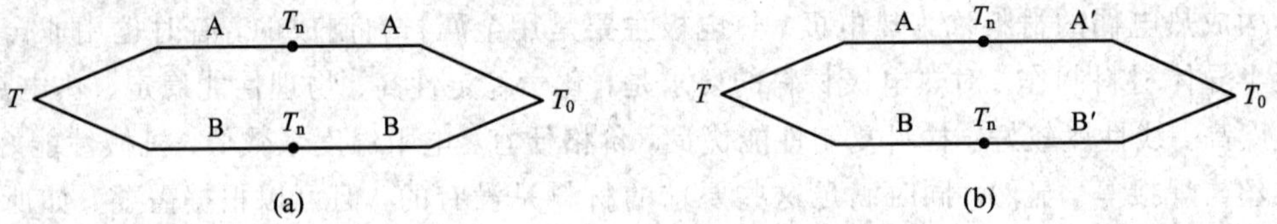

图 2-18 补偿导线的原理

3) 补偿导线的型号

补偿导线的型号通常分为

SC、RC、NC、KAC、KCB、KX、EX、JX、TX、NX

其中，型号第一个字母与所配用热电偶的分度号相对应。后面的字母"X"表示为延长型补偿导线；字母"C"表示为补偿型补偿导线。

3. 热电偶的结构

热电偶的结构通常分为普通型和铠装型。

工业用普通型热电偶的结构类似金属热电阻的结构(见图 2-3)，通常将两种材料的热电极的一端焊接或扭结，分别套上单芯或双芯绝缘瓷管，装在外保护套内，并配一个接线端子盒。

铠装热电偶是由热电极、绝缘体及外保护管组合成一体的细长套管式热电偶。热电极作为保护管的芯体，周围填以绝缘材料，并经滚压制成，其外径为 1～3 mm，壁厚为 0.1～0.6 mm，长度可达百米，见图 2-19。

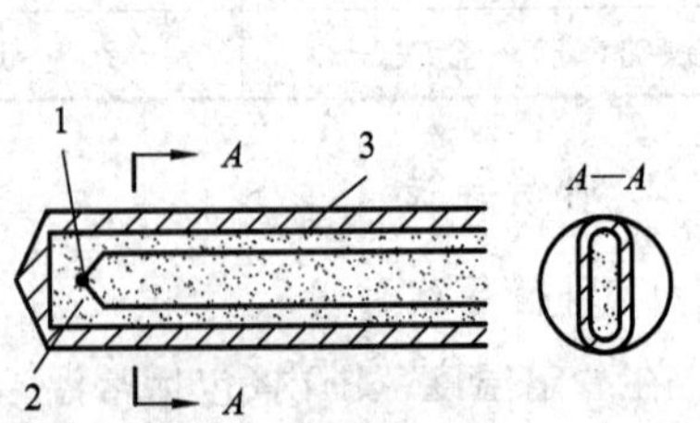

1—热电极；2—绝缘体；3—外保护管

图 2-19 铠装热电偶结构

铠装热电偶的热电极、绝缘体及外保护管是整体结构，纤细小巧，对被测体温度场影响较

小。其更为突出的优点是挠性好、弯曲自如，弯曲半径为套管的直径的两倍，可以安装在难以安装常规热电偶的地方，如密封的热处理罩内或工件箱内。铠装热电偶结构坚实、抗冲击、抗震性能良好，既使随热处理工件一起落入淬火油内，也经得起冲击，在高压及震动场合也能安全使用。铠装热电偶可长可短，可以直接与显示仪表连接，无需延伸导线。它规格多，品种齐全，适合于各种测量场合，在－200℃～1600℃温度范围内均能使用。

铠装热电偶是 20 世纪 60 年代发展起来的测温元件，由于它有许多优点而受到用户欢迎。

2.3.4　热电偶参考端温度补偿

1. 热电偶参考端温度的影响

由热电偶测温原理可知：

$$E_{AB}(T, T_0)=E_{AB}(T)-E_{AB}(T_0)$$

即热电偶因温度变化产生的热电势，是测量端温度与参考端温度的函数差，而不是温度差的函数。如果参考端温度保持恒定，那么，热电势就变成测量端温度的单值函数。我们经常使用的分度表及显示仪表，都是以热电偶参考端为 0℃作先决条件的。因此，在使用时必须保证这一条件，否则就不能直接应用分度表。如果参考端温度是变化的，则引入的测量误差也是变量。由此可见，参考端温度的变化将直接影响温度测量的准确度。但在实际测温时，因热电偶长度受到一定限制，参考端温度直接受到被测介质与环境温度的影响，不仅难以保持 0℃，而且往往是波动的，无法进行参考端温度修正。因此，要想办法把变化很大的参考端温度恒定下来。通常采用补偿导线法及参考端自温度恒定法来达到这一目的。

2. 参考端的形式

参考端的形式见表 2 - 11。

表 2 - 11　热电偶参考端形式

参考端	用　途
冰点式参考端	用于校正标准热电偶等高精度温度测量
电子式参考端	用于热电温度计的温度测量
恒温槽式参考端	
补偿式参考端	
室温式参考端	用于精度不太高的温度测量

1）*冰点式参考端*

常用的冰点瓶是在保温瓶内盛满冰水混合物而制成的，该装置如图 2 - 20 所示。为了保持参考端温度为 0℃，插入的试管要有足够的深度。并且，保温瓶内要有足够数量的冰块，才能保证参考端为 0℃。值得注意的是，冰水混合物并不一定就是 0℃，只有在冰水两相界面处才是 0℃。若用冰屑代替冰块，并加少许的水，其效果更好。为了防止短路，两根电极丝要分别插入各自的试管中。长时间使用时，接点周围的冰将融化，如果水多了，冰将浮在上面，接点将处于水中，因而就不是冰点了；相反，如果冰多水少，在冰中将有空穴，此时，有空气包围在接点周围，这也不是冰点。因此，要经常检查，并补充适量的冰。

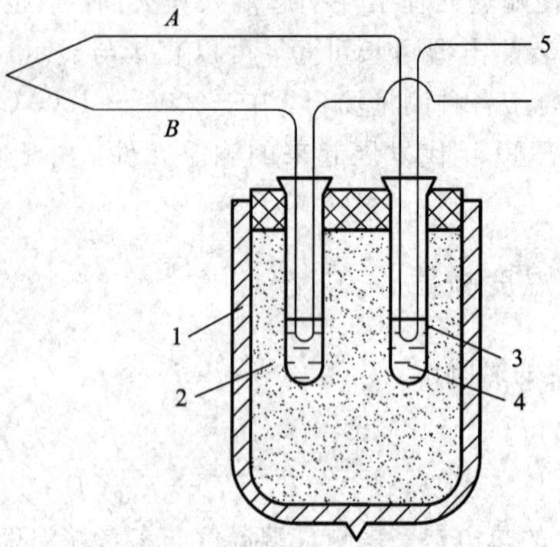

1—保温瓶；2—冰水混合物；3—试管；
4—变压器油；5—连接仪表的铜导线

图 2-20　冰点装置

2）电子式参考端

电子式是利用半导体制冷的原理冷却密闭的水槽，从而把参考端温度保持在0℃的。电子式冰点装置的优点是体积小、操作简单，槽内温度的稳定性取决于控温系统，一般在±0.05℃以内。

3）恒温槽式参考端

恒温槽式是利用温度调节器将参考端温度保持恒定。采用恒温槽式参考端时，如果它的温度不为0℃，则要用其他温度计测出其温度并进行修正。

4）补偿式参考端

当热电偶的两接点温度分别为t、t_n时，热电势为

$$E_{AB}(t,\ t_n) = E_{AB}(t,\ t_0) - E_{AB}(t_n,\ t_0)$$

如果在线路中串一电势$u = E_{AB}(t_n,\ t_0)$，则显示仪表总的输入电势为

$$E_{AB}(t,\ t_n) + u = E_{AB}(t,\ t_0)$$

这样就可以得到准确的测量结果。所谓补偿式参考端，实质就是一个可产生直流信号$E_{AB}(t_n,\ t_0)$的毫伏发生器，也称参考端(冷端)温度补偿器。它的内部结构通常是一个不平衡电桥，因此，也称补偿电桥法。把它串接在热电偶测温回路中，就可以自动补偿热电偶参考端温度变化的影响，十分方便，广泛用于工业仪表。

3. 参考端温度计算修正法

以上介绍的是当参考端不为0℃时，如何使之恒定的方法。当参考端温度恒定不变或变化很小而又不为0℃时，可采用计算法(或称热电势修正法)进行修正。由热电偶测温原理可知，热电偶实际的热电势应为测量值与修正值之和：

$$E_{AB}(t,\ t_0) = E_{AB}(t,\ t_1) + E_{AB}(t_1,\ t_0)$$

式中：$E_{AB}(t, t_1)$——当参考端温度为 t_1 时显示仪表的数值；

$E_{AB}(t_1, t_0)$——参考端温度为 t_1 时热电势值的修正值。

因为 t_1 恒定，所以可由相应的分度表查得 $E_{AB}(t_1, t_0)$的值，用上式求得修正后的读数，即可由相应的分度表查得热电偶所测的真实温度。

例如用镍铬－镍硅(K 型)热电偶测炉温时，冷端温度 $t_0=30℃$，在直流毫伏表上测得电势为 38.505 mV，试求炉温。

查 K 型热电偶分度表，得到 $E_K(30℃, 0℃)=1.203$ mV，从而

$$E_K(T, 0℃) = E_K(T, 30℃) + E_K(30℃, 0℃)$$
$$= 38.505 + 1.203 = 39.708 \text{ mV}$$

由表 2－12 所示的 K 型热电偶分度表得到 $t=960℃$。

此法适用于热电偶冷端温度较恒定的情况。在智能化仪表中，查表及运算过程均可由计算机完成。

表 2－12　K 型热电偶分度表(参考端为 0℃)

测量端温度/℃ \ 热电势值/mV \ 分度/K	0	10	20	30	40	50	60	70	80	90
－0	－0.000	－0.392	－0.777	－1.156	－1.527	－1.889	－2.243	－2.586	－2.920	－3.242
＋0	0.000	0.397	0.798	1.203	1.611	2.022	2.436	2.850	3.266	3.681
100	4.095	4.508	4.919	5.327	5.733	6.137	6.539	6.939	7.338	7.737
200	8.137	8.537	8.938	9.341	9.745	10.151	10.560	10.969	11.381	11.793
300	12.207	12.623	13.039	13.456	13.874	14.292	14.712	15.132	15.552	15.974
400	16.395	16.818	17.241	17.664	18.088	18.513	18.938	198.363	19.788	20.214
500	20.640	21.066	21.493	21.919	22.346	22.772	23.198	23.624	24.050	24.476
600	24.902	25.327	25.751	26.176	26.599	27.022	27.445	27.867	28.288	28.709
700	29.128	29.547	29.965	30.383	30.799	31.214	31.629	32.042	32.455	32.866
800	33.277	33.686	34.095	34.502	34.909	35.314	35.718	36.121	36.524	36.925
900	37.325	37.724	38.122	38.519	38.915	39.310	39.703	40.096	40.488	40.897
1000	41.269	41.657	42.045	42.432	42.817	43.202	43.585	43.968	44.349	44.729
1100	45.108	45.486	45.863	46.238	46.612	46.985	47.356	47.726	48.095	48.462
1200	48.828	49.192	49.555	49.916	50.276	50.633	50.990	51.344	51.697	52.049
1300	52.398	—	—	—	—	—	—	—	—	—

4. 仪表机械零点调整法

当热电偶与动圈式仪表配套使用时，若热电偶的冷端温度比较恒定，对测量准确度要求不高时，可将动圈仪表的机械零点调整至热电偶冷端所处的 t_0 处，这相当于在输入热电偶的热电势前就给仪表输入一个热电势 $E(t_0, 0℃)$。这样，仪表在使用时所指示的值为 $E(t, t_0)+E(t_0, 0℃)$。

进行仪表机械零点调整时，首先必须将仪表的电源及输入信号切断，然后用螺钉旋具调节仪表面板上的螺钉，使指针指到 t_0 的刻度上。当气温变化时，应及时修正指针的位置。仪表机械零点调整法虽有一定的误差，但非常简便，在工业上经常采用。

5. 补偿电桥法

补偿电桥法是利用不平衡电桥产生的不平衡电压，来补偿热电偶因自由端温度变化而引起的热电势的变化值，线路如图 2-21 所示。补偿电桥中的 3 个桥臂电阻 R_1、R_2、R_3 为锰铜精密电阻，另一桥臂电阻 R_{Cu} 由铜丝制成，为一正温度变化的热电阻。一般用补偿导线将热电偶的自由端延伸至补偿电桥处，使补偿电桥与热电偶自由端具有相同温度。电桥通常在 20℃时平衡($R_1=R_2=R_3=R_{Cu20}$)，此时 $U_{ab}=0$，电桥对仪表的读数无影响。当周围环境温度大于 20℃时，热电偶的自由端温度升高，热电势减少，电桥由于 R_{Cu} 阻值的增加而使 b 点电位高于 a 点电位。在 b、a 对角线间有一不平衡电压 $U_{ba}>0$ 输出，它与热电偶的热电势叠加送入测量仪表。若选择的桥臂电阻和电流的数值适当，可使电桥产生的不平衡电压 U_{ba} 正好补偿由于自由端温度变化而引起的热电势的变化值，使仪表指示出正确的温度。

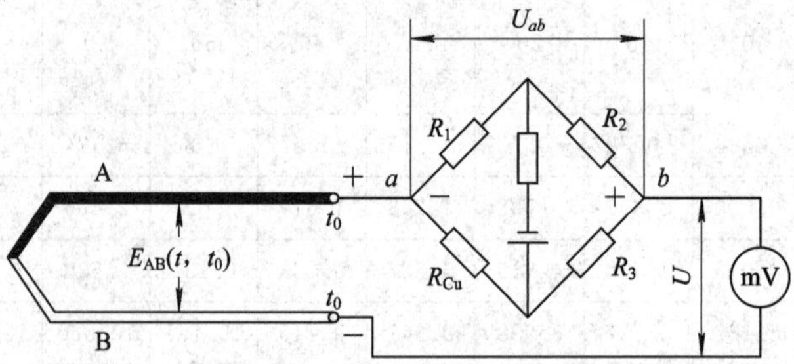

图 2-21　具有补偿电桥的热电偶测温电路

6. 利用半导体集成温度传感器测量冷端温度的方法

在计算修正法中，首先必须测出冷端温度，才有可能进行计算修正。使用玻璃温度计是不适应计算机自动检测要求的。若使用铜热电阻测量，则需要较精密的桥路激励电源，而且温度与输出电压的标定也较复杂。现在普遍使用半导体集成温度传感器来测量室温，它具有体积小、集成度高、准确度高、线性好、输出信号大、无需冷端补偿、不需要进行标定、热容量小、外围电路简单等优点。只要将它置于热电偶冷端附近，将该传感器的输出电压作简单的换算，就能得到热电偶的冷端温度，从而用计算修正法进行冷端温度补偿。

2.3.5　热电偶的应用及测温线路

1. 测温线路的连接形式

热电偶测温线路由热电偶组件、显示仪表及中间连接部分(热电转换器、补偿导线等)组成。根据不同的要求，其连接方式有 A、B、C、D 、E 及 F 六种。图 2-22 所示为热电偶、测量仪表、热/电转换器(将热电偶的热电势转换成统一信号的装置)、补偿接点和参考端的关系。在连接时，除了同种导线的接点外，还必须注意参考端和补偿接点的两个端子应分别保持在同一温度下，否则将引起误差。

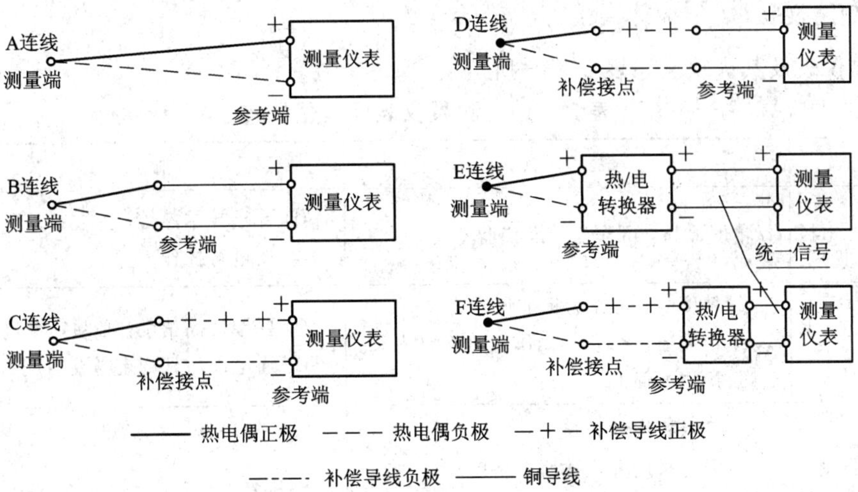

图 2－22　测量线路的连接图

2. 测温线路

测温线路在实际应用中要根据要求选择不同方式。

串联线路(如图 2－23 所示)的总热电势大(为各单只热电势之和)，测温精度大于单只热电偶，利用它做成热电堆，可感受微弱信号。

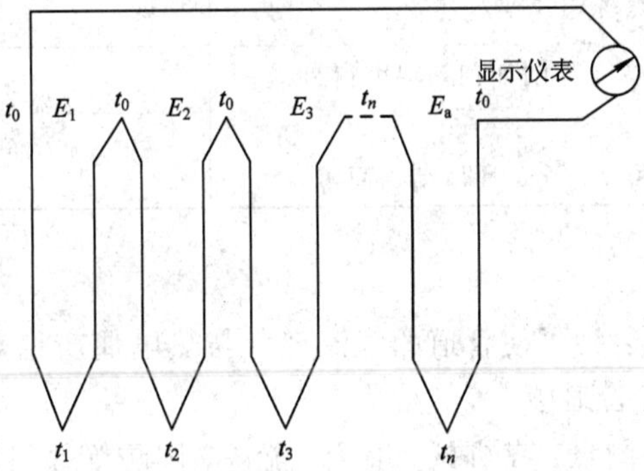

图 2－23　热电偶串联线路图

并联线路(如图 2－24 所示)的总热电势小(为各单只热电势之和的平均值)，但当某只热电偶断掉时，测温系统依旧工作。

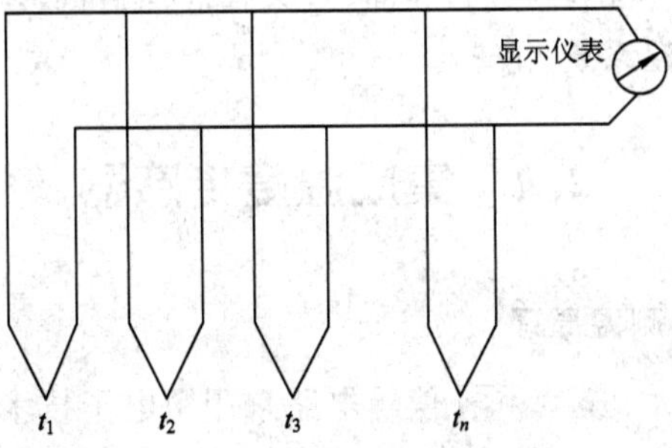

图 2－24　热电偶并联线路图

3. 测温仪表

测温仪表及其优缺点如表 2-13 所示。

表 2-13 测量仪表及其优缺点

测量仪表	优　点	缺　点
电位差计、电桥	精度最高，可作为标准仪器	① 要求技术熟练； ② 要进行操作
数字电压表	① 精度高，可作为标准仪器； ② 不需要进行复杂操作和熟练的技术； ③ 操作方便	① 要维持高精度，必须定期进行校验； ② 通电以后到稳定需要时间
电子式自动平衡仪表	① 显示机构的转矩大； ② 因为采用零位法所以精度高； ③ 能制作温度刻度范围小的仪表(小量度仪表)	结构复杂
动圈式仪表	① 与熟电偶配用时，无辅助电源也可进行测量； ② 结构简单	① 与热电偶配用时，需要调整外接电阻； ② 转矩小
数字温度计	① 可直接显示温度； ② 不需熟练的技术	要保护精度，必须注意检查周期和使用环境
变送器	① 不管温度范围如何，均可得到统一的信号； ② 因无可动部分，所以结构简单	① 变送器不能指示； ② 为了知道温度，必须进行换算

4. 热电偶的应用

(1) 管道温度的测量：为了使管道的气流充分与热电偶产生热交换，普通装配式热电偶应尽可能垂直向下插入管道中。

(2) 金属表面温度的测量：在机械、冶金、能源、国防等部门，经常涉及金属表面温度的测量。例如，热处理工作中锻件、铸件以及各种余热利用的热交换器表面、气体蒸汽管道、炉壁面等表面温度的测量。根据对象特点，测温范围从摄氏几百度到一千度，而测量方法通常采用直接接触测温法。直接接触测温法是指采用各种型号及规格的热电偶用黏结剂或焊接的方法，将热电偶与被测金属表面(或去掉表面后的浅槽)直接接触，然后把热电偶接到显示仪表上组成测温系统。

2.4 集成温度传感器

1. 集成温度传感器的测温原理

将温度敏感元件及放大、运算和补偿等电路采用微电子技术和集成工艺集成在一片芯片上，可构成集测量、放大、电源供电回路于一体的高性能集成温度传感器。

集成温度传感器的测温基础是 PN 结的温度特性。硅二极管或晶体管的 PN 结在结电流 I_D 一定时，正向电压 U_D 以 −2 mV/℃变化。在激励电流为零点几毫安、环境温度为 20℃时，其 U_D 值约 600 mV。当环境温度变化 100℃时，例如从 20℃增加到 120℃时，其正向电压降 U_D 约降低了 200 mV。二极管正向电压与温度之间的关系如图 2－25 所示。电路的测温范围取决于二极管许可的工作温度范围，大多数二极管可以在 −50℃～150℃之间工作。由图中的恒电流负载线(图中的 0.5 mA 水平线)与不同温度下的正向电压曲线交点的间隔可以看出，半导体硅材料的 PN 结正向导通电压与温度变化呈线性关系，所以可将感受到温度变化转换成电压的变化量。

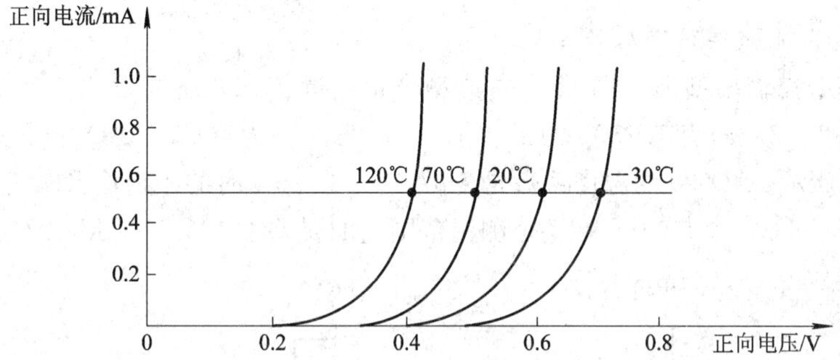

图 2－25　二极管正向电压与温度之间的关系

2. 集成温度传感器内部的测温简化电路分析

集成温度传感器内部多将一个三极管的集电极与基极短接，构成温度特性更好的 PN 结，如图 2－26 中的 VT_1 所示。集成温度传感器内部除了 PN 结之外，还有恒流源(如图中的 VT_3、VT_4)、放大器、输出级等电路。

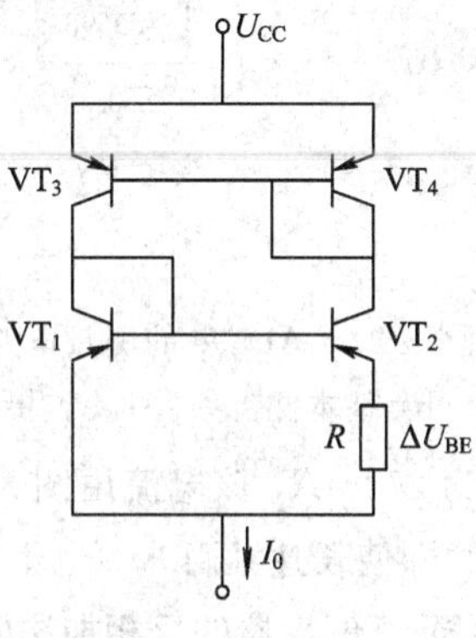

图 2－26　简化的集成温度传感器测温原理电路

在集成温度传感器内部，两只测温晶体管(VT_1、VT_2)的 B－E 结压降的不饱和值 U_{BE} 之差 ΔU_{BE}(即 R 上的压降)与热力学温度 T 成正比：

$$\Delta U_{BE}=\frac{kT}{q}\ln\left(\frac{J_{C1}}{J_{C2}}\right)$$

式中：R——玻尔兹曼常数；

q——电子电荷绝对值；

J_{C1}、J_{C2}——两只晶体管的集电极电流密度，由制造工艺决定，为固定值。

后续放大电路将 R 上的电压降放大、处理，就可以得到与温度成正比的电压或电流输出，有时还可输出串行或并行数字脉冲信号。

3. 集成温度传感器的类型

集成温度传感器可分为模拟型集成温度传感器和数字型集成温度传感器。模拟型集成温度传感器的输出信号形式有电压型和电流型两种。电压型的灵敏度多为 10 mV/℃(以摄氏温度 0℃作为电压的零点)；电流型的灵敏度多为 1 μA/K(以热力学温度 0 K 作为电流的零点)。数字型集成温度传感器又可以分为开关输出型、并行输出型、串行输出型等几种不同的形式。

1) AD590 电流输出型温度传感器

AD590 是电流输出型温度传感器的典型产品，近年来，还开发出一系列改进型，如 AD592 等。图 2－27(a)为 AD590 的封装示意图(第三脚为空脚)。AD590 的基本应用电路如图 2－27(b)所示。AD590 的温度系数是 1 μA/℃，在 25℃时的额定输出电流为 298 μA。它的测温范围为－55℃～＋150℃，在整个测温范围内的误差小于 0.5℃(AD592 为±0.3℃)。

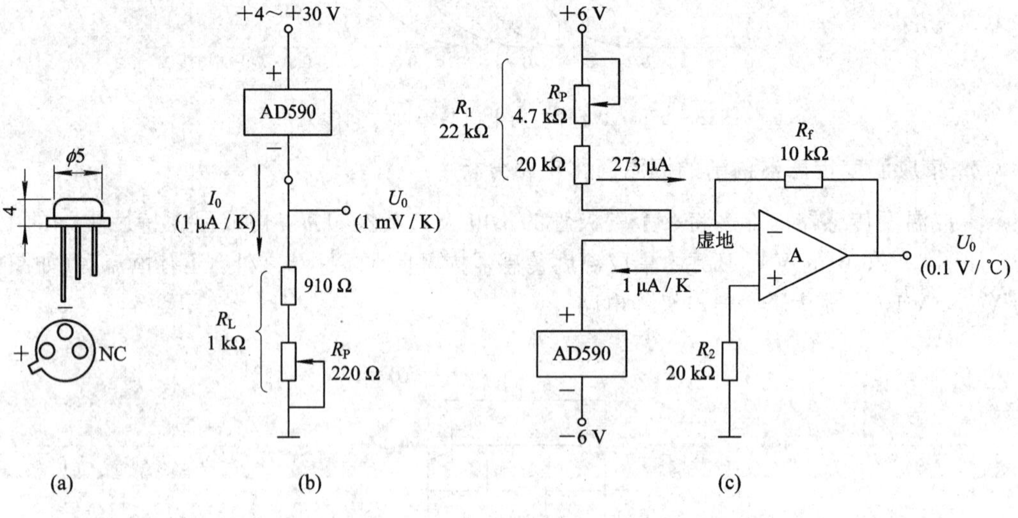

图 2－27　AD590 的测量电路

(a) AD592 外形；(b) 基本测温线路；(c) 摄氏温度转换电路

在 0℃时，AD590 的输出电流为 273 μA，该电流由图 2－27(b)中的电阻 R_L 转换成电压。由于输出为电流信号，因此其传输线即使长达几百米，也不至于影响测量准确度。若要达到与摄氏温度成正比的电压输出，可以用运算放大器的反相加法电路来实现，如图 2－27(c)所示。

2) 数字输出型集成温度传感器

基于数字总线的单片集成温度传感器内部包含高达上万个晶体管，能将测温 PN 结传感器、高精度放大器、多位 A/D 转换器、逻辑控制电路、总线接口等做在一块芯片中，可通过总线接口，将温度数据传送给诸如单片机、PC、PLC 等上位机。由于采用数字信号传输，因而不会产生模拟信号传输时因电压衰减造成的误差，抗电磁干扰能力也比模拟传输强得多。目前在集成温度传感器中常用的总线有：I－Wire 总线、I^2C 总线、USB 总线、SPI 线、SLBUS 总线等。

3）专用热电偶冷端温度补偿芯片

集成温度传感器除了用于测温、控温外，还可用于热电偶的冷端温度补偿。MAX6675 是美国美信公司生产的、基于写 PI 总线、专门用于对工业中最常用的镍铬－镍硅 K 型热电偶进行温度补偿的芯片。它能将补偿后的热电势转换为代表温度的数字脉冲，从 SPI 串行接口输出。MAX6675 工作时必须与热电偶冷端或补偿导线末端处于相同温度场中。冷端温度必须高于 0℃，低于 125℃。在此范围内，它将产生 41.6 μV/℃的补偿电压，超出此范围，将引起较大的误差。MAX6675 构成的热电偶冷端补偿及测量显示电路框图如图 2－28 所示。MAX6675 的 SPI 总线串行信号时序图如图 2－29 所示。当单片机给 MAX6675 发送的 $\overline{CS}$为低电平时，MAX6675 的 SO 端输出一串 12 位的、与时钟信号(SCK)同步的二进制码，由单片机的 RXT 脚读取串行信号，传输速率(波特率)由单片机的 DXT 脚给出。单片机接到 SO 数据信号后，必须查片内存储器中的 K 型热电偶分度表，进行非线性修正。当热电偶开路时，T_+、T_- 端无法构成回路，SO 端将输出报警标志位信号，由单片机驱动声光报警器。

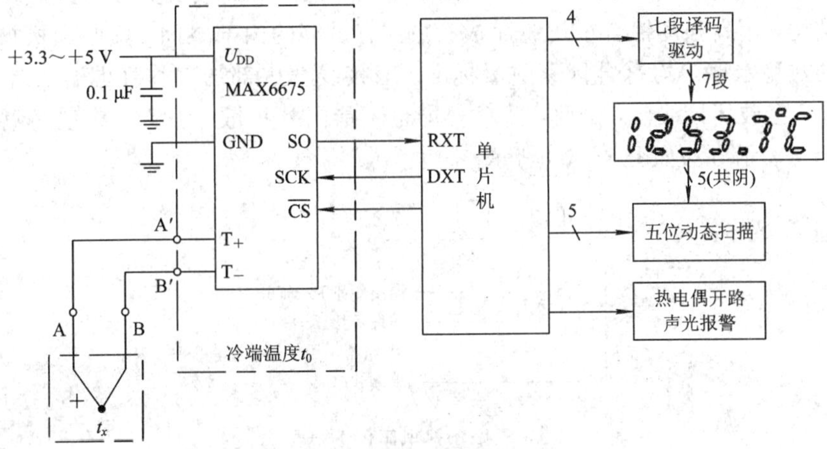

图 2－28　MAX6675 构成的热电偶冷端补偿及测量显示电路框图

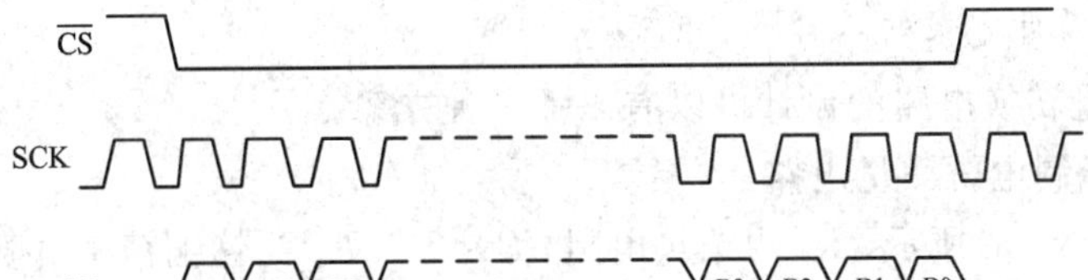

图 2－29　MAX6675 的 SPI 总线串行信号时序图

2.5　温度传感器的工程设计实例

下面介绍一个利用铂热电阻测控电烘箱温度的例子。

1. 课题要求和主要性能指标

某电子公司生产小型电源变压器，重要的工艺之一为真空浸漆并利用红外线烘干。烘干箱的原配测温器件为水银温度计，现希望改为隔爆型温度传感器，并自动测量和控制烘干箱的温度。

具体技术指标及要求为：烘箱电源为三相380V，额定功率为10 kW；数字温度表置于烘箱控制柜右侧，显示温度范围为0℃～199.9℃；准确度优于1%，分辨力为小数点后1位；温度传感器的信号作A/D转换后，送单片机作运算处理，单片机根据用户设定的温度上限值控制烘箱的温度，温度控制误差为±3℃。

2. 设计方案及步骤

1）传感器的选择

水银温度计不能直接输出电信号，选择铂热电阻作为测温传感器。铂热电阻的型号和结构繁多，有铠装式、装配式、隔爆式等。在化工厂和其他生产现场，常伴随有各种易燃、易爆等化学气体、蒸汽等。在本项目中，绝缘漆蒸汽属于可燃性气体，如果使用普通的装配型热电阻，不够安全，有可能引发爆炸，因此，在这些场合必须使用隔爆热电阻。隔爆式热电阻与装配式热电阻的测温原理相同，区别是隔爆式产品的接线盒(外壳)在设计上采用防爆特殊结构，用高强度铝合金压铸而成，并具有足够的内部空间、壁厚和机械强度，橡胶密封圈的热稳定性等均符合国家防爆标准。当接线盒内部的爆炸性混合气体发生爆炸时，其内压不会破坏接线盒，由此产生的热能也不能向外扩散(传爆)。典型的隔爆式热电阻的防爆标志表示方法如图2-30所示。

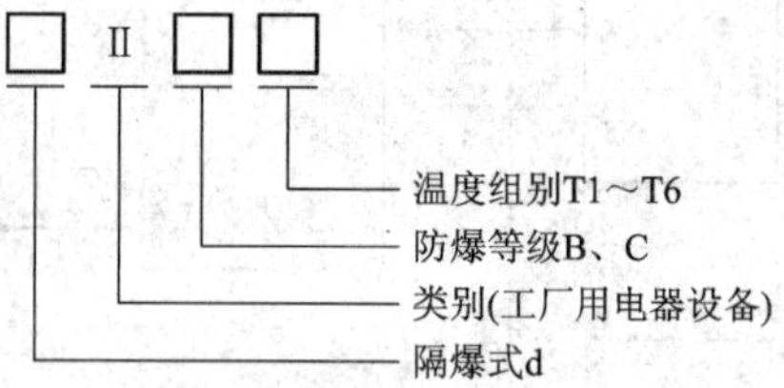

图2-30　隔爆型热电阻的防爆标志表示

查阅、比较有关资料后，我们选择dE BT2型Pt100隔爆型热电阻作为测温传感器。

2）测量桥路设计方案的选择

热电阻的测量转换电路的设计可以有以下三种方案。

方案一：二线制电桥测量电路。

电路如图2-31(a)所示。R_1为铂热电阻，R_2、R_3、R_4为锰铜精密电阻，它们的电阻温度系数十分小，因此可以认为是固定电阻。当加上桥路电源后，电桥即有相应的输出。电桥的调零可在0℃的情况下进行。热电阻R_t(图中的R_1)被安装在测温点上，然后用连接导线连接到电桥的接线端子上。由于金属热电阻本身的阻值较小，因此引线电阻及其随长度和温度的变化不能忽略。例如，引线从原来的100 m增长到200 m时，引线电阻也增加一倍，使原来已调好平衡的电桥失去了平衡，需重新调零。又如，在测量过程中，气温升高时，引线电缆受环境温度影响，铜质电缆线的电阻与热电阻一样，阻值也会升高，叠加在热电阻的变化上，引起测量误差，且无法纠正。

方案二：四线制恒流测量电路。

图2-31(b)为热电阻的四线制测量电路。恒流源的恒定激励电流流过R_t，在R_t上产

生压降 $U_o = I_i R_t$。输出电压 U_o 的变化量与被测温度变化引起的电阻变化量成正比，这种形式可以克服引线电阻的影响，但降低了系统的分辨力。

方案三：三线制电桥测量电路。

考虑到电桥接口箱距离烘箱有一定距离，引线电阻的温度漂移将引起电桥的测量误差。为了消除和减小引线电阻的影响，采用三线制单臂电桥，如图 2 - 31(c)所示。热电阻 R_t 用三根导线①、②、③引至测温电桥。其中两根引线的内阻(r_1、r_4)分别串入测量电桥相邻两臂的 R_1、R_4 上，引线的长度变化不影响电桥的平衡，所以可以避免因连接导线电阻

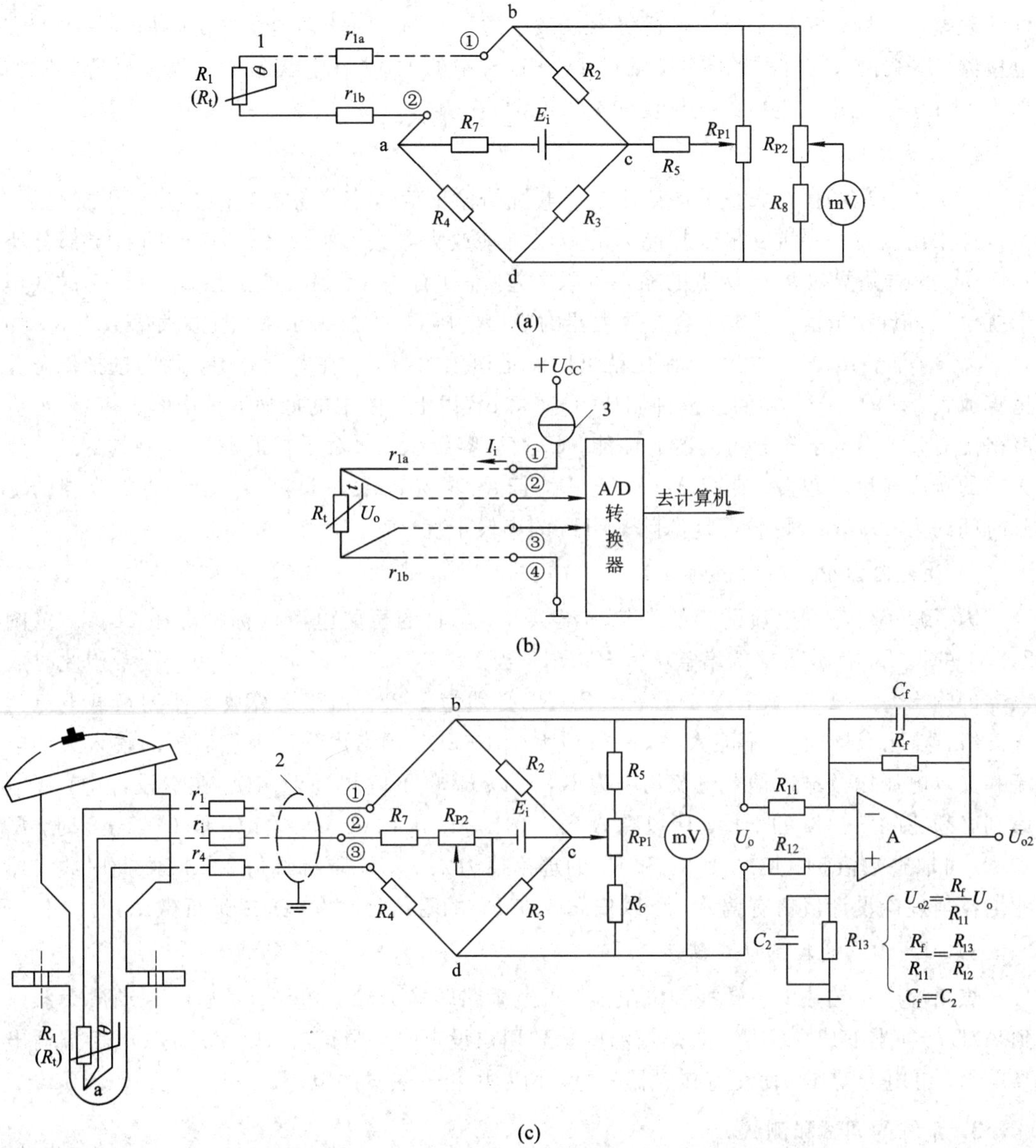

1—连接电缆；2—屏蔽层；3—恒流源；R_{P1}—调零电位器；R_{P2}—调满度电位器

图 2 - 31　热电阻测量的转换电路

(a) 二线制单臂电桥测量电路；(b) 四线制恒流源测量电路；(c) 三线制单臂电桥测量电路

受环境影响而引起的测量误差。r_i 与激励源 E_i 串联，不影响电桥的平衡，可通过调节 R_{P2} 来微调电桥的满量程输出电压。为了减小环境电磁场的干扰，最好采用三芯屏蔽线，并将屏蔽线的金属网状屏蔽层接大地。

综合以上三个方案，三线制电桥测量电路的稳定性较好，灵敏度较高，所以我们采用方案三。

3）电桥的调零电路设计

为了尽量减小误差，提高灵敏度，我们取 R_2、R_3、R_4 等于 R_1 的初始值 100 Ω。由于元件的误差等原因，安装完成的电桥仍存在微小的不平衡，因此必须在电桥中加入一个调零电位器。本案例采用并联调零法，如图 2－31(c)中的 R_{P1} 所示，其阻值应大于桥臂电阻的 50 倍以上，以免影响电桥的线性度和灵敏度。

4）放大电路的设计

由于工业现场存在大量的电磁干扰，电桥的输出信号中将包含复杂的共模干扰电压，所以拟采用具有一定抗共模干扰能力的减法差动放大电路，如图 2－31(c)的右半部分所示。该放大电路只对 b、d 两点的输入电压之差 U_o 才有放大作用，叠加在 U_d、U_b 上的共模干扰电压将自动抵消，基本不会在放大器的输出电压 U_o 中反映出来，且放大倍数为 R。如果 R_{11}/R_{12} 等于 R_f/R_{13}，共模抑制比就可以满足运放的指标。在本设计中，我们选择低温漂运算放大器 OP－07，它的共模抑制比可达 80 dB 以上。图中的低通滤波电容 C_f、C_2 也应严格配对，才不至于降低放大器的性能。C_f、C_2 容量越大，对干扰的滤波效果越好，但放大器的响应速度就越慢。在图 2－31(c)中，若 R_f 取 200 kΩ，C_f 取 0.1 μF，则放大器的上升时间约为 200 ms，可较好地滤除 50 Hz 的串模干扰。

5）放大器四个电阻阻值的计算

为了减小因激励电流引起的发热和温漂，本项目的桥路电源取标称电压 12 V。按图 2－31 的说明，该放大器的增益 $K=R_f/R_{11}$。当 $t=100$℃时，$U_o=0.45$ V，若希望此时放大器的输出 $U_d=1.00$ V，则要求 $K=R_t/R_{11}$ 必须为 2.22。由于运算放大器的负载电流为毫安级，因此 R_f 的取值不能太小，一般应大于 10 kΩ。但考虑到非理想运放的输入失调电流和失调电压以及输入偏置电流均不为零，所以 R_f 也不应超过 1 MΩ。在本设计中，还考虑到必须滤除 50 Hz 的干扰，所以有 $R_fC_f \gg 10\times20$ ms＝200 ms。当 C_f 取 0.47 μF 时，R_f 和 R_{13} 可取整数值 510 kΩ，则 R_{11} 和 R_{12} 的理论值为 230 kΩ，取标称值 220 kΩ。此时放大器的增益与理论设计值略有偏差，可以依靠改变 R_{P2} 的阻值(约 100 Ω)来进行微调。

6）加热回路的控制电路简述

烘箱温度由铂热电阻转换为电阻值，再经桥路转换为输出电压，最后经差动放大器送到 A/D 转换器变成数字量。当烘箱温度达到用户设定的上限值时，单片机的 OUT 端输出高电平，继电器动作，使交流接触器失电，切断烘箱加热丝的电源。

3. 系统的调试和测试

1）电桥调零

将铂热电阻置于冰水混合物中，将 5 V 电源施加到电桥的电源端子上，R_{P2} 置于最小值，反复调节“调零电位器”R_{P1}，使放大器的输出 U_{o2} 为零。

2）测量系统的调满度和校验

将铂热电阻置于 100℃的沸水中一段时间，在两者达到温度平衡后，调节“调满度电位器”R_{P2}，使 U_{o2} 为 1 V。再将铂热电阻置于烘箱中，从 20℃开始，缓慢升高温度，每隔 10℃，用最小分度为 0.2℃的 250℃水银温度计校对，直至 200℃为止。记录放大器的输出测量值及非线性误差，为“铂热电阻软件线性化程序”提供纠偏数据。

3）工频干扰的测试

将电桥的 b、d 端短路，将有效值为 10 V 的 50 Hz 交流电压一端接到短路点，另一端接地。用示波器观察运放输出端的 50 Hz 交流电压，其峰值应小于 28.28 mV。如果超过该值较多，应检查低通滤波电容 C_f 与 C_2 的配对情况以及 R_f/R_{11} 是否严格等于 R_{13}/R_{12}。

如果希望将热电阻桥路的输出放大并转换为电流输出信号，可以采用两线制变送器芯片 AD693、XTR101 等。

思考题及习题

1. 查阅家用电熨斗调温原理，并画出结构示意图。

2. 比较金属热电阻和热敏电阻的不同特点。

3. 用 K 型热电偶测某炉温，在冷端 20℃下，仪表测得当时热电势为 40.557 mV，请问炉温为多少？

4. 比较电压型和电流型集成温度传感器的特点。

第3章　力敏传感器及检测

力敏传感器是将各种力学量转换为电信号的器件。力学量包括质量、力、力矩、压力、应力等。根据被测力学量的不同，本章对压力传感器、力传感器及加速度传感器的原理和应用做一介绍。

力敏传感器的用途极广，它们在工农业生产、矿山、医学、国防、航空航天等许多领域都得到了广泛的应用。

3.1　力学传感器中的弹性元件

传感器中弹性元件的输入量一般是力(力矩)或压力，而它输出的则是应变或位移。也就是说，弹性元件把力或压力转换成了应变或位移，然后再将应变或位移转换成电信号。可见，弹性元件在这种间接转换的过程中，起非常重要的作用。

根据弹性元件在传感器中的重要作用，要求弹性元件应具有良好的弹性、足够的精度，它还应保证长期使用和温度变化时的稳定性。

弹性元件在形式上可分为两大类，即力转换为应变或位移的变换力的弹性元件和压力转换成应变或位移的变换压力的弹性元件。

3.1.1　变换力的弹性元件

变换力的弹性元件大都采用等截面柱式、圆环式、等截面薄板、悬臂梁及轴状等结构。图3-1示出了几种常见的变换力的弹性元件的形状。

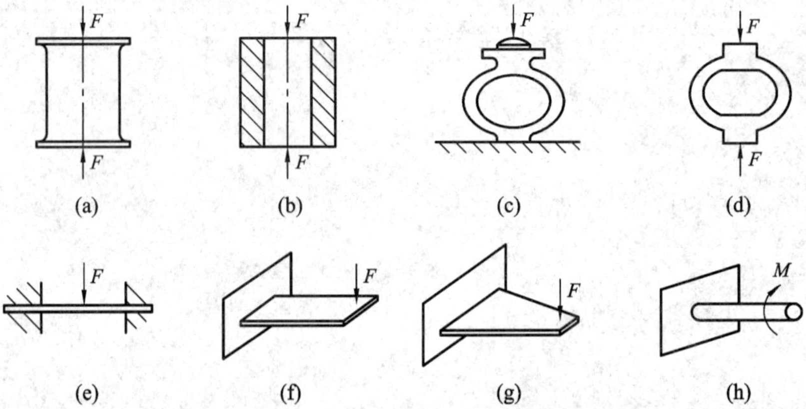

图 3-1　一些变换力的弹性元件的形状

(a) 实心柱形；(b) 空心圆柱形；(c) 等截面圆环形；(d) 变截面圆环形；(e) 等截面薄板；(f) 等截面悬臂梁；(g) 等强度悬臂梁；(h) 扭转轴

1. 等截面圆柱式弹性元件

等截面圆柱式弹性元件根据截面形状可分为实心圆截面形状弹性元件及空心圆截面形状弹性元件，如图 3-1(a)、(b)所示。它们的结构简单，可承受较大的载荷，便于加工。实心圆柱形的弹性元件可测量大于 10 kN 的力，而空心圆柱形的弹性元件只能测量 1～10 kN 的中等力。

2. 圆环式弹性元件

圆环式弹性元件比圆柱式弹性元件输出的位移量大，因而具有较高的灵敏度，适用于测量较小的力。但它的工艺性较差，加工时不易得到较高的精度。由于圆环式弹性元件各变形部位应力不均匀，采用应变片测力时，应将应变片贴在应变最大的位置上。圆环式弹性元件的形状如图 3-1(c)、(d)所示。

3. 等截面薄板式弹性元件

图 3-1(e)就是等截面薄板弹性元件。由于它的厚度比较小，因此又称它为膜片。当膜片边缘固定，膜片的一面受力时，膜片产生弯曲变形，因而产生径向和切向应变。在应变处贴上应变片，就可以测出应变量，从而可测得作用力 F 的大小。也可以利用它变形产生的挠度组成电容式或电感式力或压力传感器。

4. 悬臂梁式弹性元件

悬臂梁式弹性元件是一个一端固定，一端自由的弹性元件，如图 3-1(f)、(g)所示。它的结构简单，加工方便，应变和位移较大，适用于测量 1～5 kN 的力。

图 3-1(f)是一端固定的等截面悬臂梁，当它的自由端加有作用力时，梁产生弯曲，梁的上表面拉伸，下表面压缩。由于它的表面各部位的应变不同，因此应变片要贴在合适的部位，否则将影响测量的精度。

5. 扭转轴弹性元件

扭转轴弹性元件是专门用来测量扭矩的弹性元件，如图 3-1(h)所示。扭矩是一种力矩，其大小用转轴与力作用点的距离和力的乘积来表示。扭转轴弹性元件主要用来制作扭矩传感器，它利用扭转轴弹性体把扭矩变换为角位移，再把角位移转换为电信号输出。

3.1.2　变换压力的弹性元件

用于变换压力的弹性元件常见的有弹簧管、波纹管、波纹膜片、膜盒以及薄壁圆筒等，它们可以把流体产生的压力变换成位移量输出。

1. 弹簧管

弹簧管又叫布尔登管，它是弯成各种形状的空心管。使用最多的是 C 型薄壁空心管，管子的截面形状有很多种，如图 3-2 所示。C 型弹簧管的一端封闭但不固定，称为自由端；另一端连接在管接头上且被固定。当流体压力通过管接头进入弹簧管后，在压力 P 的作用下，弹簧管横截面变成圆形截面，截面的短轴力图伸长。这种截面形状的改变导致弹簧管趋向伸直，一直伸展到管弹力与压力的作用相平衡为止，这样弹簧管自由端便产生了位移。弹簧管的灵敏度取决于管的几何尺寸和管子材料的弹性模量。和其他压力弹性元件

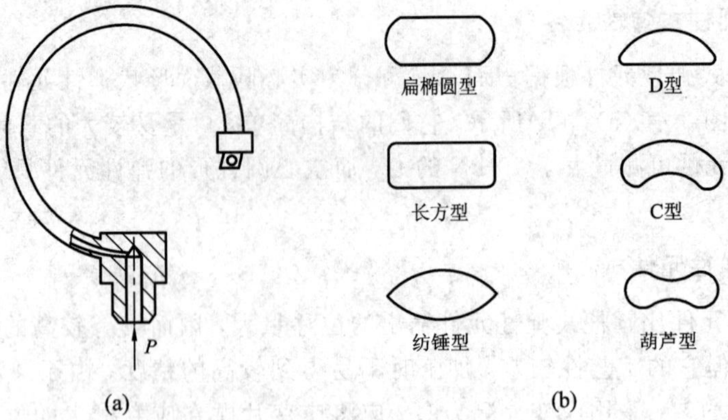

图 3－2　弹簧管的结构

(a) C 型弹簧管的外形；(b) 一些弹簧管的截面形状

相比，弹簧管的灵敏度要低些，因此常用作测量较大压力的弹性元件。C 型弹簧管往往和其他弹性元件组成压力弹性敏感元件。

使用弹簧管时，必须注意以下几点：

(1) 静止压力测量时，被测压力不得高于最高标称压力的 2/3，变动压力测量时，被测压力要低于最高标称压力的 1/2。

(2) 对于腐蚀性流体等特殊的测定对象，需要了解弹簧管使用的材料能否满足使用的要求。

2. 波纹管

波纹管是一个有许多同心环状波形皱纹的薄壁圆管，如图 3－3 所示。波纹管的轴向在流体压力作用下极易变形，有较高的灵敏度。在形变允许范围内，管内压力与波纹管的伸缩力成正比，利用这一特性，可以将压力转换成位移量。

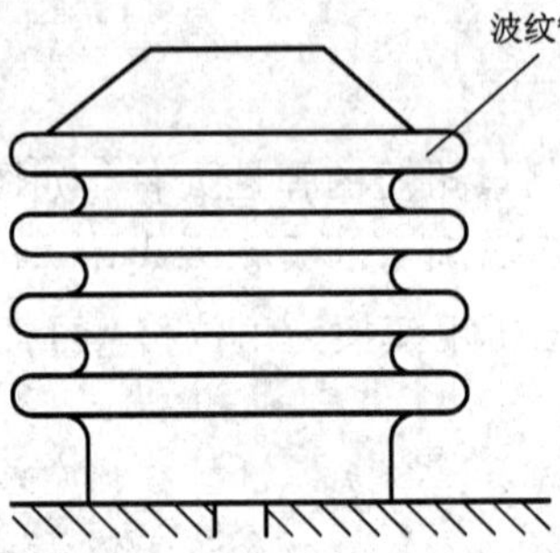

图 3－3　波纹管的外形

波纹管主要用做测量和控制压力的弹性元件。由于其灵敏度高，因而在小压力和差压测量中使用较多。

3. 波纹膜片和膜盒

简单的平膜片在压力或力的作用下，它的位移量较小。为了提高膜片的输出位移量，常把平膜片经过加工制成具有环状同心波纹的圆形薄膜，这就是波纹膜片。波纹膜片的波纹形状有正弦形、梯形和锯齿形，如图 3－4 所示。膜片的厚度一般在 0.05～0.3 mm 之间，高度在 0.7～1 mm 之间。

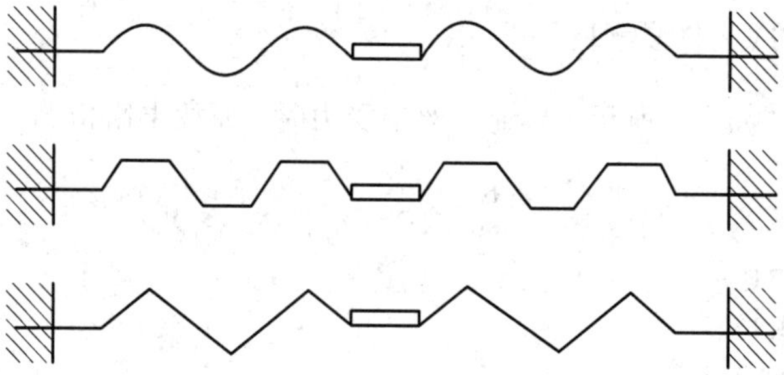

图 3-4　波纹膜片波纹的形状

为了便于与其他部件连接，在波纹膜片中心部留有一个平面，可以焊上一块金属片。当膜片两面受到不同的压力作用时，膜片将弯向压力低的一面，其中心部位产生位移。为了增加波纹膜片的位移，可以把两个波纹膜片焊接在一起组成膜盒，它的挠度是单个膜片的两倍。波纹膜片和膜盒多用作动态压力测量的弹性元件。

4. 薄壁圆筒

薄壁圆筒的结构如图 3-5 所示，圆筒的壁厚一般小于圆筒直径的 1/20。当筒内腔与被测压力相通时，筒壁均匀受力，并均匀地向外扩张，所以在筒壁的轴线方向产生拉伸力和应变。薄壁圆筒弹性元件的灵敏度取决于圆筒的半径及壁厚，与圆筒的长度无关。

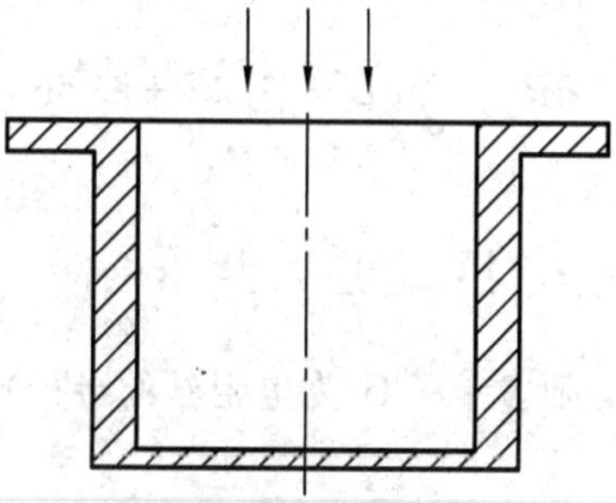

图 3-5　薄壁圆筒弹性元件的结构

3.2　电阻应变式传感器

电阻应变式传感器是目前应用最广泛的传感器之一，已广泛地应用于航空、机械、电力、化工、建筑、医疗等领域中的力、压力、力矩以及位移、加速度等参数的测量。目前，无论在数量上还是在应用领域上，与其他传感器相比，电阻应变式传感器具有更重要的地位。

电阻应变式传感器的主要优点是结构简单，使用方便，灵敏度高，性能稳定、可靠，测量速度快，适合静态、动态测量。

电阻应变式传感器由弹性敏感元件与电阻应变片构成。弹性敏感元件在感受被测量时将产生变形，其表面产生应变，而粘贴在弹性敏感元件表面的电阻应变片将随着弹性敏感元件产生应变，因此电阻应变片的电阻值也产生相应的变化。这样，通过测量电阻应变片的电阻变化，就可以确定被测量的大小了。

3.2.1 电阻应变片的工作原理

取一段金属丝，如图 3-6 所示，当金属丝未受力时，原始电阻值为

$$R=\frac{\rho L}{S} \tag{3-1}$$

式中：R——金属丝的电阻；

ρ——金属丝的电阻率；

L——金属丝的长度；

S——金属丝的截面积。

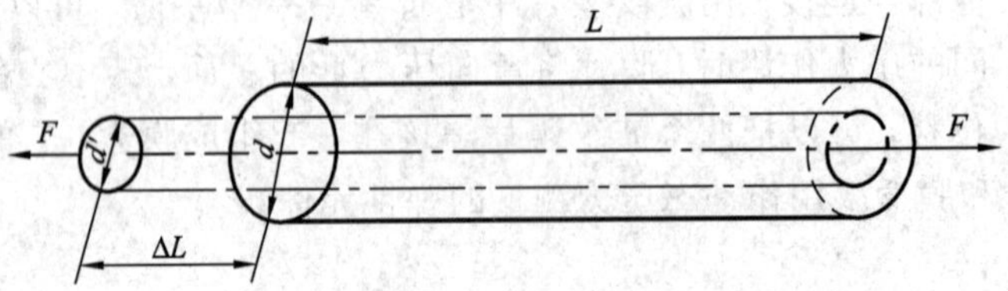

图 3-6 金属电阻丝力变形情况

当金属丝受到拉力 F 作用时，将伸长 ΔL，横截面积相应减少 ΔS，电阻率因金属晶格发生变形等因素的影响也将改变 $\Delta\rho$，从而引起金属丝电阻的改变。

对式(3-1)作全微分，有

$$\mathrm{d}R=\frac{\rho}{S}\mathrm{d}L-\frac{\rho L}{S^2}\mathrm{d}S+\frac{L}{S}\mathrm{d}\rho \tag{3-2}$$

用式(3-2)除以式(3-1)，得

$$\frac{\mathrm{d}R}{R}=\frac{\mathrm{d}L}{L}-\frac{\mathrm{d}S}{S}+\frac{\mathrm{d}\rho}{\rho} \tag{3-3}$$

若电阻丝的截面是圆形的，则 $S=\pi r^2$（r 为电阻丝的半径）。对 S 微分，得 $\mathrm{d}S=2\pi r\,\mathrm{d}r$，则

$$\frac{\mathrm{d}S}{S}=2\,\frac{\mathrm{d}r}{r} \tag{3-4}$$

令金属丝的轴向应变为

$$\varepsilon_x=\frac{\mathrm{d}L}{L} \tag{3-5}$$

金属丝的径向应变为

$$\varepsilon_y=\frac{\mathrm{d}r}{r} \tag{3-6}$$

则由材料力学可知，在弹性范围内，金属丝受拉力时，沿轴向伸长，沿径向缩短，那么轴向应变和径向应变之间的关系可表示为

$$\varepsilon_y=-\mu\varepsilon_x \tag{3-7}$$

式中：μ——金属丝材料的泊松系数，负号表示应变方向相反。

将式(3-4)～式(3-7)代入式(3-3)，得

$$\frac{\mathrm{d}R/R}{\varepsilon_x}=(1+2\mu)+\frac{\mathrm{d}\rho/\rho}{\varepsilon_x} \tag{3-8}$$

令

$$K_s=\frac{\mathrm{d}R/R}{\varepsilon_x}=(1+2\mu)+\frac{\mathrm{d}\rho/\rho}{\varepsilon_x} \tag{3-9}$$

则 K_s 称为金属丝的灵敏系数，其物理意义为单位应变所引起的电阻阻值的相对变化。显然，K_s 越大，单位应变引起的电阻阻值的相对变化越大，故越灵敏。

从式(3－9)可看出，金属丝的灵敏系数 K_s 由两个因素决定：第 1 项$(1+2\mu)$，它是由于金属丝受拉伸力作用后，材料的几何尺寸发生变化而引起的；第 2 项$\dfrac{d\rho/\rho}{\varepsilon_x}$，它是由于材料发生变形时，其自由电子的活动能力和数量均发生了变化而引起的。对于金属丝来说，第 1 项的值要比第 2 项的值大得多。

3.2.2　电阻应变片的结构和特性

1. 电阻应变片的结构

电阻应变片(简称应变片或应变计)种类繁多，形式多样，但其基本构造大体相似。现以常见的丝绕式应变片为例进行说明。

图 3－7 为丝绕式应变片的结构示意图。它是由敏感栅、基底、覆盖层和引线等部分组成的。图中，l 称为应变片的标距或基长，它是敏感栅沿轴向测量变形的有效长度；宽度 b 指最外两敏感栅外侧之间的距离。

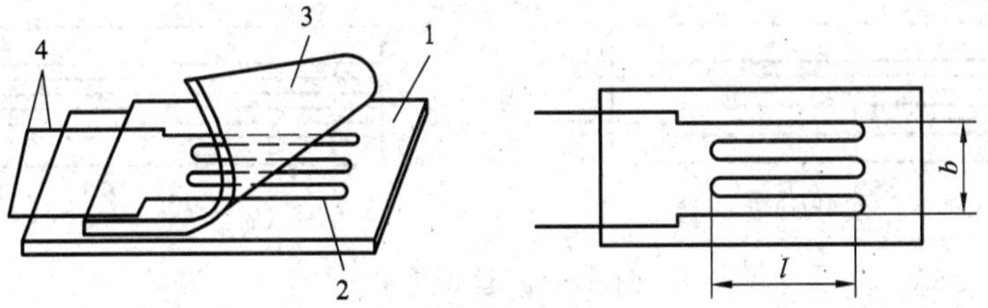

(a)　(b)

1—基底；2—敏感栅；3—覆盖层；4—引线

图 3－7　电阻丝应变片的基本结构

敏感栅是以直径为 0.01～0.05 mm 左右的高电阻率的合金电阻丝绕成的。敏感栅是应变片的核心部分，其作用是敏感应变的大小。敏感栅粘贴在绝缘的基底上，其上再粘贴起保护作用的覆盖层，两端焊接引出导线。敏感栅常用的材料有铜镍合金(俗称康铜)、镍铬合金及镍铬改良性合金、铁铬铝合金、镍铬铁合金及铂金。

基底的作用是固定敏感栅，并使敏感栅与弹性元件相互绝缘。基底要将被测体的应变准确地传递到敏感栅上，因此它很薄，一般为 0.03～0.06 mm，使它与被测体及敏感栅能牢固地粘接在一起。对基底材料的要求是挠性好，具有一定的机械强度，粘接性能和绝缘性能好，蠕变和滞后小，不吸潮，热稳定性能好等。常用的基底材料有纸、胶膜和玻璃纤维布等。

覆盖层的作用是保护敏感栅，使其避免受到机械损伤或防止高温氧化及防潮、防蚀、防损等。保护片的材料常采用做基底的胶膜或浸含有机液(例如环氧树脂、酚醛树脂等)的玻璃纤维布，也可以用在敏感栅上涂覆制片时所用的胶黏剂作为保护层。

引线是连接敏感栅和测量电路的丝状或带状的金属导线。一般要求引线具有低的、稳定的电阻率及小的电阻温度系数。一般采用焊接方便的镀锡软铜线。

2. 电阻应变片的种类

电阻应变片的种类繁多，形式多样，常按照应变片构造的材料进行分类，可分为金属应变片和半导体应变片两大类。其中，金属应变片又分为体型(箔式、丝式)和薄膜式；半导体应变片又分为体型、薄膜型、扩散型、PN 结型及其他型。

下面介绍几种常用的应变片及其特点。

1) 丝式应变片

丝式应变片又分为回线式和短接式两类。

(1) 回线式应变片是一种常用的应变片，它是将电阻丝绕成敏感栅粘接在各种绝缘基底上而制成的。它制作简单、性能稳定、价格便宜、易于粘贴。敏感栅直径为 0.012～0.05 mm，以 0.025 mm 为常用。基底很薄(一般在 0.03 mm 左右)。引线多用直径为 0.15～0.30 mm 的镀锡铜线与敏感栅连接。图 3-8(a)所示为常见的回线式应变片的构造图。

(2) 短接式应变片是将敏感栅平行安放，两端用直径比栅径直径大 5～10 倍的镀银丝短接而构成的，如图 3-8(b)所示。这种应变片突出优点是克服了回线式应变片的横向效应。但由于焊点多，在冲击、振动条件下，易在焊接点处出现疲劳破坏的现象，对制造工艺的要求高。

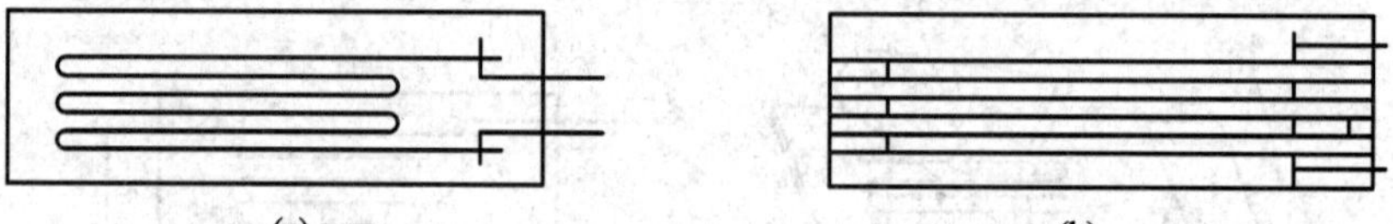

(a)　　　　(b)

图 3-8　丝式应变片

(a) 回线式；(b) 短接式

2) 箔式应变片

这类应变片是利用照相制板或光刻腐蚀的方法，将电阻箔材在绝缘基底上制成各种图形而成的应变片，箔材厚度多为 0.001～0.01 mm，所用材料以康铜和镍铬合金为主。基底可用环氧树脂、酚醛或酚醛树脂等。利用光刻技术，可以制成适用各种需要的、形状美观的称为应变花的应变片。图 3-9 所示为常见的几种箔式应变片的构造形式。

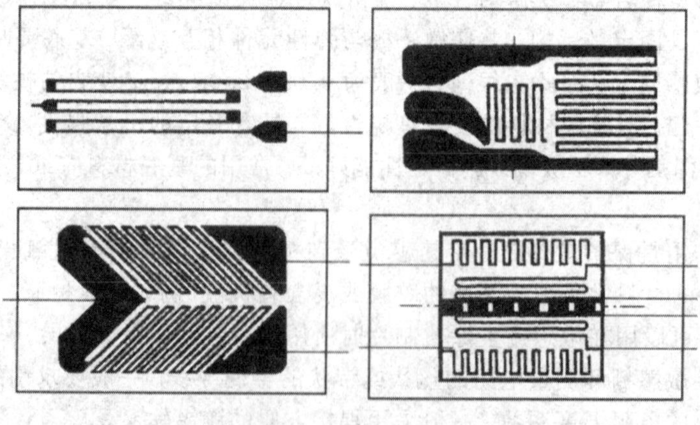

图 3-9　箔式应变片

箔式应变片有较多的优点，例如，可根据需要制成任意形状的敏感栅；表面积大、散热性能好，可以通过较大的工作电流；敏感栅弯头横向效应可以忽略；蠕变、机械滞后较小，疲劳寿命高等。

3）薄膜应变片

在一定基底材料上用各种物理、化学方法制出导电或介质材料的薄膜，称为薄膜应变片。薄膜应变片是采用诸如真空蒸发、溅射、等离子化学气相淀积等方法制作而成的。薄膜应变片可以同弹性体结合在一起，构成整体式薄膜传感器；也可以制成单一的薄膜应变片，再粘贴在弹性体上构成传感器。前者使用较多，它可避免后者因贴片工艺所带来的误差因素（蠕变、滞后等）。用薄膜技术制成的合金型应变片和传感器，其稳定性高，电阻温度系数很小（一般为 10^{-5}℃～10^{-6}℃数量级），因此，在航天、航空工业，以及对稳定性要求较高的测控系统中得到了广泛的应用。

3. 电阻应变片的横向效应

直线金属丝被拉伸时，在任一微段上所感受的应变都是相同的。等分多段时，每段产生的电阻增量相同，各段电阻增量之和构成总的电阻增量。但是，将同样长度的金属丝绕成敏感栅做成应变片之后，其弯曲部分的应变与直线部分就不相同了。如图 3－10 所示，敏感栅是由 n 条长度为 l 的直线段和直线段端部的 $(n-1)$ 个半径为 r 的半圆圆弧组成的，若该应变片承受轴向应力而产生纵向拉应变时，各直线段的电阻将增加，但在半圆弧段则受到 $+\mu\varepsilon_x \sim -\mu\varepsilon_x$ 变化的应变，其电阻的变化将小于沿轴向安放的同样长度电阻丝电阻的变化。

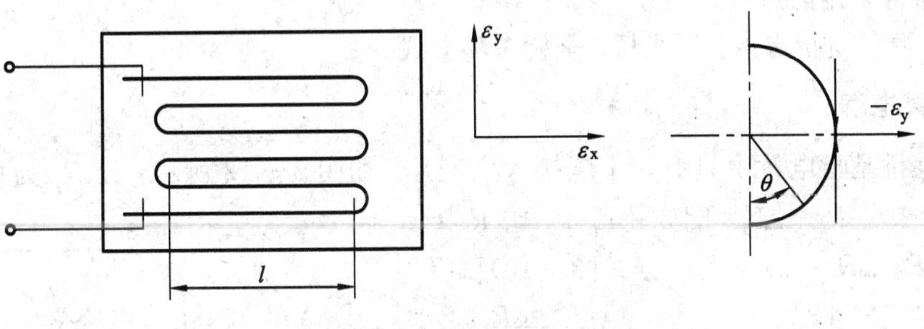

图 3－10　应变片的横向效应

因此，将直的金属丝绕成敏感栅之后，虽然长度相同，但应变片敏感栅的电阻变化较直的金属丝小，从而其灵敏系数 K 较直的金属丝灵敏系数 K_s 小，这种现象称为应变片的横向效应。

3.2.3　电阻应变式传感器的信号调理电路

应变片将应变转换为电阻的变化，由于电阻的变化在数量上很小，既难以直接精确测量，又不便直接处理，因此，必须通过信号调理电路将应变片电阻的变化转换为电压或电流的变化，其方法一般是采用测量电桥。

应变式传感器多采用不平衡电桥电路。电桥的供电采用直流电源供电或交流电源供电，分别称为直流电桥和交流电桥。下面主要介绍直流电桥。

直流电桥的基本形式如图 3－11 所示。R_1、R_2、R_3 和 R_4 为电桥的 4 个桥臂，R_L 为其负载(可以是测量仪表内阻或其他负载)。

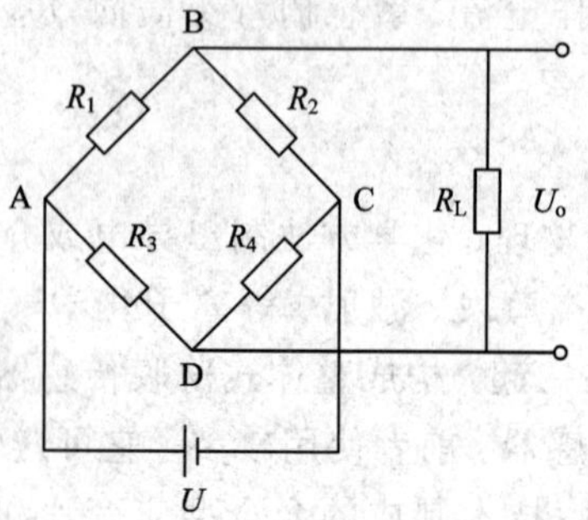

图 3-11　直流电桥

1. 电桥平衡状态

当 $R_L \to \infty$ 时，电桥的输出电压 U_o 应为

$$U_o=\left(\frac{R_1}{R_1+R_2}-\frac{R_3}{R_3+R_4}\right)U=\frac{R_1R_4-R_2R_3}{(R_1+R_2)(R_3+R_4)}U \tag{3-10}$$

当电桥平衡时，$U_o=0$，则有

$$\frac{R_1}{R_2}=\frac{R_3}{R_4} \tag{3-11}$$

式(3-11)为电桥平衡条件。应变片测量电桥在工作前应使电桥平衡，称为预调平衡。

当选取 $R_1=R_2=R_3=R_4=R$ 时，称为全等臂电桥，这种情况下灵敏度最大，也是应变式传感器常采用的形式。

通常，测量电桥有单臂、半桥、全桥三种方式。

2. 单臂电桥

单臂电桥是指电桥中只有一个臂接入应变片，如图 3-12 所示。设 R_1 为接入的应变片，工作时 $R_1 \to R_1+\Delta R_1$。图 3-12 中，若 $R_1=R_2=R_3=R_4=R$，$\Delta R_1=\Delta R$，则根据式(3-10)可得

$$U_o=\frac{R\cdot\Delta R}{2R(2R+\Delta R)}U=\frac{U}{2}\cdot\frac{\frac{\Delta R}{R}}{2+\frac{\Delta R}{R}} \tag{3-12}$$

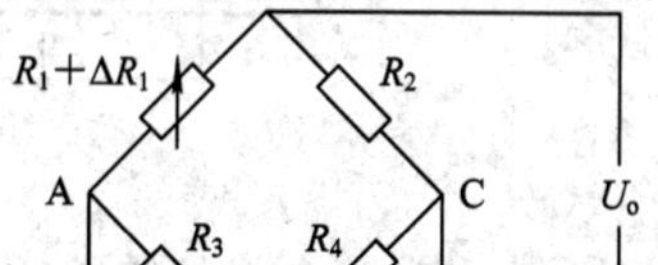

图 3-12　单臂电桥

通常情况下，$\Delta R/R \ll 1$，所以

$$U_o=\frac{1}{4}U\frac{\Delta R}{R} \tag{3-13}$$

由以上分析可见，在单臂电桥测量电路中：

(1) 应变片的灵敏度为电源激励的 1/4。

(2) 输出特性为非线性，要获得线性输出则要牺牲精度。

3. 双臂半桥(差动电桥)

双臂半桥是指电桥中只有在相邻的两个臂中接入工作应变片，且对同一被测量表现出

大小相等、性质相反的响应，如图 3－13 所示。设 R_1、R_2 为接入的应变片，它们接入电桥的相邻两个臂，工作时 $R_1 \to R_1 + \Delta R_1$，$R_2 \to R_2 - \Delta R_2$，表示 R_1 臂若受拉应变时，R_2 臂则受压应变。图 3－13 中，

$$R_1 = R_2 = R_3 = R_4 = R,\ \Delta R_1 = \Delta R_2 = \Delta R$$

根据式(3－10)可得

$$U_o = \frac{1}{2} U \frac{\Delta R}{R} \tag{3-14}$$

可见，双臂电桥的输出电压特性是线性的，是对单臂电桥非线性特性的补偿，且灵敏度是单臂电桥的 2 倍。

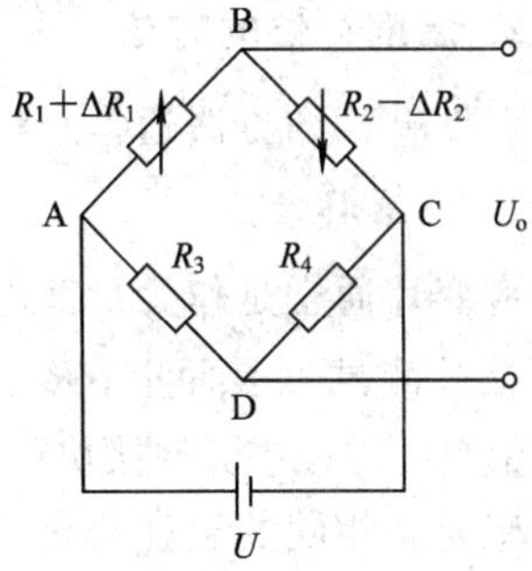

图 3－13　双臂半桥

4. 全桥

电桥中 4 个臂均接入应变片即为全桥，如图 3－14 所示。工作时，

$$R_1 \to R_1 + \Delta R_1,\ R_2 \to R_2 - \Delta R_2$$

$$R_3 \to R_3 - \Delta R_3,\ R_4 \to R_4 + \Delta R_4$$

表示 R_1、R_4 臂若受拉应变时，R_2、R_3 臂则受压应变。图 3－14 中，

$$R_1 = R_2 = R_3 = R_4 = R$$

$$\Delta R_1 = \Delta R_2 = \Delta R_3 = \Delta R_4 = \Delta R$$

根据式(3－10)可得

$$U_o = \frac{\Delta R}{R} U \tag{3-15}$$

可见，全桥式的输出电压特性也呈线性关系，且灵敏度是单臂电桥的 4 倍。

另外，全桥和半桥工作还能起到温度补偿的作用。

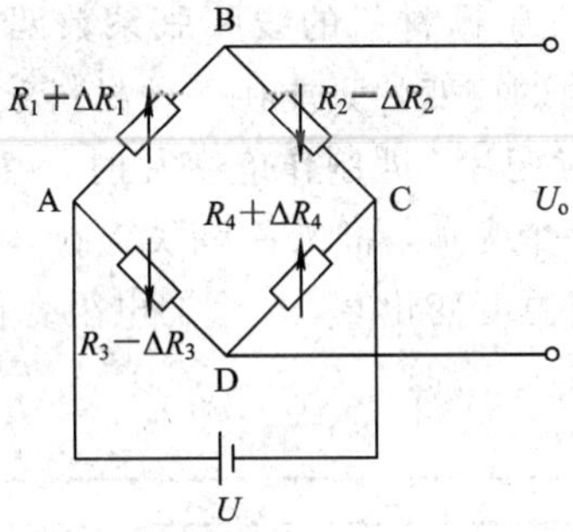

图 3－14　全桥

3.2.4　电阻应变片的温度误差及补偿方法

1. 温度误差及其产生的原因

由于测量现场环境温度的改变而给测量带来的附加误差，称为应变片的温度误差。温度变化所引起的应变片电阻变化与测量应变时应变片电阻的变化几乎有相同的数量级，如果不采取必要的措施，克服温度的影响，测量精度将无法保障。

2. 温度补偿的方法

温度补偿的方法通常有桥路补偿法和应变片自补偿法两大类。

1) 桥路补偿法

应变片通常是作为平衡电桥的一个臂测量应变的。图 3-15 中，R_1 为工作应变片，它粘贴在被测试件表面上；R_2 为补偿应变片，它粘贴在与被测试件材料完全相同的补偿块上。在工作过程中，补偿块不承受应变。当温度变化时，R_1 和 R_2 的阻值都发生变化，由于它们感受到相同的温度变化，R_1 与 R_2 又为同类应变片，且粘贴在相同的材料上，因而温度变化引起的电阻变化 $\Delta R_1=\Delta R_2$，在桥路中相互抵消，这样就起到了温度补偿的作用。

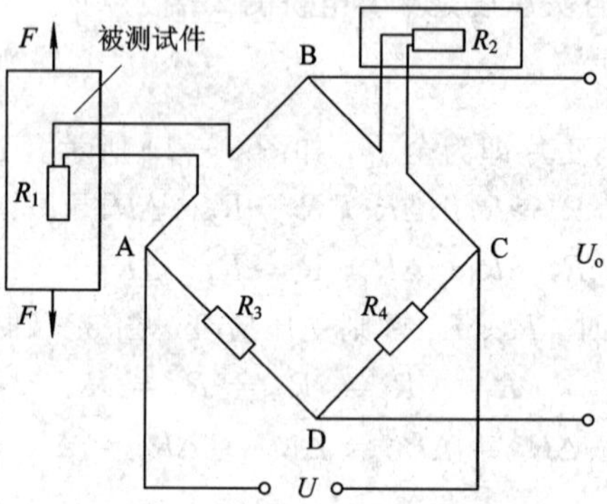

图 3-15　桥路补偿法

2) 应变片补偿法

(1) 选择式自补偿应变片。实现温度自补偿的条件是：当温度变化时，产生的附加应变为零或相互抵消。所以，被测试件的材料选定后，只要选择合适的应变片敏感栅材料，使其温度系数 α 与试件材料及敏感栅材料的线膨胀系数匹配，就可达到温度自补偿的目的。这种方法的缺点是一种 α 值的应变片只能在一种材料上使用，因此局限性较大。

(2) 双金属敏感栅互补偿应变片。即制作应变片时，敏感栅采用两种金属材料，它们的温度系数不同，一个为正，一个为负，将二者串联绕制，如图 3-16 所示。R_1、R_2 为两段不同材料的敏感栅，这样，当温度变化时，产生的电阻变化一个为正，另一个为负，若使其大小相等，则相互抵消。

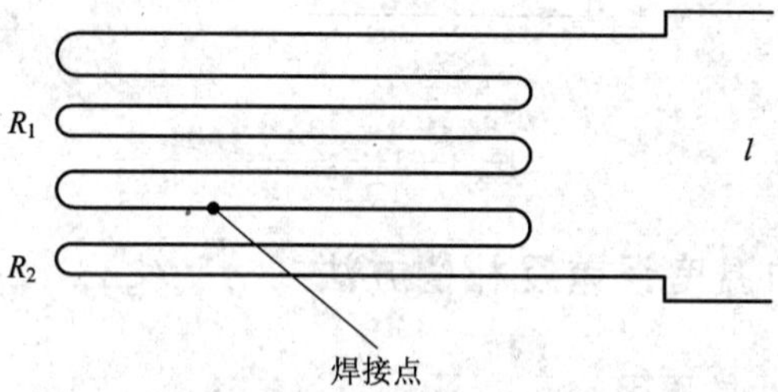

图 3-16　双金属敏感栅互补偿应变片

3.2.5　应变式传感器的用途

应变式传感器按其用途不同，可分为应变式力传感器、应变式压力传感器等。

1. 应变式力传感器

应变式力传感器主要用来测量荷重及力。它在电子自动秤中的应用非常普遍，例如电子轨道衡、电子吊车衡、电子配料秤、商用电子秤、自动灌包定量秤、电子皮带秤等。在工业及国防上使用应变式力传感器的地方也很多，例如各种机械零件受力状态、材料试验设备、发动机推力测试等。

应变式力传感器要求有较高的灵敏度和稳定性，当传感器在受副侧向力作用或力的作用点做少量变化时，不应对输出有明显的影响。应变式力传感器上的应变片要尽量粘贴在弹性元件较平的地方，弹性元件在结构上最好能有相同的正负应变区。如果使用柱式弹性元件，要尽可能消除偏心和弯矩的影响，应变片应对称地粘贴在应力均匀的柱表面中间部位。

2. 应变式压力传感器

应变式压力传感器主要用来测量流动介质的动态或静态压力，例如动力管道设备的进出口气体或液体的压力、发动机内部的压力变化、枪管及炮管内部的压力、内燃机管道压力等。

应变式压力传感器多采用膜片式或筒式弹性元件。

3.3　压阻式压力传感器

半导体应变片式传感器又称为压阻式压力传感器，压阻式压力传感器在早期就是利用半导体应变片粘贴在弹性体上制成的。20 世纪 70 年代后期，研制出了周边固定的力敏电阻与硅膜一体化的扩散型压阻式压力传感器，它克服了粘贴带来的滞后、蠕变及固有频率较低和集成化困难的缺点，而且把应变电阻条和误差补偿、信号调理等电路集成在一块硅片上。

3.3.1　压阻式压力传感器的工作原理与主要特点

1. 工作原理

压阻式压力传感器的工作原理是基于半导体材料的压阻效应的。压阻效应是指当半导体材料某一轴向受外力作用时，其电阻率 ρ 发生变化的现象。能产生明显的压阻效应的材料很多，但半导体材料的这种效应特别显著，能直接反映出很微小的应变。常见的半导体应变片是用锗和硅等半导体材料作为敏感栅的，一般为单根状，如图 3 - 17 所示。

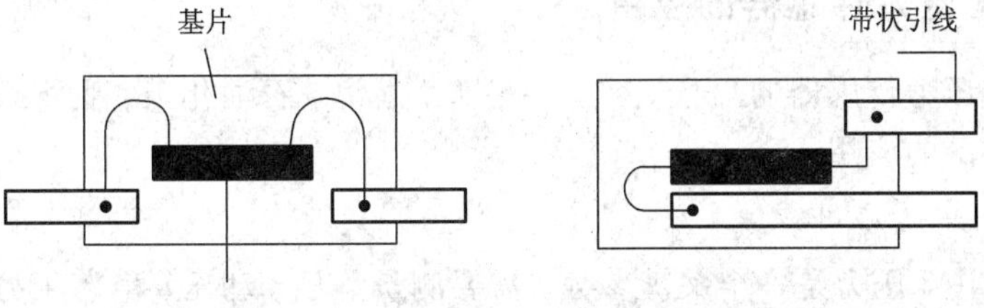

图 3 - 17　半导体应变片的结构形式

2. 主要特点

压阻式压力传感器的主要特点如下：

(1) 压阻式压力传感器的灵敏系数比金属应变式压力传感器的灵敏度系数要大50~100倍。有时压阻式压力传感器的输出不需要放大器就可直接进行测量。

(2) 由于它采用集成电路工艺加工，因而结构尺寸小，重量轻。

(3) 压力分辨率高，它可以检测出像血压那么小的微压。

(4) 频率响应好，它可以测量几十千赫兹的脉动压力。

(5) 由于传感器的力敏元件及检测元件制在同一块硅片上，因此它的工作可靠，综合精度高，且使用寿命长。

(6) 由于它采用半导体材料硅制成，对温度较敏感，再加上不采用温度补偿，因而温度误差较大。

3.3.2 温度补偿

为了解决温度漂移问题，在电桥的供电方式上，一般都采用恒流源供电方式，使电桥的输出与温度无关。但实际上，由于工艺的原因，两支电路的阻值是不相等的，有零位输出。所以即使采用恒流源供电方式，仍会有一定的温度误差。压阻式压力传感器有零位输出，就有零位温度漂移，而且它的灵敏度也随温度变化而变化。传感器的零位温漂可采用在电桥电路中串联、并联补偿电阻的方法来解决，如图3-18所示。其中R_t为负温度系数的热敏电阻，主要用来补偿零位温度漂移；R_P用来调节零位输出。传感器灵敏度温漂一般是采用改变电源电压的方法进行补偿的。随着半导体技术的发展，目前已出现了集成化压阻式压力传感器，它是将四个检测电阻组成的桥路、电压放大器和温度补偿电路集成在一起的单块集成化压力传感器。

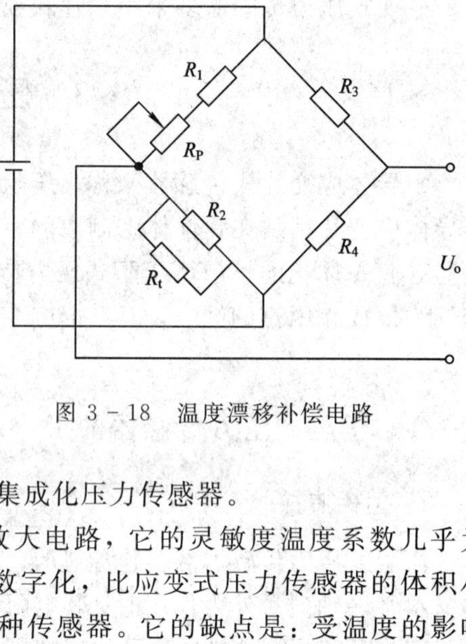

图3-18 温度漂移补偿电路

集成压力传感器由于采用了温补电路和差动放大电路，它的灵敏度温度系数几乎为零。这种压力传感器精度高、工作可靠、容易实现数字化，比应变式压力传感器的体积小而输出信号大。它是目前压力测量中使用最多的一种传感器。它的缺点是：受温度的影响大，制造工艺复杂。

3.3.3 压阻式压力传感器的应用

由于压阻式压力传感器的独特优点，在航天、航海、石油化工、生物医学、气象、地震等领域得到了广泛的应用。

1) 航空工业中的应用

在航空工业中，压力是一个关键参数，需要测量静压、动压、稳态压力、脉动压力、局部压力和整个压力场，因而需要体积小、质量轻、精度高、响应快、工作可靠的压力传感器。这些正是压阻式压力传感器的理想应用。例如，在20世纪60年代，用硅压力传感器测量直升机机翼的气流压力分布；20世纪70年代，用它来测量发动机进口处的动压、叶栅的脉动压力和机翼的抖动等。

2）生物医学上的应用

压阻式压力传感器是生物医学上应用的理想传感器。例如，用一厚度仅为 10 μm、外径为 0.5 mm 的硅膜片做成压力传感器，可装入一支注射管中插入生物体内，做体内压力测试。其结构示意如图 3－19 所示。

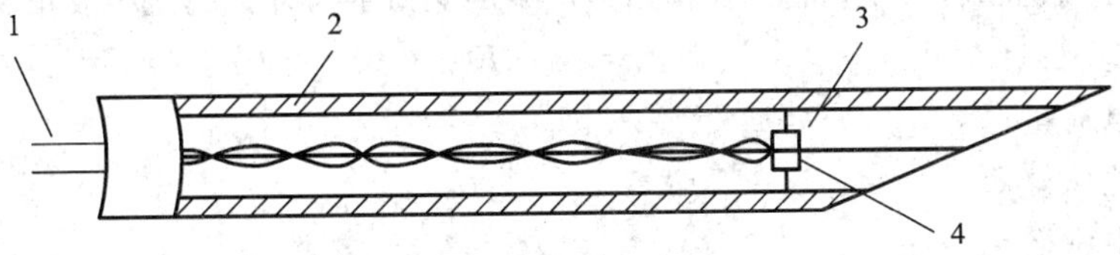

1—引线；2—25号注射针；3—硅膜片；4—绝缘材料

图 3－19　注射型压阻式压力传感器

图 3－20 所示是一种能插入心内导管中的压力传感器，该类传感器可测量心血管、颅内、眼球内等的压力。

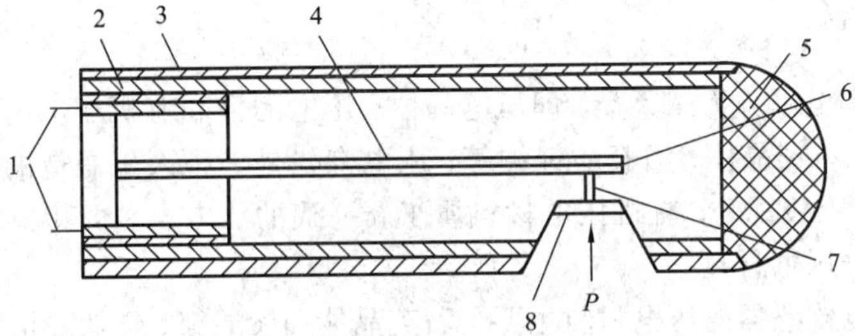

1—引出线；2—硅橡胶导管；3—圆柱形金属外壳；4—硅梁；5—塑料囊；
6—金属插片；7—推杆；8—金属波纹膜片

图 3－20　心内导管中压阻式压力传感器

3）兵器上的应用

由于固有频率高、动态响应快、体积小等特点，压阻式压力传感器适合测量枪炮膛内的压力。测量时，传感器安装在枪炮的身管上或装在药筒底部。另外，压阻式传感器也用来测试武器发射时产生的冲击波。

3.4　压电式传感器

压电式传感器是一种典型的有源传感器，又称为发电式传感器及电势式传感器。压电传感器的工作原理是基于某些晶体受力后可在其表面产生电荷的压电效应。常见的压电材料有石英晶体、人工合成的多晶体陶瓷（如钛酸钡、锆钛酸铅等）。随着电子工业的发展，与压电式传感器配套的仪表、元件和电缆的性能得到不断改善，使压电式传感器的应用日益广泛。

压电式传感器体积小、重量轻、结构简单、工作可靠，适用于动态力学的测量，不适用于测量频率太低的被测量，更不能测量静态量。目前，压电式传感器多用于加速度和动态力或压力的测量。除此之外。压电式传感器是一个典型的机电转换元件，在超声波、水声换能器、拾音器、传声器、滤波器、延时线、压电引信、煤气点火具等方面的应用也很普遍。

3.4.1 压电效应

一些晶体结构的材料，当沿着一定方向受到外力作用时，内部产生极化现象，同时在某两个表面上产生符号相反的电荷；而当外力去掉后，又恢复到不带电状态；当作用力方向改变时，电荷的方向也随着改变。晶体受作用力产生的电荷量与外力的大小成正比关系：

$$Q = d \cdot F$$

式中：Q——电荷量；

F——外力大小；

d——压电常数。

上述现象称为正压电效应。反过来，如果给这样的晶体施加以交变电场，晶体本身则产生机械变形。这种现象称为逆压电效应，又称为电致伸缩效应。

一般压电传感器利用的都是压电材料的正压电效应，但在水声和超声技术中，利用的则是逆压电效应，以之制作声波和超声波的发射换能器。

3.4.2 压电材料

压电材料基本上可分为三大类，即压电晶体、压电陶瓷和有机压电材料。压电晶体是一种单晶体，例如石英晶体、酒石酸钾钠等；压电陶瓷是一种人工制造的多晶体，例如钛酸钡、锆钛酸铅、铌酸锶等；有机压电材料属于新一代的压电材料，其中较为重要的有压电半导体和高分子压电材料。

用于力学压电传感器的压电材料主要是石英晶体和钛酸钡、锆钛酸铅压电陶瓷。

1. 石英晶体

根据结构分析，石英晶体结构是结晶六边形体系，棱柱体是它的基本组织，在它上面有三个直角坐标轴，如图 3-21(a)、(b)所示。其中，图(b)是石英晶体中间棱柱断面的下半部分，其断面为正六边形。

石英晶体是各向异性的，并不能在每个方向产生相同的特性。如图 3-21(b)所示，Z 轴是晶体的对称轴，也称光轴，该轴方向上没有压电效应；X 轴称为电轴，垂直于 X 轴晶面上的压电效应最显著；Y 轴称为机械轴，在电场的作用下，沿此轴方向的机械变形最显著。

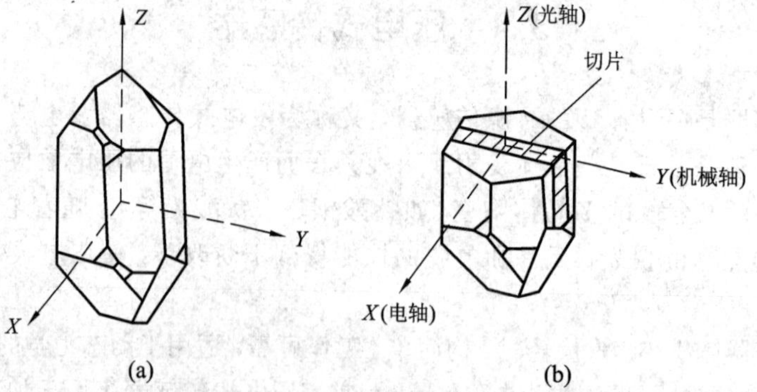

图 3-21 石英晶体

在晶体切片上，产生电荷的极性与受力的方向有关。图 3 - 22 给出了电荷极性与受力方向的关系。若沿晶片的 X 轴施加压力 F_x，则在加压的两表面上分别出现正、负电荷，如图 3 - 22(a)所示。若沿晶片的 Y 轴施加压力 F_y，则在加压的表面上不出现电荷，电荷仍出现在垂直于 X 轴的表面上，只是电荷的极性相反，如图 3 - 22(c)所示。若将 X、Y 轴方向施加的压力改为拉力，则产生电荷的位置不变，只是电荷的极性相反，如图 3 - 22(b)、(d)所示。

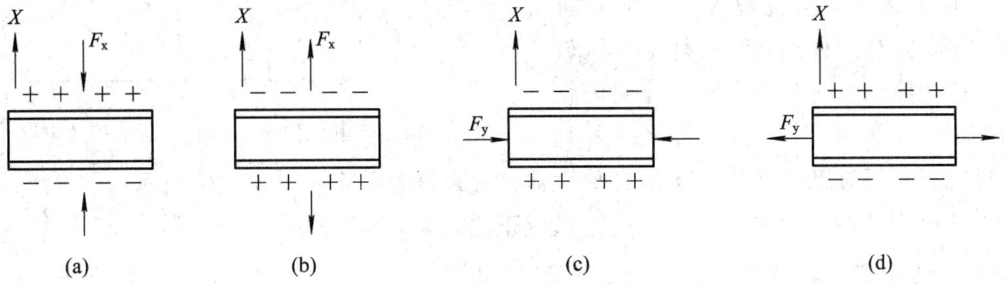

图 3 - 22　晶片电荷极性与受力方向的关系

石英晶体不但绝缘性能好，机械强度高，而且它的压电温度系数很小，在 20℃～200℃的温度范围内，温度每升高 1℃，压电系数仅减小 0.01%。除此之外，它的居里温度为 575 ℃，也就是说，当温度达到 575℃时才会失去压电特性。石英晶体资源较少，价格较贵，而且它的压电系数比压电陶瓷的压电系数低得多。鉴于上述优缺点，石英晶体只是在校准用的标准传感器或精度要求很高的传感器中才得以采用，而大多数压电传感器采用压电陶瓷作为压电元件。

2. 压电陶瓷

压电陶瓷是一种人工制造的多晶压电材料，它是由无数个细微的单晶组成的。在压电式传感器中多采用钛酸钡及锆钛酸铅。原始的压电陶瓷并不具有压电性能，其内部形成的单晶自发极化，电畴是无规则排列的，极性相互抵消。因而要使其具有压电性，就必须在一定温度下做极化处理，以强电场使电畴规则排列，取向一致，从而呈现出压电特性。极化后的压电陶瓷仍不呈现极化现象，这是因为它的表面极性被由空气中或由晶体内部沉积出的自由离子中和了。当压电陶瓷受到沿极化方向力的作用时，陶瓷的变形使电畴偏转，从而在垂直于极化方向的平面上得到被释放的电荷。

目前使用较多的是锆钛酸铅(PlT 系列)，它具有较高的压电系数，工作温度可达 200℃。它的压电性能和温度稳定性都优于钛酸钡。

3.4.3　压电元件的应用特点

压电式传感器中的压电元件无论是石英切片还是压电陶瓷，它的内阻都很高，而输出的信号功率很小。因此一般不能直接显示、记录和使用，而需要经过阻抗变换和信号放大。

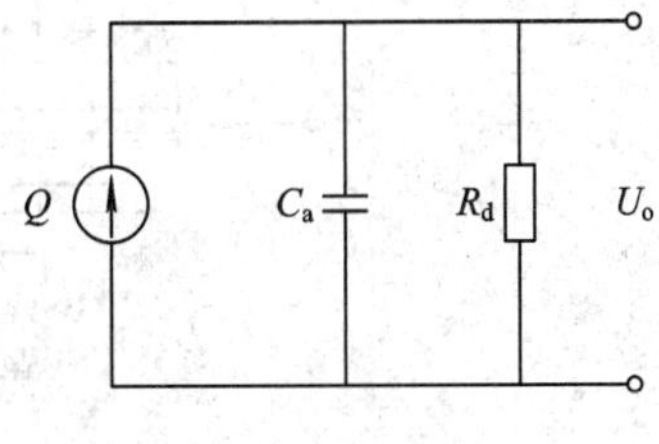

图 3 - 23　压电元件的等效电路

压电元件的等效电路如图 3 - 23 所示。其中，Q 是压电元件受力后产生的电荷；两电极板间有电位差 U_o；压电材料是电介质，因而在两极板间存在电容

C_a；R_d 为极板之间的绝缘电阻。根据压电元件的等效电路，它的输出可以是电压，也可以是电荷。为了便于应用，在压件输出和测量电路之间配接一个放大器，其作用一是把压电元件微弱的信号放大；另一是把压电元件的高阻抗输入变为低阻抗输出。放大器有两种形式：一种是电压放大器，另一种是电荷放大器。目前使用较多的是电荷放大器。电荷放大器是一种利用电容进行负反馈的高放大倍数运算放大器，它的等效电路如图 3－24 所示。

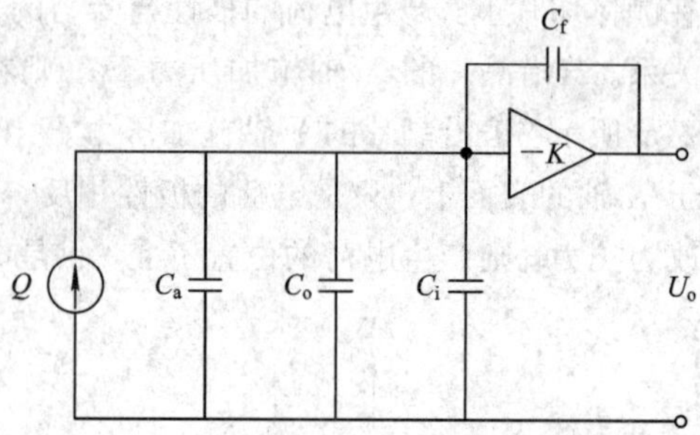

图 3－24　压电元件与电荷放大器的等效电路

电荷放大器的输出电压与输入电荷量成正比关系，即

$$U_o = -\frac{QK}{C_a + C_o + C_i + (1+K)C_f}$$

式中：U_o——电荷放大器的输出电压；

Q——压电元件产生的电荷；

K——运算放大器开环差模放大倍数；

C_a——压电元件的电容；

C_o——压电元件输出与电荷放大器之间连接电缆的分布电容；

C_i——电荷放大器的输入电容；

C_f——反馈电容。

由于 K 值很大，因此 $(1+K)C_f \gg C_a + C_o + C_i$，上式可简化为

$$U_o \approx -\frac{QK}{(1+K)C_f} \approx -\frac{Q}{C_f}$$

由上式还可以看出，电荷放大器的输出电压只与压电元件产生的电荷和反馈电容有关，而与连接电缆的分布电容无关。这是电荷放大器的一个突出优点，它为远距离测试提供了很大的方便。

为了提高灵敏度，在使用中常把几片同型号的压电元件叠在一起，图 3－25 是两个压电元件的组合形式。其中，图 3－25(a)是两个压电元件的负极相连的并联接法，此时，在外力作用下电荷量可增加一倍，电容量也增加一倍，输出电压与单个压电元件相同；图 3－25(b)是两个压电元件的串联形式，其输出的电荷量与单个压电元件相同，总的电容量为单个压电元件电容量的一半，输出电压增大一倍。在实际的压电式传感器中，可根据需要对压电元件进行串、并联的组合。

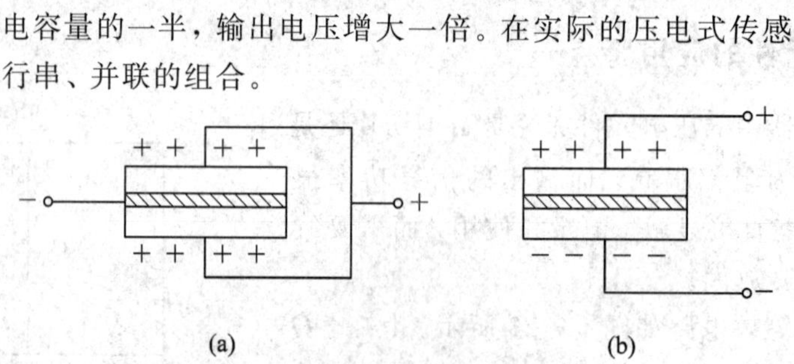

图 3－25　压电元件的连接方式

(a) 并联；(b) 串联

为了改善压电式传感器在低压使用时的非线性，在压电式力传感器使用中都预加载荷，即在力传递系统中加入预加力。只有这样才能用压电传感器进行拉、压交变力及剪力和扭矩的测量。

3.4.4　压电式传感器的应用

1. 压电式单向测力传感器

图 3 - 26 是压电式单向测力传感器的结构图，它主要由石英晶片、绝缘套、电极、上盖及基座等组成。传感器的上盖为传力元件。它的外缘壁厚为 0.1～0.5 mm，当外力作用时，它将产生弹性变形，将力传递到石英晶片上。石英晶片的尺寸为 $\phi 8 \times 1$ mm，它被绝缘套定位。石英晶片及内部元件装配前均要进行严格的清洗，然后用电子束进行封焊，以保证传感器具有高的绝缘阻抗。该传感器的测力范围为 0～50 N，最小分辨率为 0.01 N，固有频率为 50～60 kHz。整个传感器重 10 g。

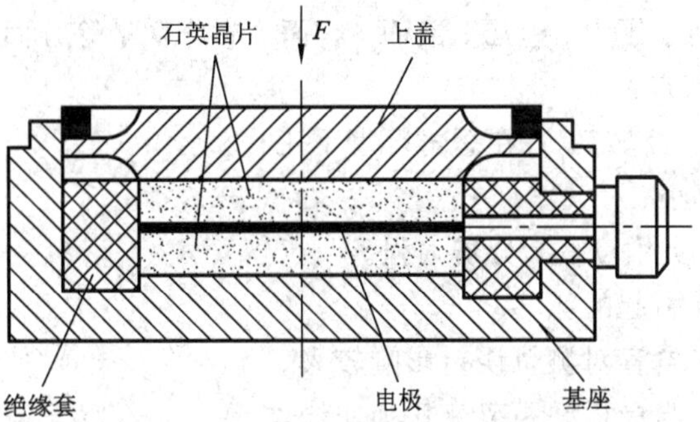

图 3 - 26　压电式单向测力传感器结构图

2. 玻璃破碎报警器

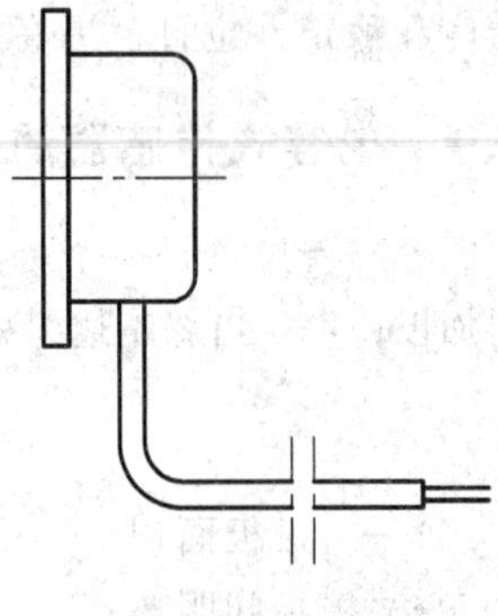

图 3 - 27　玻璃破碎传感器的外形图

Bs - 02 压电式传感器是专门用于检测玻璃破碎的一种传感器。它利用压电元件对振动敏感的特性来感知玻璃受撞击和破碎时产生的振动波，传感器把振动波转换成电压输出，输出电压经放大、滤波、比较等处理后提供给报警系统。玻璃破碎报警器可广泛应用于文物保管、贵重商品保管及其他商品柜台等场台。

Bs - 02 压电式玻璃破碎传感器的外形如图 3 - 27 所示。传感器的最小输出电压为 100 mV，最大输出电压为 100 V，内阻阻抗为 15～20 kΩ，工作温度为 －10℃～60℃。

报警器的电路框图如图 3 - 28 所示。使用时传感器用胶粘贴在玻璃上，然后通过电缆和报警电路相连。为了提高报警器的灵敏度，信号经放大后，需经带通滤波器进行滤波，要求它对选定的频谱通带的衰耗要小，而带外衰耗要尽量大。由于玻璃振动的波长在音频和超声波的范围内，这就使滤波器成为电路中的关键。为提高报警的可靠性，电路中设置有比较器，只有在传感器信号高于设定的阈位时，它才会输出报警信号，驱动报警执行机构工作。

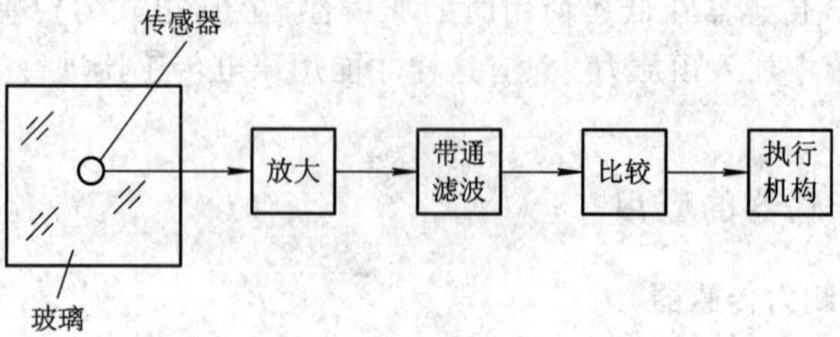

图 3-28　玻璃破碎报警器电路框图

3.5　电容式传感器

电容式传感器利用电容器的原理，将被测非电量转化为电容量的变化，从而实现了非电量到电量的转化。电容式传感器不但广泛地应用于位移、振动、角度、加速度等机械量的精密测量，而且还用于压力、差压、液面、料面、成分含量等方面的测量。

电容式传感器的特点：

(1) 结构简单，性能稳定，可在恶劣环境下工作。

(2) 阻抗高，功率小。

(3) 动态响应好，灵敏度高，分辨力强。

(4) 没有由于振动引起的漂移。

(5) 测试导线分布电容对测量误差影响较大。

(6) 电容量的变化与极板间距离变化为非线性。

随着对电容式传感器检测原理和结构的深入研究及新材料、新工艺、新电路的开发，特别是集成电路技术及计算机技术的发展，其中的一些缺点逐渐得到克服。电容式传感器的精度和稳定性也日益提高，精度可达 0.01%。

3.5.1　电容式传感器的工作原理及结构形式

电容式传感器是一个可变参数的电容器，其基本工作原理可用图 3-29 所示的平板电容器加以说明。当忽略边缘效应时，平板电容器的电容为

$$C=\frac{\varepsilon A}{d}=\frac{\varepsilon_r\varepsilon_0 A}{d} \tag{3-16}$$

式中：A——极板面积；

d——极板间距离；

ε_r——相对介电常数；

ε_0——真空介电常数，$\varepsilon_0=8.85\times10^{-12}$ F/m；

ε——电容极板间介质的介电常数。

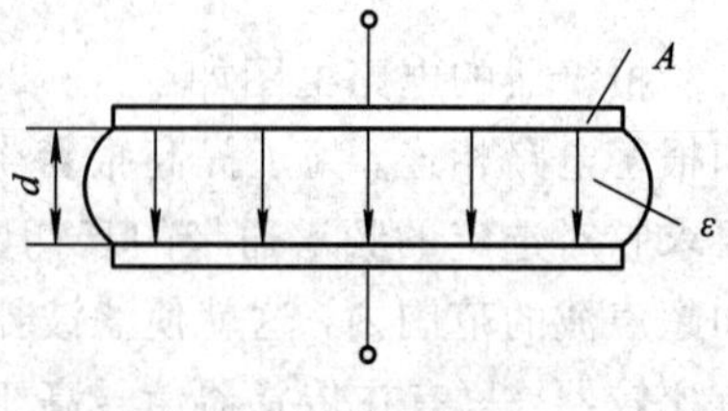

图 3-29　平板电容器

当被测参数使式(3-16)中的 d、A 或 ε 发生变化时，电容量也随之变化。如果保持其中两个参数不变，仅改变另一个参数，就可把该参数的变化转换为电容量的变化。根据电容器变化的参数不同，电容式

传感器可以分为三种类型：变间隙式、变面积式和变介电常式。表 3－1 列出了电容式传感器三种类型的结构形式。变间隙式一般用来测量微小的线位移(0.01 μm 到零点几毫米)；变面积式一般用于测量角位移(1″至几十度)或较大的线位移；变介电常数式常用于固体或液体的物位测量以及各种介质的湿度、密度的测量等。

表 3－1　电容式传感器三种类型的结构形式

基本类型		单片型	
		单组式	差动式
变间隙式	线位移	平板形 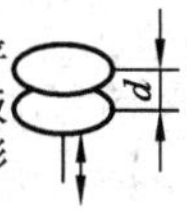	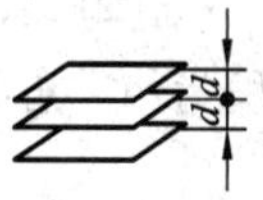
	角位移	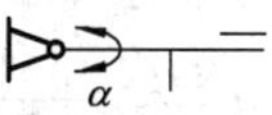	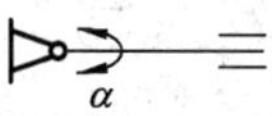
变面积式	线位移	平板形 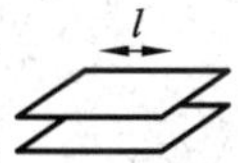	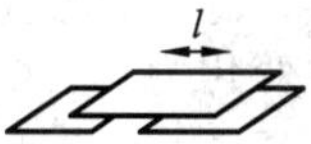
		圆柱形 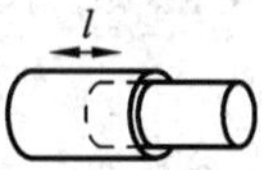	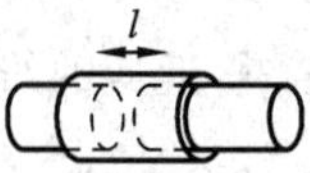
	角位移	平板形 	
		圆柱形 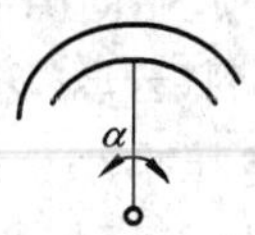	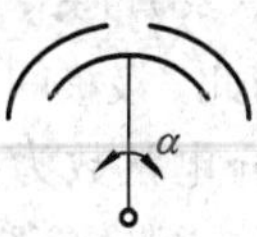
变介电常数式	线位移	平板形 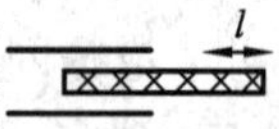	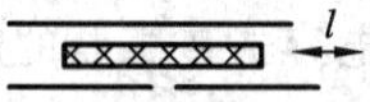
		圆柱形 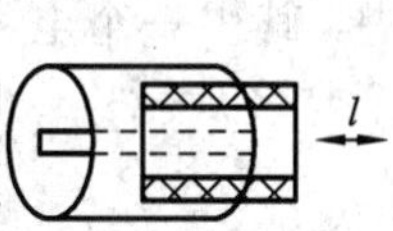	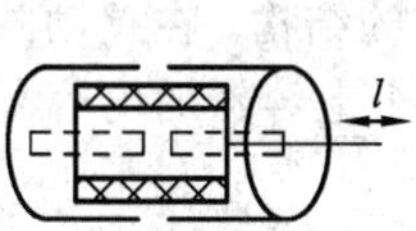

3.5.2　变间隙式电容式传感器

图 3－30 所示为变间隙式电容式传感器原理图。图中 2 为静止极板(一般称为定极板)，而 1 为与被测体相连的动极板。当极板 1 因被测参数改变而移动时，就改变了两极板间的距离 d，从而改变了两极板间的电容 C。

从式(3－16)可知，在 ε 和 A 为定值时，C 与 d 的关系曲线为一双曲线，如图 3－31 所示。

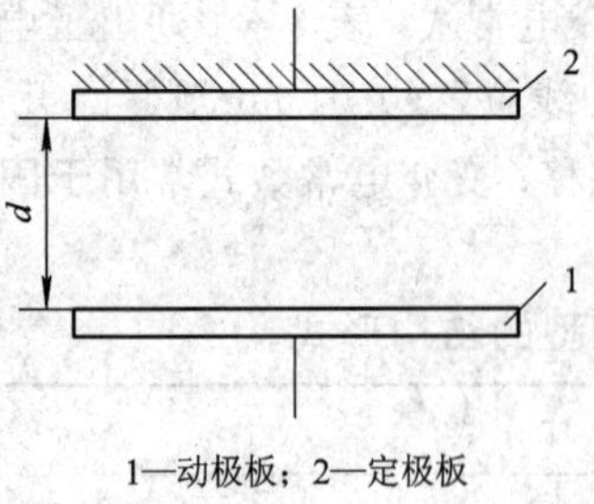

图 3-30 变间隙式电容式传感器

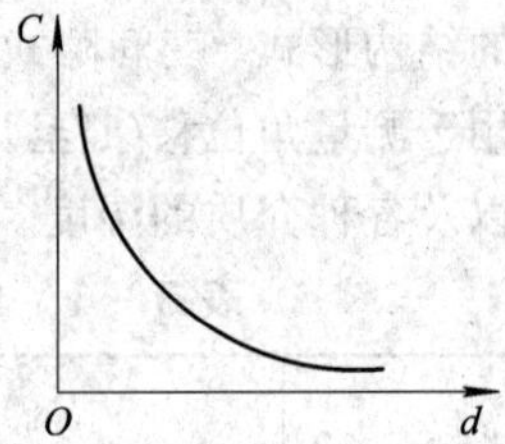

图 3-31 $C-d$ 特性曲线

极板面积为 A，初始间隙为 d_0，介质为空气($\varepsilon_r=1$)的电容器的电容值为

$$C_0=\frac{\varepsilon_0 A}{d_0}$$

当间隙 d_0 减少了 Δd 时(设 $\Delta d \ll d_0$)，则电容增加 ΔC，即

$$\Delta C=\frac{\varepsilon_0 A}{d_0-\Delta d}-\frac{\varepsilon_0 A}{d_0}=\frac{\varepsilon_0 A}{d_0}\left(\frac{1}{1-\dfrac{\Delta d}{d_0}}-1\right) \tag{3-17}$$

电容的相对变化为

$$\frac{\Delta C}{C_0}=\frac{\Delta d/d_0}{1-\Delta d/d_0} \tag{3-18}$$

由 $\Delta d/d_0<1$ 得近似的线性关系式，即

$$\frac{\Delta C}{C_0}=\frac{\Delta d}{d_0} \tag{3-19}$$

从而电容式传感器的灵敏度为

$$S_n=\frac{\Delta C}{\Delta d}=\frac{C_0}{d_0} \tag{3-20}$$

由式(3-20)可知，要提高灵敏度，应减小起始间隙 d_0，但 d_0 过小，容易引起电容器击穿或短路。为此，极板间可采用高介电常数的材料(云母、塑料膜等)作介质，如图 3-32 所示。

云母的介电常数为空气的 7 倍，其击穿电压不小于 1000 kV/mm，而空气的击穿电压为 3 kV/mm，因此有了云母片，极板间起始距离可大大地减小。

一般电容式传感器的起始电容为 20～30 pF，极板间距在 25～200 μm 的范围内，最大位移应该小于间距的 1/10。所以，在实际应用中，为了提高灵敏度，减小非线性，大多采用差动式的结构。在差动式电容式传感器中，其中一个电容器的电容 C_1 随位移 Δd 增加时，另一个电容器的电容 C_2 则减少，如图 3-33 所示。

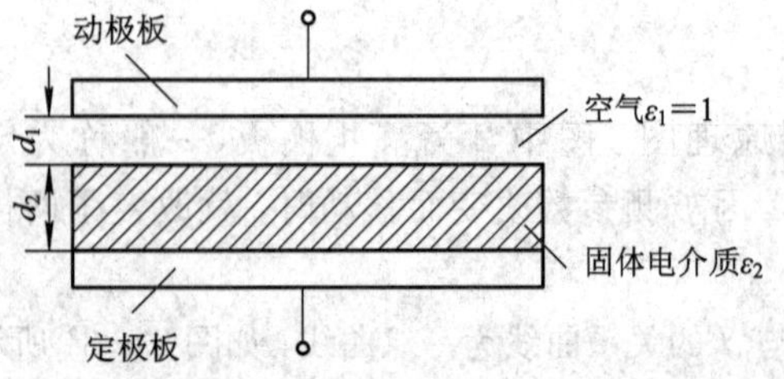

图 3-32 具有固体介质的变间隙式电容式传感器

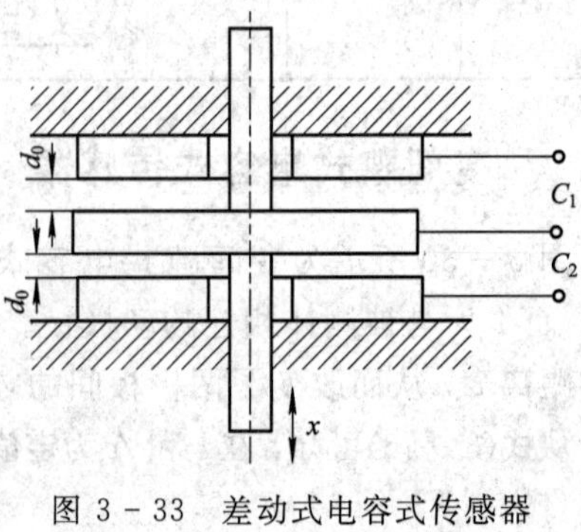

图 3-33 差动式电容式传感器

电容器的初始电容 C_1、C_2 为

$$C_1 = C_2 = C_0 = \frac{\varepsilon_0 A}{d_0} \tag{3-21}$$

当动片向上移动 Δd 时，电容器 C_1 的间隙减小 Δd 的同时，电容器 C_2 的间隙增大 Δd，利用式(3-19)可得

$$\frac{\Delta C_1}{C_0} \approx \frac{\Delta d}{d_0} \quad 和 \quad \frac{\Delta C_2}{C_0} \approx -\frac{\Delta d}{d_0}$$

因此，当实现差动输出($\Delta C = \Delta C_1 - \Delta C_2$)时，就有

$$\frac{\Delta C}{C_0} \approx \frac{2\Delta d}{d_0} \tag{3-22}$$

因而传感器的灵敏度为

$$S_n = \frac{\Delta C}{\Delta d} = 2 \cdot \frac{C_0}{d_0} \tag{3-23}$$

由上可知：电容式传感器做成差动结构以后，灵敏度提高 1 倍；非线性误差也大大降低了；同时，差动式电容式传感器还能减小由引力给测量带来的影响，并有效地改善由于温度等环境影响所造成的误差。

3.5.3　变面积式电容式传感器

变面积式电容式传感器有很多结构形式，图 3-34(a)、(b)所示是两种较常见的变面积式电容式传感器。

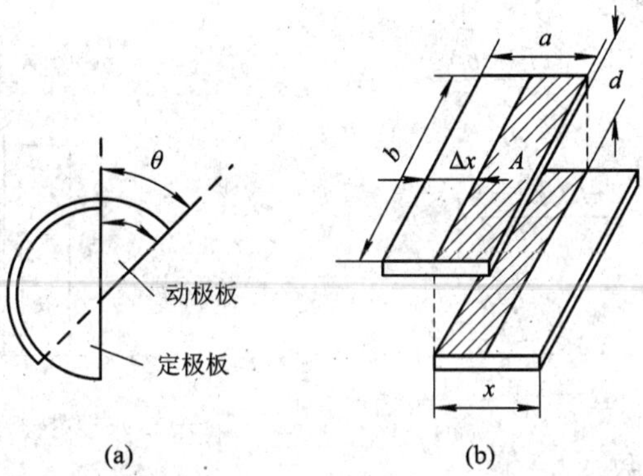

图 3-34　变面积式电容式传感器

(a) 角位移式；(b) 直线位移式

图 3-34(a)是角位移式结构，其动、定极板分别是两个半圆片，当动极板有一角位移 θ 时，与定极板间的有效覆盖面积 A 就改变，从而改变了两极板间的电容量。当 $\theta=0$ 时，有 $C_0 = \frac{\varepsilon A}{d}$；当 $\theta \neq 0$ 时，有

$$C = \frac{\varepsilon A\left(1 - \frac{\theta}{\pi}\right)}{d} = C_0 - C_0 \frac{\theta}{\pi}$$

可以看出，传感器的电容量 C 与角位移 θ 成线性关系。

图 3-34(b)是直线位移式结构，当动极板移动 Δx 之后，面积 A 就改变，则电容也随

之改变，其值为(忽略边缘效应)

$$C_x = \frac{\varepsilon b(a-\Delta x)}{d} = C_0 - \frac{\varepsilon b}{d}\Delta X$$

$$\Delta C = C_x - C_0 = -\frac{\varepsilon b}{d}\Delta x = -C_0\frac{\Delta x}{a}$$

灵敏度为

$$S_n = \frac{\Delta C}{\Delta x} = -\frac{\varepsilon b}{d}$$

由此可知，变面积式电容式传感器的输出特性是线性的。增大极板边长 b，减小间隙 d，可以提高灵敏度。需要注意的是，极板的边长 a 不宜过小，否则会因边缘电场影响的增加而影响线性特性。

3.5.4 变介电常数式电容式传感器

变介电常数式电容式传感器有较多的结构形式，它可以用来测量液位的高度，也可以测量纸张、绝缘薄膜等的厚度，还可用来测量粮食、纺织品、木材或煤等非导电固体介质的湿度。

1. 电容式液位传感器

图 3-35 所示是一种变极板间介质的电容式传感器测量液位高低的结构原理图。设被测介质的介电常数为 ε_1，液面高度为 h，变换器总高度为 H，内筒外径为 d，外筒内径为 D，则此时变换器电容值为

$$\begin{aligned} C &= \frac{2\pi\varepsilon_1 h}{\ln\dfrac{D}{d}} + \frac{2\pi\varepsilon(H-h)}{\ln\dfrac{D}{d}} \\ &= \frac{2\pi\varepsilon H}{\ln\dfrac{D}{d}} + \frac{2\pi h(\varepsilon_1-\varepsilon)}{\ln\dfrac{D}{d}} \\ &= C_0 + \frac{2\pi h(\varepsilon_1-\varepsilon)}{\ln\dfrac{D}{d}} \qquad (3-24) \end{aligned}$$

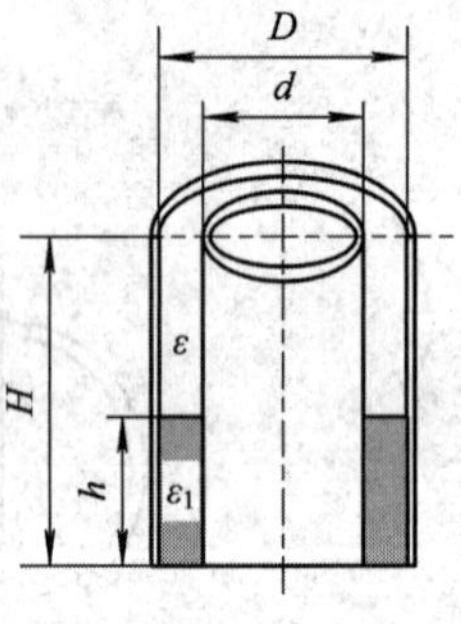

图 3-35 电容式液位传感器结构原理图

式中：ε——空气介电常数；

C_0——由变换器的基本尺寸决定的初始电容值，即

$$C_0 = \frac{2\pi\varepsilon h}{\ln\dfrac{D}{d}}$$

由式(3-24)可见，此变换器的电容增量正比于被测液位高度 h。

2. 电容式位移传感器

图 3-36 所示是一种常用的变介电常数式电容式传感器的结构形式。图中，两平行电极固定不动，极距为 d，相对介电常数为 ε_{r2} 的电介质以不同深度插入电容器中，从而改变两种介质的极板覆盖面积。传感器总电容量 C 为

$$C = C_1 + C_2 = \varepsilon_0 b_0 \frac{\varepsilon_{r1}(L_0 - L) + \varepsilon_{r2} L}{d_0}$$

式中：L_0 和 b_0——极板的长度和宽度；

L——第 2 种介质进入极板间的长度。

若电介质 $\varepsilon_{r1}=1$，则当 $L=0$ 时，传感器的初始电容为

$$C_0=\frac{\varepsilon_0\varepsilon_r L_0 b_0}{d_0}$$

当被测介质 ε_{r2} 进入极板间 L 深度后，引起的电容相对变化量为

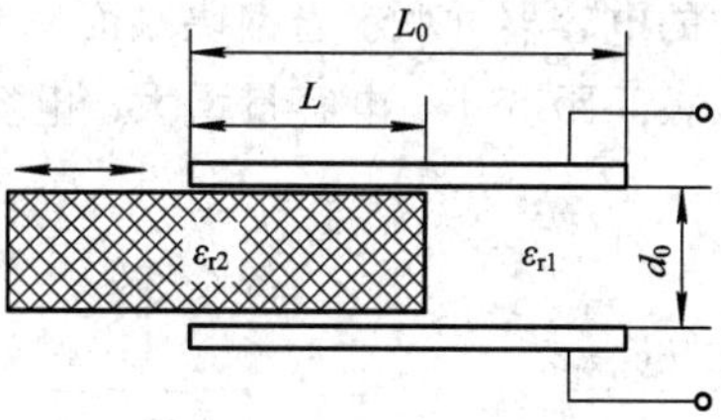

图 3－36　变介电常数式电容式传感器

$$\frac{\Delta C}{C_0}=\frac{C-C_0}{C_0}=\frac{(\varepsilon_{r2}-1)L}{L_0}$$

可见，电容量的变化与电介质 ε_{r2} 的移动量 L 成线性关系。

3.5.5　电容式传感器的信号调理电路

电容式压力传感器在结构上有单端式和差动式两种形式，因为差动式的灵敏度较高，非线性误差也小，所以电容式压力传感器大都采用差动形式。

差动式电容压力传感器主要由一个膜式动电极和两个在凹形玻璃上电镀成的固定电极组成差动电容器。当被测压力或压力差作用于膜片并产生位移时，形成的两个电容器的电容量，一个增大，一个减小。该电容值的变化经测量电路转换成与压力或压力差相对应的电流或电压的变化。

差动式电容压力传感器的测量电路常采用双 T 型电桥电路。双 T 型电桥电路如图3－37 所示。其中，e 为对称方波的高频信号源；C_1 和 C_2 为差动式电容传感器的一对电容；R_L 为测量仪表的内阻；VD_1 和 VD_2 为性能相同的两个二极管；R_1、R_2 ($R_1=R_2$) 为固定电阻。

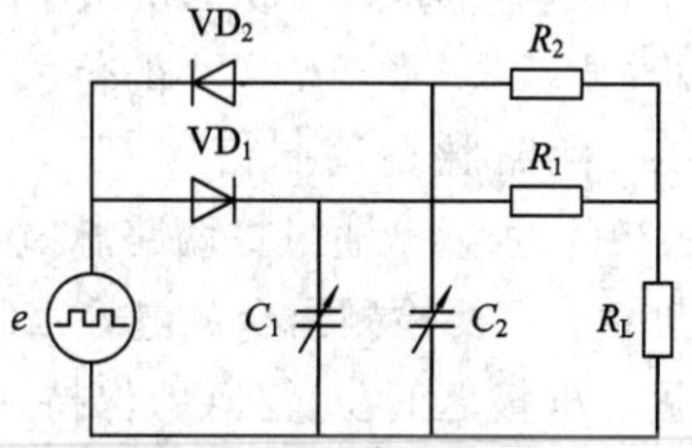

图 3－37　双 T 电桥电路

当 e 为正半周时，VD_1 导通，VD_2 截止，电容 C_1 充电至电压 E，电流经 R_1 流向 R_L，与此同时，C_2 通过 R_2 向 R_L 放电。当 e 为负半周时，VD_2 导通、VD_1 截止，电容 C_2 充电至电压 E，电流经 R_2 流向 R_L，与此同时，C_1 通过 R_1 向 R_L 放电。

当 $C_1=C_2$，亦即没有压力输给传感器时，在 e 的一个周期内流过负载 R_L 的平均值为零，R_L 上无信号输出。当有压力作用在膜片上时，$C_1\neq C_2$，在负载电阻上的平均电流不为零，R_L 上有信号输出。

双 T 电桥电路具有结构简单、动态响应快、灵敏度高等优点。

3.5.6　电容式传感器的应用

1. 电容式荷重传感器

图 3－38 所示为电容式荷重传感器的结构示意图。它是在镍铬钼钢块上，加工出一排尺寸相同且等距的圆孔，在圆孔内壁上粘接有带绝缘支架的平板式电容器，然后将每个圆

孔内的电容器并联。当钢块端面承受重量 F 作用时，圆孔将产生变形，从而使每个电容器的极板间距变小，电容量增大。电容器容量的增值正比于被测载荷 F。

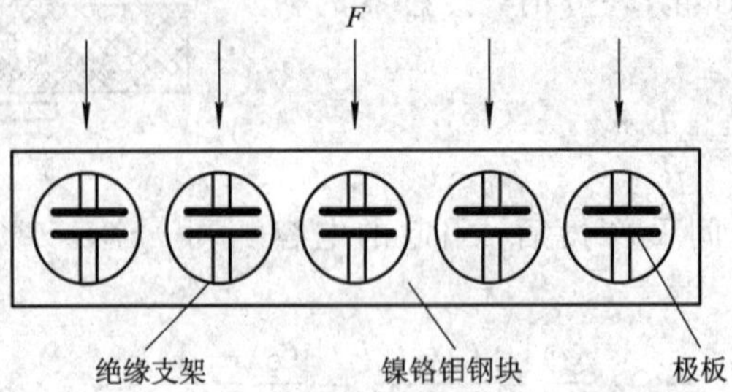

图 3 - 38 电容式荷重传感器的结构示意图

这种传感器的主要优点是由于受接触面的影响小，因此测量精度较高。另外，电容器放于钢块的孔内也提高了抗干扰能力。它在地球物理、表面状态检测以及自动检验和控制系统中得到了应用。

2. 硅电容式加速度传感器

图 3 - 39 所示为一零位平衡式(伺服式)硅电容式加速度传感器的原理框图。传感器由玻璃—Si—玻璃结构构成。硅悬臂梁的自由端设置有敏感加速度的质量块，并在其上、下两侧淀积有金属电极，形成电容的活动极板。把它安装在固定电极板之间，组成一个差动式平板电容器，如图 3 - 39(a)所示。当有加速度(惯性力)施加在加速度传感器上时，活动极板(质量块)将产生微小的位移，引起电容变化，电容变化量 ΔC 由开关电容电路检测并放大。两路脉宽调制信号 $\overline{U}_E$ 和 U_E 由脉宽调制器产生，并分别加在两对电极上，如图 3 - 39(b)所示。通过这两路脉宽调制信号产生的静电力去控制活动极板的位置。对任何加速度值，只要检测出合成电容 ΔC 并用之控制脉冲宽度，便能够将活动极板准确地保持在两固定电极之间位置处(即保持在非常接近零位移的位置上)。因为这种脉宽调制产生的静电力总是阻止活动电极偏离零位，且与加速度 g 成正比，所以通过低通滤波器的脉宽信号，即为该加速度传感器输出的电压信号。

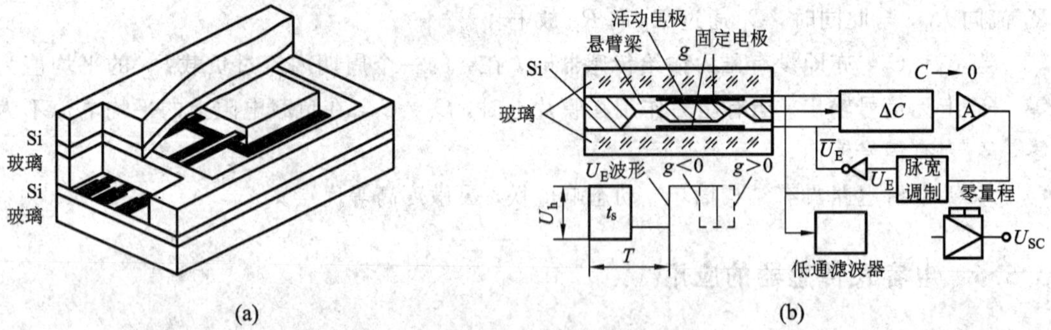

图 3 - 39 零位平衡式硅电容式加速度传感器

(a) 微型硅电容式加速度传感器；(b) 脉宽调制伺服式硅电容式加速度传感器应用电路

3.6　力敏传感器的应用实例

3.6.1　压电引信

压电引信是利用钛酸钡或锆钛酸铅压电陶瓷的正压电效应制成的一种弹丸起爆装置。它具有瞬发度高、灵敏度低、不需配置电源等特点，常应用在破甲弹上，对提高弹丸的破甲能力起着非常重要的作用。压电引信由压电晶体和起爆装置两部分组成，压电晶体放在弹丸的头部，起爆装置设置在弹丸的尾部，如图 3-40 所示。

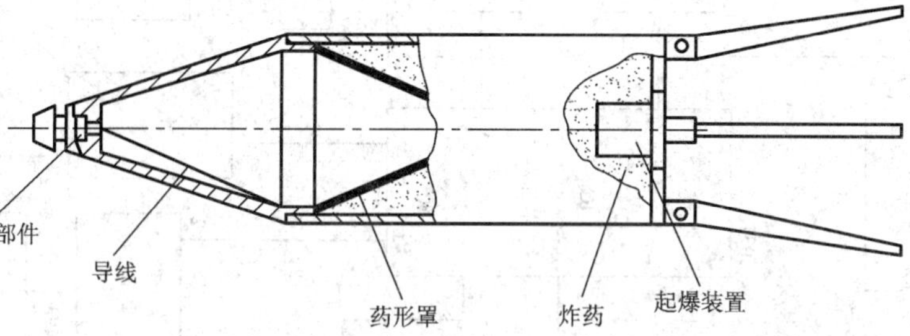

图 3-40　使用压电引信的破甲弹

压电引信的电路如图 3-41 所示。平时电雷管 E 处于短路保险状态，压电晶体产生的电荷将从电阻 R 泄放掉，不会使电雷管动作。弹丸发射后，引信起爆装置解除保险状态，开关 S 从 a 处断开，与 b 接通，处于待发状态。当弹丸与装甲目标相遇时，碰撞力使压电晶体产生电荷，经导线传给电雷管使其起爆，并引起弹丸的爆炸，锥孔炸药爆炸形成的能量使药形罩熔化，形成高温高速的金属流，将钢甲穿透，起到杀伤作用。

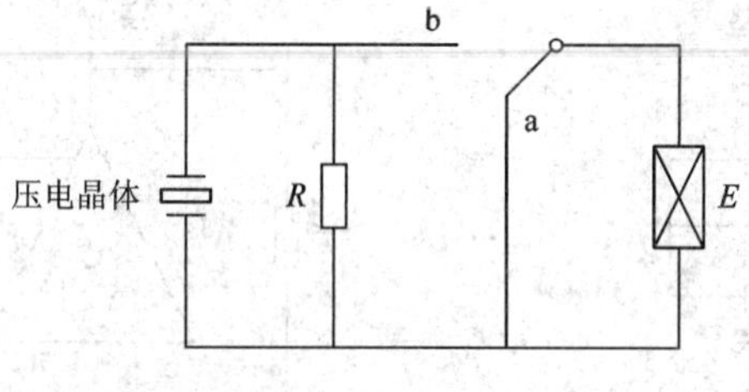

图 3-41　压电引信的电路

3.6.2　泥浆材料测重仪

在石油开采过程中，常使用水泥浆、拌土浆、重晶石粉浆等材料实施固井作业。这些泥浆材料放在很大的密封罐内，在作业时，需要随时监测罐内材料的重量。泥浆材料测重仪能够测量并显示密封罐内泥浆材料的重量，测量范围为 1～120 吨，可同时对 4 个密封罐进行监测。泥浆材料测重仪电路如图 3-42 所示。其中传感器选用 BHR-4 型压力电阻应变式 30t 传感器，它设置在密封罐的支腿中间，每个密封罐有两只传感器。传感器与主机电路之间可通过屏蔽电缆进行连接，其距离可达数十米。传感器产生的压力信号传输给

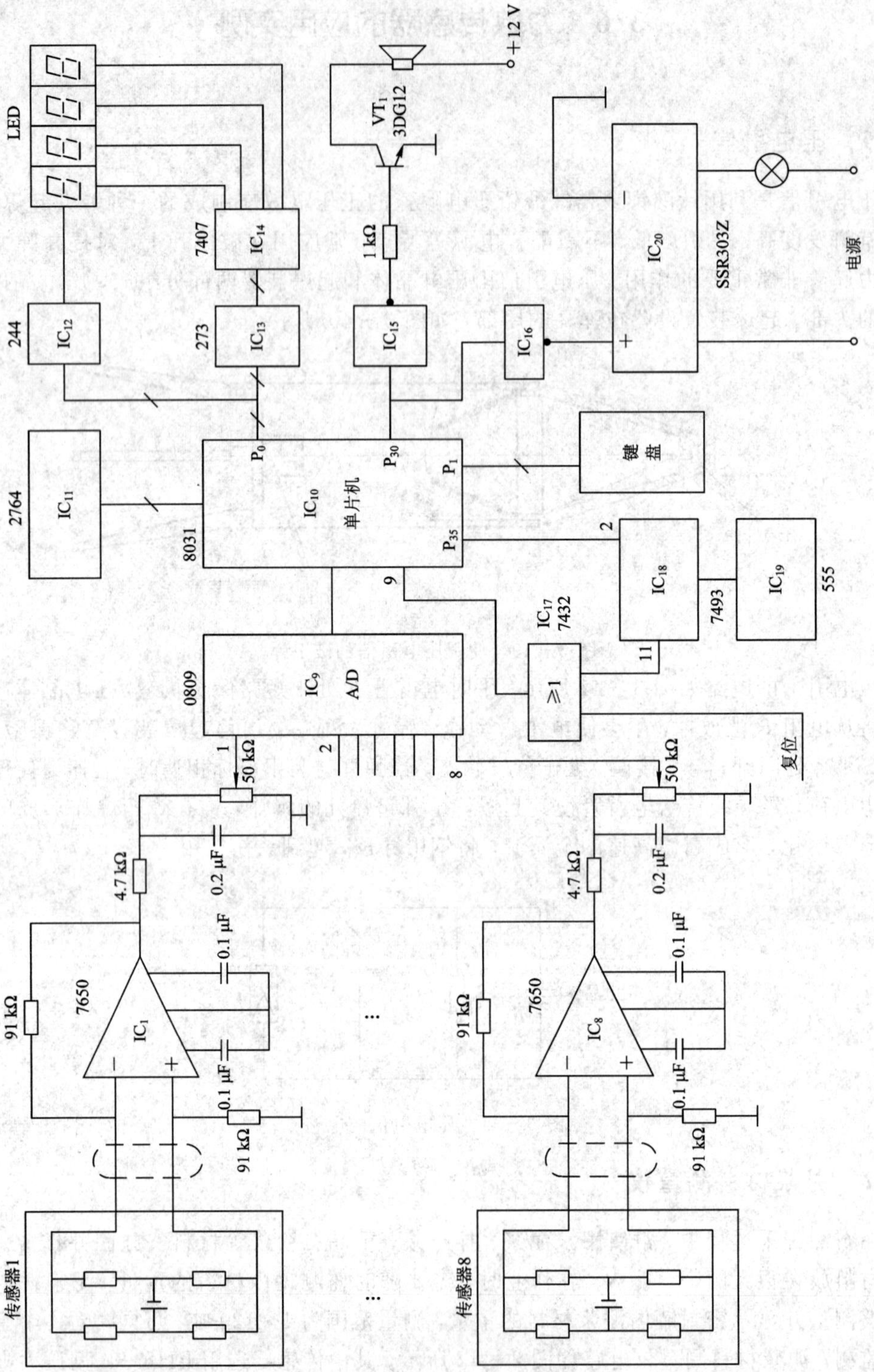
LED
7407
IC_{14}
244
IC_{12}
273
IC_{13}
VT_1
3DG12
1 kΩ
IC_{15}
+12 V
IC_{16}
IC_{20}
SSR303Z
电源
2764
IC_{11}
8031
IC_{10}
单片机
P_0
P_{30}
P_1
P_{35}
键盘
IC_{18}
7493
IC_{19}
555
IC_{17}
7432
≥1
复位
0809
IC_9
A/D
50 kΩ
0.2 μF
4.7 kΩ
0.1 μF
91 kΩ
7650
IC_1
IC_8
传感器1
传感器8

$IC_1 \sim IC_8$ 进行模拟信号放大，经 A/D 转换器进行模/数转换.然后输给单片机 8031 进行数据处理，最后经 IC_{13}、IC_{14} 驱动 LED 显示器进行显示。显示器共四位，第一位显示罐号，其余三位显示泥浆重量。测重仪还设置有声光报警电路，可对罐内泥浆材料存量的上、下限进行双向报警。除此之外，由 IC_{17}、IC_{18} 和 IC_{19} 组成的监控电路可对程序运行加以监控。电路中的键盘为 6 只键的小键盘，主要用于复位和不同罐号的选择。

本仪器也适用于建筑业、矿山及水泥生产部门使用。

3.6.3　电子皮带秤

电子皮带秤是一种能连续称量散状颗粒物料重量的装置，它不但可以对某一瞬间在输送带上的输送物料重量进行秤重，而且还可以为某段时间内输送的物料总重进行秤重。因此，电子皮带秤在煤矿、水泥厂、矿山和粮仓码头得到了普遍的应用。

电子皮带秤的工作原理如图 3 - 43 所示。皮带秆上使用着两个传感器，一个是测力传感器，它通过皮带下的称架感受称量区间 L 的物料重量；另一个为测速传感器，它和皮带导轮同轴，当皮带传动时，通过导轮随动检测皮带的运行速度。

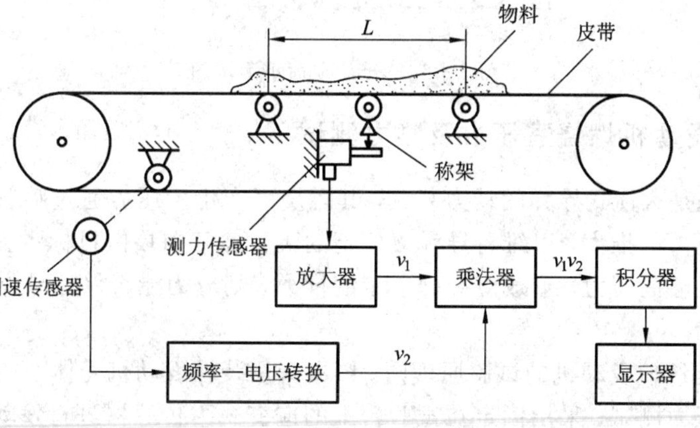

图 3 - 43　电子皮带秤工作原理图

在某一称量区间的物料重量有如下的关系式：

$$W(t) = q(t) \cdot L$$

式中：$W(t)$——L 区间的物料重量；

$q(t)$——皮带单位长度上的物料重量；

L——区间长度，与皮带的运行速度有关。

对于皮带在单位时间里的输送量，有如下的关系式：

$$Q(t) = Lq(t)v(t)$$

式中：$Q(t)$——单位时间里输送的物料重量；

$v(t)$——皮带速度。

这样，只要将测力传感器输出后放大的信号 v_1 和测速传感器测得的速度信号 v_2，经乘法器相乘，便可得知皮带在单位时间内的输送量。将此值经积分器积分，即可得到 $0 \sim t$ 段时间内的物料总重量，该重量可直接在显示器上显示出来。

3.6.4 千斤顶荷重测试

液压千斤顶是采用液压原理设计的一种顶举装置，额定起重量是它的一项主要技术指标，在生产中需要对这一技术指标进行100%的验证。图3-44是检验千斤顶荷重量的测试图。试验装置采用应变式测力传感器，传感器被固定在由四个支柱支承的顶板上，千斤顶荷重输出端和它相接触。当上下搬动加压杠杆时，在液压力的作用下，千斤顶活塞通过千斤顶输出端不断上升而举起重物，此时传感器将千斤顶的荷重力转换为电信号输出，由荷重测试仪直接显示出荷重力。

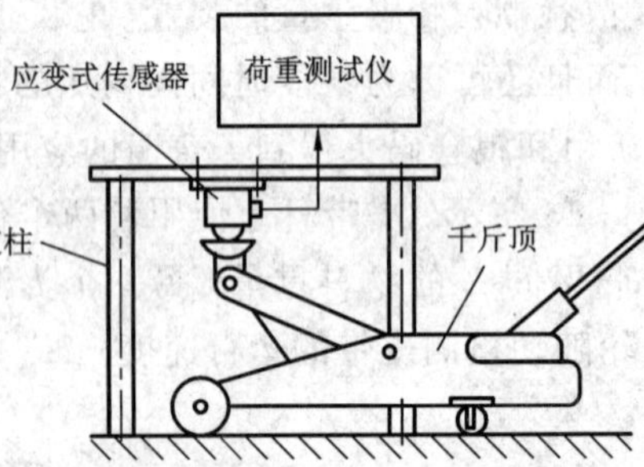

图3-44 千斤顶荷重测试图

3.6.5 续航发动机燃烧室压力及推力测试

续航发动机是火箭式导弹的动力装置，其燃烧室产生的压力通过喷管喷出，赋予导弹在控制飞行中所需的推力，以维持导弹以一定的飞行速度向攻击目标飞去。如何保证发动机燃烧室产生足够的压力，形成对导弹一定的推力，则成为能否保证导弹正常飞行的技术关键。

图3-45是续航发动机的试验原理图。图中采用装在发动机壳体上的应变式压力传感器进行燃烧室压力测试；采用固定在试验台上的应变式力传感器进行发动机推力测试。发动机固定在可作轴向运动的卡具上。

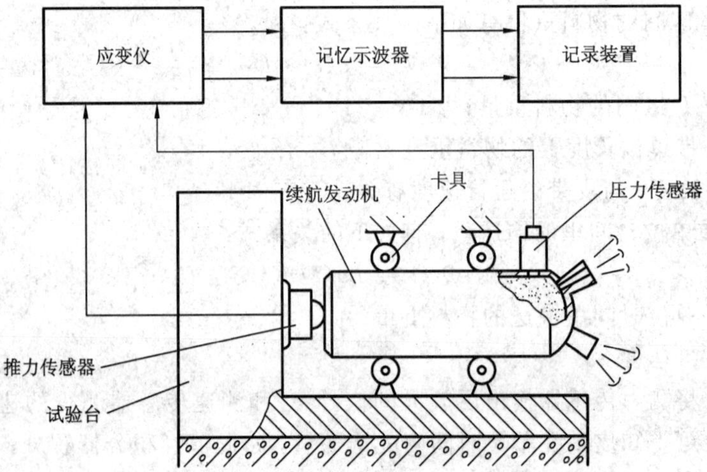

图3-45 续航发动机试验原理图

当引爆装置将发动机上的点火具点燃后，发动机内的火药开始燃烧，并产生燃气压力，该压力由喷管喷出，其反作用力形成推力。此时压力传感器和推力传感器将燃烧室内的压力和发动机产生的推力转换为电信号输出，该信号经测试仪器并由记录装置打印出测试曲线，如图 3 - 46 所示。

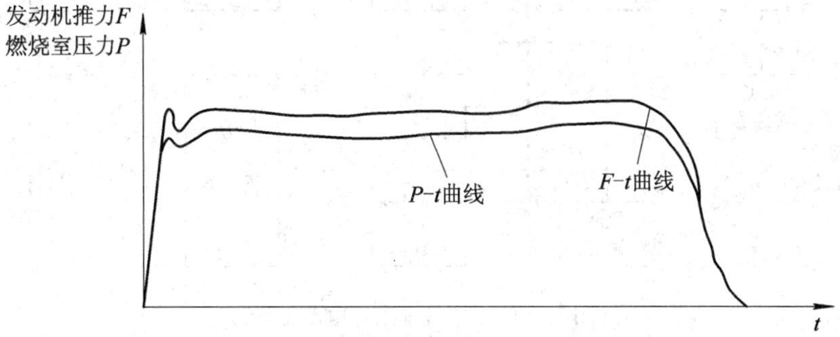

图 3 - 46　续航发动机压力及推力曲线

3.6.6　指套式电子血压计

指套式血压计是利用放在指套上的压电传感器，把手指的血压变为电信号，由电子检测电路处理后直接显示出血压值的一种微型装置。图 3 - 47 是指套式血压计的外形图。它由指套、电子电路及压力源三部分组成，指套的外圈为硬性指环，中间为柔性气囊，它直接和压力源相连。旋动调节阀时，柔性气囊便会被充入气体，使产生的压力作用到手指的动脉上。

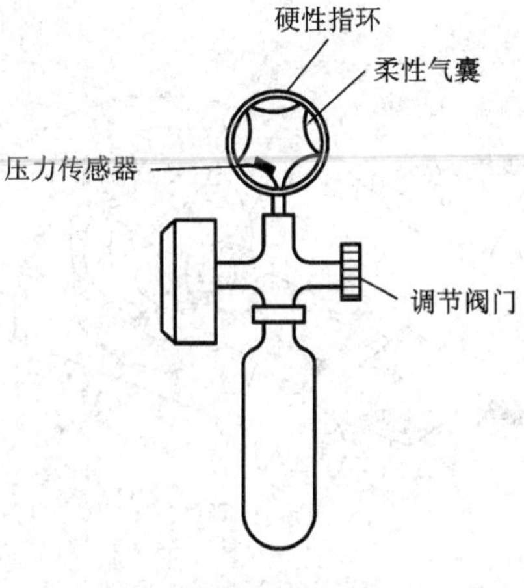

图 3 - 47　指套式血压计外形图

电子血压计的电路框图如图 3 - 48 所示。当手指套入指套进行血压测量时，将开关 S 闭合，压电传感器将感受到的血压脉动转换为脉冲电信号，经放大器放大变为等时间间隔的采样电压，A/D 转换器将它们变为二进制代码后输入到幅值比较器和移位寄存器。

移位寄存器由开关 S 激励的门控电路控制，随着门控脉冲的到来，移位寄存器存储采样电压值。移位寄存器寄存的采样电压又送回幅值比较器并与下面输入的采样电压进行比

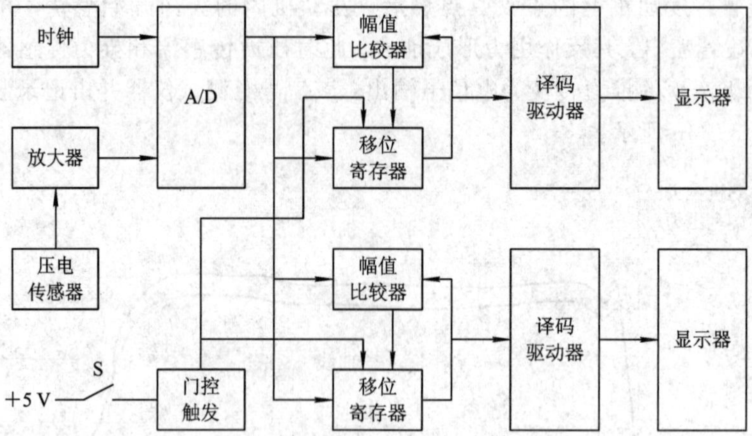

图 3-48 电子血压计电路框图

较，只将幅值大的采样电压存储下来，也就是把测得的血压最大值(收缩压)存储下来，并通过 BCD 七段译码/驱动器在显示器上显示出来。

测量舒张压的过程与收缩压相似，只不过由另一路幅值比较器电路来完成，它将较小的一个采样电压存储在移位寄存器内，这就是舒张压的采样血压值，最终由显示器显示出来。

3.6.7 开关式加速度传感器在汽车安全气囊系统上的应用

汽车安全气囊系统是一种新型的汽车安全装置，它主要由加速度传感器、控制单元、电路连接器、气体发生器及气袋组件等组成，其中加速度传感器放置在汽车的前方，如图 3-49 所示。

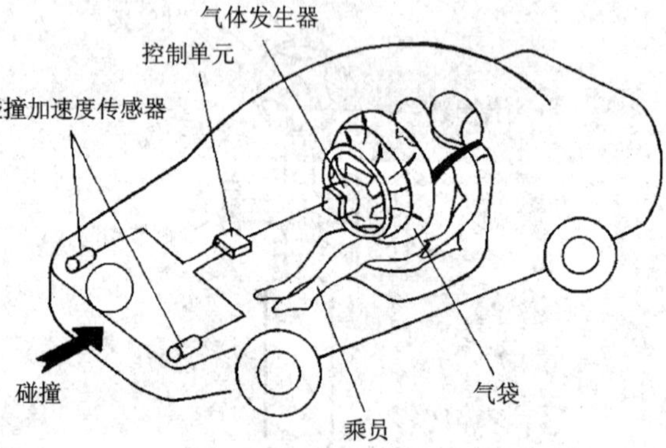

图 3-49 汽车安全囊工作原理示意图

当高速行驶的汽车与障碍物发生碰撞时，碰撞加速度传感器将感受到的减加速度转换为电信号进往控制单元，控制单元中的微处理机根据建立的数学模型，对加速度的幅度及作用时间进行处理和识别，以判断是事故性碰撞还是一般非事故性碰撞。当确认是汽车碰撞事故时，控制单元便输出点火信号给气体发生器中的电点火管，电点火管发火后引燃气体产生剂，此时气体发生器内部便产生大量且具有一定压力的气体，该气体经输出气孔向装在气袋组件中平时呈折叠状态的气袋充气。气袋在压力作用下迅速膨胀，并冲破气囊盖形成一个充满气体的弹性体，将乘员因受到惯性力而向前移动的头部及胸部托起，从而起到保护乘员的作用。

作为引爆及引燃用的电火工品在国防及特种工业产品上使用非常普遍。由于电火工品的发火能量很小，一般在 $10^{-3}\sim10^{-6}$ J 之间，因此它们的抗静电和抗电磁波干扰能力很差。为了防止电火工品在应用中发生意外事故，往往采取保险装置，使它们平时处于短路状态并和发火控制电路绝缘，只有在需要作用前的瞬间才解除保险状态，使电火工品处于待发状态。

图 3-50 是汽车安全气囊点火电路图。电路中采用两个开关式加速度传感器作为保险装置。一个为常闭式加速度传感器，它并联在电发火管的两端，平时将电发火管短路；另一个为常开式加速度传感器，它串接在控制单元和发火电路之间，将控制单元电路和发火电路断开。

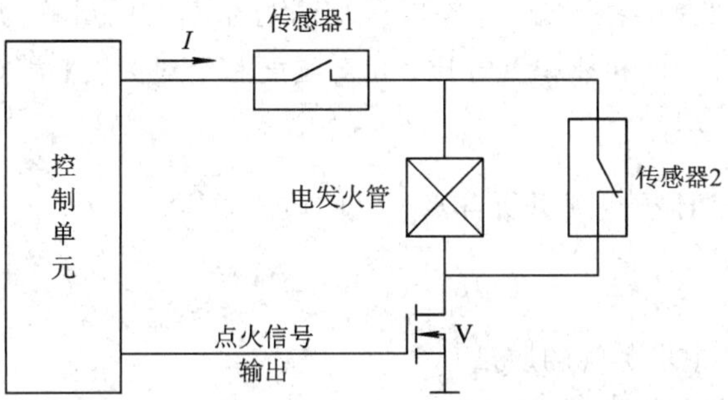

图 3-50　汽车安全气囊点火电路图

当汽车发生碰撞产生的加速度幅值足够时，传感器内的惯性零件在惯性力的作用下动作，在控制单元输出点火信号前，分别接通电路并解除电发火管的短路状态。控制单元输出点火信号，使大功率场效应管 V 导通，电流流过电发火管使其发生作用。开关加速度传感器从汽车碰撞开始到开关作用的时间一般为 25～30 ms。

思考题及习题

1. 电阻应变片传感器是根据什么基本原理来测量应力的？
2. 试举出生活中力学传感器的一些应用，并简要的说明其工作原理。
3. 连接在全桥电路中的金属应变片应具有什么样的特点？
4. 电容式传感器的分类以及各自的应用特点是什么？

第4章　湿度传感器和气敏传感器

4.1 湿度传感器

4.1.1 湿度的概念

含有水蒸气的空气是一种混合气体。空气中含有水蒸气的量称为湿度。湿度表示的方法很多，主要有质量百分比和体积百分比、相对湿度和绝对湿度、露点等表示法。

1. 绝对湿度

绝对湿度表示单位体积空气里所含水蒸气的质量，其定义为

$$\rho_V = \frac{m}{V}(g/m^3)$$

式中：m——待测空气中水蒸气的质量；

V——待测空气的总体积；

ρ_V——待测空气的绝对湿度。

2. 相对湿度

水蒸气压是指在一定的温度条件下，混合气体中存在的水蒸气分压(e_x)。而饱和蒸气压是指在同一温度下，混合气体中所含水蒸气压的最大值(e_s)。温度越高，饱和水蒸气压越大。

在某一温度下，其水蒸气压同饱和蒸气压的百分比，称为相对湿度，其表示式为

$$RH = \frac{e_x}{e_s} \times 100\%$$

相对湿度受温度、气压的影响显著。通常人们谈及的湿度，指的就是相对湿度。

3. 露点

众所周知，水的饱和蒸气压是随着温度的降低而逐渐下降的。由此可知，在同样的空气水蒸气压下，空气的温度越低，则空气的水蒸气压与同温度下水的饱和蒸气压差值就越小。当空气的温度下降到某一温度时，空气中的水蒸气压将与同温度下水的饱和水蒸气压相等。此时，空气中的水蒸气将向液相转化而凝结成露珠。此时，相对湿度为100%。这一特定的温度，人们称为空气的露点温度，简称露点。如果这一特定温度低于0℃，则水蒸气将结霜，因此，又可将之称为霜点温度。空气中水蒸气压越小，露点越低，因而可以用露点表示空气中的湿度大小。露点与相对湿度存在着对应关系，图4-1表示温度—相对湿度—露点的关系。

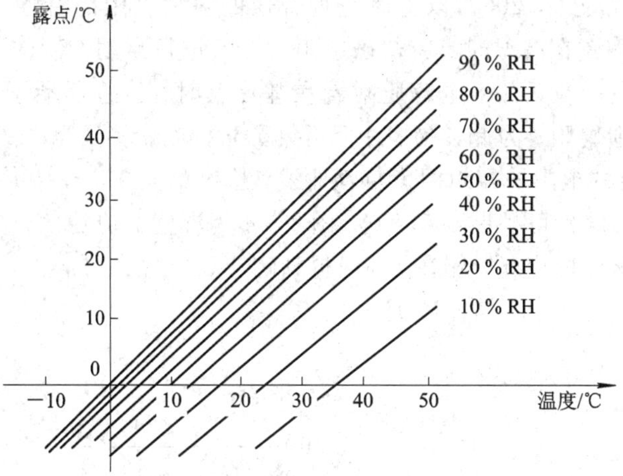

图 4－1　温度—相对湿度—露点的对应关系

4. 含水量

通常将空气或其他气体中的水分含量称为“湿度”，将固体物质中的水分含量称为“含水量”。固体物质中所含水分的质量与总质量之比的百分数，就是含水量的值。

4.1.2　湿度传感器的种类

根据工作方式的不同，常用湿度传感器分为电阻变化型和电容变化型。其中，电阻变化型根据使用湿敏材料的不同还分为高分子型和陶瓷型。

1. 电阻式湿度传感器

电阻式湿度传感器随着相对湿度的增加，电阻值会急剧下降，基本按指数规律下降。电阻—湿度特性近似呈线性关系。

图 4－2 是湿敏电阻传感器的内部结构，它主要采用了 MCT 系列陶瓷材料，在其两面设置了氧化钌(RuO_2)电极与铂—铱引线，并安装有辐射状、用于加热清洗的加热装置。根据检测情况，加热装置对湿敏元件进行加热清洗；对于湿敏陶瓷，在 500℃以上进行几秒钟的加热，从而清除陶瓷的污染，使其重现原来的性能。温度在 200℃以下时，MCT 系列

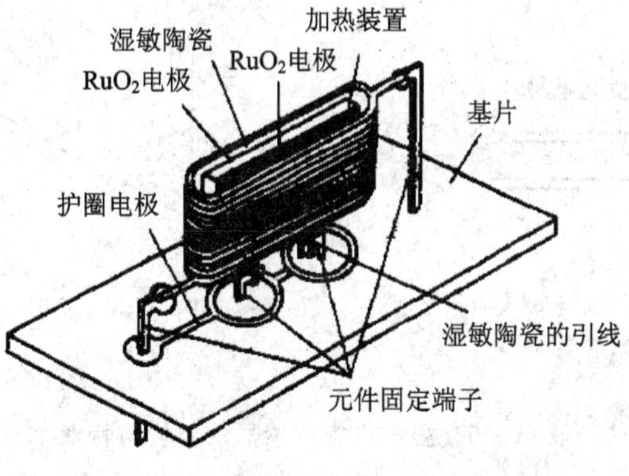

图 4－2　湿敏传感器的结构图

的电阻受温度影响比较小，200℃以上时呈现普通的热敏电阻的特性。这种加热清洗的温度控制是利用湿敏陶瓷在高温时具有热敏电阻特性而进行自动控制的。支持传感器的基片与湿敏陶瓷一样容易受到污染，电解质附着在基片上时，传感器端子间将产生电气漏泄，相当于并联一只漏泄电阻。为此，在基片上增设了防护圈。

图 4-3 为典型的电阻—相对湿度特性曲线，检测的是 1%～100%的全湿度范围的相对湿度，能检测的温度也可扩展到 150℃。图 4-4 为湿度响应特性，对于湿度的变化相当敏感，即对于 10%RH 的变化，能在 1 s 内得到响应。

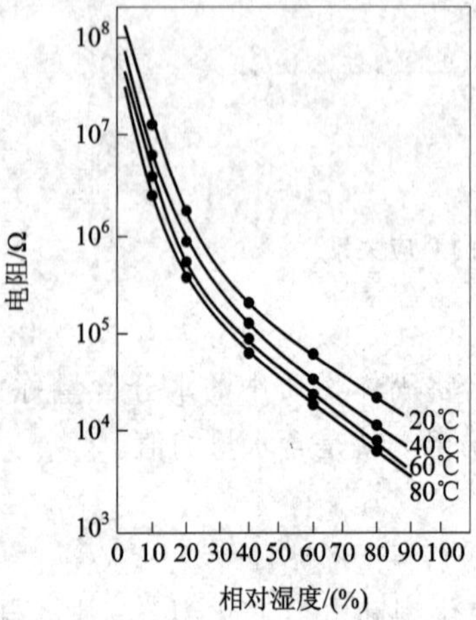

图 4-3　典型的电阻—相对湿度特性曲线

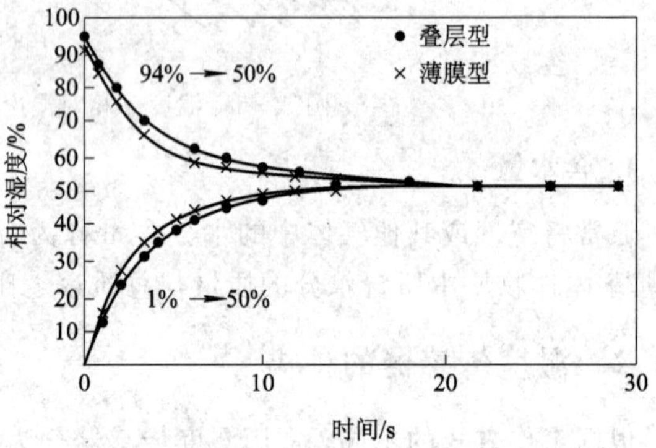

图 4-4　湿度响应特性

2. 电容式湿度传感器

湿敏电容传感器有效利用了两个电极间的电容量随湿度变化的特性，其基本结构如图 4-5(a)所示，上、下电极中间夹着湿敏元件，整体设置在玻璃或陶瓷基片上。当湿敏元件感受到周围的湿度变化时，介电常数发生变化，从而相应的电容量发生变化，通过检测电容量的变化就能检测周围的湿度。对于图 4-5 所示的结构，湿敏元件的上部电极应为具有透湿性的电极。图 4-5(b)所示为湿敏电容传感器的特性。

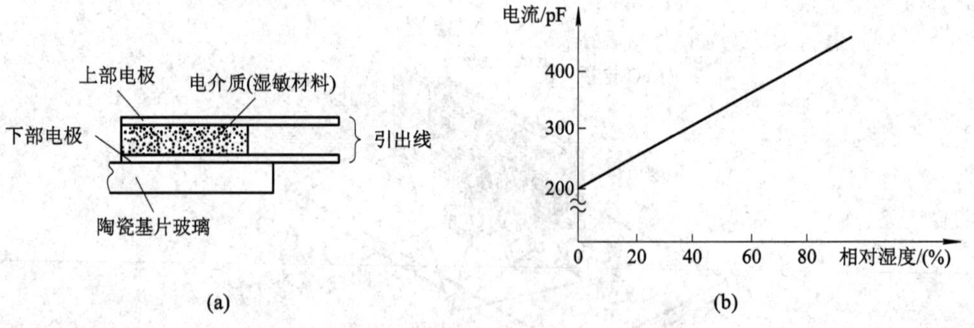

图 4-5　湿敏电容传感器的结构与特性

(a) 结构；(b) 特性

检测电容量变化的方法是：将湿敏电容与电感构成 *LC* 谐振电路，对该谐振电路的振荡频率或周期进行测量。湿敏电容传感器的湿度检测范围宽、线性好，因此，很多湿度计都采用这种传感器。

4.1.3　湿度传感器的应用实例

1. 土壤湿度检测电路

图 4－6 所示为土壤湿度检测电路，它由湿度测量电路、信号放大电路和高精度稳压电源电路组成。

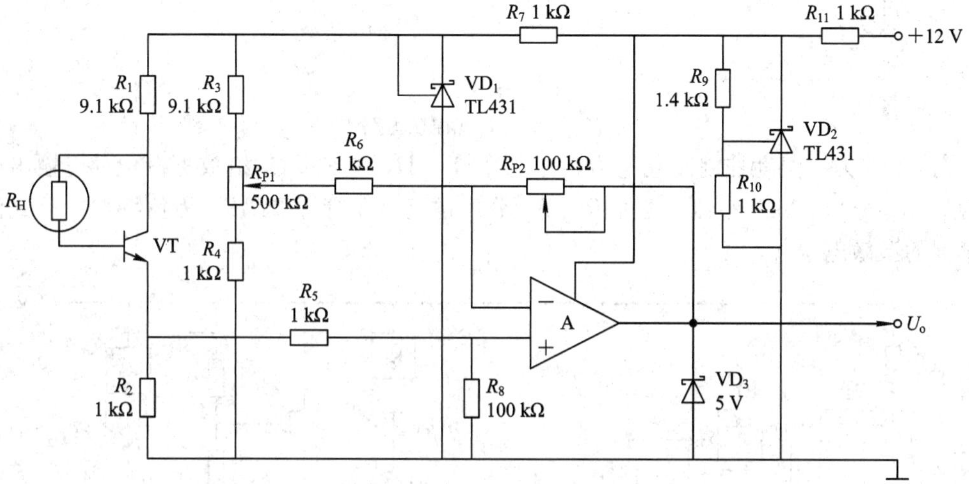

图 4－6　土壤湿度检测电路

湿度检测电路由湿敏电阻 R_H，晶体管 VT 及 R_1、R_2 等组成；信号放大电路由放大器 A、R_{P1}、R_{P2}、R_3、R_4、R_5、R_8 和 VD_3 等组成；稳压电源电路提供 2.5 V 的稳压电源（TL431 是一种并联稳压集成电路，其中，VD_1 为 2.5 V 基准电压源，VD_2 为可调基准电压源）。

使用时，将湿度传感器插入土壤中，由于土壤湿度不同，因此 R_H 值也不同。R_H 为 VT 的基极偏流电阻，故 R_H 的变化将导致 VT 基极电流的变化，从而改变 VT 的集电极电流，也改变了 VT 的发射极电流。R_2 将发射极电流转换成电压信号，并送至放大器 A 的同向输入端，经 A 放大后输出。VD_3 将输出电压控制在 5 V 以内。

使用前，应先调整，将 R_H 插入水中，调 R_{P2} 使 A 的输出电压为 5 V，然后从水中取出 R_H 并加热清洗，调 R_{P1} 使 A 的输出电压为 0 V，这样反复调整至满足要求即可。

该土壤湿度测量电路响应速度快(常温下小于 5 s)，测湿范围广，为 0～100%RH。

2. 恒湿控制电路

图 4－7 为湿度控制电路，用于计算机房等对湿度有一定要求的场所。环境湿度增高时，湿敏电阻 R_H 的阻值减小，VD_1～VD_4 整流输出的直流电压增大，于是，R_P 滑动端的电位增高，晶体管 VT_1 和 VT_2 导通，继电器 K_1 动作，其触点 K_{1-1} 接通去湿机的电动机，使其工作，达到去湿的目的。微安表指示相对湿度。

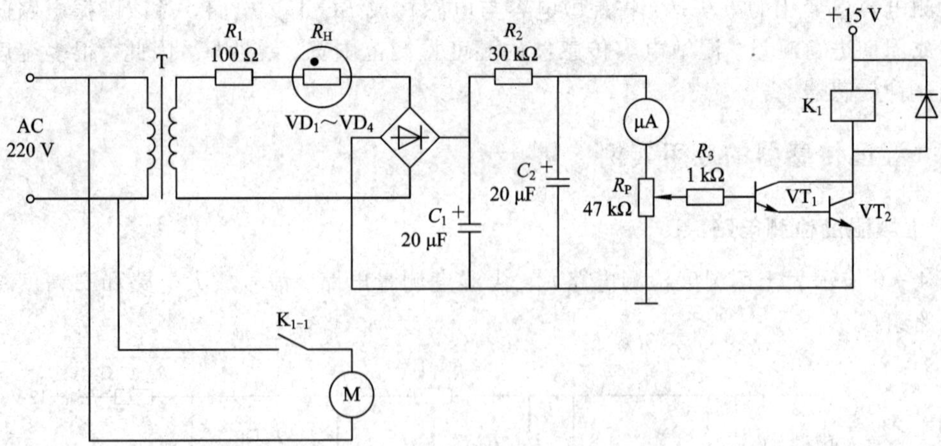

图 4-7　湿度控制电路

图 4-8 为一湿度控制装置电路，与非门 H_1、H_2 和 R_2、C_1 组成振荡电路，输出电压经 R_{P1}、R_H 分压，VD_1 整流，再经 R_3、R_{P2} 分压送至晶体管 VT_3。R_H 为负特性电阻式湿度传感器的湿敏电阻。

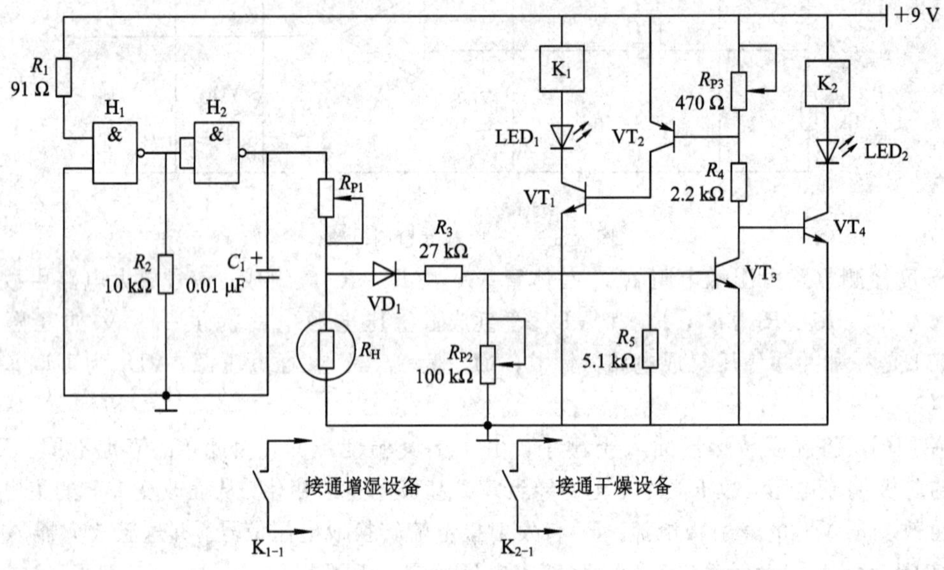

图 4-8　湿度控制装置电路

当湿度下降时，R_H 值增大，其上分压增大，使 VT_3 导通，VT_3 集电极电位下降，从而又使 VT_4 截止，继电器 K_2 释放，其常开触点 K_{2-1} 断开，干燥设备断电不工作；LED_2(驱湿信号)灭，而 VT_1、VT_2 导通，LED_1(增湿信号)亮，继电器 K_1 吸合，其常开触点 K_{1-1} 闭合，接通增湿设备增湿。

当湿度增大时，R_H 阻值减小，其上分压减小，使 VT_3 截止，VT_3 集电极电位升高，VT_4 导通，LED_2 亮，继电器 K_2 吸合，其常开触点 K_{2-1} 闭合，接通干燥设备进行驱湿；而 VT_1、VT_2 截止，LED_1 灭，继电器 K_1 释放，其常开触点 K_{1-1} 断开，增湿设备断电停止工作。

4.1.4　湿度传感器的合理选用

1. 湿度传感器的特性指标

正确合理使用湿度传感器前必须先了解湿度传感器的各项特性指标。

1）湿度量程

量程就是湿度传感器技术规范中所规定的感湿范围。通常，按所测环境温度之不同，湿度传感器分为高湿型（相对湿度大于75%）、低湿型（相对湿度小于45%）和全湿型（相对湿度0～100%）三种类型。对通用型湿度传感器，希望它的量程宽。对用户来说，也并非越宽越好，这里还要考虑到经济效益。在低湿或者抽真空情况下用的低湿传感器，主要是要求它在低湿的情况下有足够的灵敏度，并不要求它有很宽的测湿范围；相反地是，在高湿的情况也是如此。事实上，各种湿度传感器的量程各不相同。

2）感湿特征量——相对湿度特性

每种湿度传感器都有其感湿特征量，诸如电阻、电容等，通常电阻用的比较多。以电阻为例，在规定的工作湿度范围内，湿度传感器的电阻值随环境湿度变化的关系特性曲线，简称阻湿特性。有的湿度传感器的电阻值随湿度的增加而增大，这种为正特性湿敏电阻器，例如 Fe_3O_4 湿敏电阻器。有的阻值随着湿度的增加而减小，这种为负特性湿敏电阻器，例如 TiO_2-SnO_2 陶瓷湿敏电阻器。对于这种湿敏电阻器，低湿时阻值不能太高，否则不便于和测量系统或控制仪表相连接。

3）感湿灵敏度

感湿灵敏度简称灵敏度，又叫湿度系数。它的定义是在某一相对湿度范围内，相对湿度改变1%时，湿度传感器电参量的变化值或百分率。

各种不同的湿度传感器，对灵敏度的要求各不相同。对于低湿型或高湿型的湿度传感器，它们的量程较窄，要求灵敏度要很高。但对于全湿型湿度传感器，并非灵敏度越大越好，因为电阻值的动态范围很宽，灵敏度太高反而给配制二次仪表带来不利，所以灵敏度的大小要适当。

4）特征量温度系数

特征量温度系数是反映湿度传感器的感湿特征量的，感湿特征量即相对湿度特性曲线随环境温度而变化的特性。感湿特征量随环境温度的变化越小，环境温度变化所引起的相对湿度的误差就越小。

在环境温度保持恒定的情况下，湿度传感器特征量的相对变化量与对应的温度变化量之比，称为特征量温度系数。

5）感湿温度系数

感湿温度系数是反映湿度传感器温度特性的另一个比较直观、实用的物理量。在两个规定的温度下，湿度传感器的电阻值（或电容值）达到相等时，其对应的相对湿度之差与两个规定的温度变化量之比，称为感湿温度系数。或者说，环境温度每变化1℃时，所引起的湿度传感器的湿度误差称为感湿温度系数。

6）响应时间

响应时间也称为时间常数，它是反映湿度传感器相对湿度发生变化时，其反应速度的快慢。其定义是：在一定温度下，当相对湿度发生跃变时，湿度传感器的电参量达到稳态变化量的规定比例所需要的时间。一般以相应的起始和终止这一相对湿度变化区间的63%作为相对湿度变化所需要的时间，称为响应时间，单位为 s。也有规定从起始到终止 90%的相对湿度变化作为响应时间的。响应时间又分为吸湿响应时间和脱湿响应时间。大多数湿度传感器都是脱湿响应时间大于吸湿响应时间，一般以脱湿响应时间作为湿度传感器的响应时间。

7）电压特性

当用湿度传感器测量湿度时，所加的测试电压不能为直流电压。这是由于加直流电压会引起感湿体内水分子的电解，致使电导率随时间的增加而下降，故测试电压应采用交流电压。

图 4－9 表示湿度传感器的电阻与外加交流电压之间的关系。从图 4－10 中可知，测试电压小于 5 V 时，电压对阻－湿特性没有影响。但当交流电压大于 15 V 时，由于产生焦耳热的缘故，对湿度传感器的阻－湿特性产生了较大影响，因而一般湿度传感的使用电压都小于 10 V。

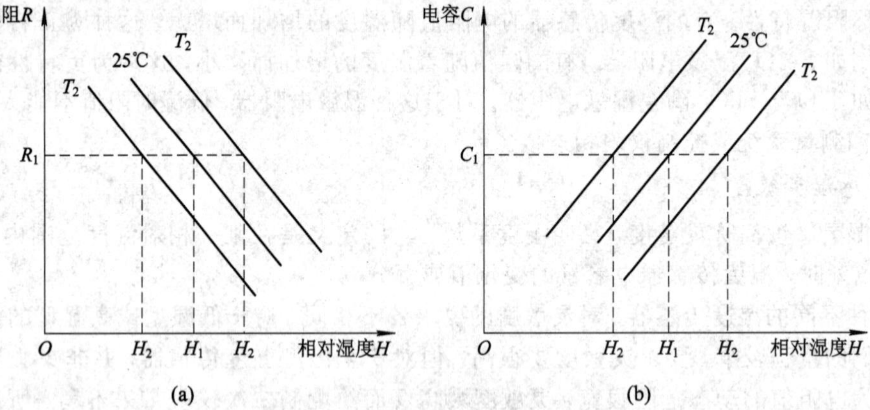

图 4－9　感湿温度系数示意图

(a) 电阻型；(b) 电容型

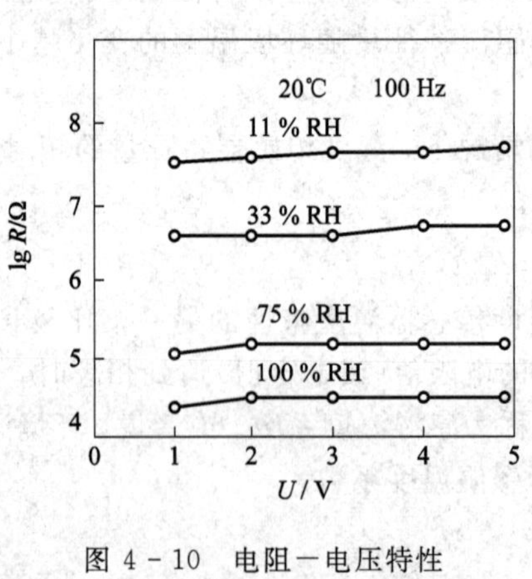

图 4－10　电阻－电压特性

8）频率特性

湿度传感器的阻值与外加测试电压频率的关系如图 4－11 所示。由图中可知，在高湿时，频率对阻值的影响很小；低湿时，随着频率的增加，阻值下降。对这种湿度传感器，在各种湿度下，当测试频率小于 100 Hz 时，阻值不随使用频率而变化，故该湿度传感器使用频率的下限为 100 Hz。湿度传感器的使用频率上限由实验确定。

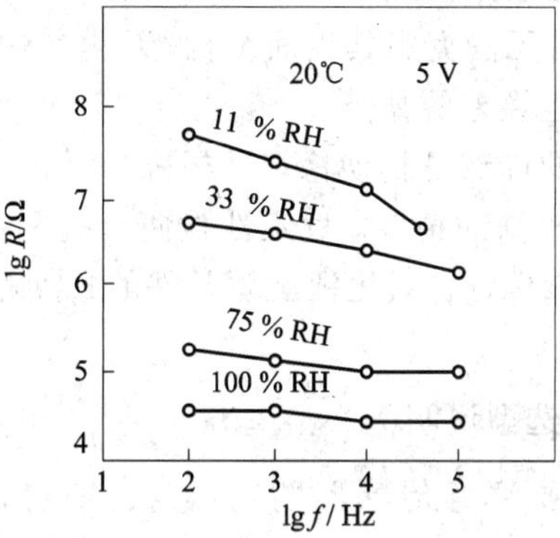

图 4－11　电阻－频率特性

2. 湿度传感器的性能判断与检查方法

对于一致性判定，可将同一类型、同一厂家的湿度传感器产品一次购买两支以上，放在一起通电比较检测输出值，在相对稳定的条件下，观察测试的一致性。若进一步检测，可在 24 h 内间隔一段时间记录，一天内一般都有高、中、低三种湿度和温度情况，可以较全面地观察产品的一致性和稳定性，包括温度补偿特性。

用嘴呵气或利用其他加湿手段对传感器加湿，观察其灵敏度、重复性、升温脱湿性能以及分辨率、最高量程等。

而对于产品作开盒和关盒两种情况的测试，应比较测试结果是否一致，观察其热效应情况。

最后，我们还可以对产品在高温状态和低温状态(根据说明书标准)下进行测试，并恢复到正常状态下检测，与实验前的记录作比较，考查产品的温度适应性，并观察产品的一致性情况。产品的性能最终要依据质检部门正规完备的检测手段，利用饱和盐溶液作标定，也可使用与名牌产品作比对检测的方法。产品还应在长期使用过程中进行长期标定才能较全面地判断湿度传感器的质量。

3. 对市场上湿度传感器产品的分析

国内市场上出现了不少湿度传感器产品，电容式湿敏元件较为多见。这些产品的感湿材料种类主要为高分子聚合物、氯化锂和金属氧化物。

电容式湿敏元件的优点在于响应速度快，体积小，线性度好，较稳定，国外有些产品还具备高温工作性能。但是达到上述性能的产品多为国外名牌，价格都较昂贵。市场上出售的一些电容式湿敏元件低价产品，往往达不到上述水平，线性度、一致性和重复性都不甚理想，30%RH 以下，80%RH 以上感湿段变形严重。有些产品采用单片机补偿修正，使湿度出现“阶跃”性的跳跃，精度降低，出现一致性差、线性度差等缺点。无论高档次或低档次的电容式湿敏元件，长期稳定性都不理想，多数长期使用后漂移严重，湿敏电容容值变化为 pF 级，1%RH 的变化不足 0.5 pF，容值的漂移改变往往引起几十 RH%的误差，大多数电容式湿敏元件不具备 40℃以上温度下工作的性能，往往失效和损坏。电容式湿敏元件抗腐蚀能力也较欠缺，往往对环境的洁净度要求较高，有的产品还存在光照失效，静电失效等现象。陶瓷湿敏电阻具有湿敏电容相同的优点，但尘埃环境下，陶瓷细孔被封堵，元件就会失效。往往需采用通电除尘的方法来处理，但效果不够理想，且在易燃易爆环境下不能使用。氧化铝感湿材料无法克服其表面结构“天然老化”的弱点，阻抗不稳定。陶瓷湿敏电阻也同样存在长期稳定性差的缺点。

氯化锂湿敏电阻最突出的优点是长期稳定性极强，因此通过严格的工艺制作，制成的仪表和传感器产品可以达到较高的精度。稳定性强使产品具备良好的线性度、精密度及一致性，是长期使用寿命的可靠保证。氯化锂湿敏元件的长期稳定性是其他感湿材料无法比拟的。

4. 实用湿度传感器产品选型说明

在选用湿度传感器时，要注意传感器的精度、长期稳定性以及湿度传感器的温度系数。

湿度传感器的精度应达到±2%～±5%RH，达不到这个水平则很难作为计量器具使用。湿度传感器要达到±2%～±3%RH 的精度是比较困难的，通常产品资料中给出的特性是在常温(20℃±10℃)和洁净的气体中测量的。在实际使用中，由于尘土、油污及有害气体的影响，使用时间一长，会产生老化，精度下降，因而湿度传感器的精度水平要结合其长期稳定性去判断。一般说来，长期稳定性和使用寿命是影响湿度传感器质量的关键，年漂移量控制在 1%RH 水平的产品很少，一般都在±2%左右，甚至更高。

湿敏元件除对环境湿度敏感外，对温度亦十分敏感，其温度系数一般在 0.2%～0.8% RH/℃范围内，而且有的湿敏元件在不同的相对湿度下，其温度系数又有差别。为了解决温漂非线性问题，需要在电路上加温度补偿电路。采用单片机软件补偿，或无温度补偿的湿度传感器是保证不了全温范围的精度的。湿度传感器温漂曲线的线性化直接影响到补偿的效果，非线性的温漂往往补偿不出较好的效果，只有采用硬件温度跟随性补偿才会获得真实的补偿效果。湿度传感器工作的温度范围也是重要参数。多数湿敏元件难以在 40℃以上正常工作。

下面介绍几种市场上常见的湿度传感器产品。

1) HS1101(湿敏电容)

(1) 是基于独特工艺设计的电容元件，具有专利的固态聚合物结构。

(2) 高精度(2%)；线性输出极好；湿度量程为 1%～99%RH；温度工作范围为 －40℃～100℃。

(3) 响应时间为 5 s；湿度输出受温度影响极小。

(4) 具有防腐蚀性；常温使用时无需温度补偿；无需校准。

(5) 电容与湿度变化为 0.34 pF/%RH；长期稳定性及可靠性好，年漂移量为 0.5%RH/年。

2) HTF3223(湿度模块)

用 HS1101 做的频率输出湿度模块适用于需要精确可靠检测湿度的 OEM 用户，有很小的易于安装的接头，可以以非常节省成本的机械自动安装方式安装。由于它是线性的频率输出湿度检测模块，因此可以直接与微处理器相接，HTF3223 比 HF3223 多一个热敏电阻，在 PCB 板上用于温度测量。

(1) 采用专利电容 HS1101 设计制造。

(2) 宽量程：10%～95%RH，稳定，有比例线性的频率输出。

(3) 精度为±5%RH，工作温度范围为－40℃～80℃。

(4) 为可选的 10 kΩ±3%NTC 温度传感器(HTF3223)。

(5) 温度特性好，可靠性高，具有好的长时间稳定性。

(6) 成本低。

3) HIH3610(Honeywell 湿度传感器)

(1) 单片 IC(集成电路)湿度传感器，低成本，大量 OEM 设计。

(2) 精度：2%，激光修正至 5%。

(3) 5 V DC 输入，0.8～3.9 V DC 输出。

(4) 低功耗设计：200 μA 驱动电流，很适合电流供电的低功耗系统。

(5) 快速反映：15 s。

(6) 稳定性好，低漂移，具有抗化学腐蚀性能。

(7) 工作范围：－40℃～85℃，0～100%RH。

4) HM1500(湿度变送器)

(1) 采用 Humirel 专利湿敏电容 HS1101 设计制造，带防护棒式封装。

(2) 5 V DC 恒压供电，1～4 V DC 放大线性电压输出，便于用户使用。

(3) 宽量程：0～100%RH。

(4) 精度：±3%RH(10%～95%RH 范围)。

(5) 防灰尘，可有效抵抗各种腐蚀性气体物质。

(6) 温度依赖性非常低。

5) HM1520(专业低湿变送器)

(1) 采用 Humirel 专利湿敏电容 HS1101 设计制造，带防护棒式封装。

(2) 量程：0～100%RH，但是在 1%～20%RH 范围内线性及精度最好。

(3) 5V DC 供电，0～20%RH 典型输出 1～1.6V DC。

(4) 精度：±2%RH(1%～20%RH 范围)。

(5) 相对于同类产品价格极低。

(6) 适合用于低湿及露点测量需要的场合，如干燥箱、电缆充气设备中干燥气体湿度及露点的测量，开关中 SF6 露点的测量等。

6) HM1504(专业高湿度变送器)

(1) 采用 Humirel 专利湿敏电容 HS1101 设计制造，带防护棒式封装。

(2) 量程：0～100%RH，但是在 10%～95%RH 范围内线性及精度最好。

(3) 5 V DC 供电，10%～95%RH 典型输出 1.4～3.6 V DC。

(4) 精度：±3%RH(10%～95%RH 范围)。

(5) 相对于同类产品价格极低。

7) MMY35(GE 露点湿度变送器)

(1) 专为 4～20 mA 回路供电的干燥气体或设备用户设计。

(2) 平面金/氧化铝电容原理。

(3) 测量露点范围：－90℃～＋10℃。

(4) 校准精度：±2℃(20℃环境温度时)。

(5) 可选 RS485 数字输出。

DewPro MMY35 是用于测量干燥空气装置露点的紧凑型微量湿度变送器探头。微机控制的 DewPro MMY35 提供和测得露点相对应的 4～20 mA 输出信号。MMY35 测量露点的范围为－90℃～＋10℃(－135 ℉～＋50 ℉)，精确度为 2℃(3.6 ℉)，配有有效的平面电容性传感器。该仪器可用带 DewPro 通信软件的 PC 机，通过该软件可设定露点范围，调节回路电流和读出露点。MMY35 可通过 8 芯连接线和 PC 对接，其中 2 芯用于 RS485 通信，2 芯用于和 24V DC 电源相连的电流回路。除传感器和其陶瓷座外，各与水接触的元器件均为 316 不锈钢材料；外壳为阳极氧化铝材料。

4.1.5 湿度传感器的实训设计

下面以采用 HS15 湿敏传感器设计测湿电路为例介绍湿度传感器的设计方法。

如图 4－12 所示，HS15 是一种在高湿度环境中具有很强适应性的电阻－高分子型湿度传感器，测量范围为 0～100％RH。图 4－12 的电路中虽没有线性化电路，但可以获得 ±5％RH 精度的输出信号，在 0～100％RH 湿度范围可输出 0～1 V 直流电压，后接相应电路就可组成测湿仪或控湿器。

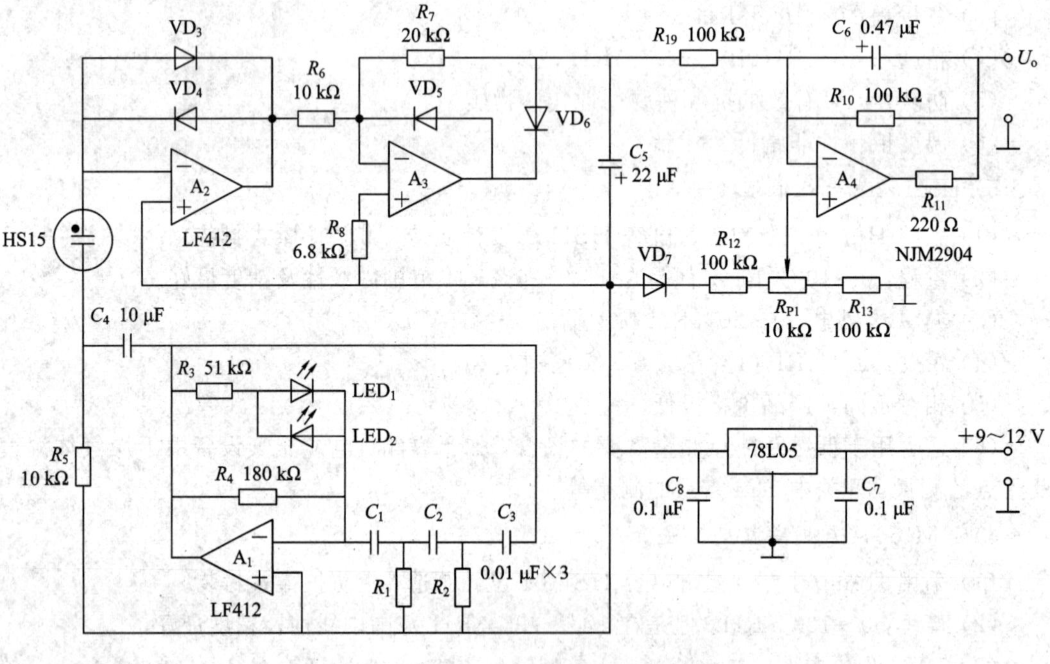

图 4－12 采用 HS15 湿敏传感器的测试电路

图中，A_1 等构成正弦波电路，它将正弦波信号供给湿敏传感器 HS15，此处产生正弦波的频率约 90 Hz，电压有效值为 1.3 V。LED_1 和 LED_2 用于稳定振荡幅度，工作时并不发光，A_1 的输出通过 C_4(无极性电解电容)同 HS15 连接。A_1 偏置电压为 5 V，但此时供给 HS15 的波形已不含直流分量。A_2 是利用 VD_3 和 VD_4 硅二极管正向电压、电流特性的对数缩压电路。HS15 的电阻变化所引起的电流变化在这里被对数压缩以后以电压信号输出，为在低湿度时与湿敏传感器的高阻抗相适应，选用了 FET 输入型运放 LF412。另外，为了在低湿度情况下，获得正确的测量值，A_2 同湿敏传感器的连接点(反向输入端)应采用保护环等措施，以使它在电气上浮空。

此对数压缩电路又兼作温度补偿电路，利用硅二极管正向电压一电流特性的温度系数，补偿湿敏传感器的温度特性。这里有些过补偿，接入 VD_7 进行调节，同时 VD_3 和 VD_4 要接近传感器安装，使它们同湿敏传感器具有相同温度。

A_3 与 VD_5 和 VD_6 等构成半波整流电路，它截去被 A_2 对数压缩过的交流信号的一个半周，经电容 C_5 滤波后变成直流信号。A_4 用于对来自整流电路的支流信号进行电平移动，并输出 U_o。

调整时，先用一个 51 kΩ 电阻来代替 HS15，并使电路通电工作；调整 R_{P1}，使输出 U_o 为 540～550 mV 后，切断电源，将 51 kΩ 电阻卸下，重新换上 HS15。

4.2 气敏传感器

半导体气体传感器主要是以氧化物半导体为基本材料制成，当半导体气敏元件同气体接触时，气体吸附于元件表面，使得半导体的导电率发生变化，从而检测待测气体的成分及浓度。

半导体气体传感器大体上分为电阻式和非电阻式两类。电阻式半导体气体传感器是用氧化锡、氧化锌等金属氧化物材料制作的敏感元件，利用其阻值的变化来检测气体的浓度。非电阻式半导体传感器主要有金属、半导体结型二极管和金属栅的 MOS 场效应管的传感器，利用它们与气体接触后整流特性或阈值电压的变化来实现对气体的测量。

气敏元件的工作原理非常复杂，因其受诸多因素的影响，如：气敏元件往往不是单晶体；为了提高灵敏度，气敏元件中一般都有催化剂和其他氧化物以及为提高元件强度而添加的粘合剂；元件多工作在较高温度下；被测气体种类繁多，它们的特性各不相同等。因此在长期研究的基础上，将气敏元件的工作原理归纳为数种模型，从而分别解释不同类型半导体气敏元件的工作原理。气敏电阻类元件的工作原理就可以用其中的能级生成理论来解释。

气敏电阻的材料是金属氧化物，如氧化锡、氧化锌等，它们在常温下是绝缘的，制成半导体后显出气敏特性。通常工作在空气中，空气中的氧、二氧化氮这样的氧化性气体其电子兼容性比较大，它们接受来自半导体材料的电子而吸附负电荷，结果 N 型半导体材料的表面空间电荷层区域的半导体电子减少，使表面电导率减小，从而使元件处于高阻状态。一旦被测元件与被测还原性气体接触，就会与吸附的氧起反应，将被氧束缚的电子释放出来，敏感膜表面电导率增加使元件电阻减小。

该类气体元件通常工作在高温状态(200℃～450℃)，目的是为了加速上述的氧化还原反应。例如,用氧化锡制成的气敏元件,在常温下吸附某种气体后,其电导率变化不大,若保持这种气体浓度不变,该元件的电导率将随元件本身温度的升高而增加,尤其在100℃～300℃范围内,电导率变化很大。显然,半导体电导率的增加是多数载流子浓度增加的结果。

4.2.1 气敏检测方法

我们生活在气体的环境之中,气体与我们的日常生活密切相关。我们对气体的感知是用鼻子这个器官,而气敏传感器的作用就相当于我们的鼻子,可"嗅"出空气中某种特定的气体,并判断特定气体的浓度,从而实现对气体成分的检测和监测,以改善人们的生活水平,保障人们的生命。需要检测的气体种类繁多,它们的性质也各不相同,所以不可能用一种方法来检测所有气体。气体分析方法也因气体的种类、成分、浓度和用途而异。目前主要应用的气体检测方法有电气法、电化学法、光学法等。

电气法是利用气敏器件(主要是半导体气敏器件)检测气体,是目前应用最为广泛的气体检测方法。

电化学法是利用电化学方法,合用电极与电解液对气体进行检测。

光学法是利用气体的光学折射率或光吸收等特性检测气体的。

表4-1 常用检测方法的特性比较

测量方法 \ 特性		灵敏度	可靠性	选择性	响应速度	稳定性	简易程度	经济性
电气法	半导体法	非常好	稍差	差	较快	稍差	非常简单	最廉价
	接触燃烧法	很好	很好	中等	非常快	良好	非常简单	中等
	导热法	良好	良好	良好	较快	良好	简单	中等
	电化学法	良好	良好	良好	快	良好	中等	中等
光化学法	红外发光法	中等	良好	相当好	快	良好	中等	中等
	化学发光法	良好	良好	良好	快	良好	简单	中等
	光干涉法	良好	良好	良好	快	良好	中等	中等
	气体色谱法	非常好	非常好	非常好	稍慢	非常好	复杂	昂贵

表4-1列出了常用气体检测方法的特性比较。气体测量的方法有很多,在实际工程应用中,应根据具体测量环境、测量任务和测量要求,综合考虑检测器件的各种特性,找出性价比最合适的检测方法或检测器件。例如从表4-1中可以看到,气体色谱法虽然检测灵敏度和精度都非常好,但其结构非常复杂,且价格昂贵,所以在检测精度要求不太高的应用领域一般不会选用这种测量器件。而半导体法虽然其综合性能并不是最好的,但其结构非常简单,且价格低廉,可以批量生产,因而得到了广泛采用。基于此原理制成的半导体气敏传感器是工业上(特别是民用领域)应用最为广泛的一种气体传感器。

4.2.2　气敏检测应用实例

图 4 - 13 为气敏传感的线性化电路。检测甲烷气体 CH_4 浓度时，用电流 I_H=167 mA 对 CH_4 气敏传感器进行间接加热，CH_4 的等效电阻 R_s 随着气体浓度增加而呈非线性减少。典型值是 CH_4 浓度为 0.1%时，R_s 为 14.0 kΩ；CH_4 浓度为 1%时，R_s 为 4.2 kΩ。如果通过 R_s 的电流恒定(I=0.5 mA)，则电压 $U_T=I \cdot R_s$ 就表示 CH_4 的浓度。U_T 经线性化电路 AD538 与放大电路 A_3 获得输出电压 U_o，U_o 与 CH_4 的浓度成线性关系。图中，由 REF - 03 提供基准电压，产生 I=0.5 mA 恒定电流。A_1 起隔离作用，A_2 起缓冲作用。

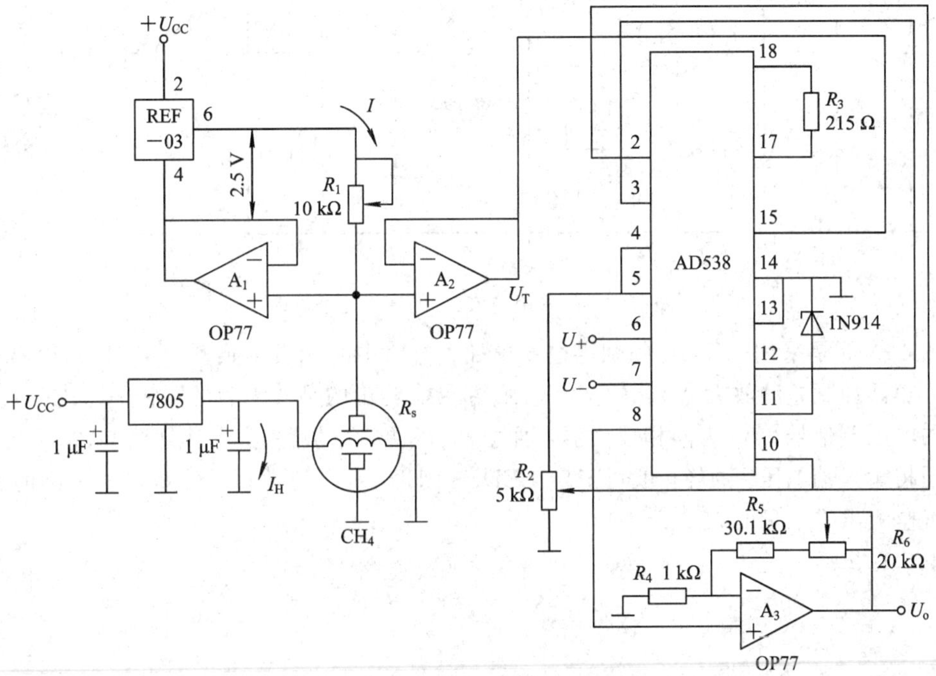

图 4 - 13　气敏传感器的线性化电路

调整时，将传感器置于已知体积的房间里，房间里注入确定浓度(0.1%)的 CH_4 气体，并用风扇将之混合。调整电阻 R_1，使输出 U_o 为 1.0 V。然后将 CH_4 浓度增加到 1%，调整电阻 R_6，使其输出 U_o 为 10.0 V。再反复调整多次，到满意为止。

图 4 - 14 是采用 AF30L 传感器的气体监控电路。AF30L/38L 是一种阻值随其表面的氧化还原反应而变化的半导体气敏传感器，适用于检测烟雾、臭味气体等。它的加热丝电压为直流或交流 5 V±0.2 V，消耗功率为 300 mW，工作温度为－10℃～＋550℃。图 4 - 13电路中的 7805 为 AF30L 提供＋5 V 稳定电压，它的发热会影响 AF30L 的特性，因此，AF30L 要远离 7805 安装。A_2 等组成延时电路，防止开机瞬间由于传感器阻值不稳定而发生的误动做。因为开机瞬间，电容 C_3 电压为 0，A_2 输出低电平，VT_1 截止，即使传感器误动作使 VT_2 导通，继电器 K 也不会动作；当经过一定延时(R_5 与 C_3 的数值确定)，C_3 充足电后，A_2 输出高电平，VT_1 处于导通状态。A_1 为比较器，R_{P2} 调节设定电压值，被检测气体洁净时，AF30L 的 A - B 极间的电阻值为高阻，A_1 的同相输入端电压低于反相输

入端(设定值)的，A_1 输出为低电平，VT_2 和 VT_1 截止，继电器 K 不动作。当被测气体浓度超过设定值时，A－B 极间的电阻值减小，A_1 的同相输入端电压高于反相输入端的，A_1 输出高电平，使 VT_2 和 VT_1 导通，从而继电器 K 得电接通排气扇，达到监控的目的。

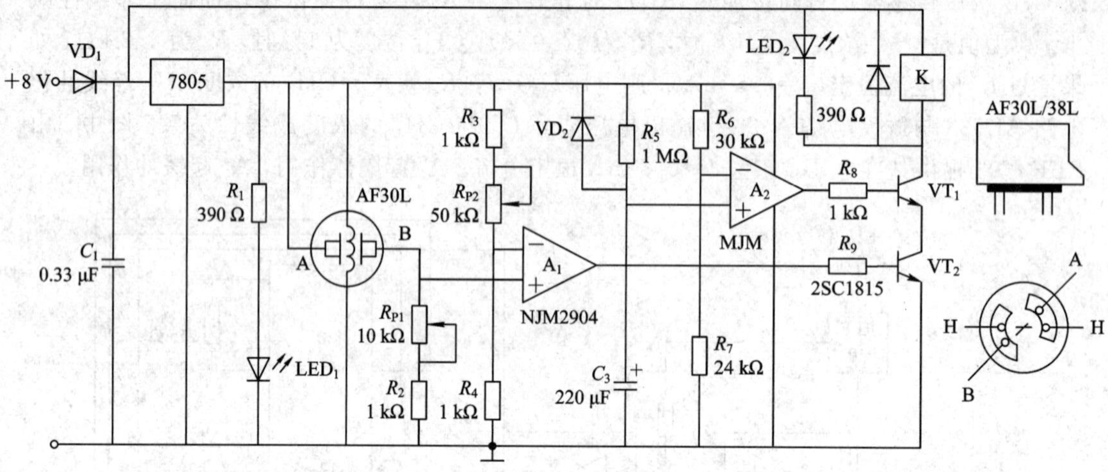

图 4－14　采用 AF30L 的气体监控电路

图 4－15 是采用 AF38L 的烟雾监测电路。电路中的气敏传感器 AF38L 的输出经 A_1 电压跟随器加到差动放大器 A_2 的同相输入端，A_2 输出的是放大后的同相输入端和反相输入端的电压差信号。A_3 为同相放大器，通过 R_{P3} 可调 A_3 的增益，也就是调节 A_4～A_8 比较器的同相输入端电压。这样，就可确定 LED_2～LED_6 发光的数目，得知空气污染的程度，因而可监测出排烟量的大小。

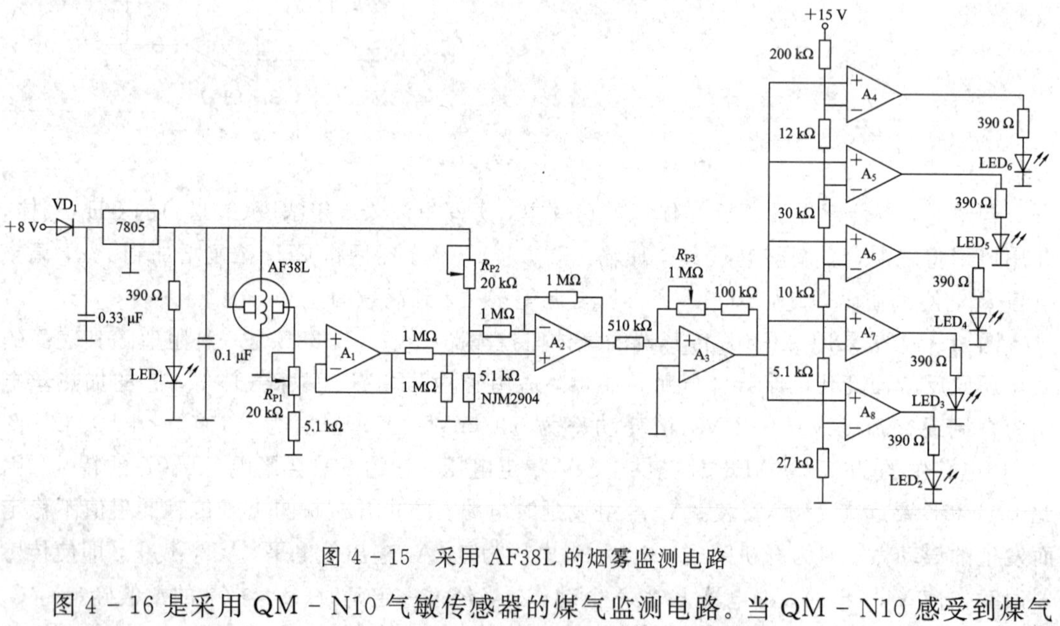

图 4－15　采用 AF38L 的烟雾监测电路

图 4－16 是采用 QM－N10 气敏传感器的煤气监测电路。当 QM－N10 感受到煤气时，A－B 间电阻降低，D_1 的 1 脚为高电平，D_2 的 4 脚也为高电平，这样，D_3 和 D_4 等构成的多谐振荡器开始振荡，使其 VT_2 周期性导通与截止。于是，VT_1 与 T_2 等构成的间隙振

荡器发出报警声。与此同时，LED_1 发光显示，达到监测煤气泄漏的目的。

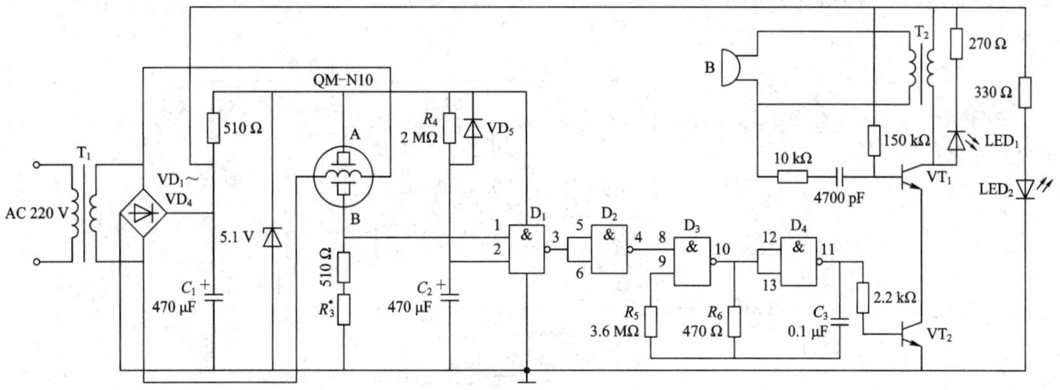

图 4-16　采用 QM-N10 气敏传感器的煤气监测电路

图 4-17 是采用 QM 气敏传感器的简易煤气监测电路。平时，无煤气泄漏时，A-B 间呈高阻抗，使 R_P 滑动端为低电平，D_1 输出为高电平，D_2 输出为低电平，此时，D_3 和 D_4 构成的振荡器不能工作，所以扬声器 B 无声。LED_1 发光示无煤气漏泄。当有煤气漏泄时，QM 检测到有害气体，A-B 间电阻降低，使 R_P 滑动端为高电平，D_1 输出为低电平，D_2 输出为高电平，此时，D_3 和 D_4 构成的振荡器起振，扬声器 B 发出报警声，同时，LED_2 发光表示有煤气泄漏。

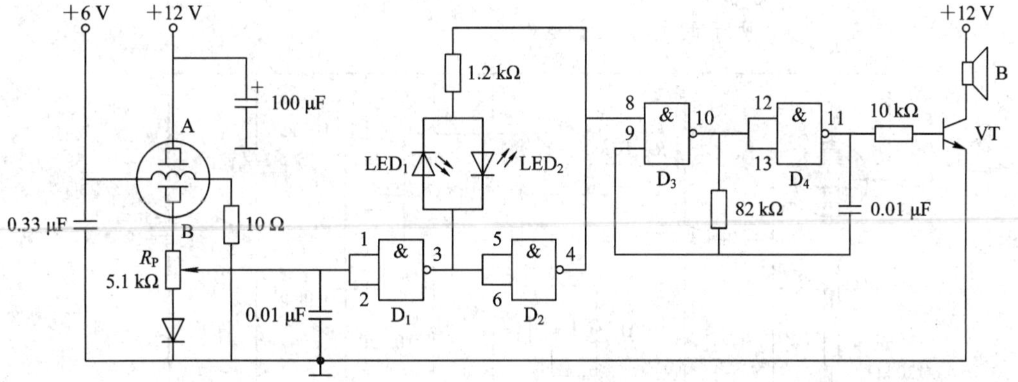

图 4-17　采用 QM 气敏传感器的简易煤气监测电路

思考题及习题

1. 简述湿度的定义及常用的表示方法。
2. 湿度传感器有哪些种类？简述它们各自的工作原理和特点。
3. 常用气体的检测方法有哪几种？各自的优、缺点是什么？
4. 简述半导体气敏元件的工作原理。

5. 试分析图 4 - 18 所示的测湿电路。电路中的湿敏电阻传感器将湿度变化作为支流电压变化取出；湿度传感器的偏置采用 50 Hz 的市电电源，也可以采用几百赫兹的高频电源。

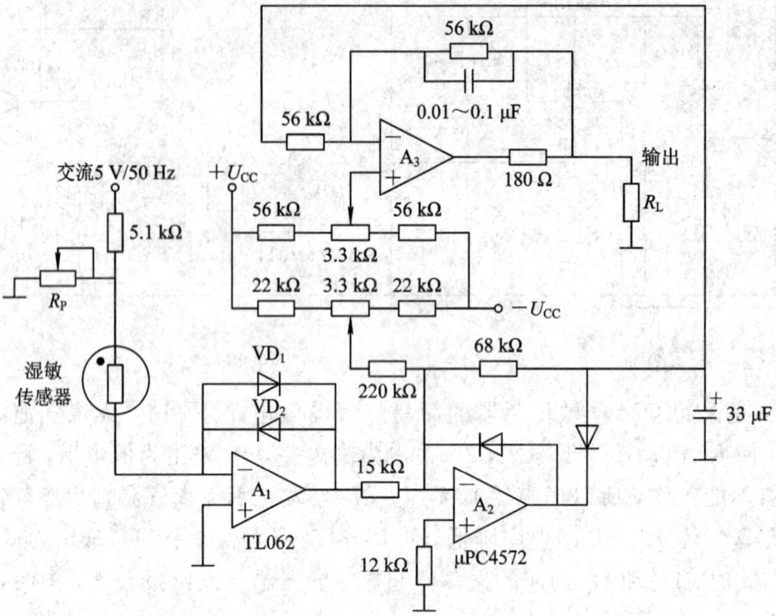

图 4 - 18　测湿电路

6. 试分析图 4 - 19 所示的气体报警电路。

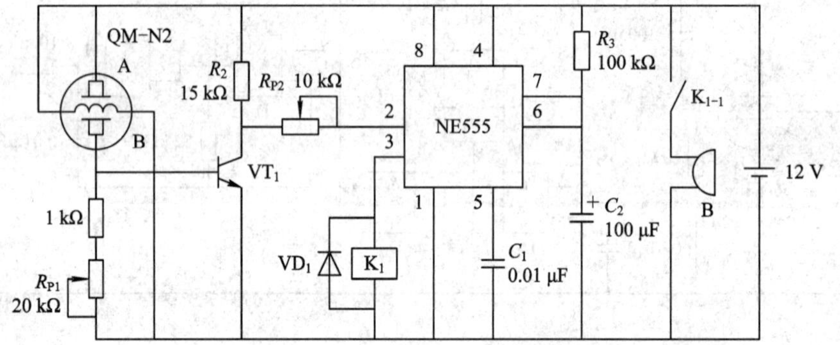

图 4 - 19　气体报警电路

第 5 章　磁敏传感器及检测

5.1 概　　述

磁敏传感器，顾名思义就是对磁信号变化敏感的传感器。磁敏传感器是对磁场参量($\boldsymbol{B}$，$\boldsymbol{H}$，$\boldsymbol{\phi}$)敏感的元器件或装置，具有把磁学物理量转换为电信号的功能，它们的主要作用是在有效范围内感知磁性物体的存在或者磁性强度。这些磁性材料除永磁体外，还包括顺磁材料(铁、钴、镍及其它们的合金)，可以感知磁场的变化，当然也可包括感知通电(直、交)线包或导线周围的磁场。

5.2 磁敏检测方法

磁敏传感器的主要作用是进行电磁检测，在电磁检测领域中，磁性检测的准确度长期以来远低于电检测的准确度。近年来，随着磁学理论的深入研究和性能优良的磁性材料的不断发现，对磁检测技术也不断提出新的要求，同时也为磁检测提供了新的器件和新的测量手段，使磁检测技术得到了很大发展。

磁敏检测的方法多种多样，按原理可分为磁电感应法测磁场、磁通门磁强计测磁场、霍尔效应测磁场、核磁共振测磁场、超导效应测磁场、磁阻效应测磁场、PN 结效应测磁场。

5.2.1 磁电感应法测磁场

磁电感应法测磁场的理论基础为电磁感应定律。根据电磁感应定律，当导体在稳恒均匀磁场中沿垂直磁场方向运动时，导体内产生的感应电势为

$$e = \left|\frac{\mathrm{d}\boldsymbol{\phi}}{\mathrm{d}t}\right| = \boldsymbol{B}t\ \frac{\mathrm{d}x}{\mathrm{d}t} = \boldsymbol{B}l\boldsymbol{v} \tag{5-1}$$

式中：$\boldsymbol{B}$——稳恒均匀磁场的磁感应强度；

l——导体有效长度；

$\boldsymbol{v}$——导体相对磁场的运动速度。

根据法拉第电磁感应原理，采用某些特殊技术研制成的测磁装置，可用于测量交变场中的磁场变化率。即穿过某一线圈的变化磁通将在线圈两端产生感应电动势，如图 5-1 所示，若被测磁场是交流磁场，且按正弦规律变化，则穿过测量线圈的磁通也按正弦规律变化，即

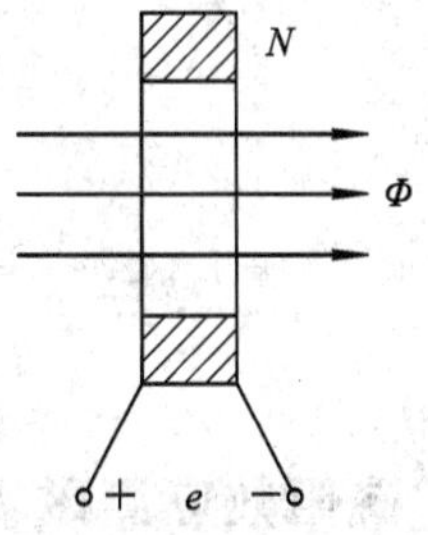

图 5-1　磁电感应法测磁场原理

$$\phi(\omega t) = \phi_{\mathrm{m}}\sin(\omega t) \tag{5-2}$$

在线圈两端产生的感应电动势为

$$e=\frac{d\Phi}{dt}=N\frac{d\phi}{dt}=\omega N\phi_m\cos(\omega t) \tag{5-3}$$

可求出

$$\phi_m=\frac{\sqrt{2}}{\omega N}U \tag{5-4}$$

式中：ω——被测磁场的角频率；

N——被测线圈的匝数；

U——感应电动势 e 的有效值。

如果能够测量出感应电动势 e 的有效值 U，再算出穿过线圈的磁通幅值 ϕ_m，若测量线圈的面积是 S，则被测磁场的感应强度的幅值 B_m 和磁场的幅值 H_m 为

$$B_m=\frac{\phi_m}{S}=\frac{\sqrt{2}}{\omega SN}U \tag{5-5}$$

$$H_m=\frac{B_m}{\mu} \tag{5-6}$$

根据以上原理，人们设计出两种磁电式传感器结构：变磁通式和恒磁通式。

变磁通式又称为磁阻式，图 5-2 所示是变磁通式磁电传感器，用来测量旋转物体的角速度。其中，(a)图为开磁路变磁通式，线圈、磁铁静止不动，测量齿轮安装在被测旋转体上，随被测体一起转动。每转动一个齿，齿的凹凸引起磁路磁阻变化一次，磁通也就变化一次，线圈中所产生感应电势的变化频率等于被测转速与测量齿轮上齿数的乘积。这种传感器结构简单，但输出信号较小，且因高速轴上加装齿轮较危险而不宜测量高转速的场合。(b)图为闭磁路变磁通式传感器，它由装在转轴上的内齿轮和外齿轮、永久磁铁和感应线圈组成，内、外齿轮齿数相同。当转轴连接到被测转轴上时，外齿轮不动，内齿轮随被测轴转动，内、外齿轮的相对转动使气隙磁阻产生周期性变化，从而引起磁路中磁通的变化，使线圈内产生周期性变化的感应电动势。显然，感应电势的频率与被测转速成正比。

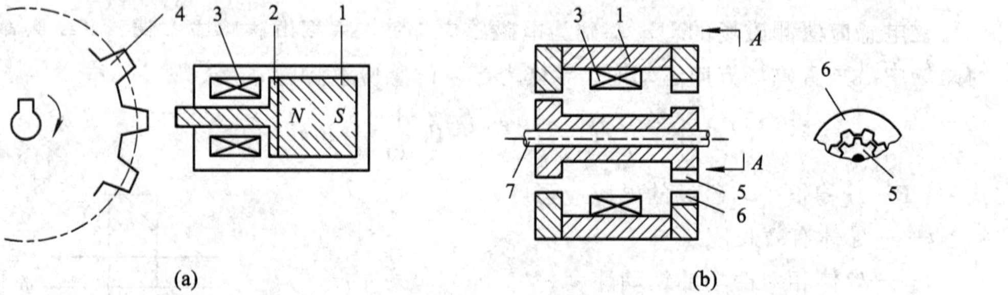

1—永久磁铁；2—软铁；3—线圈；4—测量齿轮；5—内齿轮；6—外齿轮；7—转轴

图 5-2 变磁通式磁电感应传感器

5.2.2 磁阻效应测磁场

长方形半导体晶片受到与电流方向垂直的磁场作用时，不但产生霍尔效应，还会出现电流密度下降、电阻率增大的现象，这种现象称为物理磁阻效应。如果所选长方形半导体晶片的几何尺寸不同，则电阻值增大量也不同，将这种现象称为几何磁阻效应。磁敏电阻

简称 MR，就是综合这两种效应制成的磁敏器件，它是一种高性能的敏感元件。

1. 磁阻效应

所谓磁阻效应，是指某些材料在加上外磁场时，其电阻值随磁场强弱而变化的现象。

当温度恒定时，在弱磁场范围内，磁阻与磁感应强度 B 的平方成正比。对于只有电子参与导电的最简单的情况，理论推导磁阻效应的表达式为

$$\rho_B = \rho_0(1 + 0.273\mu^2 B^2) \tag{5-7}$$

式中，B——磁感应强度；

μ——电子迁移率；

ρ_0——零磁场下的电阻率；

ρ_B——磁感应强度为 B 时的电阻率。

当电阻率变化为 $\Delta\rho=\rho_B-\rho_0$ 时，电阻率的相对变化为

$$\frac{\Delta\rho}{\rho_0} = 0.273\mu^2 B^2 = K\mu^2 B^2 \tag{5-8}$$

式中，$K=0.273$。

由式(5－8)可知，磁场一定时，迁移率高的材料磁阻效应明显。InSb 和 InAs 等半导体的载流子迁移率都很高，适合于制作磁敏电阻。

2. 分类及特点

磁敏电阻主要分成两大类：一类是半导体磁敏电阻；一类是金属薄膜型磁敏电阻。

半导体磁敏电阻适用于可以放置较强永磁体的各种传感器，具有原始信号强、灵敏度高、后序处理电路简单等特点。

在 20 世纪 80 年代后期，日本采用将 InSb 单晶蒸镀在衬底基片上，通过热处理再结晶化，形成磁敏电阻元件的方法，大大提高了磁敏电阻器件性能的成品率和一致性，同时降低了成本，提高了实用性。

金属薄膜型磁敏电阻是将坡莫合金沉淀在衬底上形成薄膜，经光刻制成各种型号的 MR 芯片。由于坡莫合金材料的各向异性，在外加磁场下，与通电电流平行和垂直的两个方向所体现的电阻率不同，导致 MR 元件总电阻变化。金属薄膜磁敏电阻对弱磁场非常敏感，但磁阻变化率较底。

磁敏电阻元件与霍尔元件相比，除了不能判断极性外，霍尔元件可以完成的功能，磁敏电阻元件均可以实现。利用磁敏电阻元件开发的的位移、角度、倾斜角、图像识别传感器是霍尔元件难以实现的。

5.2.3　PN 结效应测磁场

磁敏二极管和磁敏三极管是继霍尔元件和磁敏电阻之后发展起来的一种磁电转换元件。这种元件具有响应快、无触点、输出功率大及性能稳定等特点，有很高的灵敏度，可以在较弱的磁场条件下获得较大的输出电压，这是霍尔元件和磁敏电阻所不及的。它不但能检测出磁场的大小，还能测出磁场的方向。它的体积小，测试电路简单，所以特别适合制作无触点开关、小量程高斯计、漏磁测量仪、磁力探伤仪等仪器仪表。

1. 磁敏二极管

目前实用的磁敏二极管有锗和硅磁敏二极管两种，它们与普通的二极管在结构上的不同之处是：普通二极管PN结的基区很短，以避免载流子在基区里复合，磁敏二极管的PN结却有很长的基区，大于载流子的扩散长度，但基区是由接近本征半导体的高阻材料构成的。一般锗磁敏二极管用$\rho=40\ \Omega\cdot\text{cm}$左右的P型或N型单晶做基区(锗本征半导体的$\rho=50\ \Omega\cdot\text{cm}$)，在它的两端有P型和N型锗并行引出。若$\gamma$代表长基区，则其PN结实际上是由P$\gamma$结和$\gamma$N结共同组成的。图5-3所示为磁敏二极管的构造，在基区γ的上表面，通过喷砂法破坏晶格表面使之形成复合速率很高的薄层，用S_γ表示这薄层里的复合速率，和它相对的下表面则是光洁面，复合速率为S_0，且$S_\gamma \gg S_0$。在上述PN结上施加正向电压，便会形成正向电流，即在Pγ结向基区注入空穴，在γN结向基区注入电子。图5-3中小圈代表空穴，黑点代表电子。

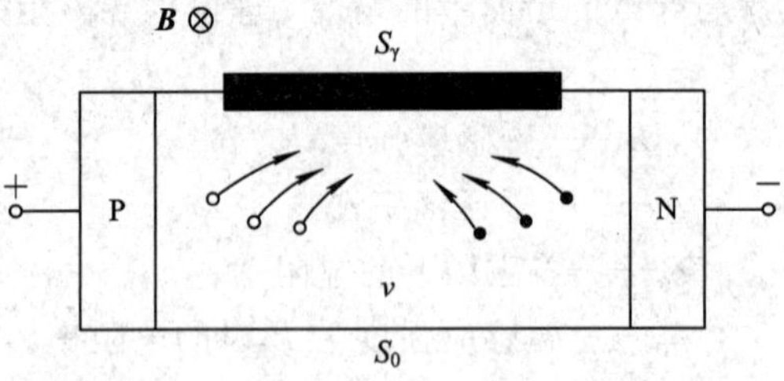

图5-3 磁敏二极管的结构

在垂直于纸面方向上有磁感应强度$\boldsymbol{B}$时，电子和空穴受洛仑兹力作用，其运动路径都偏向高复合区，如图中箭头所示。这样一来，载流子复合速率加大了，空穴和电子一旦复合就失去导电作用，意味着基区的等效电阻加大，电流减小。反之，如果磁感应强度$\boldsymbol{B}$的方向与原方向相反，会使载流子偏向低复合区，基区等效电阻减小，电流加大。

2. 磁敏三极管

磁敏三极管有PNP型和NPN型结构，按半导体材料的不同，又有锗和硅磁敏三极管之分。磁敏三极管是以长基区为主要特征，以锗管为例，其结构示意和工作原理如图5-4所示。

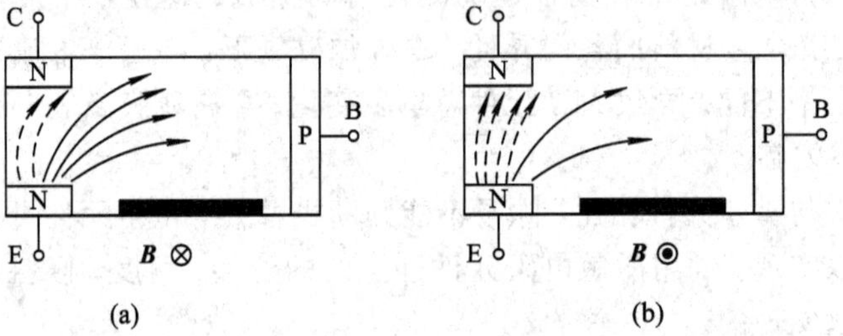

图5-4 锗磁敏三极管结构和管理

锗磁敏三极管有两个PN结，其中发射极E和基极B之间的PN结是由长基区二极管构成，同时又设置了高复合区，即图5-4中粗黑线部分。图5-4(a)表示在磁场$\boldsymbol{B}$作用下，载流子受洛仑兹力而偏向高复合区，使集电极C的电流减小。图5-4(b)是反向磁场作用下载流子背离高复合区，集电极电流增大。可见，即使基极电流I_B恒定，靠外加磁场同样可以改变集电极电流I_C，这是和普通三极管不一样之处。因为基区长度大于载流子有效扩散长度，所以共发射极直流电流增益$\beta<1$，但是其集电极电流有很高的磁灵敏度，主要依靠磁场来改变I_C。

综上所述，磁敏三极管的工作原理与磁敏二极管的完全相同。无外界磁场作用时，由于高复合区较长，在横向电场作用下，发射极电流大部分形成基极电流，小部分形成集电极电流。在正向或反向磁场作用下，会引起集电极电流的减小或增加，即三极管的 β 值是随磁场变化而变化的。因些，可以用磁场方向控制集电极电流的增加或减小，用磁场的强弱控制集电极电流增加或减小的变化量。

5.2.4　磁敏检测应用领域

磁敏传感器种类多样，按应用来分，可分为直接应用型和间接应用型。直接应用型主要是磁量测量，包括测量磁场强度的各种磁场计，如地磁的测量、磁带和磁盘的读出、漏磁探伤、磁控设备等。间接应用型主要是以磁场为媒介检测非磁信号，如电流、功率、频率、相位等；非电量测量厚度、位移、振动、转速、流量、压力等。磁敏传感器可实现非接触测量，在很多情况下，可采用永久磁铁来产生磁场，不需要附加能源。因此，这类传感器被广泛应用于自动控制、信息传递、电磁测量、生物医学等各个领域。

1. 霍尔元件

霍尔元件用于磁场测量时，用做高斯计(特斯拉计)的检测探头。

霍尔元件用于电流检测时，用做电流传感器/变送器的一次元件。电流传感器：国内有包括沈阳仪表科学研究院(思宾尼斯公司)、西南自动化所等二、三十家大小不同的企业在生产和销售电流传感器/变送器，其市场竞争已经白热化。该领域是国内磁敏传感器应用最早、最普及、最成熟的领域。

霍尔元件用作直流无刷电机时，用于检测转子位置并提供激励信号。直流无刷电机领域：InSb 霍尔元件为主，主要用于直流无刷电机转子位置检测，并提供定子线圈电流换向的激励信号。目前年需求量在几亿只，价格却仅有 0.3 元人民币左右。该领域是磁敏传感器用量最大的领域，但是在国内目前未形成工业化生产。

霍尔元件还用于集成开关型霍尔器件的转速/转数测量。

2. 强磁体薄膜磁阻器件

强磁体薄膜磁阻器件用于位移传感器时，主要作磁尺的线性长距离位移测量。

强磁体薄膜磁阻器件用于角位移传感器时，主要作转动角度测量，广泛应用于汽车制造业。

强磁体薄膜磁阻器件用于脉冲发讯传感器时，主要作流量检测和转速/转数测量，如电子水表和流量计的发讯传感器。

在流量计量领域，低功耗薄膜磁体磁阻器件用于电子水表、电子煤气表、流量计等流量发讯传感器中。目前，该产品由沈阳仪表科学院汇博思宾尼斯传感技术有限公司生产，市场空间可观。该领域是磁敏传感器国内最具发展潜力的新兴应用领域，目前处于市场成长期。此器件制成的专用测量仪表有高斯计，它用于磁场检测，在磁性材料生产及应用方面用量较多，国内有沈阳仪表院、思宾尼斯公司、北京师范学院等几家公司生产，其中思宾尼斯公司的高斯计已经批量出口美国。

3. 半导体磁阻器件

半导体磁阻器件在微弱磁场检测方面，主要用于伪钞识别；在脉冲测量方面，主要用于转速/转数测量。

4. 超半导磁敏器件(SQUID)

在深部地球物理方面，用带有SQUID磁敏传感器的大地电磁测深仪进行大地电磁测深，效果甚好。

在地磁考古、测井、重力勘探及预报天然地震中，SQUID也具有重要作用。

在生物医学方面，应用SQUID磁测仪器可测量心磁图、脑磁图等，从而出现了神经磁学、脑磁学等新兴学科，为医学研究开辟了新的领域。

在固体物理、生物物理、宇宙空间的研究中，SQUID可用来测量极微弱的磁场，如美国国家航空宇航局用SQUID磁测仪器测量了阿波罗飞行器带回的月球样品的磁矩。

SQUID技术还可用作电流计、电压标准、计算机中存储器、通信电缆等；在超导电机、超导输电、超导磁流体发电、超导磁悬浮列车等方面，也均得到广泛应用。

另外，国内的磁敏传感器在转速/转数测量、伪钞识别等领域，也均有应用，但没有形成规模。

5.3 霍尔传感器

霍尔元件是利用霍尔效应制成的磁敏元件，利用霍尔元件做成的传感器称为霍尔传感器。本节将详细介绍霍尔传感器的工作原理及应用。

5.3.1 霍尔传感器的工作原理

1. 霍尔效应

图5-5所示为霍尔效应的原理图。在一半导体薄片两端通以控制电流I，并在薄片的垂直方向上施加磁感应强度为$\boldsymbol{B}$的磁场，设薄片的长度为l，宽度为w，厚度为d；又设电子以均匀的速度v运动，则在垂直方向施加的磁感应强度$\boldsymbol{B}$的作用下，电子受到的洛仑兹力为

$$f_L = qvB \tag{5-9}$$

式中：q——电子电量(1.62×10^{-19}C)；

v——电子运动速度。

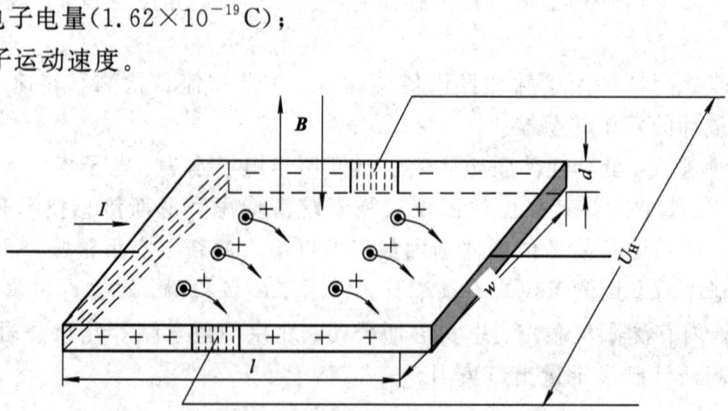

图5-5 霍尔效应原理图

同时，由于电子向一个方向运动，使半导体两端产生电动势(称为霍尔电势或霍尔电压)，霍尔电势产生后，又对电子施加电场力，电场力与洛仑兹力的方向相反，大小为

$$f_E = qE_H = \frac{qU_H}{w} \tag{5-10}$$

式中：q——电子电荷；

U_H——霍尔电压。

当达到动态平衡时，有

$$qvB = -\frac{qU_H}{w} \tag{5-11}$$

$$U_H = -wvB \tag{5-12}$$

若以 n 代表半导体内单位体积中的载流子数，则可得

$$I = -nqvwd \tag{5-13}$$

$$vw = -\frac{I}{nqd} \tag{5-14}$$

式中，负号表示电流方向与电子运动方向相反。将式(5－14)代入式(5－12)，可得

$$U_H = \frac{IB}{nqd} = \frac{R_H}{d}IB \tag{5-15}$$

$$U_H = K_H IB \tag{5-16}$$

式中：R_H——霍尔系数，$R_H = 1/(nq)$，其大小取决于半导体材料的物理性质(即材料的载流子密度)，它反映元件霍尔效应的强弱；

K_H——霍尔灵敏度，$K_H = R_H/H$，其大小与霍尔系数成正比，与半导体厚度成反比。

通过式(5－15)和式(5－16)可以得出以下结论：

(1) 霍尔电压的 U_H 的大小与材料性质有关。单位体积内导电粒子数越少，霍尔效应越强。

(2) 霍尔电压 U_H 与半导体的厚度 d 成反比。元件越厚，霍尔电压越小。

(3) 霍尔电压 U_H 与控制电流 I 成正比。控制电流越大，霍尔电压越大。

(4) 霍尔电压 U_H 与磁感应强度 B 成正比。磁感应强度越大，霍尔电压越大。

从结论(3)、(4)可见，霍尔元件可用来测量磁场，当霍尔元件的材料、厚度确定，并且施加一恒定的控制电流时，霍尔电压与磁场成正比；同样地，也可以用霍尔元件测量电流，当半导体的材料、厚度确定，并且施加一恒定的磁场时，霍尔电压与控制电流成正比。

当 K_H 和 $\boldsymbol{B}$ 恒定时，I 越大，U_H 越大，但电流不宜过大，否则会烧坏霍尔元件。同样，当 K_H 和 I 恒定时，$\boldsymbol{B}$ 越大，U_H 也越大。当磁场改变方向，U_H 也改变方向，当磁场方向不垂直于元件平面，而是与元件平面的法线成一角度 θ 时，实际作用于元件上的有效磁场是其法线方向的分量，即 $B\cos\theta$，这时霍尔元件的输出为

$$U_H = K_H IB\cos\theta \tag{5-17}$$

2. 霍尔元件的基本测量电路

图 5－6 为霍尔元件的基本测量电路。图中控制电流 I 由电源 E 供给，R 为调节电阻，

保证器件内所需控制电流 I。霍尔输出端接负载 R_3，R_3 可以是一般电阻或放大器的输入电阻，或表头内阻等。磁场 $\boldsymbol{B}$ 垂直通过霍尔器件，在磁场与控制电流作用下，负载上获得电压。实际使用时，器件输入信号可以是 I 或 B，或者 IB，而输出可以正比于 I 或 B，或者正比于其乘积 IB。

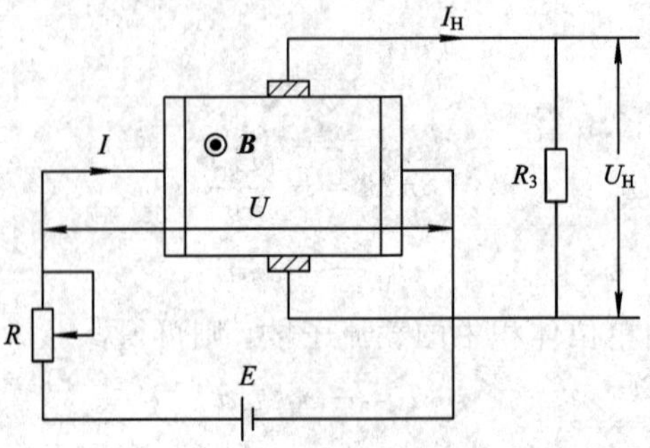

图 5-6　霍尔器件的基本测量电路

设霍尔片厚度 d 均匀，电流 I 和霍尔电场的方向分别平行于长、短边界，则控制电流 I 和霍尔电势 U_H 的关系式为

$$U_H = \frac{R_H}{d}BI = K_I I \tag{5-18}$$

同样，若给出控制电压 U，由于 $U=R_1 I$，可得控制电压和霍尔电势的关系式为

$$U_H = \frac{R_H}{R_1 d}BU = \frac{K_1}{R_1}U_1 = K_U U \tag{5-19}$$

上两式是霍尔器件中的基本公式。即：输入电流或输入电压和霍尔输出电势完全呈线性关系。如果输入电流或电压中任一项固定时，磁感应强度和输出电势之间也完全呈线性关系。

5.3.2　霍尔元件及材料

1. 霍尔元件的结构

霍尔元件是一种半导体四端薄片，一般呈正方形，在薄片的相对两侧对称地焊接两对电极引出线。图 5-7(a)所示为霍尔元件的实际尺寸，图 5-7(b)为其简化结构，图 5-7(c)为霍尔元件的等效电路。其中，A、B 端为激励电流端，C、D 端为霍尔电势输出端，C、D 端一般处于侧面的中点。

图 5-8 为霍尔元件的常用图形符号。近年来，已采用外延离心注入工艺或采用溅射工艺制造出尺寸小、性能好的薄膜型霍尔元件，如图 5-9 所示。它由衬底、薄膜、引线(电极)及外壳组成，壳体采用塑料、环氧树脂、陶瓷等材料封装，其灵敏度、稳定性、对称性等均比老工艺优越得多。

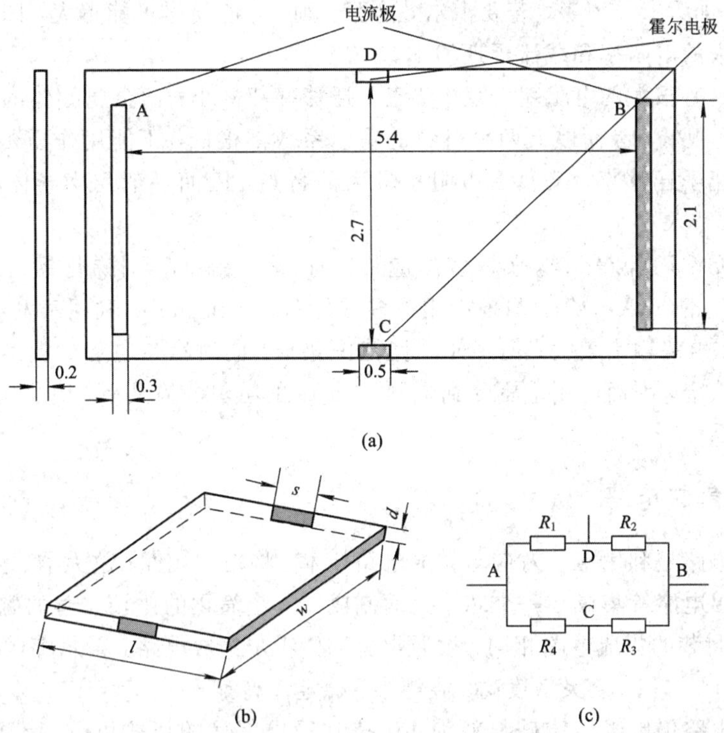

外形尺寸：6.4 mm×3.1 mm×0.2 mm；有效尺寸：5.4 mm×2.7 mm×0.2 mm

图 5－7　霍尔器件片

(a) 实际结构(mm)；(b) 简化结构；(c) 等效电路

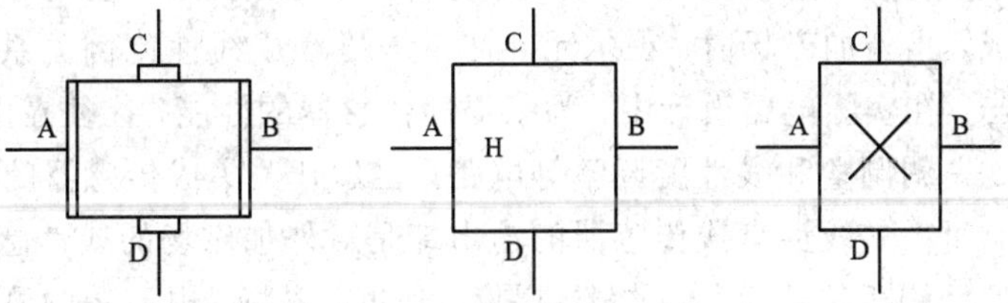

图 5－8　霍尔器件图形符号

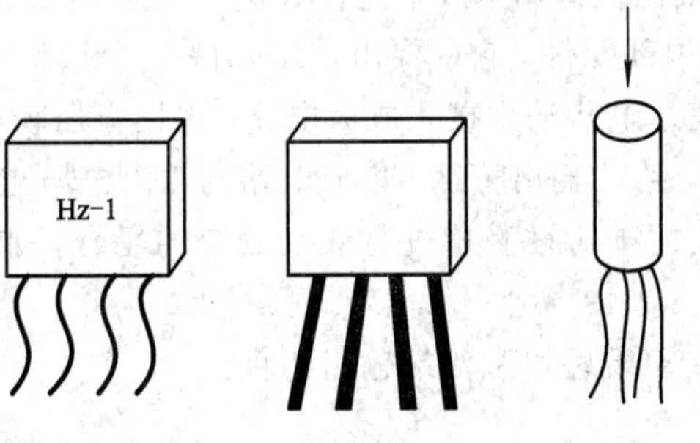

图 5－9　霍尔器件外形图

2. 霍尔元件的材料

霍尔元件的输出与灵敏度有关，K_H 越大，U_H 越大。而霍尔灵敏度又取决于元件的材料、性质和尺寸，从理论上可以证明霍尔系数 R_H 等于霍尔元件材料的电阻率 ρ 与电子迁

移率 μ 的乘积(即 $R_H=\rho\times\mu$)。若要霍尔效应强，则 R_H 值要尽可能得大，因此要求霍尔元件的材料有较大的电阻率和载流子迁移率。

绝缘材料具有很大的电阻率，但其载流子迁移率却极小；而金属导体的载流子迁移率很大，但电阻率很低，因而以上两种材料的霍尔系数都很低，不能用作霍尔元件。半导体既有很高的载流子迁移率，又具有电阻率较大的特点，因而一般用半导体材料作为霍尔元件。

目前霍尔元件已经得到越来越多的应用，有 N 型锗(Ge)、锑化铟(InSb)、砷化铟(InAs)及磷砷化铟(InAsp)等。目前应用最多的是 GaAs 和 InSb。利用蒸发 InSb 制作的霍尔元件，其霍尔电势输出较大，但工作温度范围狭窄，同时霍尔电势的温度特性差，磁场的线性度范围狭窄，因而应用范围受到限制。GaAs 的霍尔电势虽小，但热稳定性好，已逐渐成为主流产品。

5.3.3 霍尔集成电路

霍尔集成电路是利用霍尔效应与集成电路技术，将霍尔元件、放大器、温度补偿电路、稳压电源及输出电路等集成在一个芯片上而制成的一个简化的比较完善的磁敏传感器。因其外形与 PID 封装的集成电路相同，故通常也称为霍尔集成电路。霍尔集成电路有很多优点，如尺寸紧凑、体积小、灵敏度高、温漂小、稳定性高等。

霍尔集成电路仍以半导体硅材料为主，按其输出信号的形式可分为线性型和开关型两种。

1. 线性型霍尔集成电路

线性型霍尔集成电路的输出电压与外加磁场成线性比例关系。这类传感器一般由霍尔元件和放大器组成，当外加磁场时，霍尔元件产生与磁场成线性比例关系的霍尔电压，经放大器放大后输出。在实际电路设计中，为了提高传感器的性能，往往在电路中设置稳压、电流放大输出级、失调调整和线性度调整等电路。霍尔开关集成传感器的输出有低电平或高电平两种状态，而霍尔线性集成传感器的输出却是对外加磁场的线性感应。因此线性型霍尔集成传感器广泛用于位置、力、重量、厚度、速度、磁场、电流等的测量或控制。

图 5－10 是典型的线性型霍尔集成电路。图 5－10(a)是集成电路芯片的外形与尺寸。图 5－10(b)是集成电路内部元件，它主要由霍尔元件、恒流源、放大电路组成，由恒流源提供稳定的激励电流，霍尔电势输出接入放大电路，输出电压较高，使用方便，应用广泛。图 5－10(c)是这种集成电路的输出特性，集成电路的输出电压与霍尔元件感受的磁场变化近似呈线性关系，它主要用于对被测量进行线性测量的场合，如角位移、压力、电流等的测量。

霍尔线性集成电路有单端输出和双端输出两种。

1) 单端输出型

图 5－11 所示为单端输出型霍尔集成电路，它是一个塑料封装的扁平三端器件，它的输出电压对外加磁场的微小变化能做出线性响应。通常将它的输出电压用电容交连到外接放大器，以将输出电压放大到较高的电平。单端输出型有 U 型、T 型两种型号，T 型和 U 型的区别是厚度不同，T 型厚度为 2.03 mm，U 型厚度为 1.54 mm。其典型产品是

SL3501T、UGN－3501T。

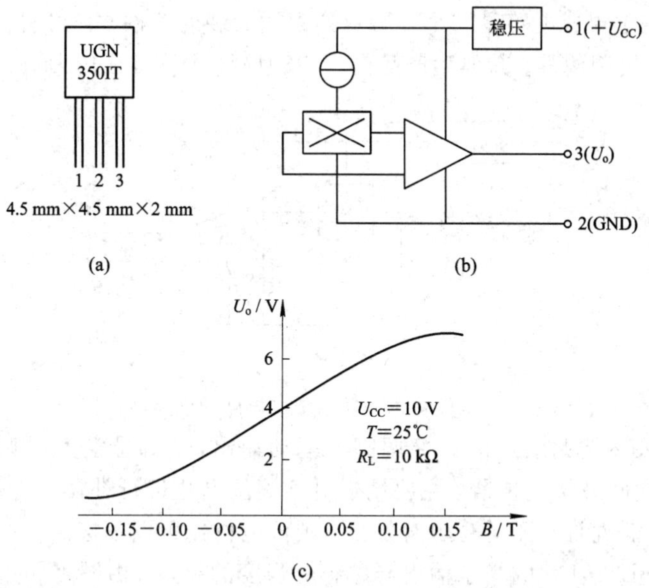

图 5－10　线性型霍尔集成电路

(a) 外形与尺寸；(b) 集成电路内部元件；(c) 输出特性

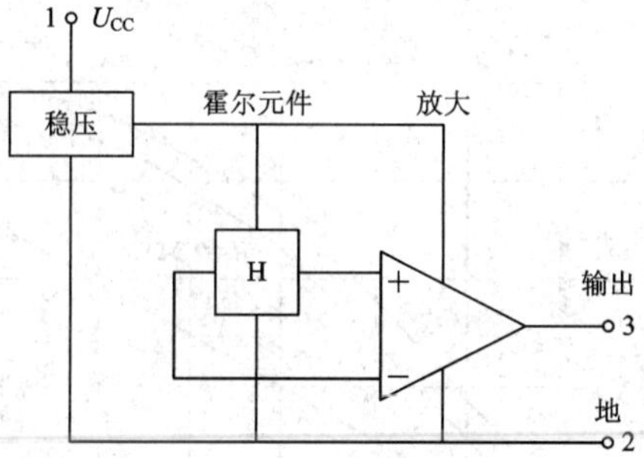

图 5－11　单端输出型的霍尔集成电路的电路结构框图

SL3501T 的霍尔输出与磁感应强度的关系如图 5－12 所示。从图中可以看出，在－0.22～0.2 T 磁感应强度范围内，集成电路 SL3501T 具有较好的线性，而当磁感应强度超出此范围时，线性较差。

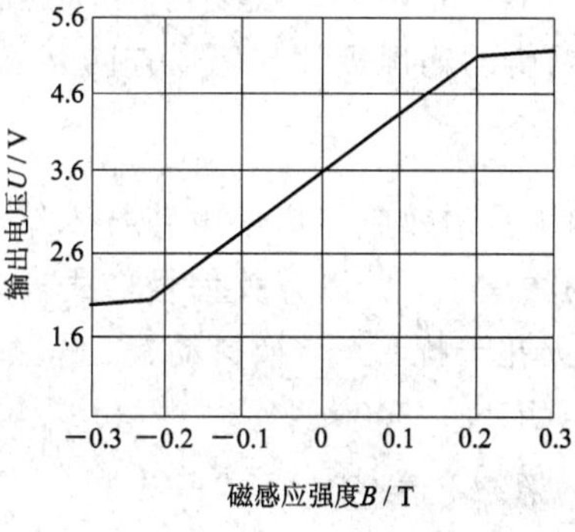

图 5－12　SL3501T 传感器的输出特性

2）双端输出型

双端输出型霍尔集成电路是一个8脚双列直插封装的器件，它可提供差动射极跟随输出，还可提供输出失调调零。其典型产品是SL3501M，如图5-13所示。

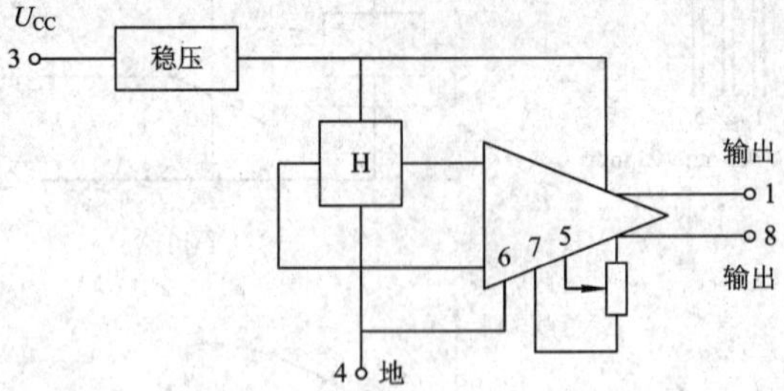

图5-13　双端输出型霍尔集成电路的电路结构框图

SL3501M采用8脚封装，其1、8两脚为差动输出，2脚悬空，3脚为正电源，4脚接地，5、6、7三脚之间外接电位器，主要用于对不等位电势进行补偿，还可以改善线性，但灵敏度有所降低。若允许有不等位电势输出，则该电位器可以不接。

图5-14为SL3501M的霍尔输出与磁感应强度的关系。由图可知：

(1) 当5、6、7三脚之间外接电位器的电阻恒定时，磁感应强度越大，霍尔输出越大。

(2) 当磁感应强度恒定时，5、6、7三脚之间外接电位器的阻值越大，霍尔输出越低，但是其线性度越好。

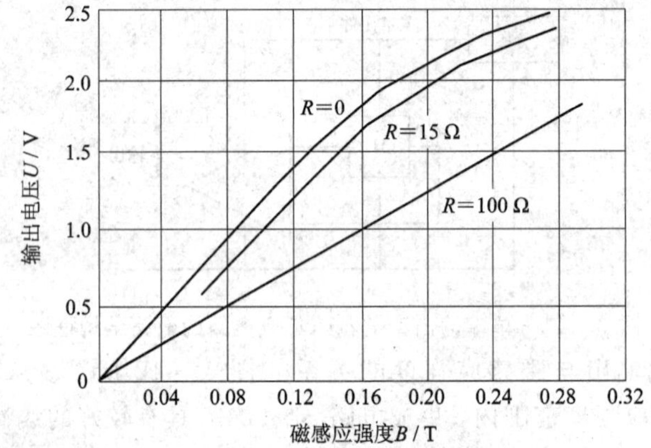

图5-14　SL3501M传感器的输出特性曲线

另外，SL3501M的1、8两脚的输出极性与磁场方向有关。

2. 开关型霍尔集成电路

开关型霍尔集成电路是利用霍尔效应与集成电路技术结合而制成的一种磁敏传感器，它能感知一切与磁信息有关的物理量，并以开关信号形式输出。霍尔开关集成传感器具有使用寿命长、无触点磨损、无火花干扰、无转换抖动、工作频率高、温度特性好、能适应恶劣环境等优点。常用的型号有UGN-3000。

1）开关型霍尔集成电路的原理

图5-15是典型的开关型霍尔集成电路。集成电路的内部元件主要由霍尔元件、稳压

电路、放大电路、施密特触发器、开关输出等五部分组成。当有磁场作用在开关型霍尔传感器上时，霍尔元件输出霍尔电压，该电压经放大后，送至施密特整形电路。当放大后的霍尔电压大于“开启”阈值时，施密特电路翻转，输出高电压，使三极管导通；当放大后的霍尔电压低于“关闭”阈值时，施密特电路输出低电平，使三极管 VT 截止。

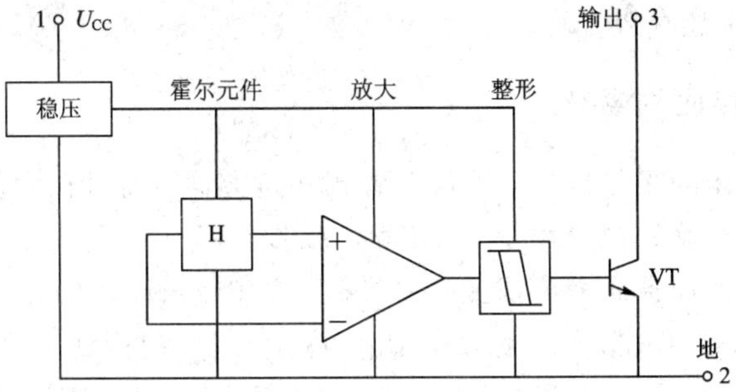

图 5－15　开关型霍尔集成传感器内部结构框图

2）开关型霍尔集成电路的外形及特性

开关型霍尔集成电路的外形及应用如图 5－16 所示。

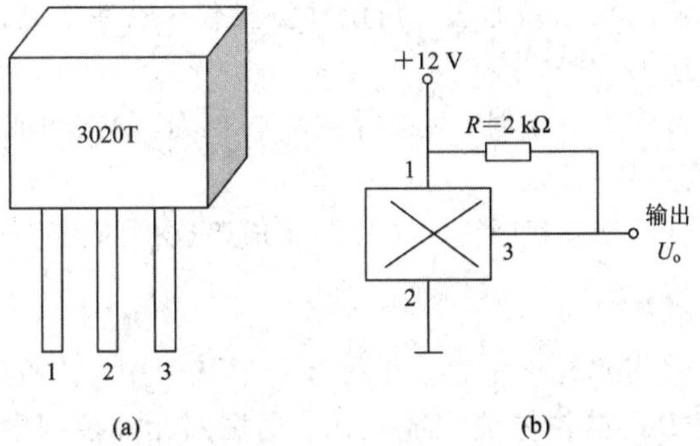

图 5－16　开关型霍尔集成电路的外形及应用电路
（a）外形；（b）应用电路

开关型霍尔集成电路的特性如图 5－17 所示。

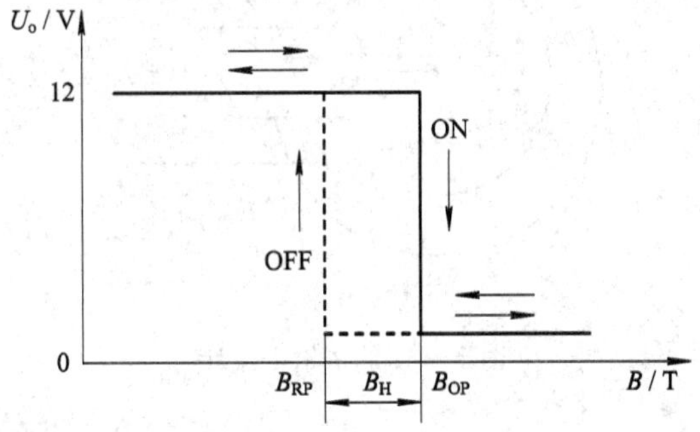

图 5－17　工作特性曲线

从工作特性曲线上可以看出，工作特性有一定的磁滞 B_H，这对开关动作的可靠性非常有利。图中的 B_{OP} 为工作点“开”的磁感应强度，B_{RP} 为释放点“关”的磁感应强度。

该曲线反映了外加磁场与传感器输出电平的关系。当外加磁感强度高于 B_{OP} 时，输出电平由高变低，传感器处于开状态。当外加磁感强度低于 B_{RP} 时，输出电平由低变高，传感器处于关状态。

霍尔开关集成传感器的技术参数包括工作电压、磁感应强度、输出截止电压、输出导通电流、工作温度、工作点等。

5.3.4 霍尔传感器应用实例

利用霍尔效应制作的霍尔器件，不仅在磁场测量方面，而且在测量技术、无线电技术、计算技术和自动化技术等领域中均得到了广泛应用。

利用霍尔电势与外加磁通密度成比例的特性，可借助于固定元件的控制电流，对磁量以及其他可转换成磁量的电量、机械量和非电量进行测量和控制。根据前面讲过霍尔电压与材料的厚度 d、激励电流 I 和磁感应强度 B 的关系($U_H=K_H IB\cos\theta$)，通常可以从以下三方面应用霍尔传感器。

(1) 维持元件的输入激励电流 I 不变，而使元件所感受的磁感应强度 B 变化或使元件与磁场的相对位置、相对角度改变，从而引起霍尔电势的改变。这方面的应用有测量磁场强度的高斯计、测量转速的霍尔转速表、角位移测量仪、磁性产品计数器、霍尔式角度编码器、霍尔加速计及微压力计等。

(2) 当 I 与 B 两者都作为变量时，传感器的输出与 IB 的乘积成正比，这方面的应用有模拟乘法器、功率计等。

(3) 保持磁感应强度不变，利用霍尔电压与 I 成正比例的关系，可以做过流控制装置。

1. 霍尔电流计

如图 5－18 所示，将霍尔元件垂直置于磁环开口气隙中，让载流导体穿过磁环，由于磁环气隙的磁感应强度 B 与待测电流 I 成正比，当霍尔元件控制电流 I_H 一定时，霍尔输出电压 U_H 则正比于待测电流 I，这种非接触检测安全简便，适用于高压线电流检测。

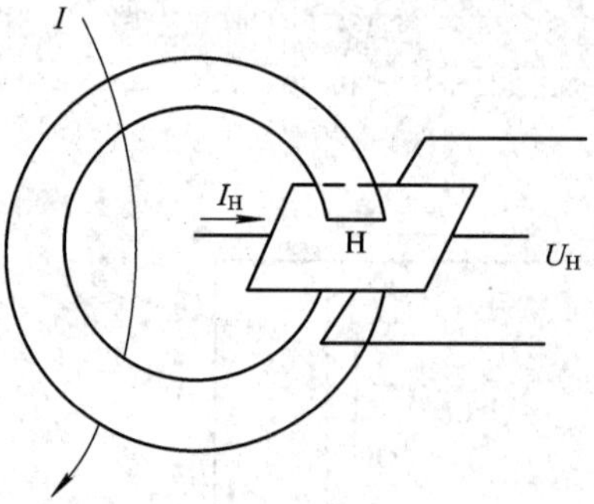

图 5－18　霍尔电流计

2. 霍尔高斯计

高斯计是利用霍尔元件测量磁感应强度 B 的一种仪表，测量时保持霍尔元件与磁场垂直，控制电流保持常值，则霍尔电压与磁感应强度成正比。将霍尔电压放大后，并通过校准便可直读被测磁感应强度的高斯值。图 5－19 所示为高斯计测量原理图，用此方法可以测量恒定或交变磁场的高斯数。早期的高斯计多用电压表指示，现在有不少采用数字表头显示的数字高斯计。

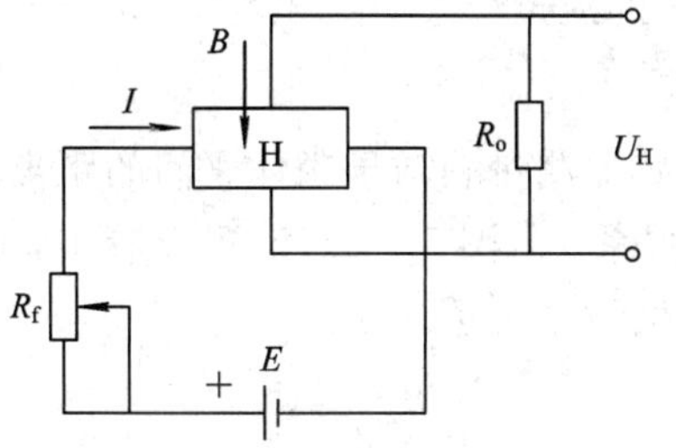

图 5 - 19　高斯计测量原理图

3. 多用途霍尔固态传感器

将霍尔元件贴在圆柱形小永久磁铁端面上，并用一放大器放大霍尔电压，这样便组成多用途霍尔固态传感器。这种传感器无任何活动部件，是一种固态传感器，其用途多种多样，下面举例说明。

1）转速测量

将传感器安装在齿轮旁，离齿顶 0.1～5 mm 左右，齿轮每转过一个齿，霍尔电压和放大器输出电压都变化一周，放大器输出电压的频率便与齿轮转速成比例，即

$$f = \frac{ZN}{60} \tag{5 - 20}$$

式中：N——齿轮的转速(r/min)；

Z——齿轮的齿数。

这种传感器的低速性能很好。图 5 - 20 是传感器装在齿顶上方时，缓慢转动齿轮，用高斯计测量的永久磁铁端面上的磁感应强度 B 与齿轮转角 θ 的关系。由图可以看出，齿轮转过一个齿时，B 近似地作正弦变化一周，从而霍尔电压也变化一周。该曲线是逐点测量而得，这时齿轮转速是非常缓慢的，所以这种传感器可以测量超低转速。同时它也能测量高速旋转体的转速。

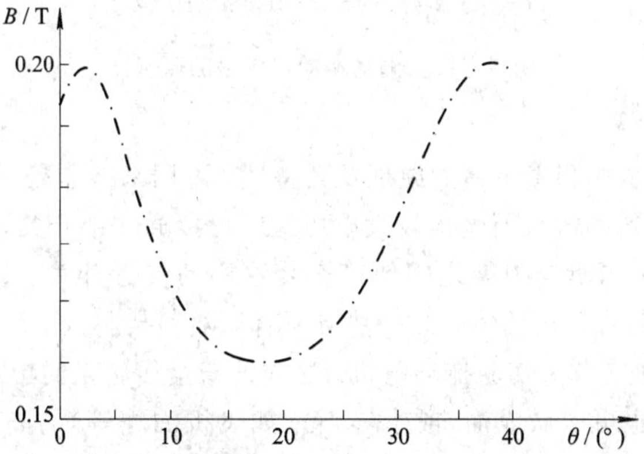

图 5 - 20　磁感应强度与齿轮转角的关系

现有涡轮流量计中测量涡轮转速的传感器是电磁感应式的。在小流量时电磁感应电压很小，所以现有涡轮流量计在小流量时无信号输出。若将电磁感应式的转速传感器换为霍尔固态传感器，则可测出较小的流量。

2) 位移与振动测量

图 5－21(a)是用霍尔传感器测量它与导磁体之间的距离 x 的原理图。图 5－21(b)是放大器输出电压与位移 x 的关系。由图 5－21(b)可以看出，其特性曲线是非线性的，只有在$x<2$ mm 时，U 与 x 近似呈线性关系。

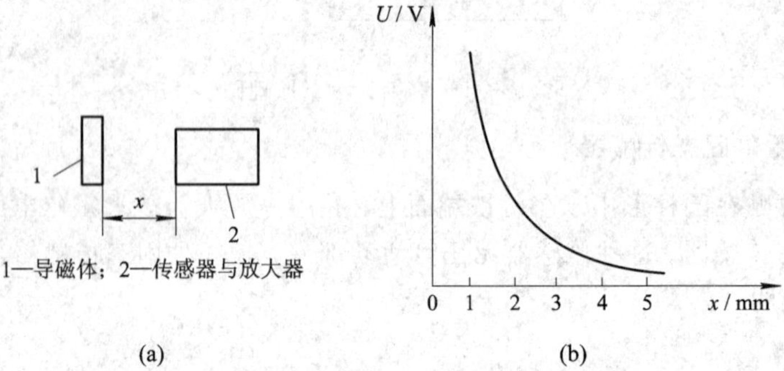

图 5－21　位移测量原理图及特性曲线
(a) 原理图；(b) 特性曲线

利用类似的原理，该传感器便可用来测量振动体的振幅和频率，如图 5－22 所示，传感器输出信号的频率便是振动台的频率，传感器输出电压的幅值经校准后表示振动的振幅。

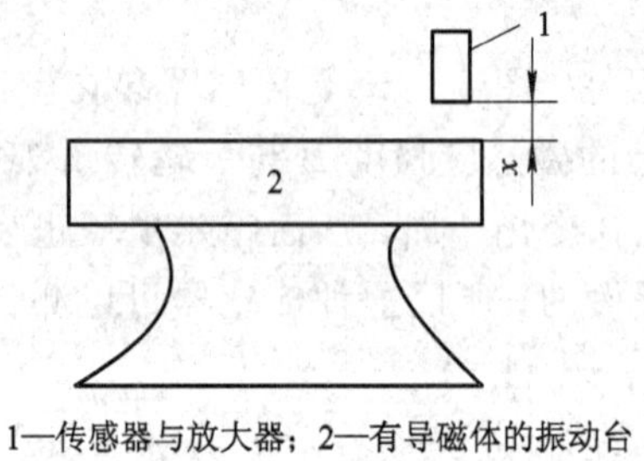

图 5－22　测量振动与频率的原理图

3) 霍尔开关的用途

利用图 5－21 所示的测量位移的原理及其特性，可用来做非接触式的接近开关，例如当$x<1$ mm 时，传感器的放大器输出较大电压时便可接通一个开关，这便是非接触式的接近开关。例如在车床的卡盘与刀架之间便可安装这样的接近开关。让传感器的位置固定，它反映卡盘的位置；在刀架运动体上装一块导磁体，随刀架移动。当两者之间的距离小于规定位时，接近开关便工作，切断拖动电机。这样的安全措施是简单易行的。

这样的接近开关也可以做成油(或水等)箱(如飞机油箱等)的高低油(或水等)面信号器。图 5－23 便是低油面和高油面信号器的示意图。油面高低变化时，浮子和导磁片沿浮子导杆随液面上下浮动。当油面低于规定的高度 H_1 时，导磁片与传感器的距离只剩隔板的厚度(例如 0.5 mm)，传感器放大器便会发出一个信号(例如由晶体管继电器给出)。同理，装油时，浮子随油面上升，到规定的高度 H_h 时，导磁片与传感器的距离也只剩下隔板的厚度，传感器放大器也会发出一个高油面的信号。

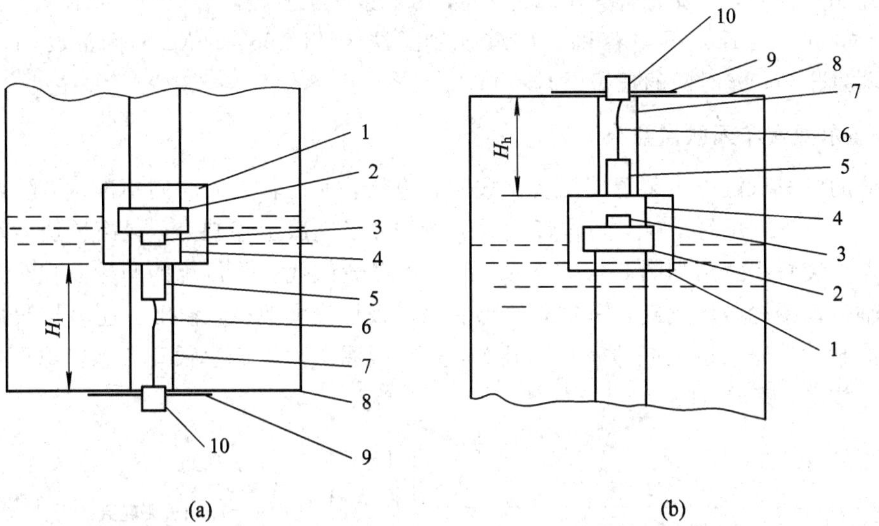

1—带孔的浮子罩；2—浮子；3—小磁片(导磁片)；4—浮子导杆；5—传感器；6—引线；
7—安装传感器和晶体管继电器的导管；8—油箱底(顶)；9—油面信号器底座；10—插销

图 5－23　油箱高低报警测量原理图
(a) 低油面；(b) 高油面

霍尔开关不但动态特性好，而且环境适应性好，既无机械磨损，又无触点烧蚀缺陷，因而在自动控制及报警器电路中得到广泛应用。

图 5－24 是一个开门报警器电路，使用时将 TL3019 霍尔传感器装在门框上，磁铁装

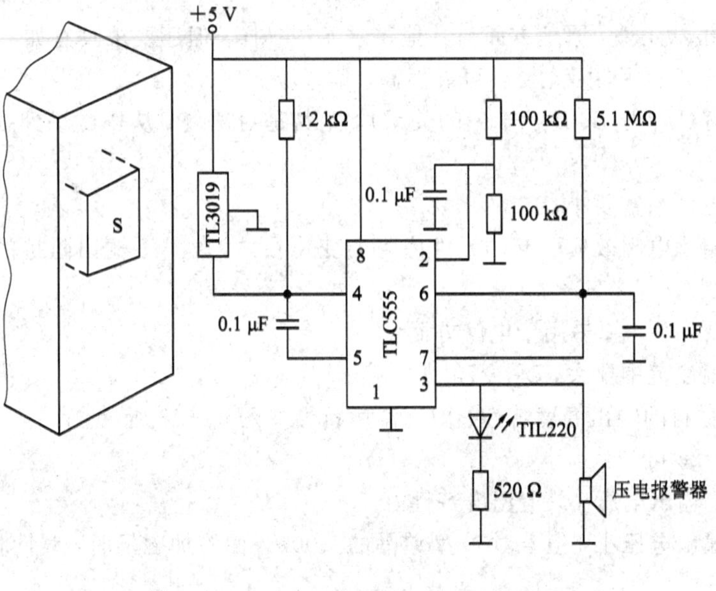

图 5－24　霍尔传感器在开关门中的应用

在门板上。门关闭时，TL3019 输出保持低电平；门打开时，TL3019 输出电平由低变高，此正脉冲经 0.1 μF 电容延时后加到 TLC555 单稳态定时器的控制端 5 和复位端 4 上，启动定时器循环控制，使发光管 TIL220 发光，压电报警器发声，形成声、光报警。图中，定时器引脚 6 和 7 接 1.0 μF 电容和 5.1 MΩ 电阻，决定 TLC555 的 *RC* 时间常数，即决定声、光报警器发出声、光时间的长短(约 5 s)。

4. 霍尔式汽车无触点点火装置

传统的汽车汽缸点火装置使用机械式的分电器，存在着点火时间不准确，触点易磨损等缺点。利用霍尔开关无触点晶体管点火装置，可以克服上述缺点，提高燃烧效率。汽车四汽缸点火装置示意图如图 5－25 所示。图中的磁轮鼓代替了传统的凸轮及白金触点。发动机主轴带动磁轮鼓转动时，霍尔器件感受磁场极性交替改变，输出一连串与汽缸活塞运动同步的脉冲信号去触发晶体管功率开关，点火线圈二次侧产生很高的感应电压，火花塞产生火花放电，完成汽缸点火过程。

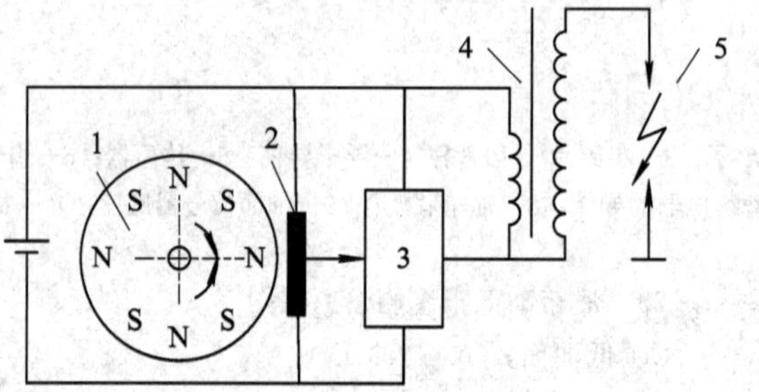

图 5－25　汽车四汽缸点火装置示意图

5.3.5 霍尔传感器产品选型

工业用的霍尔元件，原理方面与其他霍尔元件一样，但还要求具有如下特性：

(1) 由于连续使用，因此要求可靠性高、偏差小。

(2) 线性好(U_H 与 B、U_H 与 I_c 的关系)，尤其是对磁场，从弱微场到强磁场都要求高精度。

(3) 输出温度系数要小。

(4) 包括由磁电阻效应引起的元件内阻的变化在内，输入、输出阻抗的温度变化要为线性。

(5) 操作要简便，要易用于电气方面。

(6) 使用温度范围要大，U_o 变动小。

各种霍尔材料的输出温度特性、内阻温度特性如图 5－26 所示。

分析图 5－26 可知：

(1) InAs：输出电压小，但温度特性好。

(2) Ge：输出电压小，但若对 N 型单晶的<001>面施加磁场时，线性相当好，程度特性也很好。

(3) Si：输出电压和输入、输出温度特性都好，但线性方面还有一些问题。

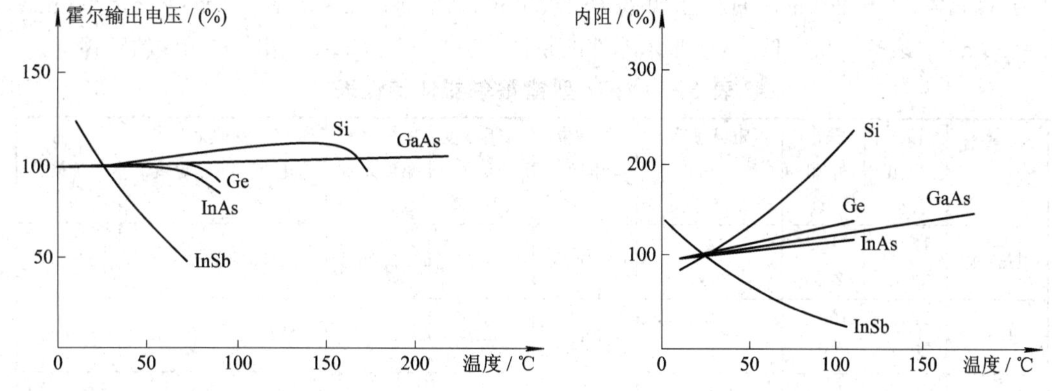

(a)　　　　(b)

图 5－26　霍尔元件的温度特性

(4) GaAs：输出温度系数及其他特性都良好，但元件制造工艺太难，且成本高。

由上述可知，目前采用的 N 型单晶 Ge 霍尔元件是比较实用的，并能制作可靠性高的元件。但从使用温度范围这方面来看，逐步被 GaAs 替代。

下面介绍以上几种霍尔器件及霍尔元件特性，以便于读者选型。

1) SH 型硅霍尔器件

SH 型各种器件最大耗散功率 P_M 和最大工作电流 I_M：4SH 型的 P_M＝55 mW，I_M＝13 mA；6SH 型的 P_M＝85 mW，I_M＝15 mA。表 5－2 为硅霍尔元件的特性表。表 5－3 为 SH 硅霍尔器件的特性表。

表 5－2　硅霍尔元件特性表

输入电阻 /Ω	输出电阻 /Ω	灵敏度 /(mV/mA·kGs)	控制电流 /mA	温度漂移 /(%/℃)	不等位电阻 /Ω	生产厂家
200～380	150～250	＞1.5	10	0.05～0.01	＜1.0	合肥半导体厂，北京师范学院半导体厂

表 5－3　SH 硅霍尔器件特性表

参数 / 型号	输入电阻 /Ω	输出电阻 /Ω	不等位电势 /mV	磁灵敏度 /(mV/mA·kGs)	内阻温度系数 /(%/℃)	霍尔电势温度系数 /(%/℃)	不等位温度系数 /(μV/℃)	霍尔电势磁线性度 /(%)	霍尔电势电线性度 /(%)	参考价格 /元
6SH	250～380	略小于输入电阻	＜1	≥1.5	0.6～1.0	0.01～0.05	4.0～35	0.1～0.5	0.1～0.6	8～15
4SH	200～320		＜1	≥1.5	0.6～1.0	0.01～0.05	4.0～35	0.1～0.5	0.1～0.6	

2) Hz 型锗霍尔器件

Hz 型锗霍尔器件有大同小异的多种结构，其中 Hz－3 型是厚度小于 1 mm 的印刷电路板，用环氧树脂密封。

Hz 型锗霍尔器件的最大耗散功率 P_M 和最大工作电流 I_M 可根据要求设计。Hz－1 型的

P_M=60 mW，I_M=20 mA；Hz－2 型的 P_M=35 mW，I_M=15 mA；Hz－3 型的 P_M=90 mW，I_M=25 mA。表 5－4 为 Hz 型锗霍尔器件的特性。表 5－5 为 Hz 型锗霍尔元件的特性。

表 5－4　Hz 型锗霍尔器件特性表

参数 型号	输入电阻/Ω	输出电阻/Ω	磁灵敏度/(mV/mA·kGs)	不等位电阻/Ω	内阻温度系数/(%/℃)	霍尔电势温度系数/(%/℃)	寄生直流电势/μV	工作温度/℃	参考价格/元
Hz－1	120±20%	110±20%	1.4±20%	<0.1	0.5	0.05	<150	0～60	12～17
Hz－2	120±20%	100±20%	1.2±20%	<0.05	0.4	0.06	⩽250	0～60	11～16
Hz－3	130±20%	110±20%	1.4±20%	<0.1	0.55	0.02	⩽250	0～60	16.87

表 5－5　Hz 型锗霍尔元件特性表

型号	输入电阻/Ω	输出电阻/Ω	灵敏度/(mV/mA·kGs)	寄生直流电势/μV	控制电流/mA	霍尔电势温度系数/(%/℃)	电阻温度系数/(%/℃)	工作温度/℃	生产单位
Hz－1	110±20%	100±20%	⩾1.2	⩽150	20	0.04	0.5	－20～45 0～60	上海科技专科学校、合肥半导体厂、北京半导体器件十厂
Hz－2	110±20%	100±20%	1.5±20%		20	0.06	0.4	0～60	北京半导体器件十厂
Hz－3	45±20%	40±20%	⩾0.4	⩽100	50	0.03	0.3	－40～75	上海科技专科学校

3) HSG 型砷化镓霍尔器件

HSG 型砷化镓霍尔器件的最大耗散功率 P_M=10 mW，最大工作电流 I_M=3 mA。表 5－6 为 HSG 型砷化镓霍尔器件的特性表。表 5－7 为 HSG 型砷化镓霍尔元件的特性表。

表 5－6　HSG 型砷化镓霍尔器件特性表

输入电阻/Ω	输出电阻/Ω	灵敏度/(mV/mA·kGs)	不等位电势/mV	霍尔电势温度系数/(%/℃)	工作温度/℃	参考价格/元
500～1000	400～800	20～50	<1.0	－0.05	－55～180	50～400

表 5－7　HSG 型砷化镓霍尔元件特性表

输入电阻/kΩ	输出电阻/kΩ	灵敏度/(mV/mA·kGs)	非线性度/(%)	控制电流/mA	不等位电势/mV	生产单位
1.0 1.0 0.5～1.0	1.0 1.0 0.5～1.5	5～20 20～30 10～40	0.2 0.02	1～5	0.5 0.3	沈阳仪器仪表工艺研究所宣化 701 厂 北京师范学院半导体厂 北京半导体器件十厂

4）HS 型砷化铟霍尔器件

HS 型砷化铟霍尔器件的最大耗散功率 P_M=60 mW，最大工作电流 I_M=200 mA。表 5-8 为 HS 型砷化铟霍尔器件的特性表。表 5-9 为 HS 型砷化铟霍尔元件的特性表。

表 5-8　HS 型砷化铟霍尔器件特性表

输入电阻/Ω	输出电阻/Ω	磁灵敏度/(mV/mA·kGs)	不等位电阻/Ω	电阻温度系数/(%/℃)	霍尔电势温度系数/(%/℃)	寄生直流电势/μV	工作温度/℃	价格/元
1.2±20%	1±20%	0.1±20%	<0.003	0.3	-0.045	0~18	-40~60	95

表 5-9　HS 型砷化铟霍尔元件的特性表

输入电阻/Ω	输出电阻/Ω	灵敏度/(mV/mA·kGs)	非线性度/(%)	控制电流/mA	不等位电势/mV
3~5	2~3	0.1	1.0~0.2	100	0.3

思考题及习题

1. 磁敏传感器有几种形式？

2. 试述霍尔电压建立的过程。霍尔电压的大小和方向与哪些因素有关？

3. 简述用感应法测量磁通的原理。

4. 霍尔元件存在不等位电势的主要原因有哪些？如何对其进行补偿？补偿的原理是什么？

5. 为什么霍尔元件要进行温度补偿？主要有哪些补偿方法？补偿的原理是什么？

6. 试设计一个霍尔式电流传感器，画出结构原理图，并分析原理。

第6章　流量传感器及检测

6.1 概　述

自然界中的物质一般存在三种状态：固态、流态和气态，其中液态和气态的物质通常又称为流体。在工业生产过程中，有很多时候需要对流体进行检测与控制，如日常生活中的自来水、煤气、加油站的油量、空调系统中的风速，测量的都是流量，因而流量传感器在工业中应用非常普遍。本章将介绍流量、流速的主要测量方法及应用实例。

6.1.1 流量测量的意义

在工农业生产和科学研究试验中，流量是一个很重要的参数。例如，在石油化工生产过程的自动检测和控制中，为了有效地操作、控制和监测，需要检测各种流体的流量。此外，对物料总量的计量是能源管理和经济核算的重要依据。流量检测仪表是发展生产、节约能源、提高经济效益和管理水平的重要工具。流量测量从传统意义上讲主要测量的对象是管道流体，随着人类对流量的理解及科技的进步，逐渐发展到凡是需要掌握流体流动的地方都有流量测量的问题。流量测量已经广泛地深入到国民经济生活中，主要包括以下几个方面。

1. 过程控制领域

在过程控制领域，流量与温度、压力和物位一起统称为过程控制中的四大参数，人们通过这些参数对生产过程进行监视与控制。在各种工业行业，都需要对生产过程中的流体进行测量与控制，因而流量的正确测量和调节是保证生产过程安全经济运行、提高产品质量、降低物质消耗、提高经济效益的基础。目前，在整个过程检测仪表中，流量仪表的产值约占1/5～1/4。

2. 能源计量领域

石化行业的主要产品为流体，在石油工业中，从石油开采、储运、炼制直到贸易销售，任何一个环节都离不开流量计。

同样，与人们生活息息相关的天然气也离不开流量测量。在天然气的采集、处理、储存、输送和分配过程中，需要数以百万计的流量计，其中有些流量计涉及到的结算金额数值巨大，对测量准确度和可靠性要求特别高。除此之外，在煤气、成品油、液化石油气、蒸汽、压缩空气、氧气、氮气、水的计量中，也要使用大量的流量计，其中很大一部分用于贸易结算，计量准确度需满足国家的有关标准，这对流量测量提出了很高的要求。

能源计量用流量计往往跟企业的效益有直接的联系，是进行贸易结算的依据，也是进行能源的科学管理、提高经济效益的重要手段。

3. 环境保护领域

在环境保护领域，流量测量仪表也扮演着重要角色。人们为了控制大气污染，必须对污染大气的烟气以及其他温室气体排放量进行监测；为了控制废液和污水对地表水源和地下水源的污染，人们必须对废液和污水进行处理，对排放量进行控制。于是数以百万计的烟气排放点和污水排放口都成了流量测量对象。废气和污水流量的测量具有较高的难度，其中，测量烟气的难度在于其有脏污、含尘、腐蚀性、流速范围宽广、流通截面不规则、直管段长度难以保证等特征；而污水的测量难度在于其有介质脏污、压头低、口径大、流通截面特殊和非满管等特征。

4. 科学试验领域

在科学试验领域，种类繁多的流量计提供了大量的实验数据。这一领域中使用的流量计更具特殊性，其中流体的高温、高压、高黏度以及变组分、脉动流和微小流量等都是经常要面对的测量对象。

除了上述的应用领域之外，流量计在现代农业、水利建设、生物工程、管道输送、航天航空、军事领域等也都有广泛的应用。

6.1.2　流量的相关概念

在进行流量的测量之前，需要了解与流量相关的概念。

1. 流体

流体是指气体或液体等形状容易改变的物体，通常是液体和气体的总称。流体都有一定的可压缩性，液体可压缩性很小，而气体的可压缩性较大；流体的形状发生改变时，流体各层之间存在一定的运动阻力(即黏滞性)。当流体的黏滞性和可压缩性很小时，可近似看作是理想流体，它是人们为研究流体的运动和状态而引入的一个理想模型。

2. 流量

通常在有物质流动的场合，人们为掌握其数量都需要进行流量测量。流体的测量参数称为流量。流量是指单位时间内流过管道或明渠横截(断)面液体的量。

流量按测量的对象可分为质量流量与体积流量两种。如果流量以质量表示，则称之为“质量流量”，单位为 T/h、kg/h，质量通常用 Q_m 表示；如果流体量以体积表示，则称之为“体积流量”，单位为 m^3/h、L/s 等，体积流量通常用 Q_v 表示。如：单位时间内泵排出液体的体积叫流量，计量单位为立方米/小时(m^3/h)或升/秒(L/s)。m^3/h 与 L/s 的关系如下：

$$L/s = 3.6\ m^3/h = 0.06\ m^3/min = 60\ L/min$$

将体积流量乘流体密度 ρ，便可求得质量流量：$Q_m = Q_V\rho$，其中，ρ 为液体比重。

流量按测量的时间可分瞬时流量(Flow Rate)与累计流量(Total Flow)两种。

当流体的流动速度不随时间变化时，质量流量和体积流量可以分别用流体单位时间内流时的管道或明渠断面的质量和体积来表示。当流体的流动随时间变化时，则质量流量和体积流量可分别用瞬时流量来表示。

瞬时流量：单位时间内通过封闭管道或明渠有效截面的量。

累计流量：在某一段时间间隔内(可以是一天、一周、一月、一年)，流体流过封闭管道或明渠有效截面的累计量。

通过将瞬时流量对时间积分可求得累计流量。

3. 流量计

用于测量流量的仪表一般称为流体计量表或流量计。流体的性质各不相同，例如液体和气体在可压缩性上差别很大，其密度受温度、压力的影响也相差悬殊。另外，各种流体的黏度、腐蚀性、导电性等也不一样，很难用同一种方法测量其流量。尤其是工业生产过程情况复杂，某些场合的流体伴随着高温、高压，甚至是气液两相或液固两相的混合流体流动。这些特性决定了流量计的选型也不完全相同。

6.1.3 流量的测量方法

1. 体积流量测量

用户对流量的检测要求通常有两种，一种为累积流量测量，另一种为瞬时流量测量。根据这种要求，流体的体积流量测量通常可分为节流差压法、容积法、流速法、流体阻力法、流体振动法。

1）节流差压法

通常在管道中安装一个直径比管径小的节流件，如孔板、喷嘴、文丘利管等，当充满管道的单相流体流经节流件时，由于流道截面突然缩小，流速将在节流件处形成局部收缩，使流速加快。由能量守恒定律可知，动压能和静压能在一定条件下可以互相转换，流速加快必然导致静压力降低，于是在节流件前后产生静压差，而静压差的大小和流过的流体流量有一定的函数关系，所以通过测量节流件前后的压差即可求得流量。

2）容积法

应用容积法可连续地测量密闭管道中流体的流量。它是由壳体和活动壁构成流体计量室，当流体流经该测量装置时，在其入口、出口之间产生压力差，此压力差推动活动壁旋转，将流体一份一份地排出，记录总的排出份数，则可得出一段时间内的累积流量。容积式流量计有椭圆齿轮流量计、腰轮(罗茨式)流量计、刮板式流量计、膜式煤气表及旋转叶轮式水表等。

3）流速法

测出流体的流速，再乘以管道截面积即可得出流量。显然，对于给定的管道，其截面积是个常数。流量的大小仅与流体流速大小有关，流速大则流量大，流速小则流量小。由于该方法是根据流速而来的，因而称为速度法。根据测量流速方法的不同，有不同的流量计，如动压管式、热量式、电磁式和超声式等。

4）流体阻力法

流体阻力法是利用流体流动给设置在管道中的阻力体以作用力，而作用力大小和流量大小有关的原理测量流体流量的。常用的靶式流量计其阻力体是靶，由力平衡传感器把靶的受力转换为电量，从而实现测量流量的目的。转子流量计是利用设置在锥形测量管中可以自由运动的转子(浮子)作为阻力体的，它受流体自下而上的作用力而悬浮在锥形管道中某个位置，其位置高低和流体流量大小有关。

5）流体振动法

流体振动法是在管道中设置特定的流体流动条件，使流体流过后产生振动，而振动的频率与流量有确定的函数关系，从而实现对流体流量的测量。它分为流体强迫振动的旋进式和自然振动的卡门涡街式两种。

2. 质量流量测量

另外，对于质量流量的测量通常分为两种方法，分别为间接式和直接式。

1）间接式

间接式质量流量测量是在直接测出体积流量的同时，再测出被测流体的密度或测出压力、温度等参数求出流体的密度。因此，测量系统的构成将由测量体积流量的流量计（如节流差压式、涡轮式等）和密度计或带有温度、压力等的补偿环节组成，其中还有相应的计算环节。

2）直接式

直接式质量流量测量是直接利用热、差压或动量来检测。如双涡轮质量流量计，它是一根轴上装有两个涡轮，两涡轮间由弹簧联系，当流体由导流器进入涡轮后，推动涡轮转动，涡轮受到的转矩和质量流量成正比。由于两涡轮叶片倾角不同，受到的转矩是不同的，因此，使弹簧受到扭转，产生扭角，扭角大小正比于两个转矩之差，即正比于质量流量。可通过两个磁电式传感器分别把涡轮转矩变换成交变电动势，两个电动势的相位差即是扭角。如科里奥利力质量流量计就是利用动量来检测质量流量的。

6.1.4　流量计的分类

流量计的种类繁多，主要可按以下几种方法进行分类：

1. 按测量原理分类

（1）力学原理：属于此类原理的仪表有利用伯努利定理制成的差压式流量计、转子式流量计；利用动量定理制成的冲量式流量计、可动管式流量计；利用牛顿第二定律制成的直接质量式流量计；利用流体动量原理制成的靶式流量计；利用角动量定理制成的涡轮式流量计；利用流体振荡原理制成的旋涡式流量计、涡街式流量计；利用总静压力差制成的皮托管式流量计以及容积式流量计和堰、槽式流量计等等。

（2）电学原理：利用此类原理的仪表有电磁式、差动电容式、电感式、应变电阻式流量计等。

（3）声学原理：利用声学原理进行流量测量的有超声波式、声学式（冲击波式）流量计等。

（4）热学原理：利用热学原理测量流量的有热量式、直接量热式、间接量热式流量计等。

（5）光学原理：激光式、光电式流量计等是利用此类原理制成的仪表。

（6）原子物理原理：核磁共振式、核幅射式流量计等是利用此类原理制成的仪表。

另外，还有利用标记原理、相关原理等制成的流量计。

2. 按流量计结构原理分类

根据流量计的结构原理，流量计产品大致上可归纳为以下几种类型。

1) 容积式流量计

容积式流量计相当于一个有标准容积的容器，它接连不断地对流动介质进行度量。流量越大，度量的次数越多，输出的频率就越高。容积式流量计的原理比较简单，适于测量高黏度、低雷诺数的流体。根据回转体形状不同，目前生产的产品包括：适于测量液体流量的椭圆齿轮流量计、腰轮流量计(罗茨流量计)、旋转活塞和刮板式流量计；适于测量气体流量的伺服式容积流量计、皮膜式流量计和转筒流量计等。

2) 叶轮式流量计

叶轮式流量计的工作原理是将叶轮置于被测流体中，受流体流动的冲击而旋转，以叶轮旋转的快慢来反映流量的大小。典型的叶轮式流量计是水表和涡轮流量计，其结构可以是机械传动输出式或电脉冲输出式。一般机械式传动输出的水表准确度较低，误差约±2%，但结构简单，造价低，国内已批量生产，并标准化、通用化和系列化。电脉冲信号输出的涡轮流量计的准确度较高，一般误差为±0.2%～0.5%。

3) 差压式流量计(变压降式流量计)

差压式流量计由一次装置和二次装置组成。一次装置称流量测量元件，它安装在被测流体的管道中，产生与流量(流速)成比例的压力差，供二次装置进行流量显示。二次装置称显示仪表，它接收测量元件产生的差压信号，并将其转换为相应的流量进行显示。差压式流量计的一次装置常为节流装置或动压测定装置(皮托管、均速管等)；二次装置为各种机械式、电子式、组合式差压计配以流量显示仪表。差压计的差压敏感元件多为弹性元件。由于差压和流量呈平方根关系，因此流量显示仪表都配有开平方装置，以使流量刻度线性化。多数仪表还设有流量积算装置，以显示累积流量，以便经济核算。这种利用差压测量流量的方法历史悠久，比较成熟，世界各国一般都用在比较重要的场合，约占各种流量测量方式的70%。发电厂的蒸汽、给水、凝结水等的流量测量都采用这种表计。

4) 变面积式流量计(等压降式流量计)

放在上大下小的锥形流道中的浮子受到自下而上流动的流体的作用力而移动，当此作用力与浮子的“显示重量”(浮子本身的重量减去它所受流体的浮力)相平衡时，浮子即静止，浮子静止的高度可作为流量大小的量度。由于流量计的通流截面积随浮子高度不同而异，而浮子稳定不动时上下部分的压力差相等，因此该类流量计称为变面积式流量计或等压降式流量计。该类流量计的典型仪表是转子(浮子)流量计。

5) 动量式流量计

利用流体的动量来反映流量大小的流量计称为动量式流量计。由于流动流体的动量 P 与流体的密度 ρ 及流速 v 的平方成正比，即 $P\propto\rho v^2$。当通流截面确定时，v 与容积流量 Q 成正比，故 $P\propto\rho Q^2$。设比例系数为 A，则 $Q=A\sqrt{P/\rho}$。因此，测得 P，即可反映流量 Q。这种形式的流量计，大多利用检测元件把动量转换为压力、位移或力等，然后测量流量。这种流量计的典型仪表是靶式和转动翼板式流量计。

6）冲量式流量计

利用冲量定理测量流量的流量计称为冲量式流量计。它多用于测量颗粒状固体介质的流量，还用来测泥浆、结晶型液体和研磨颗粒等的流量，测量范围从每小时几公斤到近万吨。典型的仪表是水平分力式冲量流量计，其测量原理是当被测介质从一定高度 h 自由下落到有一定倾斜角 θ 的检测板上时产生一个冲力，冲力的水平分力与质量流量成正比，故测量这个水平分力即可反映质量流量的大小。按信号的检测方式，该类流量计分位移检测型和直接测力型。

7）电磁流量计

电磁流量计是应用导电体在磁场中运动产生感应电动势，而感应电动势又和流量大小成正比，通过测电动势可反映管道流量的原理而制成的，其测量精度和灵敏度都较高。工业上多用以测量水、矿浆等介质的流量，可测最大管径达 2 m，而且压损极小。但对于导电率低的介质，如气体、蒸汽等不能应用。

电磁流量计造价较高，且信号易受外磁场干扰，影响了在工业管流测量中的广泛应用。近年来，随着技术的不断发展，电磁流量计不断改进更新，向智能化方向发展。

8）超声波流量计

超声波流量计是基于超声波在流动介质中传播的速度等于被测介质的平均流速和声波本身速度的几何和的原理而设计的。它也是由测流速来反映流量大小的。超声波流量计虽然在 20 世纪 70 年代才出现，但由于它可以制成非接触式，并可与超声波水位计联动进行开口流量测量，对流体又不产生扰动和阻力，因而很受欢迎，是一种很有发展前途的流量计。

利用多普勒效应制造的超声多普勒流量计近年来得到广泛的关注，被认为是非接触式测量双相流的理想仪表。

9）流体振荡式流量计

流体振荡式流量计是利用流体在特定流道条件下流动时将产生振荡，且振荡的频率与流速成比例这一原理设计的。当通流截面一定时，流速与导容积流量成正比，因此，测量振荡频率即可测得流量。这种流量计是 20 世纪 70 年代开发和发展起来的，由于它兼有无转动部件和脉冲数字输出的优点，因此很有发展前途。目前典型的产品有涡街流量计、旋进旋涡流量计。

10）质量流量计

由于流体的容积受温度、压力等参数的影响，用容积流量表示流量大小时需给出介质的参数。在介质参数不断变化的情况下，往往难以达到这一要求，从而造成仪表显示值失真。因此，质量流量计就得到广泛的应用和重视。质量流量计分直接式和间接式两种。直接式质量流量计利用与质量流量直接有关的原理进行测量，目前常用的有量热式、角动量式、振动陀螺式、马格努斯效应式和科里奥利力式等质量流量计。间接式质量流量计是用密度计与容积流量直接相乘求得质量流量的。

6.2 电磁流量计

电磁流量计是20世纪60年代随着电子技术的发展而迅速发展起来的一种新型流量测量仪表。它应用电磁感应原理测出导管中导电液体的平均流速。由于其独特的优点：压力损失小、使用寿命长，测量范围宽、可进行双向流的流量测量，对仪表前后直管段要求不高等，目前已广泛应用于各种工业导电液体(如各种酸、碱、盐等腐蚀性介质)的流量测量和脉动流的测量中，形成了独特的应用领域。

6.2.1 电磁流量计的测量原理

根据法拉第电磁感应定律，当导体在磁场中运动切割磁力线时，在导体的两端即产生感生电势 e，其方向由右手定则确定，其大小与磁场的磁感应强度 B、导体在磁场内的长度 l 及导体的运动速度 v 成正比，如果 B、l、v 三者互相垂直，则

$$e = Blu$$

与此相仿，电磁流量计是根据法拉第电磁感应与电磁感应原理研制的一种流量计，当被测导电液体流过管道时，切割磁力线，于是在和磁场及流动方向垂直的方向上产生感应电势，其值和被测流体的流速成比例。因此，测量感应电势就可以测出被测导电液体的流量。

图6-1为电磁流量计的原理图。流体管道由不导磁材料制成，在管道壁外加上两个相对的电极，在沿垂直于两电极和导电的流体方向加上磁场，当导电的液体在导管中流动时，导电液体切割磁感应线，于是在两电极间产生与管内径、磁通密度和流体流速成正比的电动势。其电动势的大小可用公式(6-1)表示：

$$U = BDv \tag{6-1}$$

式中：U——电极两端产生的电动势；

B——磁场磁感应强度；

D——管道的直径；

v——流体在管道中的平均流速。

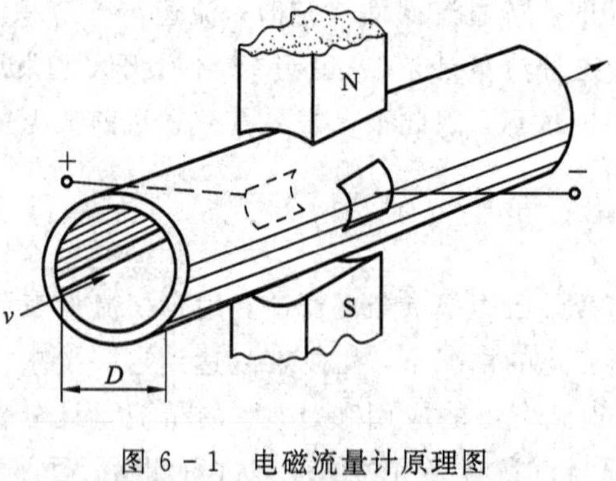

图6-1 电磁流量计原理图

根据体积流量的定义可知：

$$Q_V = V \cdot v = \frac{\pi D^2}{4} v \tag{6-2}$$

则有

$$v = \frac{4Q_V}{\pi D^2} \tag{6-3}$$

则流体的体积流量为

$$U = BD \cdot \frac{4Q_V}{\pi D^2} = \frac{4Q_V B}{\pi D} \tag{6-4}$$

从式(6 - 4)可知：

(1) 电压与流体的流量有关。一般来说，流体的流量越大，电压就越大。

(2) 电压与流体的管径有关。管道直径越小，电压就越大。

(3) 电压与磁场强度有关。磁场强度越大，电压越大。

当流体的管径确定，磁场强度恒定时，电压仅仅与流体的流量成正比。

由式(6 - 4)可得出：

$$Q_V = \frac{\pi D}{4B} U \tag{6-5}$$

可见，体积流量 Q_V 与感应电动势 B 和测量管内径 D 成线性关系，与磁场的磁感应强度 B 成反比，与其他物理参数无关，这就是电磁流量计的测量原理。

需要强调的是，用电磁流量计测量流量时必须保证以下几个条件：

(1) 磁场是均匀分布的恒定磁场。

(2) 被测流体的流速轴对称分布。

(3) 被测液体是非磁性的。

(4) 被测液体的电导率均匀且各向同性。

6.2.2　电磁流量计的结构

电磁流量计在结构上一般由电磁流量计传感器和电磁流量计转换器两部分组成。一般情况下，传感器和转换器是分开的，传感器安装在生产过程工艺管道上感受流量信号；转换器将传感器送来的流量信号进行放大，并转换成标准电信号，以便进行显示、记录、计算和调节控制。也有的电磁流量计将转换器和传感器装在一起，组成一体型电磁流量计，可就地远传显示或控制。

电磁流量计传感器主要由测量管组件、磁路系统、电极及干扰调整机构部分组成，如图 6 - 2 所示。下面主要介绍测量管组件及磁路系统。

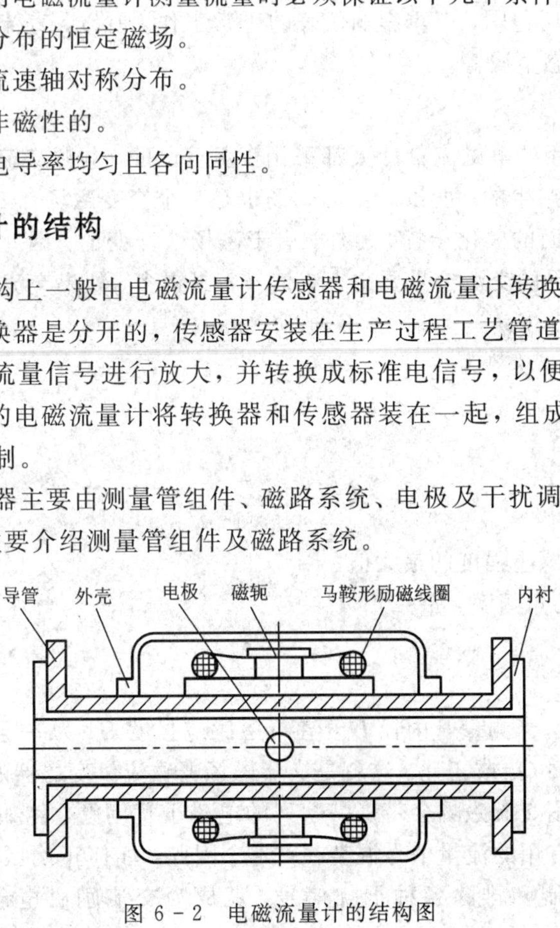

图 6 - 2　电磁流量计的结构图

1. 测量管组件

测量管组件位于传感器中心，两端带有连接法兰或其他形式的连接装置，被测流体由测量管通过。为了让磁力线能顺利地穿过测量管进入被测介质，首先，测量管必须由非导磁材料制成；其次，为了减少电涡流，测量管一般应选用高阻抗材料，在满足强度的前提下，管壁应尽量薄；第三，为了防止电极上的流量信号被金属管壁所短路，在测量管内侧应有一完整的绝缘衬里。衬里材料应根据被测介质，选择有耐腐蚀、耐磨损、耐高温等性能的材料，如聚四氟乙烯、耐酸橡胶等。

2. 磁路系统

磁路系统主要由励磁线圈和磁轭组成。目前，一般有三种励磁方式，即直流励磁、交流励磁和低频方波励磁。现分别予以介绍。

1) *直流励磁*

直流励磁方式用直流电或永久磁铁产生一个恒定的均匀磁场。这种直流励磁变送器的最大优点是受交流电磁场干扰影响很小，因而可以忽略液体中的自感现象的影响。但是，使用直流磁场易使通过测量管道的电解质液体被极化，即电解质在电场中被电解，产生正负离子，在电场力的作用下，负离子跑向正极，正离子跑向负极。这样，将导致正负电极分别被相反极性的离子所包围，严重影响仪表的正常工作。所以，直流励磁一般只用于测量非电解质液体，如液态金属等。

2) *交流励磁*

目前，工业上使用的电磁流量计大都采用工频(50 Hz)电源交流励磁方式，即它的磁场是由正弦交变电流产生的，所以产生的磁场也是一个交变磁场。交变磁场变送器的主要优点是消除了电极表面的极化干扰。另外，由于磁场是交变的，因此输出信号也是交变信号。放大和转换低电平的交流信号要比直流信号容易得多。如果交流磁场的磁感应强度为

$$B = B_m \sin\omega t \tag{6-6}$$

则电极上产生的感生电动势为

$$U = B_m D v \sin\omega t \tag{6-7}$$

被测体积流量为

$$Q_V = \frac{\pi D}{4B_m \sin\omega t} U \tag{6-8}$$

式中：B_m——磁场磁感应强度的最大值；

ω——励磁电流的角频率，$\omega=2f$；

t——时间；

f——电源频率。

由式(6-8)可知，当测量管内径 D 不变，磁感应强度 B_m 为一定值时，两电极上输出的感生电动势 e 与流量 Q_v 成正比。这就是交流磁场电磁流量变送器的基本工作原理。

值得注意的是，用交流磁场会带来一系列的电磁干扰问题，例如正交干扰、同相干扰等。这些干扰信号与有用的流量信号混杂在一起，因此，如何正确区分流量信号与干扰信号，并如何有效地抑制和排除各种干扰信号，就成为交流励磁电磁流量计研制的重要课题。

3）低频方波励磁

直流励磁方式和交流励磁方式各有优缺点，为了充分发挥它们的优点，尽量避免它们的缺点，20 世纪 70 年代以来，人们开始采用低频方波励磁方式。它的励磁电流波形如图 6－3 所示，其频率通常为工频的 1/4～1/10。

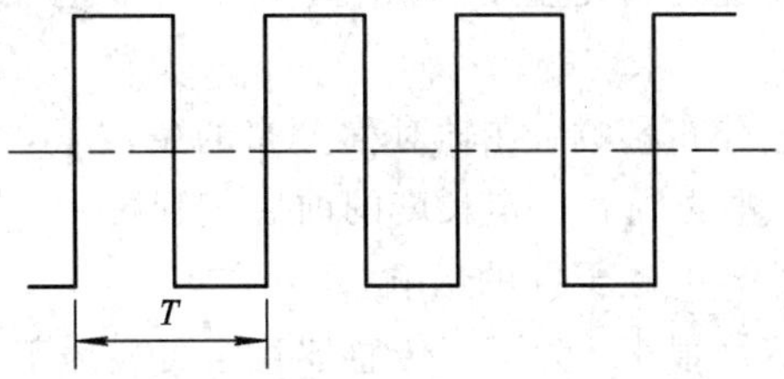

图 6－3　方波励磁电流波形

从图 6－3 可见，在半个周期内，磁场是恒稳的直流磁场，它具有直流励磁的特点，受电磁干扰影响很小。从整个时间过程看，方波信号又是一个交变的信号，所以它能克服直流励滋易产生的极化现象。因此，低频方波励磁是一种比较好的励磁方式，目前已在电磁流量计上广泛的应用。概括来说，它具有如下几个优点：

（1）能避免交流磁场的正交电磁干扰。

（2）能消除由分布电容引起的工频干扰。

（3）能抑制交流磁场在管壁和流体内部引起的电涡流。

（4）能排除直流励磁的极化现象。

6.2.3　电磁流量计的特点

20 世纪 70、80 年代，电磁流量计在技术上有重大突破，使它成为应用广泛的一类流量计，在流量仪表中其使用量的百分数不断上升。电磁流量计有一系列优良特性，可以解决其他流量计不易应用的问题，如对脏污流、腐蚀流的测量。电磁流量计具有以下特点：

（1）电磁流量计的变送器结构简单，没有可动部件，也没有任何阻碍流体流动的节流部件，所以当流体通过时不会引起任何附加的压力损失。同时，它不会引起诸如磨损、堵塞等问题，特别适用于测量带有固体颗粒的矿浆、污水等液固两相流体，以及各种黏性较大的浆液等。同样，由于它结构上无运动部件，因此可附上耐腐蚀绝缘衬里或选择耐腐材料制成电极，起到很好的耐腐蚀性能，使之可用于各种腐蚀性介质的测量。

（2）电磁流量计是一种体积流量测量仪表，在测量过程中，它不受被测介质的温度、黏度、密度以及电导率（在一定范围内）的影响，因此，电磁流量计只需经水标定以后，就可以用来测量其他导电性液体的流量，而不需要附加其他修正。

（3）电磁流量计的量程范围极宽，一台电磁流量计的量程比可达 1∶100。此外，电磁流量计只与被测介质的平均流速成正比，而与轴对称分布下的流动状态（层流或紊流）无关。

（4）电磁流量计无机械惯性，反应灵敏，可以测量瞬时脉动流量，而且线性好。因此，可将测置信号直接用转换器线性地转换成标准信号输出，可就地指示，也可远距离传送。

电磁流量计虽具有上述优良特性，但目前它还有一些不足之处，以致在使用上受到一定限制。主要有如下几点：

(1) 电磁流量计不能用于测量气体、蒸汽以及含有大量气体的液体。

(2) 电磁流量计目前还不能用来测量电导率很低的液体介质，被测液体介质的电导率不能低于 10^{-5} S/cm，相当于蒸馏水的电导率，对石油制品或者有机溶剂等还无能为力。

(3) 由于测量管绝缘衬里材料受温度的限制，目前工业电磁流量计还不能测量高温高压流体。

(4) 电磁流量计受流速分布影响，在轴对称分布的条件下，流量信号与平均流速成正比，所以，电磁流量计前后也必须有一定长度的前后直管段。

(5) 电磁流量计易受外界电磁干扰的影响。

同时，由于传感器的信号很小，为了使传感器稳定可靠地工作，准确地感受流量信号，传感器应满足如下要求：

(1) 能提供一个足够大的且与流量成正比的电势信号。

(2) 能把干扰信号抑制到最小程度，使信噪比足够大。

(3) 能适应恶劣环境条件，工作可靠。

由于电磁流量计有其独特的优点，因此被广泛应用于化工化纤、食品、造纸、制糖、矿冶、给排水、环保、水利水工、钢铁、石油、制药等工业领域中，用来测量各种酸/碱/盐溶液、泥浆、矿浆、纸浆、煤水浆、玉米浆、糖浆、石灰乳、污水、冷却原水、给排水、盐水、双氧水、啤酒、麦汁、饮料、黑液、绿液等导电液体介质的体积流量。

目前，电磁流量计应用领域广泛，大口径仪表较多应用于给排水工程；中小口径仪表常用于高要求或难测场合，如钢铁工业高炉风口冷却水控制，造纸工业测量纸浆液和黑液，化学工业的强腐蚀液，有色冶金工业的矿浆；小口径、微小口径仪表常用于医药工业、食品工业、生物化学等有卫生要求的场所。

6.2.4 电磁流量计的合理使用

电磁流量计在安装使用过程中，为了能够得到精确的测量结构，必须合理选型、正确安装与使用，即需注意以下几个方面的工作和问题：

(1) 正确选择电极和接地环材质。

电磁流量计测量流量时，与介质接触部件有电极与接地环，为了保障测量的精度，必须根据测量介质正确选择电极与接地环。当正确选择的材料使用一段时间后，仍产生测量误差和测量故障，则其原因除耐腐蚀问题外，主要是电极表面效应。表面效应包括：化学反应(表面形成钝化膜等)、电化学和极化现象(产生电势)、触媒作用(电极表面生成气雾等)。接地环也有这些效应，但影响程度要小一些。

(2) 液体电导率超过允许范围引发的问题。

液体导电率若接近下限值，则也有可能出现晃动现象。因为制造厂仪表规范规定的下限值是在各种使用条件较好状态下可测出的最低值，而实际条件不可能都很理想，于是就有可能在遇到导电率接近电磁流量计规范规定的下限值的低度蒸馏水或去离子水时，仪表使用时却出现输出晃动的现象。通常认为能稳定测量的导电率比下限值要高 1～2 个数量级。

(3) 正确地安装。

在安装前，传感器的电极应该用酒精棉花或清洁的丝调、纱布仔细擦拭，去除电极表面由于手摸等原因造成的油脂性沾污物质。这是因为电极表面的沾污会产生同相干扰和仪表零点漂移，使测量产生误差。

在安装新传感器时，最好在现场地面上将连接管、附件或阀门用螺栓紧固在传感器的两端，然后将仪器装入管路，使端面衬里不受损坏。

在传感器与管路紧固的过程中，每个螺栓都必须拧紧。密封垫圈的厚度要比较均匀，这样在上紧螺栓以后，试通一次液体，如无泄漏现象就可以了。

最后，密封垫圈的安装也是值得注意的。垫圈的孔径应与导管的衬里内径一样，安装时孔口要对准。如果对不准，突入管道衬里的那一部分垫圈就起了一个节流件的作用，严重偏心时还会破坏流速的对称分布，给测量带来不必要的误差。衬里为聚四氟乙烯的传感器，在工作温度下运行半天后，最好将法兰螺栓再拧紧一次。

(4) 管内液体必须充满整个管道。

由于背压不足或流量传感器安装位置不良，致使其测量管内液体未能充满，故障现象因不充满程度和流动状况有不同表现。若少量气体在水管管道中呈分层流或波状流，则故障现象表现为误差增加，即流量测量值与实际值不符；若流动是气泡流或塞状流，则故障现象除测量值与实际值不符外，还会因气相瞬间遮盖电极表面而出现输出晃动；若水平管道分层流动中流通截面积气相部分增大，即液体未满管程度增大，则也会出现输出晃动，若液体未满管情况较严重，以致液面在电极以下，则会出现输出超满度现象。

(5) 避免液体中含有固相物体。

液体中含有粉状、颗粒或纤维等固体，可能产生的故障有：① 有浆液噪声；② 电极表面玷污；③ 导电沉积层或绝缘沉积层覆盖电极或衬里；④ 衬里被磨损或被沉积物覆盖，流通截面积缩小。

(6) 避免在有可能结晶的液体内使用电磁流量计。

有些易结晶化工物料在温度正常的情况下能正常测量，由于输送流体的导管都有良好的伴热保温，在保温工作时不会结晶，但是电磁流量计传感器的测量管难以实施伴热保温，因此，流体流过测量管时易因降温而引起内壁结上一层固体。由于改用其他原理的流量计测量也同样存在结晶问题，因而在无其他更好方法的情况下，可选用测量管长度非常短的一种“环形”电磁流量传感器，并将流量计的上游管道伴热保温予以强化。在管道连接方法上，应考虑流量传感器的拆装方便，在一旦结晶时能方便地拆下维护。

6.3 涡街流量计

流体振动流量计是 20 世纪 60 年代末期发展起来的一种较新的流量测量仪表。

6.3.1 涡街流量计的测量原理及结构

1. 工作原理

涡街流量计实现流量测量的理论基础是流体力学中著名的“卡门涡街”原理。在流动的流体中垂直插入一个称作漩涡发生体的对称形状的物体(如圆柱体、三角柱体),如图 6-4 所示。当流体沿漩涡发生体绕流时,会在漩涡发生体下游产生不对称、但有规律的交替漩涡列,这就是所谓的卡门涡街。

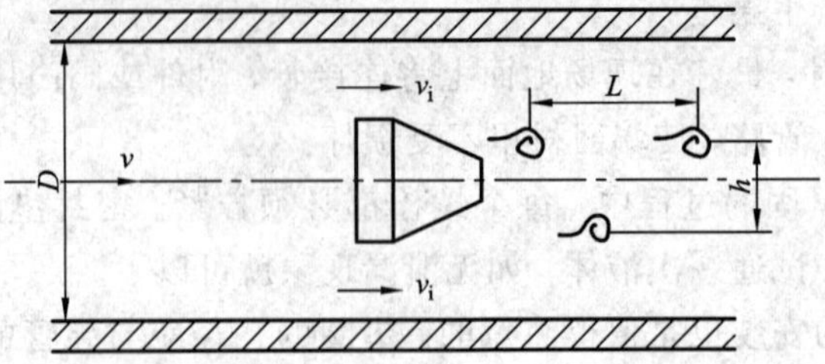

图 6-4 卡门涡街

由于漩涡之间的相互影响,其形成通常是不稳定的。冯·卡门对涡街的稳定条件进行了研究,于 1911 年得到结论:只有当两漩涡列之间的距离 h 和同列的两漩涡之间的距离 L 之比满足 $h/L=0.281$ 时,所产生的涡街才是稳定的。

漩涡列在漩涡发生体下游非对称地排列。设漩涡的发生频率为 f,被测介质的平均速度为 U,漩涡发生体迎面宽度为 d,表体通径为 D,则根据卡门涡街原理,圆柱体后漩涡发生的频率可用下式表达:

$$f = S_t \frac{v}{md}$$

式中:v ——漩涡发生体两侧平均流速,m/s;

S_t——斯特劳哈尔数;

m——漩涡发生体两侧弓形面积与管道横截面面积之比,其值为

$$m = 1 - \frac{2}{\pi}\left[\frac{d}{D\sqrt{1-(d/D)^2}} + \arcsin\frac{d}{D}\right]$$

管道内体积流量 Q_V 为

$$Q_V = \frac{\pi D^2 mdf}{4S_t}$$

令 $K=\dfrac{\pi D^2 md}{4S_t}$,可得

$$Q_V = Kf$$

式中:K——流量计的仪表系数;

f——脉冲数。

K 除与漩涡发生体、管道的几何尺寸有关外,还与斯特劳哈尔数有关。从实验可知,正常测量范围的雷诺数为 $2\times10^4 \sim 7\times10^6$,流体速度 v 与漩涡脱落频率的关系是确定的。也就是说,对于圆柱形漩涡发生体,在这个范围内它的 S_t 是常数,并约等于 0.2,与理论计算值吻合的很好。对于圆柱形式的漩涡发生体,其 S_t 值也是常数,但有它自己的数值。

从上式可知,流量 Q_V 与漩涡脱落频率 f 在一定雷诺数范围内成线性关系。涡街流量计正是利用上述原理制成的,因此,也将这种流量计称为线性流量计。

2. 结构

涡街流量计(vortex flow meter) 是利用流体流过阻碍物时产生稳定的漩涡,通过测量

其漩涡产生频率而实现流量计量的。涡街流量计由涡街流量传感器和流量显示仪表两部分构成。由于各个生产厂家的产品结构的差异主要是在流量显示仪表方面，因而这里主要介绍涡街流量传感器。

在应用卡门原理推导频率与流速关系式时，使用了涡街的稳定条件：间隔比 $h/L=0.281$，这说明漩涡产生的频率受到一定的漩涡空间构造影响，而漩涡的空间结构与漩涡发生体的形状有关。

另外，在前面的讨论中，我们还应该注意到：

(1) 在上述推导过程中，均是在一维流动的条件下的，然而在圆管中的流动，是具有轴对称分布的三维流动。

(2) 在上游有管道存在的条件下，会有附加的流速分布畸变、旋流、波动等不稳定因素。

上述两点都会对漩涡的稳定性与规律性产生重要的影响。所以，在涡街现象发现以后的很长时间内，一直未能用来进行测量流量，除了信号检测技术以外，上述两点也是重要的原因。为了克服上述因素带来的影响，必须对漩涡发生体形状有一定要求，使管内的漩涡发生体处的流动尽量接近二维流动，以控制三维流动中漩涡发生体发出的漩涡相位，使涡线弯曲变得极小。

由此可见，漩涡发生体形状对漩涡的发生有决定性的影响。

1) 漩涡发生体形状的基本要求

漩涡发生体的形状有很多种，但它们必须具有一些相同的基本要求：

(1) 有钝的(即非流线型的)截面形状——这是产生漩涡的条件；

(2) 上、下截面形状相同，并且左右对称——流动接近二维流动的条件；

(3) 边界层分离点是固定的——斯特劳哈尔数 S_t 恒定。

同时，漩涡发生体在管道中的安装位置必须严格对称。漩涡发生体上游必须有直径为 $10D$(D 为管道内径)以上的直管，下游必须有直径为 $5D$ 以上的直管。

2) 漩涡发生体的基本结构

漩涡发生体形状有圆柱、三角柱、T 型柱、四角柱等，以下主要介绍圆柱与三角柱这两种形式。

(1) 圆柱形漩涡发生体。前面关于漩涡理论部分的内容就是以圆柱为例进行讨论的。虽然这种形式使用较早，但严格地说，在高流速下它的斯特劳哈尔数 S_t 并不稳定。因此，人们就将其改进成开狭缝或开导压孔形式。

开导压孔的圆柱漩涡发生器如图 6-5 所示。由于有导压孔存在，因而当漩涡发出的同时产生的交替升力将使流体通过导压孔流动，产生一边吸入，一边吹出的效果。当流体附面层在圆柱表面开始分离时，在吸入一侧，分离被抑制；在吹出一侧，分离被促进发生。这样就可使流体分离点的位置固定下来，也就可以使斯特劳哈尔数 S_t 相对稳定。

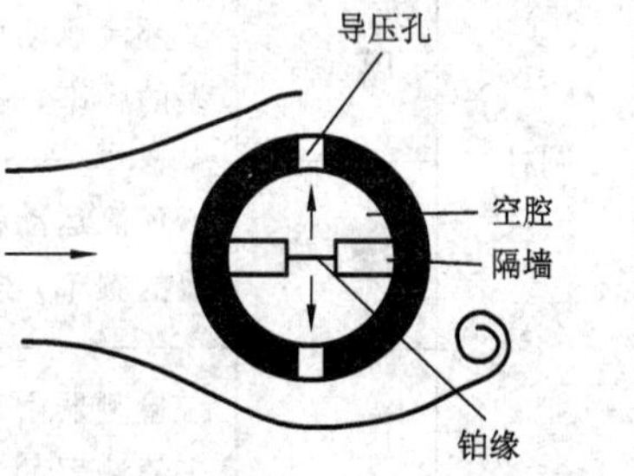

图 6-5　圆柱漩涡发生器

(2) 三角柱形漩涡发生体。目前采用较多的漩涡发生体是三角柱形的，其形状一般由实验确定。它不仅可以得到比圆柱更强烈的漩涡，而且它的边界层分离点是固定的，即其斯特劳哈尔数 S_t 相对恒定，大约为 $S_t=0.16$。这样，涡频与流速的关系为 $f=0.16\,u/d$，其中 d 为三角柱的底边宽度。三角柱漩涡发生体的形状如图 6-6 所示。

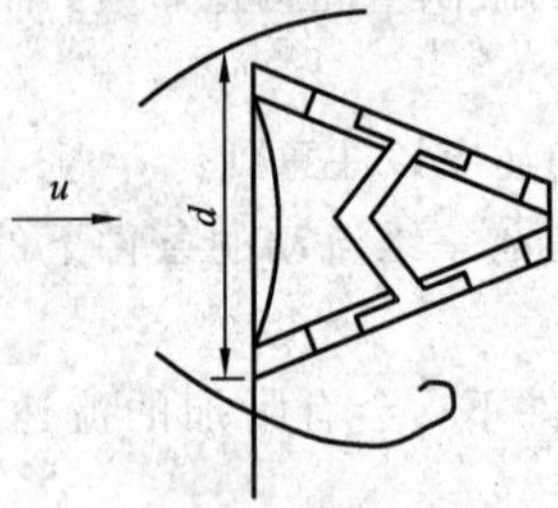

图 6-6　电容式三角柱漩涡发生体

3. 检测频率的方法

圆柱体表面开有导压孔，与圆柱体内部空腔相通。空腔由隔板分成两部分，在隔板的中央部分有一小孔，在小孔中装有检测流体流动的铂电阻丝。

当漩涡在圆柱体下游侧产生时，由于升力的作用，使得圆柱体下方的压力比上方高一些，圆柱体下方的流体在上下压力差的作用下，从圆柱体下方导压孔进入空腔，通过隔板中央部分的小孔，流过铂电阻丝，从上方导压孔流出。如果将铂电阻丝加热到高于流体温度的某温度值，则当流体流过铂电阻丝时，就会带走热量，改变其温度，也即改变其电阻值。当圆柱体上方产生一个漩涡时，则流体从上导压孔进入，由下导压孔流出，又一次通过铂电阻丝，并改变一次它的电阻值。由此可知：电阻值变化与流动变化相对应，也即与漩涡的频率相对应。所以，可由检测铂电阻丝电阻变化频率得到涡频率，进而得到流量值。当然，检测频率的元件不仅是铂电阻丝，还包括其他元件，具体检测元件与方法如表 6-1 所示。

表 6-1　检测漩涡频率的元件和方法

检测器	检测元件	检 测 方 法
圆柱	热　丝	热丝被检测器空腔内流体所冷却，它的阻值就会发生变化，通过阻值的变化可测得漩涡的频率，进而求得流量
	膜　片	环流运动引起检测器空腔内膜片的振动，通过检测膜片的振动频率，可得漩涡的频率，进而求得流量
	摆　旗	环流运动引起检测器空腔内摆旗的振动，通过检测摆旗的振动频率，可得漩涡的频率，进而求得流量
	应变片	检测器由于漩涡作用而产生振动，通过应变变化测得其振动频率，可得作用于检测器的液体压力，进而求得流量

6.3.2　涡街流量计的特点

涡街流量计按频率检出方式可分为：应力式、应变式、电容式、热敏式、振动体式、光电式及超声式等。涡街流量计是属于最新的一类流量计，但其发展迅速，目前已成为通用的一类流量计。

涡街流量计的优点：

(1) 结构简单牢固。被测流体本身就是振动体，无机械可动部件，也没有污垢问题，几乎不受流体组成、密度、黏度、压力等因素的影响。

(2) 适用流体种类多。因其具有良好的介质适应能力，无需温度压力补偿即可直接测量蒸汽、空气、气体、水、液体的工况体积流量，配备温度、压力传感器可测量标况下的体积流量和质量流量。

(3) 精度较高。涡街流量计的准确度在 0.5%～0. 1%左右。在线性流量范围内，即使流量发生变化，累积流量准确度也不会降低，并且在短时间内，涡街流量计的可再现性可达 0.05%。

(4) 量程宽。涡街流量计的量程比最大可达 15∶1。在同样口径下，涡轮流量计的最大流量值大于很多其他流量计。

(5) 压损小。

(6) 输出为数字信号。涡街流量计输出为与流量成正比的脉冲数字信号。数字式输出具有在传输过程中准确度不降低、易于累积、易于送入计算机系统的优点。

涡街流量计的缺点：

(1) 不适用于低雷诺数测量。

(2) 需较长直管段。

(3) 仪表系数较低(与涡轮流量计相比)。

(4) 仪表在脉动流、多相流中尚缺乏应用经验。

6.3.3　涡街流量计的合理使用

要想充分发挥涡轮流量计的特点，在流量计的合理使用上还必须加以充分注意。下面简要讨论一下这方面的问题。

1. 被测介质

涡街流量计可以测量液体、气体、蒸汽。测量介质：正常测量范围的雷诺数一般为 $2\times10^4\sim7\times10^6$，扩展测量范围的雷诺数一般为 $5\times10^3\sim7\times10^6$。测量介质的流速范围：液体 0.5～7 m/s，气体 4～35 m/s，蒸汽 7～70 m/s。介质温度：－40℃～350℃。测量介质压力最大可达 25 MPa。

涡轮流量计所测得的液体，一般是低黏度的(一般应小于 15×10^{-6} m²/s)、低腐蚀性的液体。虽然目前已经有用于各种介质测量的涡街流量计，但对高温、高黏度、强腐蚀介质的测量仍需仔细考虑，采取相应的措施。当介质黏度大于 15×10^{-6} m²/s 时，流量计的仪表系数必须进行实液标定，否则会产生较大的误差。

汽－液两相流、气－固两相流、液－固两相流均不能用涡街流量计进行测量。

2. 安装配管要求

流量计的安装情况对流量计的测量准确度影响很大。

(1) 流速分布不均和管内二次流的存在是影响涡街流量计测量准确度的重要因素，所以，涡街流量计对上、下游直管段有一定要求。对于工业测量，一般要求上游有 $20D$、下游有 $5D$ 的直管长度。为消除二次流动，最好在上游端加装整流器。若上游端能保证有 $20D$ 左右的直管段，并加装整流器，则可使流量计的测量准确度达到标定时的准确度等级。

(2) 涡街流量计对流体的清洁度有较高要求，在流量计前须安装过滤器来保证流体的清洁。过滤器可采用漏斗型的，其本身清洁度可通过测其两端的差压变化得到。

(3) 为保证通过流量计的液体是单相的，即不能让空气或蒸汽进入流量计，在流量计上游必要时应装消气器。对于易气化的液体，在流量计下游必须保证一定背压。该背压的大小可取最大流量下流量传感器压降的二倍加上最高温度下被测液体蒸汽压的 1.2 倍。

(4) 安装传感器的管道内径须和传感器内径一致，满足 $0.98DN \leqslant D \leqslant 1.05DN$($DN$ 为传感器内径，D 为配管内径)，否则管道必须变径。连接管道与传感器同轴度应不大于 $0.05DN$。传感器上游应尽量避免安装调节阀或半开阀门，应将之安装在传感器下游 $5D$ 以后。检修阀安装在传感器上游。

3. 信号传输线

为了保证显示仪表对涡街传感器输出的脉冲信号有足够的灵敏度，就要提高信噪比。为此，在安装时应防止各种电干扰现象，即电磁感应、静电及电容耦合。所以，在配置信号传输线时，必须注意如下几点：

(1) 限制信号线的最大长度。信号线的最大长度为

$$L = dU$$

式中，U——在最小流量时传感线圈的输出电压有效值，单位为 mV；

d——系数，单位为 m/mV。

d 和 U 的取值情况为：$U<1000$ mV 时，$d=1.0$；1000 mV$<d<$5000 mV 时，$d=1.5$；$U>5000$ mV 时，$d=2.0$。

(2) 信号传输线应采用屏蔽电缆，以防来自外部的感应噪声。要求传输电缆在显示仪表端屏蔽接地。传输电缆不能靠近强电磁设备，不允许与动力线平行布置。

4. 运转维护

(1) 当涡街流量计的管道需要清洗时，必须开旁路，清洗液体不能通过流量计。

(2) 管道系统启动时必须先开旁路，以防止流速突然增加，引起涡轮转速过大而损坏。

(3) 涡街流量计轴承应定期更换，一般可根据小流量特性变化来观察其轴承的磨损情况。

6.4 超声波流量计

6.4.1 超声波的概念

自然界的各种各样的波动，按其性质(力的作用)基本上分为两大类：电磁波和机械

波。电磁波是由于电磁力的作用产生的，是电磁场变化在空间的传播过程。它传播的是电磁能量，在真空中传播的速度为 3×10^8 m/s。电磁波依其频率可分为无线电波、红外线、可见光、紫外光、X 射线、γ 射线和宇宙射线。机械波是由于机械力(弹性力)产生的机械振动在介质中的传播，它传播的是机械能量，并且仅能在介质中的传播。自然界的机械波依频率可分为三大类：次声波、声波和超声波。频率低于 20 Hz 的波动称为次声；频率在 20 Hz～20 kHz 之间的波动称为声(音)，频率在 20 kHz 以上的波动称为超声。人耳可听到声(音)，但听不见次声与超声。

超声波是指频率超过 2 万赫兹，即超过人耳听阈高限的声波，属于机械波。一般诊断用超声波频率为 1～10 MHz，而最常用的是 2.5～5 MHz 超声波。

6.4.2　超声波流量计的测量原理及结构

超声波流量计是由超声波换能器将电能转换为超声波能量，并将此能量发射到被测流体中，被接收换能器接收后将之转换为代表流量并易于检测的电信号的仪器。它可以实现流量的检测和显示。超声波流量计内部没有活动部件和障碍物，因此带来的管道压力损失基本可以不用考虑。由于测量的对象信号属于电信号，因此在现有的电子技术、微机计算能力以及信号检测技术飞速发展的条件下，可以获得很高的测量精度和测量范围。超声波流量计的计量精度的主要限制是其获取的信号属于间接信号，需要经过各种换算之后才能推导出最终的流动速度和流量，其采用的流动模型准确程度决定了整个测量精度的高低。

1. 基本原理

超声波对液体、固体的穿透能力很强，尤其是在阳光不透明的固体中，它可穿透几十米的深度。超声波在流动的流体中的传播速度与流体的流速有关。另外，当超声波碰到流体中的杂质或分界面时会产生显著的反射回波，碰到活动的物体能产生多普勒效应。根据这两种现象，可以制造两类不同的超声波流量计。

1) *超声波时间变化法*

利用超声波的传播速度随流体的流速变化而发生变化的原理，通过测超声波脉冲传播线路的平均流速就可测量流速。

2) *超声波多普勒法*

利用流体中的微小杂质(反射物体)的移动速度所产生的超声波多普勒效应，通过测超声波束交差区域的流速(相当于点的流速)就可测量流速。

超声波流量计根据测量原理的不同，种类较多，大致可以分为以下几类：传播速度法(时差法、相位差法和频差法)、多普勒法、相关法、波束偏移法等。但是目前最常采用的测量方法主要有两类：时差法和多普勒效应法。同时，根据超声波流量计使用场合不同，可以将之分为固定式超声波流量计和便携式超声波流量计。下面主要介绍时差法和多普勒效应法两种方法。

2. 时差法

超声波在流体中传播时，传播速度因流体运动状态不同(静止或流动)而不同。时差法就是测量超声波脉冲顺流和逆流时传播的时间差。若静止流体中的音速为 c，流体流动的

速度为 v，则超声波的传播方向与流体的流向一致时，其传播速度为 $c+v$，反之为 $c-v$。

图 6－7 所示为脉冲传播速度变化法测量的原理，将相距为 L 的两个转换器 T_1、T_2 设置于流体中，观测转换器之间超声波的传播时间。

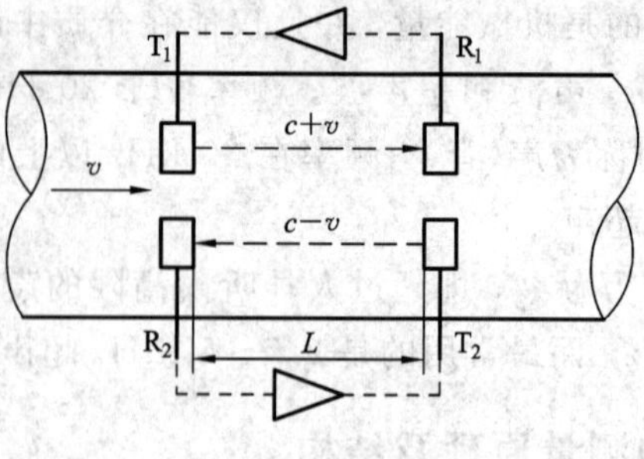

图 6－7　时差法测量原理

首先，从 T_1 发射与流体方向一致的超声波，其超声在流体中传播，设到达 T_2 的时间为 t_1，再从 T_2 逆流发射超声波脉冲，设到达 T_1 的时间为 t_2，则传播时间为

$$t_1 = \frac{L}{c+v}$$

$$t_2 = \frac{L}{c-v}$$

$$\Delta t = t_2 - t_1 = \frac{2Lv}{c^2 + v^2}$$

流速 v 的单位一般为 m/s，当流体为水时，声速 c 为 1500 m/s，故 $c \gg v$，则

$$v = \frac{c^2}{2L}\Delta t \tag{6-9}$$

由于 L、c 已知，因而流速与传播的时间 Δt 成正比，利用这种方法测量流速的方法称为时间法。

3. 多普勒法测量原理

多普勒效应指当声源和观察者之间有相对运动时，观察者所感受到的声频率将不同于声源所发出的频率的现象。对于静止的接收器，接收从运动着的物体发射出来的波，所接收到的波的频率取决于波源的速度；向运动的物体发射波时，反射回来的波的频率也取决于运动物体的速度，频率的变化与两者之间的相对速度成正比。超声波多普勒流量计就是基于多普勒效应测量流量的。如图 6－8 所示为多普勒法超声波流量计的测量原理图。

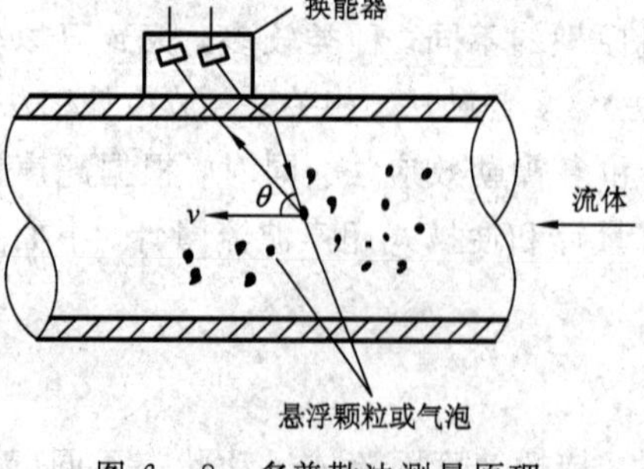

图 6－8　多普勒法测量原理

4. 超声波流量计的结构

超声波流量计由超声波换能器、电子线路及流量显示系统组成。超声波发射换能器将电能转换为超声波能量，并将其发射到被测流体中；接收器接收到超声波信号后，经电子线路放大并转换为代表流量的电信号，供给显示和计算仪表进行显示和计算。这样就实现了流量的检测和显示。

为实现流量(流速)测量，首先需要有一个发射超声波的换能器(俗称超声波探头)，超声波换能器通常由锆钛酸铅陶瓷等压电材料制成，通过电致伸缩效应和压电效应来发射和接收超声波。

换能器在管道上的配置方式分为：Z 式(透过式)、V 式(反射式)和 X 式(交叉式)，如图 6-9 所示。

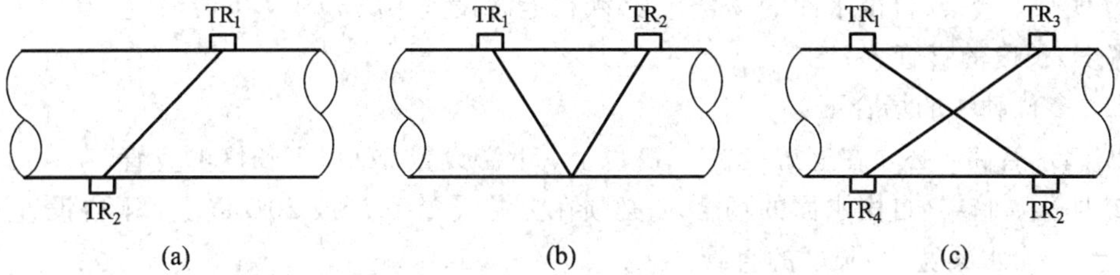

图 6-9　超声波换能器的安装方式

(a) Z 式；(b) V 式；(c) X 式

发射超声波时是利用负压电效应，即利用高频电脉冲的作用，使压电晶体高频振动，从而发出脉冲变化的高频压力波(即超声波)。超声波以某一角度射入流体中传播，然后由装在管道对面的接收换能器接收。接收换能器则利用正压电效应，将高频压力波又转换高频的电脉冲信号。

6.4.3　超声波流量计的特点

超声波流量计具有以下特点：

(1) 适用于各种管径流体流量的高精度计量。例如小可测血液流速，大可测河流等流速。

(2) 测量范围(量程比)很宽，一般为 1∶40～1∶160。

(3) 可在不影响流体流动的情况下进行测量，不受涡流和流速剖面变化的影响。

(4) 只要是能传播超声波的流体，都能够测量，它可测量高黏度流体、非电导流体和气体等流体的流速。

(5) 流量计本身无压力损失。

(6) 检测端小、牢固，而且不受附粘物的影响，维修方便，不受沉积物或湿气的影响。

(7) 对超声波能透过的流管，还可以进行管外测管内流体流速的测量。

(8) 不受压力、温度、相对分子质量、气体成分变化的影响。

(9) 与一般流量传感器相比，电路较复杂，成本较高。

(10) 可忍受较长时间的超量程运行。

6.4.4 超声波流量计的合理使用

1. 流量分布与立管长度

流量修正系数 K 起因于流速分布，因此，使用流量计时，为了不因流速分布混乱而引起测量误差，即要保持流速分布的稳定，在流路中必须设置必要的直管部分，而且要按照各自的测量方法来规定直管部分的长度。在使用超声波流量计时，直管的长度与管路和水路的关系如下：

(1) 传播时间变化法的场合下：

① 满水管路：必须在上游设置 $10D$ 以上，下游设置 $5D$ 以上(D 为管道内径)长度的直管。

② 明渠、暗渠(自由水面的场合)：必须在上游设置 $10B$ 以上，下游没置 $5B$ 以上(B 为水渠宽度)长度的直管。

(2) 多普勒法的场合下：

① 满水管路：必须在上游设置 $15D$ 以上，下游设置 $5D$ 以上长度的直管。

② 明渠、暗渠(自由水面的场合)：必须在上游设置 $10D$ 或 $20B$ 以上，下游没置 $5D$ 或 $5B$ 以上(B 为水渠宽度)长度的直管。

2. 维护保养

超声波流量计的检测部分大多装配在管路的外壁上，特别是在没有大的机械冲动时基本上不需要维修、检查。但检测部分装配在槽内，采用组合箱时(长期浸于水中)有可能引起导线连接部分的绝缘退化，故要注意不让水淹没。检测部分处于水路里面对，要安装在浮游物体难以流到的地方。另外，最好定期检查一次，发现附粘物较多时，还是予以清除为好。

3. 被测对象

超声波流量计对超声波能够透过的对象都能进行测量，但不适宜测量混入非常大的且有妨碍的物体(例如大量的杂物和气泡)的流体。因此，作为超声波流量计的测量范围的首要目标，在采用传播时间变化法时，最好在介质密度为 5000 mg/l 以下使用；在采用多普勒法时，由于必须混入反射物体，因此最好是在介质密度为 60 mg/l～50 g/l 的范围内使用。

4. 其他

为了在更好的条件下使用超声波流量计，除上面介绍的外，还必须遵守普通流量汁的注意事项。

6.5 流量标准装置

流量标准的建立一般较为复杂，因为流量计的标定随介质的不同差异很大，不同介质要有不同的标定装置；不同的流量，管径标定装置又有所不同。由于这些因素，给流量计的标定工作造成一定的困难。

我国的流量标准传递系统还处在建立过程中，需对不同介质，如油、气、水分别建立不同的传递系统。根据需要应建立标准一级站、二级站，最后传递给使用仪表。

一级站为全国最高精度的流量标准。对于油流量，标准一级站应达到±0.1%～±0.5%，油质量和密度标准直接传送。一级油量标准主要用于标定±0.1%的标准油表及其他标准装置。在特殊情况下，例如，标准体积管精度较高，则应直接用更高一级的质量标准来标定，最高可达到±0.02%，用它可以对下一级精度为±0.05%的标准体积管进行标定。二级站应建立±0.1%的标准流量计及精度为±0.02%的标准量器，以便对油表及下一级装置进行标定。

气体流量传递一级站以一级气体钟罩和气体流量装置为标准，精度为0.1%～±0.2%。对于二级站，用精度为±0.5%的标准气表或装置进行传递。

对水流量传递系统，一级站的水流量标准装置精度应为±0.1%～±0.05%，二级站应建立±0.2%的标准流量装置和精度为±0.02%的标准量器，以便对使用中的仪表进行标定。

由于国内尚未很好地把流量标准健全起来，因此对流量计的标定可根据上述设想，建立起相应的标准装置。

流量标准装置有如下的用途：

(1) 校验和标定流量计，作为流量单位量值统一与传递的标准，确保各地区和各部门的流量量值统一在一个标准上。

(2) 进行标准流量计的性能试验研究。通过试验可以确定仪表的准确度等级、流量的范围度、能承受的过载能力、仪表的可靠性与寿命、重复性等指标。另一方面，通过试验可以研究仪表的动态特性，以便对仪器进行合理设计，进一步考虑仪表适应的环镜条件。

(3) 研究参比条件和实际工作条件之间的差异对仪表准确度的影响，以采用合理的介质换算和修正的方法。

(4) 作为计量部门仲裁工作的基础。

目前，对流量校验装置的分类有不同的认识，但按照不同的分类原则，可有以下几种分类方法。

(1) 按测量介质分，可分为水、气、油、多组分(如水和油的混合体)流体，多相流体(如气体、气固和液固)及蒸汽流量标准装置。

(2) 按测量方法分，有静态法和动态法。所谓静态法，就是测量时被测介质是静态的；所谓动态法就是在流体介质流动过程中进行流量测量的方法。

(3) 按稳压源分，有水塔稳压法(也称高位水箱法)和容器稳压法。

(4) 按计量器分，有称量法、容积法和标准表法。

(5) 按标准装置分，分为原始装置和传递装置。

本节主要介绍液体与气体流量标准装置。

6.5.1　液体流量标准装置

1. 静态容积法

静态容积法液体流量标准装置如图 6 - 10 所示。

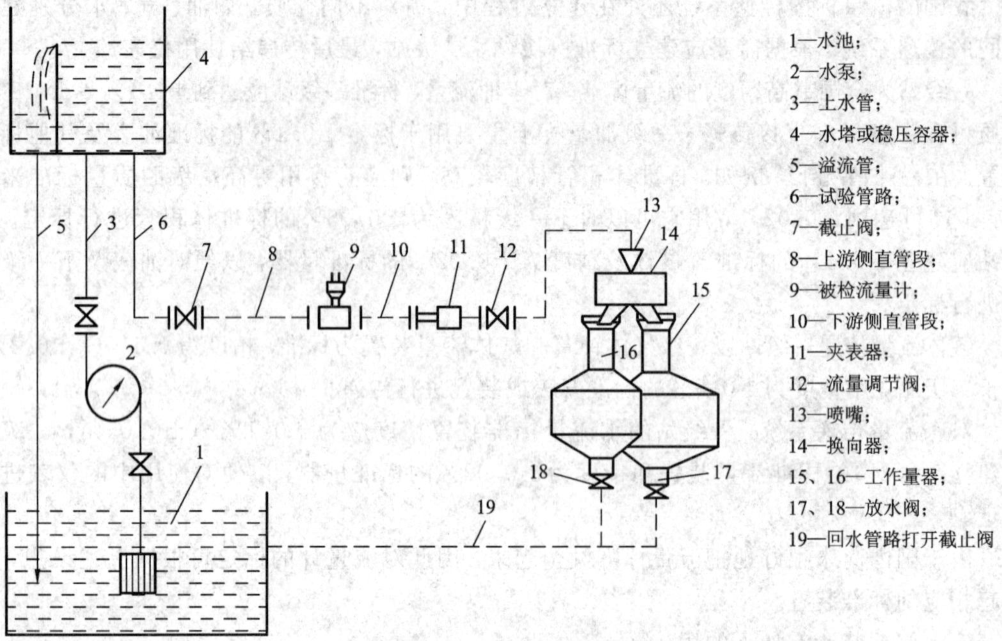

图 6-10 静态容积法流量校准装置典型结构示意图

其工作原理简述如下：首先水泵 2 将水池 1 中的水打入水塔 4，在整个实验过程中使水塔处于有溢流状态，以保证系统的压力不变；打开截止阀 7，水通过上游侧直管段 8、被检流量计 9、下游侧直管段 10、夹表器 11、调节阀 12 和喷嘴 13 流出试验管路；在试验管路出口处装有换向器 14(换向器是用来改变液体的流向)，使水流流入工作量器 16 或 15 中，换向器启动时触发计时控制器，以保证水量和时间的同步测量。试验时，可根据流量的大小选用一个工作量器计量水量，若选用工作量器 15，则关闭放水阀 17、打开放水阀 18，并将转换器置于使水流向工作量器 16 的位置；用调节阀 12 将流量调到所需流量，待流量稳定后，启动换向器，将水流由工作量器 16 换入工作量器 15；换向器动作过程中启动计时器计时，被检流量计的脉冲计数器计数；当到达预定的水量或脉冲数或时间时，即操作换向器，使水流由工作量器 15 换向到工作量器 16。记录工作量器 15 所收集的水量 V_s、计时器显示的测量时间 t 和脉冲计数器显示的脉冲数(或被检流量计的指示流量)。

从标准水量 V_s 可得标准流量 $(q_V)_s$

$$(q_V)_s = \frac{V_s}{t} \tag{6-10}$$

用算得的流量 $(q_V)_s$ 或标准水量 V_s 与被检流量计的指示流量 $(q_V)_m$ 或累积流量 V_m 比较，确定被检流量计的误差 δ：

$$\delta = \frac{(q_V)_s - (q_V)_m}{(q_V)_m} \times 100\% \tag{6-11}$$

或

$$\delta = \frac{V_s - V_m}{V_m} \times 100\% \tag{6-12}$$

这种方法比较成熟，目前国内外用得最多，使用简单，容易掌握，且装置各组成部分都进行过深入的理论分析和实验研究，积累了很丰富的技术资料。相关的标准有国际标准化组织(ISO)颁布的关于实流校验标准：ISO 8316(1987)《封闭管道中液体流量测量——容积法》；ISO 4185(1980)《封闭管道中液体流量测量——称量法》。评定电磁流量计性能方法的有：GB/T 18659－2002《封闭管道中液体流量测量——液体电磁流量计的性能评定方法》，等同采用 ISO 9104(1991)。我国国家技术监督局颁布有水流量标准装置检定规程 JJG 164－2000《液体流量标准装置》，但 JJG 164－2000 较为简略，而被其代替的 JJG 164－86《静态容积法 水流量标准装置检定规程》叙述较为详细。虽然作为法规已无效，但技术上还是很有参考价值的。电磁流量计适用的检定规程是 JJG 198－94《速度式流量计检定规程》。

2. 标准质量法

标准质量法是以秤代替标准容器作为标准器，用秤量一定时间内流入容器内的流体总量的方法来求出被测液体的流量。秤的精度较高，这种方法可以达到±0.1%的精度。

3. 标准流量计法

标准流量计法是采用高精度流量计作为标准仪表对其他工作用流量计进行校正的方法。用作高精度流量计的有容积式、涡轮式、电磁式和差压式等形式的流量计，可以达到±0.1%左右的测量精确度。

4. 标准体积管

图 6－11 所示为单球式标准体积管的原理示意图。合成橡胶球经交换器进入体积管，在流过被校验仪表的液流推动下，按箭头所示方向前进。橡胶球经过入口探头时发出信号，启动计数器，橡胶球经过出口探头时停止计数器工作。最后橡胶球受导向杆阻挡，落入交换器，再为下一次实验作准备。被校表的体积流量总量与标准体积段的容积相等，脉冲计数器的累计数相应于被校表给出的体积流量总量。这样，根据检测球走完标准体积段的时间求出的体积流量作为标准，把它与被校表显示值进行对比，即可得知被校表的精度。

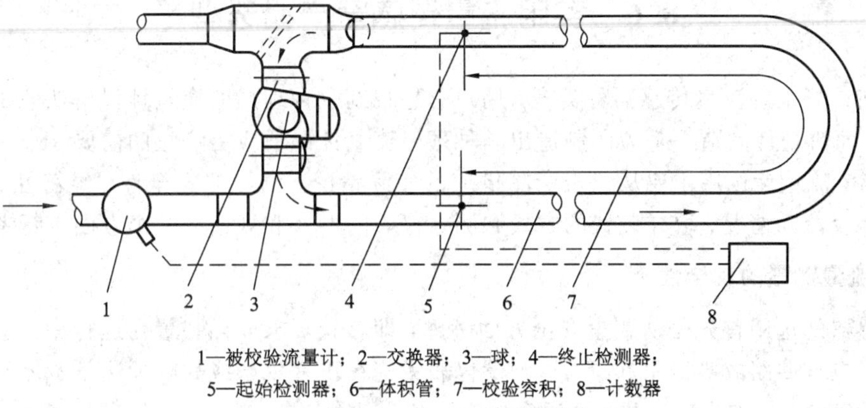

1—被校验流量计；2—交换器；3—球；4—终止检测器；
5—起始检测器；6—体积管；7—校验容积；8—计数器

图 6－11　单球式标准体积管原理示意图

6.5.2 气体流量标准装置

常用的气体流量计的校正方法有：标准气体流量计校正法、标准气体容积校正法、气体标准流量计置换法等。

标准气体容积校正的方法采用钟罩式气体流量校正装置，其系统示意图如图 6－12 所示所示。

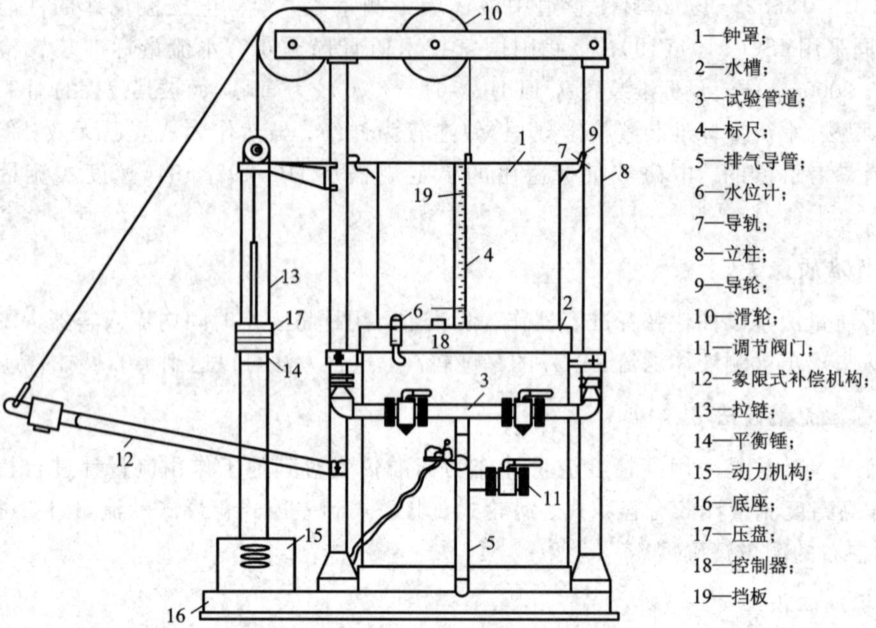

图 6－12　钟罩式气体流量校正装置

钟罩式气体流量标准装置是一个具有恒压源(并给出标准容积)的气体流量标准装置。它利用钟罩重量超过平衡锤重量的常数(该常数形成钟罩的余压)而动作，并用补偿机构使该常数不随钟罩浸入水中的深度而改变。其检定操作过程可参照相关的国家标准检定规程。

6.6　实用流量传感器产品选型

目前市场上的流量传感器种类多，用户总想找到一种理想的流量计以解决它的流量计量问题，而流量计制造厂都力图制造出一种理想流量计以适应更广泛的需要。

通常，流量计选用主要从仪表产品供应的实际情况、测量的安全性、经济性、被测流体的性质及流动情况、取样装置的方式和测量仪表的型式和规格等几个方面进行考虑。

1. 流量测量的安全性

传感器的选用首先是从测量安全方面考虑，即首先要求取样装置在运行中不会发生机械强度或电气回路故障而引起事故；测量仪表无论在正常生产或故障情况下都不致影响生产系统的安全。例如，对发电厂高温高压蒸汽流量进行测量时，要求其安装于管道中的一次测量元件必须牢固，以确保在高速汽流冲刷下不发生机构损坏，因此，一般都优先选用标准节流装置，而不选用悬臂梁式双重喇叭管或插入式流量计等非标准测速装置，以及结构强度低的靶式、涡轮流量计等。燃油电厂和有可燃性气体的场合，应选用防爆型仪表。

2. 流体的介质

在流量计的选用上，不仅要选用满足准确度要求的显示仪表，而且要根据被测介质的特点选择合理的测量方式。发电厂的主蒸汽流量测量时，由于其对电厂安全和经济性至关重要，一般都会采用成熟的标准节流装量配差压流量计。化学水处理的污水和燃油分别属脏污流和低雷诺数黏性流，都不适用标准节流件。对脏污流一般选用圆缺孔板等非标准节流件配差压计或超声多普勒式流量计；而黏性流可分别采用容积式、靶式或楔形流量计等。水轮机入口水量、凝汽器循环水量及回热机组的回热蒸汽等都是大管径(Φ400 mm 以上)的流量测量参数，由于加工制造困难和压损大，一般都不选用标准节流装置，而是根据被测介质特件及测量准确度要求，分别采用插入式流量计、测速元件配差压计、超声波流量计，或用标记法、模拟法等无能损方式制成的流量计。

3. 可靠性

为保证流量计使用寿命及准确性，选用时还要注意仪表的防振要求。在湿热地区要选择湿热式仪表。正确地选择仪表的规格，也是保证仪表使用寿命和准确度的重要一环。应特别注意静压及耐温的选择。仪表的静压即耐压程度，它应稍大于被测介质的工作压力，一般取 1.25 倍，以保证不发生泄漏或意外。量程范围的选择，主要是仪表刻度上限的选择。选小了，易过载，损坏仪表；选大了，有碍于测量的准确性。一般选量程为实际运行中最大流量值的 1.2～1.3 倍。

安装在生产管道上长期运行的接触式仪表，还应考虑流量测量元件所造成的能量损失。一般情况下，在同一生产管道中不应选用多个压损较大的测量元件，如节流元件等。

4. 精度

根据测量的要求选择精度合适的流量计，以达到测量目的。

5. 输出信号

流量计输出信号的选择取决于后续电路或控制系统对传感器信号的要求，一般要根据实际的测量系统来考虑。

6. 其他

在一般情况下，测量导电的流体一般选择电磁流量计；测量腐蚀性特强的流体时一般也选择电磁流量计，电磁流量计可以选四氟耐腐性材料，一般测量污水效果很好。

测量油类就不能用电磁流量计，油类不导电，最为常见的就是使用涡轮流量计。涡轮流量计的通用性比较好，且测量范围更为广泛，液体、气体都可以测量。用涡街流量计测量压缩空气较为常见。

超声波流量计的限制就相对多些。超声波流量计只能测量导声流体，但它的安装方便，受到广大用户的好评。

用压力变送器、差压变送器和节留取压装置结合也可以测量流量，它们与调节阀智能仪表配套就构成了控制系统。

总之，没有一种测量方式或流量计对各种流体及流动情况都是适应的，不同的测量方式和结构，要求不同的测量操作、使用方法和使用条件。每种型式都有它特有的优缺点。

因此，应在对各种测量方式和仪表特性作全面比较的基础上选择适于生产要求的，既安全可靠又经济耐用的最佳型式。

思考题及习题

1. 简述电磁流量计测流量的原理。
2. 什么是多普勒效应?
3. 解释卡门涡街现象。
4. 简述超声波时差法的测量原理。
5. 查国家标准检定规程，制定气体流量标准装置的检定规程。
6. 查资料，找出一种超声波流量传感的应用实例。

第7章 光电传感器

在自然界中，光是最重要的信息媒介之一。光电式传感器是以光电器件作为转换元件的传感器，它可以将光信号转换为电信号。这类传感器可用于检测直接引起光量变化的非电量，如光强、光照度、辐射测量、气体成分分析等；也可用于检测能转换成光量变化的其他非电量，如直径、表面粗糙程度、应变、位移、振动、速度、加速度以及物体形状、工作状态的识别等。光电式传感器具有结构简单、精度高、响应快、非接触、性能可靠等优点，在检测技术和工业自动化及智能控制等领域获得了广泛的应用。特别是新的光电器件层出不穷，为光电传感器及光电检测的进一步应用打下了坚实的基础。本章在介绍光电传感器工作机理的基础上，着重介绍常见的各类光电器件及其检测电路。

7.1 光电转换系统的构成

1. 系统框图

光电转换的系统框图如图 7－1 所示。

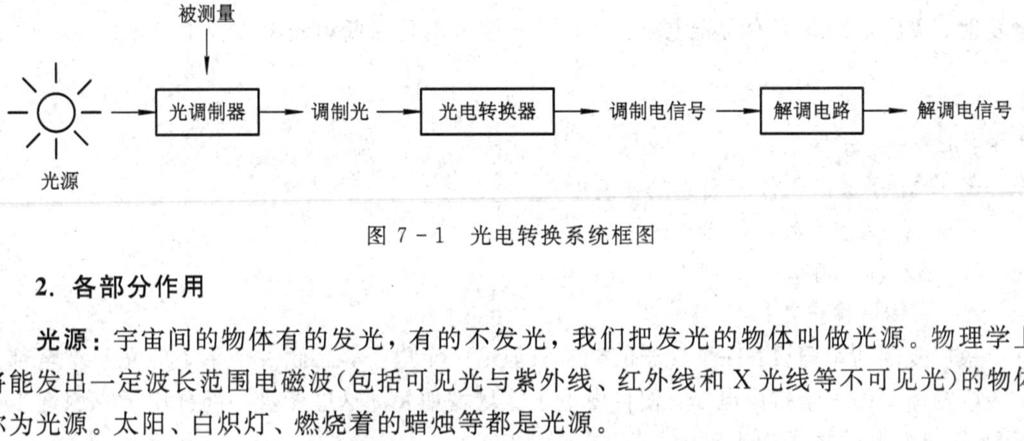

图 7－1 光电转换系统框图

2. 各部分作用

光源：宇宙间的物体有的发光，有的不发光，我们把发光的物体叫做光源。物理学上将能发出一定波长范围电磁波(包括可见光与紫外线、红外线和 X 光线等不可见光)的物体称为光源。太阳、白炽灯、燃烧着的蜡烛等都是光源。

大多数光源都在向外辐射能量，它们的温度比环境温度高，也是热源。其中白炽灯发出的光是连续的电磁波，包括一切波段。

LED、LCD、日光照明灯等都是冷光源。冷光源是利用化学能、电能、生物能激发的光源(萤火虫、霓虹灯等)。冷光源具有十分优良的光学、变闪特性，由于它的温度并不比环境温度高，因此避免了与热量积累相关的一系列问题。

冷光源的特点是把其他的能量几乎全部转化为可见光，其他波长的光很少；而热光源就不同，除了有可见光外还有大量的红外光，它将相当一部分能量转化为对照明没有贡献的红外光。

光调制器：光调制器就是实现从信号到光信号的转换的器件。信息由光源发出的光波所携带，光波就是载波，把信息加载到光波上的过程就是调制。

光电转换器：将调制过的光信号变为调制电信号的器件。

解调电路：将调制电信号进行解调处理的器件。

7.2 光电效应

爱因斯坦确立了光的波动一粒子两重性质，并为实验所证实。爱因斯坦认为，光由光子组成，每一个光子具有的能量 E 正比于光的频率 ν，即 $E=h\nu$(h 为普朗克常数)，光子的频率越高(即波长越短)，光子的能量就越大。光可以认为是由一定能量的粒子(光子)所形成的。每个光子具有的能量 $h\nu$ 正比于光的频率 ν(h 为普朗克常数)。光的频率越高，其光子的能量就越大。比如绿色光的光子就比红色光的光子能量大，而相同光通量的紫外线能量比红外线的能量大很多，因此紫外线可以杀死病菌，改变物质的结构等。光电元件的理论基础是光电效应。用光照射某一物体，可以看做物体受到一连串能量为 $h\nu$ 的光子的轰击，组成该物体的材料吸收光子能量而发生相应电效应的物理现象称为光电效应。通常把光电效应分为三类：外光电效应、光导效应和光生伏特效应。根据这些光电效应可制成不同的光电转换器件(光电元件)，如光电管、光敏电阻、光敏晶体管等。下面分别对三种光电效应加以介绍。

7.2.1 外光电效应

光照射于某一物体上，使电子从这些物体表面逸出的现象称为外光电效应，也称为光电发射。逸出来的电子称为光电子。外光电效应可由爱因斯坦光电方程来描述：

$$\frac{1}{2}mv^2 = h\nu - A$$

式中：m——电子质量；

v——电子逸出物体表面时的初速度；

h——普朗克常数，$h=6.626\times10^{-34}$ J·s；

ν——入射光频率；

A——物体逸出功。

根据爱因斯坦假设：一个光子的能量只能给一个电子，因此一个单个的光子把全部能量传给物体中的一个自由电子，使自由电子能量增加 $h\nu$，这些能量一部分用于克服逸出功 A，另一部分作为电子逸出时的初动能 $mv^2/2$。

逸出功与材料的性质有关。当材料选定后，要使物体表面有电子逸出，入射光的频率 ν 有一最低的限度，当 $h\nu$ 小于 A 时，即使光通量很大，也不可能有电子逸出。这个最低限度的频率称为红限频率，相应的波长称为红限波长。在 $h\nu$ 大于 A(入射光频率超过红限频率)的情况下，光通量越大，逸出的电子数目也越多，电路中的光电流也越大。

7.2.2 光导效应

光导效应是指半导体因光照射而产生更多的电子－空穴对，使其导电性能增强，即光致电阻变化的现象。许多金属硫化镉、硒化镉、硫化铅及硒化铅等在受到光照时均会出现电阻下降的现象。当辐射能量足够强的光照射到本征半导体材料上时，材料的价带上的电子将被激发到导带上去，如图 7-2 所示，从而使导带的电子和价带的空穴增加，致使光导体的电导率变大。

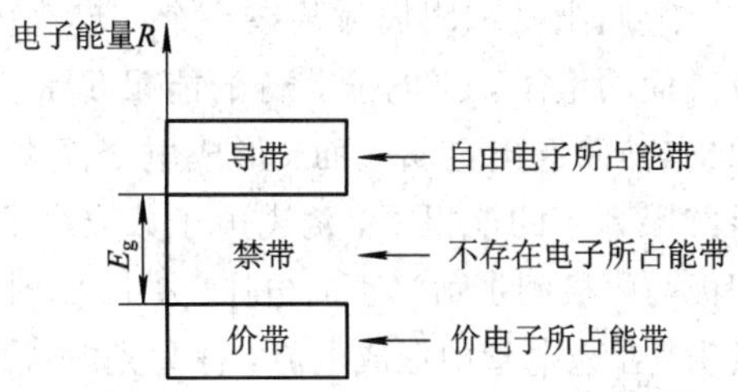

图 7-2　电子能级示意图

与外光电效应相同，并非任何频率的光都可以激发电子的跃迁，只有能量足使电子越过禁带能级宽度的光才能使该种半导体材料呈现光导效应。除金属外大多数的绝缘体和半导体都有光导效应，其中以半导体尤为显著。这里没有电子向外发射，改变的仅是物质内部的电阻。

7.2.3　光生伏特效应

光生伏特效应是指光线作用能使半导体材料产生一定方向电动势的现象。光生伏特效应又可分为势垒效应(结光电效应)和侧向光电效应。势垒效应的机理是在金属和半导体的接触区(或在 PN 结)中，电子受光子的激发脱离势垒(或禁带)的束缚而产生电子一空穴对，在阻挡层内电场的作用下电子移向 N 区外侧，空穴移向 P 区外侧，形成光生电动势。侧向光电效应是当光电器件敏感面受光照不均匀时，受光激发而产生的电子一空穴对的浓度也不均匀，电子向未被照射部分扩散，引起光照部分带正电、未被光照部分带负电的一种现象。

7.3　主要光电器件

利用上节所介绍的三种光电效应可制成各种光电转换器件，即光电式传感器。

7.3.1　光电管

1. 结构与工作原理

光电管是依外光电效应制成的光电元件。光电管有真空光电管和充气光电管两类。两者结构相似，如图 7-3 所示。

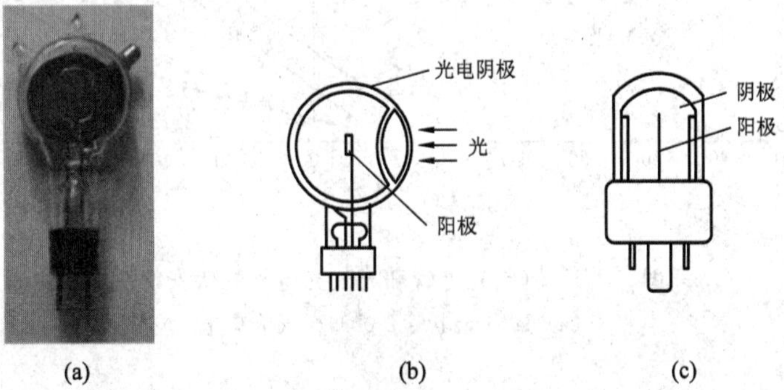

图 7-3　光电管的实物图和外形图
(a) 真空光电管的结构；(b) 中心阳极型；(c) 半圆柱阴极型

金属阳极和阴极封装在一个玻璃壳内，当入射光照射在阴极时，光子的能量传递给阴极表面的电子，当电子获得的能量足够大时，就有可能克服金属表面对电子的束缚(称为逸出功)而逸出金属表面，形成电子而发射，这种电子称为光电子。在光照频率高于阴极材料红限频率的前提下，溢出电子数取决于光通量，光通量越大，则溢出电子越多。当光电管阳极与阴极间加适当正向电压(数十伏)时，从阴极表面溢出的电子被具有正向电压的阳极所吸引，在光电管中形成电流，称为光电流。光电流正比于光电子数，而光电子数又正比于光通量。光电管的测量电路如图 7-4 所示。其中，充气光电管内充有少量的惰性气体，如氩或氖。当充气光电管的阴极被光照射后，光电子在飞向阳极的途中，和气体的原子发生碰撞而使气体电离，因此增加了光电流，从而使光电管的灵敏度增加。但导致了充气光电管的光电流与入射光强度不成比例关系，因而其稳定性差，受惰性气体、温度等的影响大。

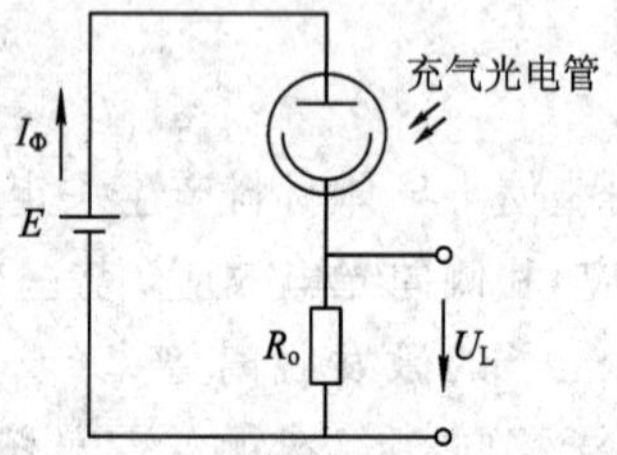

图 7-4　光电管的测量电路图

2. 主要性能

1) 伏安特性

在一定的光照射下，对光电器件的阳极所加电压与阳极所产生的电流之间的关系称为光电管的伏安特性。真空光电管和充气光电管的伏安特性分别如图 7-5 所示。它是应用光电传感器参数的主要依据。

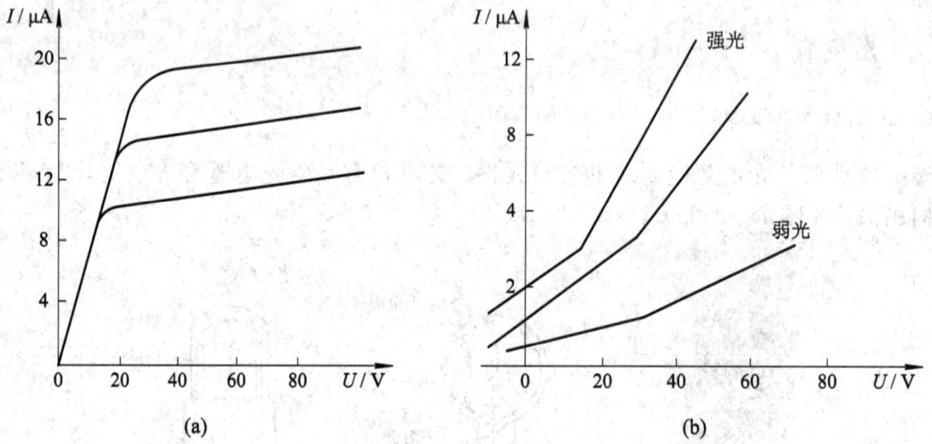

图 7-5　真空光电管和充气光电管的伏安特性

(a) 真空光电管；(b) 充气光电管

2) 光照特性

当光电管的阳极和阴极之间所加电压一定时，光通量与光电流之间的关系称为光电管的光照特性。光电管的光照特性曲线如图 7-6 所示。曲线 1 表示氧铯阴极光电管的光照特性，它的光电流与光通量呈线性关系；曲线 2 为锑铯阴极光电管的光照特性，它的光电流与光通量呈非线性关系。光照特性曲线的斜率(光电流与入射光通量之比)称为光电管的灵敏度。

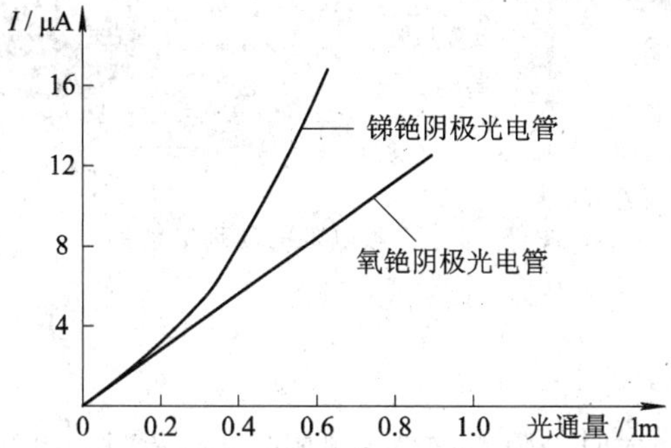

图 7 - 6　光电管的光照特性

3) 光谱特性

一般对于光电阴极材料不同的光电管，它们有不同的红限频率 ν_0，因此它们可用于不同的光谱范围。除此之外，即使照射在阴极上的入射光的频率高于红限频率 ν_0，并且强度相同，随着入射光频率的不同，阴极发射的光电子的数量也会不同，即同一光电管对于不同频率的光的灵敏度不同，这就是光电管的光谱特性。

7.3.2　光敏电阻

1. 结构与工作原理

光敏电阻又称光导管，它的工作原理是基于光导效应的。构成光敏电阻的材料有金属的硫化物、硒化物、碲化物等半导体。半导体的导电能力完全取决于半导体导带内载流子数目的多少。当光敏电阻受到光照时，若光子能量 $h\nu$ 大于该半导体材料的禁带宽度，则价带中的电子吸收光子能量后跃迁到导带，成为自由电子，同时产生空穴，电子一空穴对的出现使电阻率变小了。光照越强，光生电子一空穴对就越多，阻值就越低。入射光消失，电子一空穴对逐渐复合，电阻也逐渐恢复原值。

光敏电阻没有极性，是电阻元件，使用时既可加直流电压，也可加交流电压。无光照时，光敏电阻值(暗电阻)很大，电路中电流(暗电流)很小。当光敏电阻受到一定波长范围的光照射时，它的阻值(亮电阻)急剧减小，电路中电流迅速增大。一般希望暗电阻越大越好，亮电阻越小越好，此时光敏电阻的灵敏度高。实际光敏电阻的暗电阻值一般在兆欧级，亮电阻值在几千欧以下。图 7 - 7 所示为光敏电阻的原理结构。它是涂于玻璃底板上的一薄层半导体物质，半导体的两端装有金属电极，金属电极与引出导线相连接，光敏电阻就通过引出线接入电路。为了增加灵敏度，两电极常做成梳状。为了防止周围介质的影响，在半导体光敏层上覆盖了一层漆膜，漆膜的成分应使它在光敏层最敏感的波长范围内光谱透射比最大。

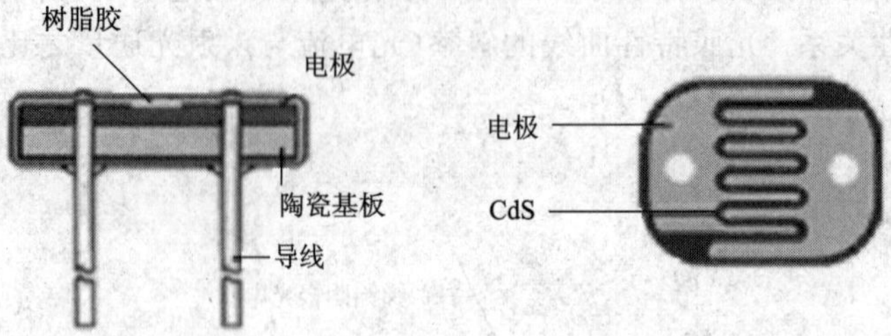

图 7-7　光敏电阻的原理结构图

2. 主要参数

1) 暗电阻和暗电流

光敏电阻在不受光照射时的阻值称为暗电阻，此时流过的电流称为暗电流。

2) 亮电阻和亮电流

光敏电阻在受光照射时的阻值称为亮电阻，此时流过的电流称为亮电流。

3) 光电流

亮电流与暗电流之差称为光电流。

3. 基本特性

1) 伏安特性

在一定照度下，流过光敏电阻的电流与光敏电阻两端的电压的关系称为光敏电阻的伏安特性。由图 7-8 所示的硫化镉光敏电阻的伏安特性曲线可见，光敏电阻在一定电压范围内的伏安特性曲线为直线，说明其阻值与入射光量有关，而与电流电压无关。

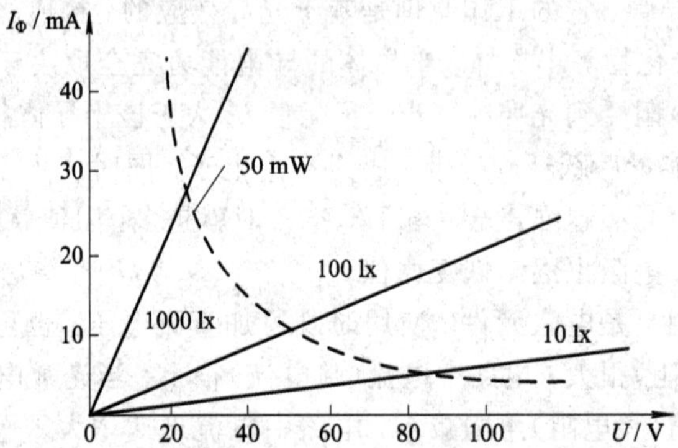

图 7-8　硫化镉光敏电阻的伏安特性曲线

2) 光谱特性

光敏电阻的相对光灵敏度与入射波长的关系称为光谱特性，也称为光谱响应。图 7-9 为几种不同材料的光敏电阻的光谱特性。对应于不同波长，光敏电阻的灵敏度是不同的。从图中可以看出，硫化镉光敏电阻的光谱响应的峰值在可见光区域内，常被用作光亮度测量(照度计)的探头；而硫化铅光敏电阻响应于近红外和中红外区，常用作火焰探测器的探头。

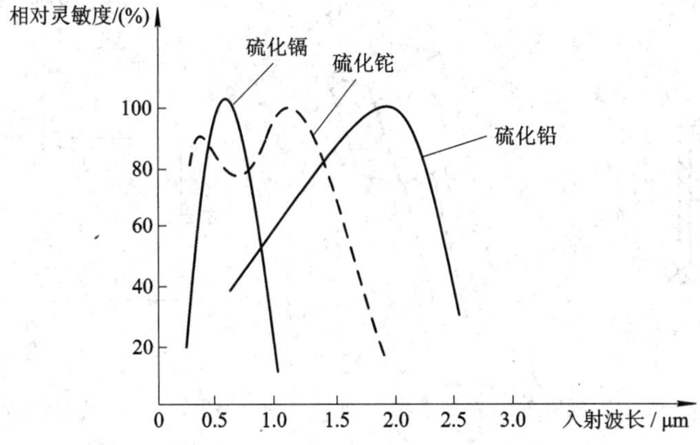

图 7－9　几种不同材料光敏电阻的光谱特性

3）温度特性

温度变化影响光敏电阻的光谱响应，同时，光敏电阻的灵敏度和暗电阻都要改变，尤其是响应于红外区的硫化铅光敏电阻受温度影响很大。

图 7－10 所示为硫化铅光敏电阻的光谱温度特性曲线，它的峰值随着温度的上升向波长短的方向移动。因此，硫化铅光敏电阻要在低温和恒温的条件下使用。对于可见光的光敏电阻，温度对其影响要小一些。

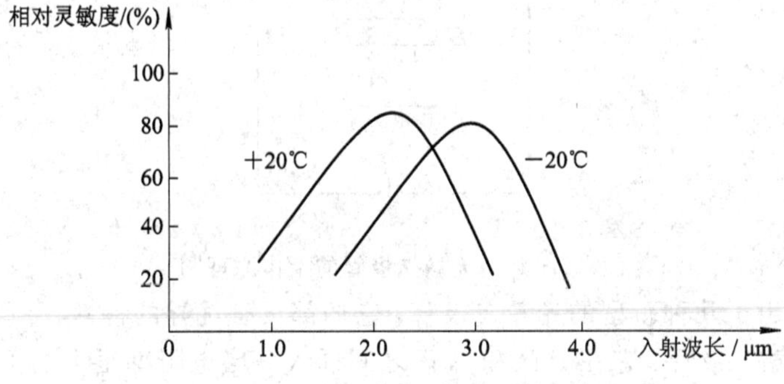

图 7－10　硫化铅光敏电阻的光谱温度特性曲线

7.3.3　光敏二极管和三极管

光敏二极管、光敏三极管、光敏晶闸管等统称为光敏晶体管，它们的工作原理是基于内光电效应的。光敏三极管的灵敏度比光敏二极管高，但频率特性较差，暗电流也较大。目前还研制出光敏晶闸管，它的导通电流比光敏三极管大得多，工作电压有的可达数百伏，因此输出功率大，主要用于光控开关电路及光耦合器中。

1. 光敏二极管的结构及工作原理

光敏二极管的结构与一般二极管的不同之处在于：光敏二极管的 PN 结设置在透明管壳顶部的正下方，可以直接受到光的照射。图 7－11 所示是其结构示意图，它在电路中处于反向偏置状态，如图 7－12 所示。

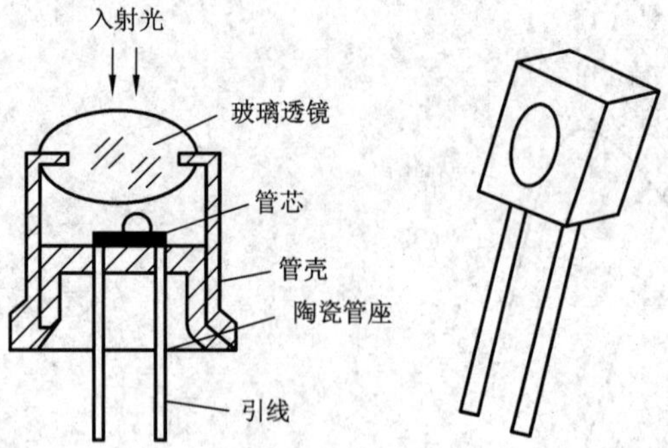

图 7-11 光敏二极管的结构示意图

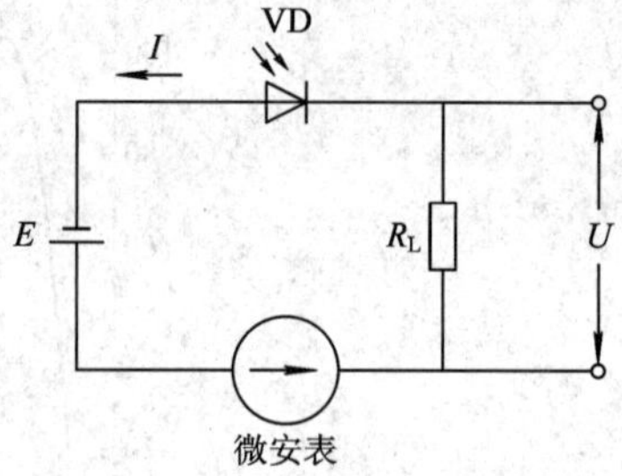

图 7-12 光敏二极管的测试电路

在没有光照时，由于二极管反向偏置，因此反向电流很小，这时的电流称为暗电流，相当于普通二极管的反向饱和漏电流。当光照射在二极管的 PN 结(又称耗尽层)上时，在 PN 结附近产生的电子一空穴对数量也随之增加，光电流也相应增大，光电流与照度成正比。光敏二极管的原理图如图 7-13 所示。

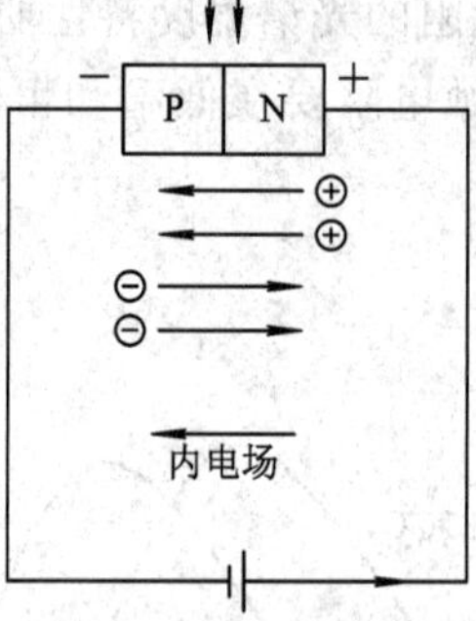

图 7-13 光敏二极管的工作原理图

目前还研制出了几种新型的光敏二极管，它们都具有优异的特性。

(1) PIN 光敏二极管。它在 P 区和 N 区之间插入一层电阻率很大的 I 层，从而减小了 PN 结的电容，提高了工作频率。PIN 光敏二极管的工作电压(反向偏置电压)高达 100 V 左右，光电转换效率较高，所以其灵敏度比普通的光敏二极管高得多。它的响应频率可达数十兆赫兹，可用作光盘的读出光敏元件。特殊结构的 PIN 二极管还可用于测量紫外线或 γ 射线以及短距离光纤通信。

(2) APD 光敏二极管(雪崩光敏二极管)。它是一种具有内部倍增放大作用的光敏二极管，工作电压高达上百伏。

当 APD 光敏二极管有一个外部光子射入到其 PN 结上时，将产生一个电子一空穴对。由于 PN 结上施加了很高的反向偏压，PN 结中的电场强度可达 10^4 V/mm 左右，因此将光子所产生的光电子加速到具有很高的动能，撞击其他原子，产生新的电子一空穴对。如此多次碰撞，以致最终造成载流子按几何级数剧增的“雪崩”效应，形成对原始光电流的放大作用，增益可达几千倍，而雪崩产生和恢复所需的时间小于 1 ns。所以 APD 光敏二极管的工作频率可达几千兆赫兹，非常适用于微光信号检测以及长距离光纤通信等，可以取代光电倍增管。

2. 光敏三极管的结构及工作原理

光敏三极管有两个PN结。与普通三极管相似，它也有电流增益。图7-14示出了NPN型光敏三极管的结构。多数光敏三极管的基极没有引出线，只有正、负(c、e)两个引脚，所以其外形与光敏二极管相似，从外观上很难区别。

光线通过透明窗口落在基区及集电结上，当电路按图7-15所标示的电压极性连接时，集电结反偏，发射结正偏。当入射光子在集电结附近产生电子－空穴对后，与普通三极管的电流放大作用相似，集电极电流 I_c 是原始光电流的 β 倍，因此光敏三极管比二极管的灵敏度高许多。

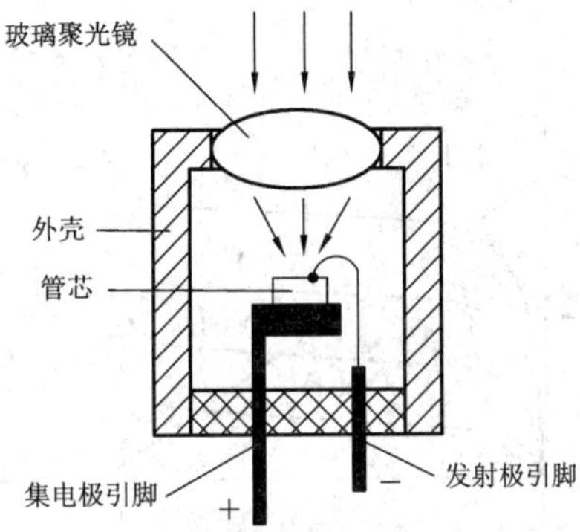

图7-14　NPN型光敏三极管的结构

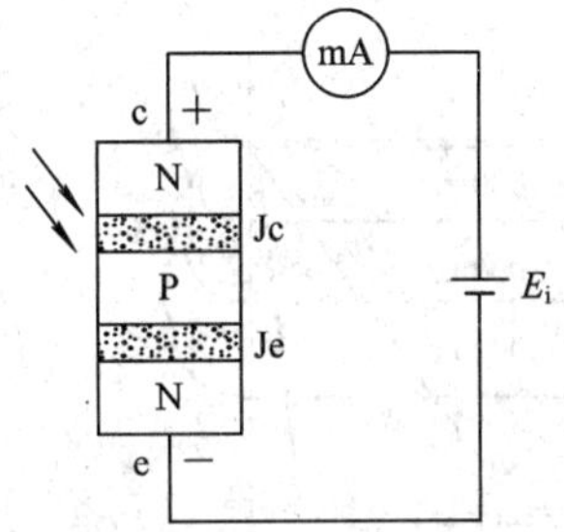

图7-15　NPN光敏三极管的结构

3. 光敏晶体管的基本特性

1）光谱特性

不同材料的光敏晶体管对不同波长的入射光，其相对灵敏度 K_r 是不同的，即使是同一种材料(如硅光敏晶体管)，只要控制其PN结的制造工艺，也能得到不同的光谱特性。例如，硅光敏元件的峰值波长为0.8 μm左右，但现在已分别制出对红外线、可见光直至蓝光敏感的光敏晶体管，其光谱特性分别如图7-16中的曲线1、2、3所示。有时还可以在光敏晶体管的透光窗口上配以不同颜色的滤光玻璃，以达到光谱修正的目的，使光谱响应峰值波长为1.3 μm左右。

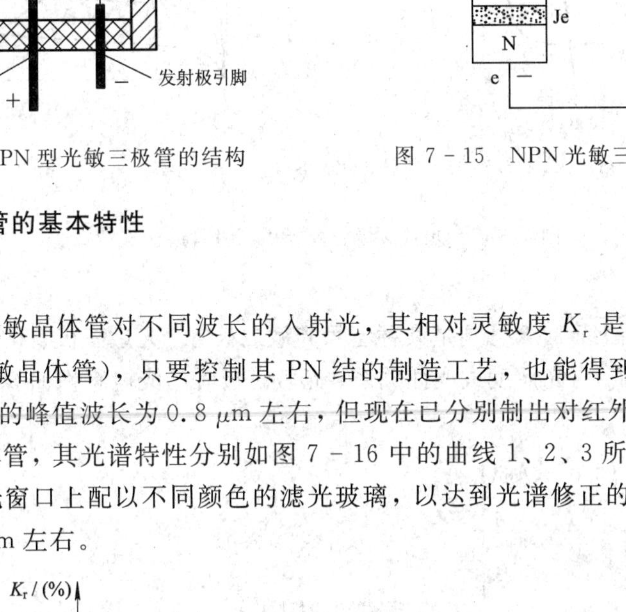

图7-16　光敏晶体管的光谱特性

2）伏安特性

图 7－17 示出了某型号的光敏二极管及光敏三极管的伏安特性。在图 7－17(a)中，硅光敏二极管工作在第三象限。流过它的电流与光照度成正比(间隔相当)，而基本上与反向偏置电压 U_o 无关。当 $U_o=0$ 时，仍然有电流流出光敏二极管，此时它相当于一个光电池。但由于其 PN 结面积比光电池小得多，光电效率很低，因此正常使用时还是施加 1.5 V 以上的反向工作电压为宜。

光敏三极管在不同照度下的伏安特性与一般晶体管在不同基极电流下的输出特性相似，如图 7－17(b)所示。从图中可以看出，光敏三极管的工作电压一般应大于 3 V。若在伏安特性曲线上作负载线，便可求得某光强下的输出电压 U_{ce}。

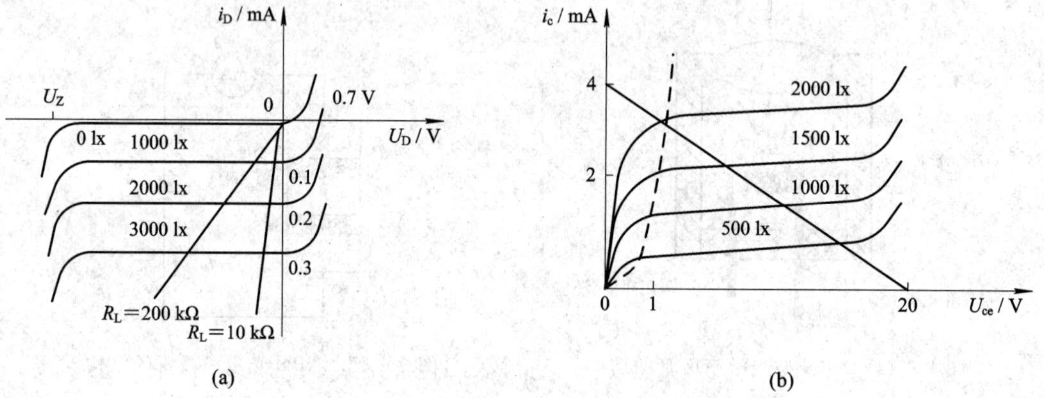

图 7－17　光敏二极管及光敏三极管的伏安特性

3）光电特性

图 7－18 中的曲线 1、2 分别是某种型号光敏二极管、光敏三极管的光电特性，从图上可以看出，光电流 I_Φ 与光照度成线性关系。光敏三极管的光电特性曲线斜率较大，说明其灵敏度较高。

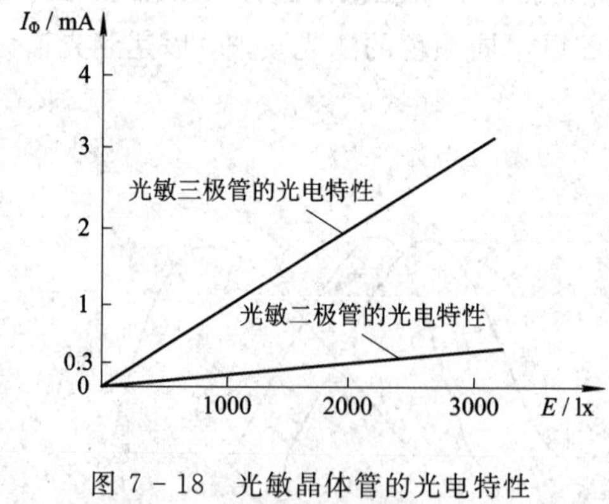

图 7－18　光敏晶体管的光电特性

4）温度特性

温度变化对亮电流影响不大，但对暗电流的影响非常大，并且是非线性的，将给微光测量带来误差。硅光敏三极管的温漂比硅光敏二极管大许多。虽然硅光敏三极管的灵敏度较高，但在高精度测量中却必须选用硅光敏二极管，并采用低温漂、高精度的运算放大器来提高灵敏度。

5）响应时间

工业级硅光敏二极管的响应时间为 10^{-5}～10^{-7} s左右。光敏三极管的响应时间比相应的二极管约慢一个数量级，因此在要求快速响应或入射光调制频率（明暗交替频率）较高时，应选用硅光敏二极管。

7.3.4　光电池

光电池能将入射光能量转换成电压和电流，属于光生伏特效应元件。从能量转换角度来看，光电池是作为输出电能的器件工作的。例如人造卫星上就安装有展开达十几米长的太阳能光电池板。从信号检测角度来看，光电池作为一种自发电型的光电传感器，可用于检测光的强弱以及能引起光强变化的其他非电量。

1. 结构、工作原理及特点

图7-19是光电池结构示意图，它通常是在N型衬底上制造一薄层P型层作为光照敏感面。当入射光子的能量足够大时，P型区每吸收一个光子就产生一对光生电子一空穴对，光生电子一空穴对的浓度从表面向内部迅速下降，形成由表及里扩散的自然趋势。PN结又称空间电荷区，它的内电场（N区带正电、P区带负电）使扩散到PN结附近的电子一空穴对分离，电子通过漂移运动被拉到N型区，空穴留在P区，所以N区带负电，P区带正电。如果光照是连续的，经短暂的时间（μs数量级），新的平衡状态建立后，PN结两侧就有一个稳定的光生电动势输出。

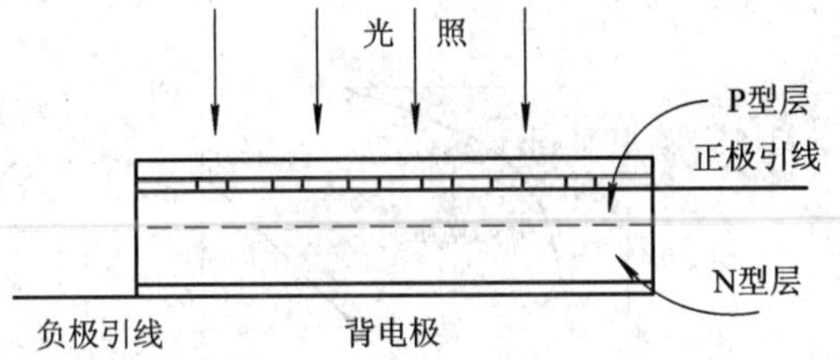

图7-19　光电池结构示意图

光电池的种类很多，有硅、砷化镓、硒、氧化铜、锗、硫化镉光电池等。其中应用最广泛的是硅光电池，因为它有一系列优点：性能稳定、光谱范围宽、频率特性好、传递效率高、能耐高温辐射、价格便宜等。硅光电池的外形如图7-20所示。

图7-20　硅光电池的外形图

2. 基本特性

1）光谱特性

图 7－21 示出了硒、硅、锗光电池的光谱特性。随着制造业的进步，硅光电池已具有从蓝紫到近红外的宽光谱特性。目前许多厂家已生产出峰值波长为 0.7 μm(可见光)的硅光电池，在紫光(0.4 μm)附近仍有 65%～70%的相对灵敏度，这大大扩展了硅光电池的应用领域。硒光电池和锗光电池由于稳定性较差，目前应用较少。

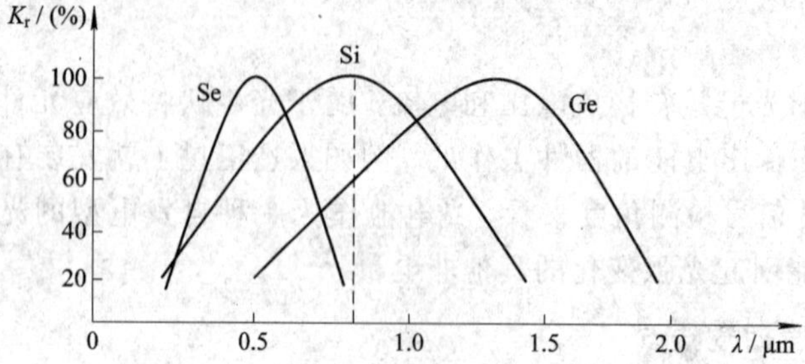

图 7－21　硒、硅、锗光电池的光谱特性

2）光电特性

硅光电池的负载电阻不同，输出电压和电流也不同。图 7－22 所示为硅光电池的光电特性。开路电压 U_o 与光照度的关系是非线性的，近似于对数关系，在 2000 lx 照度以上就趋于饱和。由实验测得，负载电阻越小，光电流与照度之间的线性关系就越好。当负载短路时，光电流在很大程度上与照度成线性关系，因此当测量与光照度成正比的其他非电量时，应把光电池作为电流源来使用；当被测非电量是开关量时，可以把光电池作为电压源来使用。

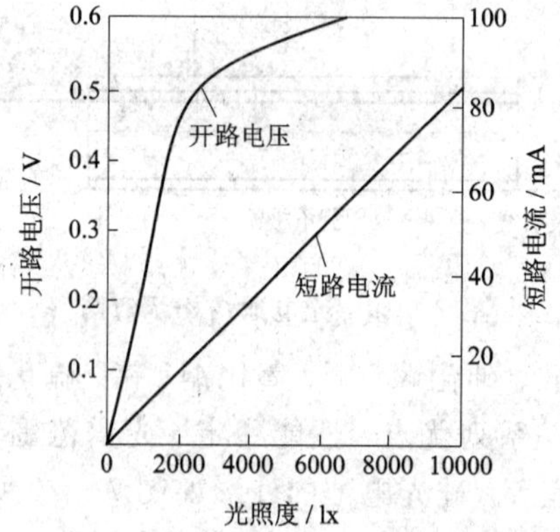

图 7－22　硅光电池的光电特性

3）伏安特性

图 7－23 是某型号硅光电池的伏安特性。当 R_L 很小(例如图中所示的 500 Ω)时，光照度 E 每变化 100 lx，其输出的光电流 I_Φ 的间隔基本相等，说明此时 I_Φ 与 E 成正比。从伏安特性曲线上还可以看到，此时的输出电压虽然很小，但基本上与光照度 E 成正比。当 R_L 增大时，输出电流与输出电压的非线性越来越大。

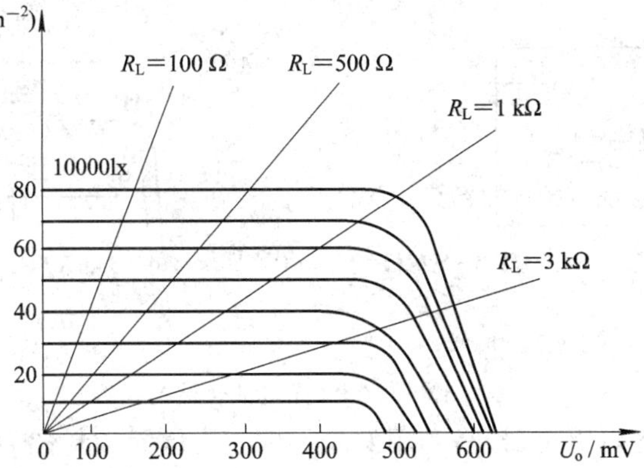

图 7 - 23　硅光电池的伏安特性

4）温度特性

光电池的温度特性描述的是光电池的开路电压 U_o 及短路电流 I_o 随温度变化的特性。从图 7 - 24 可以看出，开路电压随温度增加而下降，电压温度系数约为−2 mV/℃；短路电流随温度上升缓慢增加，输出电流的温度系数较小。当光电池作为检测元件时，应考虑温度漂移的影响，采取相应措施进行补偿。

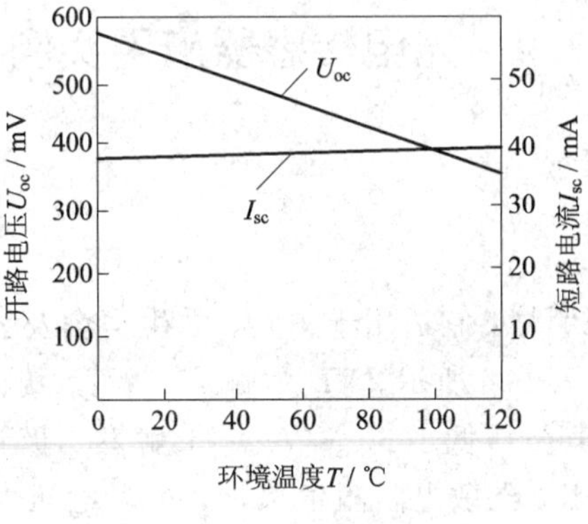

图 7 - 24　光电池的温度特性

5）频率特性

频率特性描述的是入射光的调制频率与光电池输出电流间的关系。由于光电池受照射产生电子一空穴对需要一定的时间，因此当入射光调制频率太高时，光电池输出的光电流将下降。硅光电池的面积越小，PN 结的极间电容也越小，频率响应就越好。硅光电池的频率响应可达数十千赫兹至数兆赫兹。硒光电池的频率特性较差，目前已较少使用。

7.3.5　光电耦合器

光电耦合器的结构如图 7 - 25 所示，它是近几年发展起来的一种半导体光电器件。由于光电耦合器具有体积小、寿命长、抗干扰能力强、工作温度宽及无触点输入与输出在电气上完全隔离等特点，被广泛地应用在电子技术领域及工业自动控制领域中，它可以代替继电器、变压器、斩波器等，而用于隔离电路、开关电路、数/模转换、逻辑电路、过流保护、长线传输、高压控制及电平匹配等。

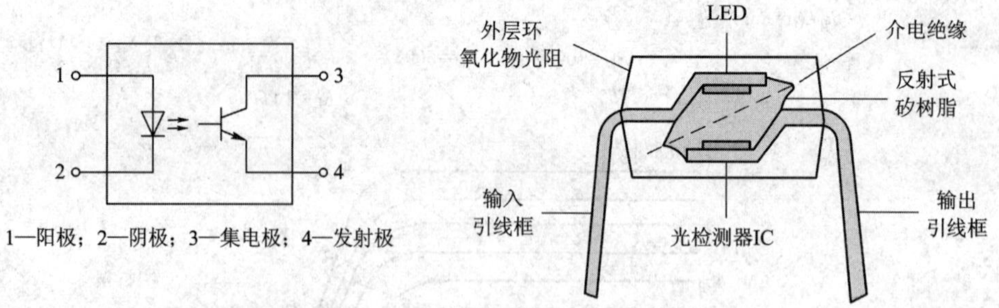

图 7-25　光电耦合器的结构

光电耦合器(光电隔离器)是利用发光元件与光敏元件封装为一体而构成的电—光—电转换的器件，加到发光器件上的电信号为耦合器的输入信号，接收器件输出的信号为耦合器的输出信号。当有信号电压加到光电耦合器的输入端时，发光器件发光，光敏管受光照而产生光电流，使输出端产生相应的电信号，从而实现了电—光—电的传输和转换。

光电耦合器采用密封管壳，不受外界光的干扰。同时，由于器件利用光作为信号传输介质，输入端与输出端之间在电气上是完全绝缘的。它的抗电磁干扰能力很强，因此在测试技术、计算机控制技术等领域作为优良的电气耦合与隔离元件而被大量使用。

7.4　光电传感器应用实例

7.4.1　光控路灯控制器

光控路灯是一种自动照明灯，它适用于医院、学生宿舍及公共场所。它白天不会亮而晚上自动亮，应用电路如图 7-26 所示。VD 为触发二极管，触发电压约为 30 V 左右。在白天，光敏电阻的阻值低，其分压低于 30 V(A 点)，触发二极管截止，双向晶闸管无触发电流，呈断开状态。晚上天黑，光敏电阻阻值增加，A 点电压大于 30 V，触发极 G 导通，双向晶闸管呈导通状态，电灯亮。R_1、C_1 为保护双向晶闸管的电路。

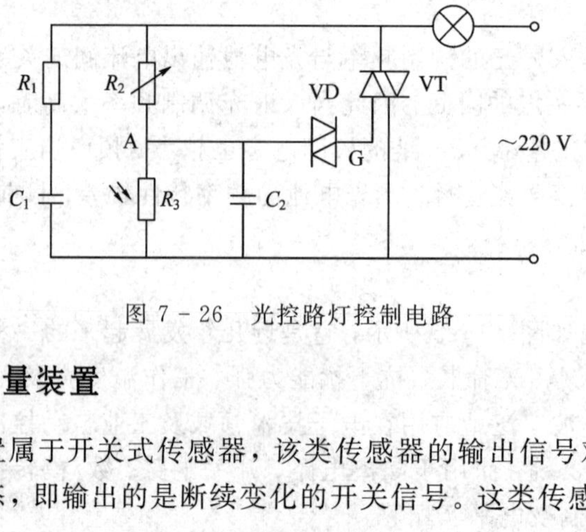

图 7-26　光控路灯控制电路

7.4.2　光电转速测量装置

光电转速测量装置属于开关式传感器，该类传感器的输出信号对应于光电元件“有”、“无”受到光照两种状态，即输出的是断续变化的开关信号。这类传感器要求光电元件灵敏度高，而对元件的光照特性的线性要求不高。它在自动计数、光控开关、光电编码器、光电报警装置及其他光电输入设备等应用场合有广泛的使用。

光电转速测量装置工作原理示意图如图 7－27 所示。当电机转轴转动时黑白两色交替出现，使得反光与不反光交替出现，光电元件接收到间断的反射光信号，并输出脉冲。这样，电机转轴的转速变换成相应频率的脉冲，通过测量脉冲频率就可以得到转速值。图 7－28 所示为在电机转轴上固定一个有若干透光孔的调制盘，当转轴转动时，由发光二极管发出的光被调制盘调制成随时间变化的调制光，并与转轴转速相对应。

实现上述脉冲频率的测量方法有频率一电压变换（FVC）、数字频率计、单片机 CTC 计数等，这些方法具有结构简单、可靠性高、测量精度较高等优点。

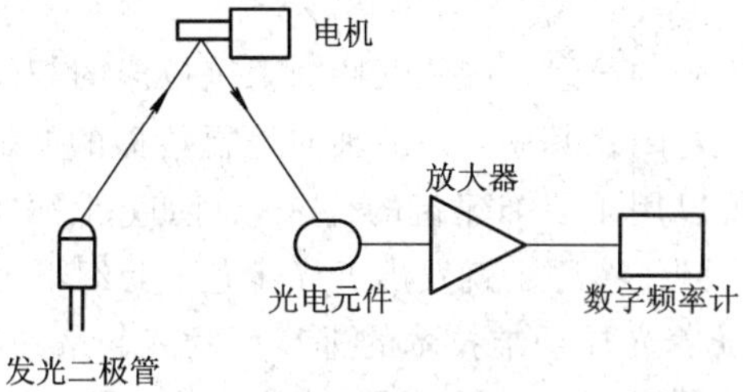

图 7－27　光电转速测量装置的工作原理

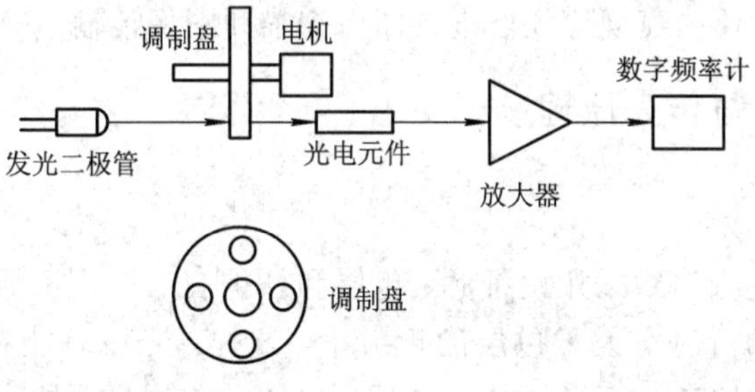

图 7－28　光电转速测量装置的工作原理（加调制盘）

7.4.3　测光文具盒电路

测光文具盒电路如图 7－29 所示。学生在学习时，如果不注意学习环境光线的强弱，很容易损坏视力。测光文具盒是在文具盒上加装测光电路组成的，它不仅有文具盒的功能，又能显示光线的强弱，可指导学生在合适的光线下学习，以保护视力。

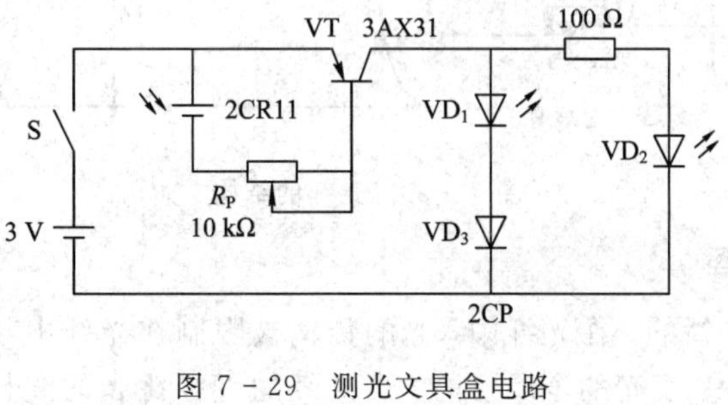

图 7－29　测光文具盒电路

测光文具盒电路中采用2CR11硅光电池作为测光传感器，它被安装在文具盒的表面，直接感受光的强弱，采用两个发光二极管作为光照强弱的指示。当光照度小于100 lx，即较暗时，光电池产生的电压较低，晶体管VT压降较大或处于截止状态，两个发光二极管都不亮。当光照度在100～200 lx之间时，发光二极管VD_2点亮，表示光照度适中。当光照度大于200 lx时，光电池产生的电压较高，晶体管VT压降较小，此时两个发光二极管均点亮，表示光照太强了，为了保护视力，应减弱光照。调试时可借助测光表的读数，调电路中的电位器R_P和电阻R^*，使电路满足上述要求。

7.5 光纤传感器

光纤即光导纤维，是传光的导线，它是以特别工艺拉成的细丝。光纤透明、纤细，虽比头发丝还细，却具有能把光封闭在其中，并沿轴向进行传播的特征。光纤可用于网络通信，高速传递大量的信息；还可以用于装饰建筑的外表。例如，上海“东方明珠”的球体外表面就镶嵌着几千根塑料光纤，到了夜里，就发出五光十色、变幻不定的光。

光纤传感器是近年来随着光导纤维技术的进步而发展起来的新型传感器。光纤传感器具有抗电磁干扰能力强、不怕雷击、防燃防爆、绝缘性好、柔韧性好、耐高温、重量轻等特点。它的测量范围十分广泛，可用于热工参数、电工参数、机械参数、化学参数的测量，还可以在医用内窥镜、工业内窥镜等领域进行图像扫描和图像传输。

7.5.1 光纤的结构与传光原理

1. 光纤的结构

目前实用的光纤绝大多数采用由纤芯、包层和外护套三个同心圆组成的结构形式，如图7-30所示。纤芯的折射率大于包层的折射率，这样，光线就能在纤芯中进行全反射，从而实现光的传导；外护套处于光纤的最外层，包围着包层区。外护套的功能有两个：一是加强光纤的机械强度；二是保证外面的光不能进入光纤之中。图中所示的结构中还有缓冲层，它用以进一步保护包层和纤芯。

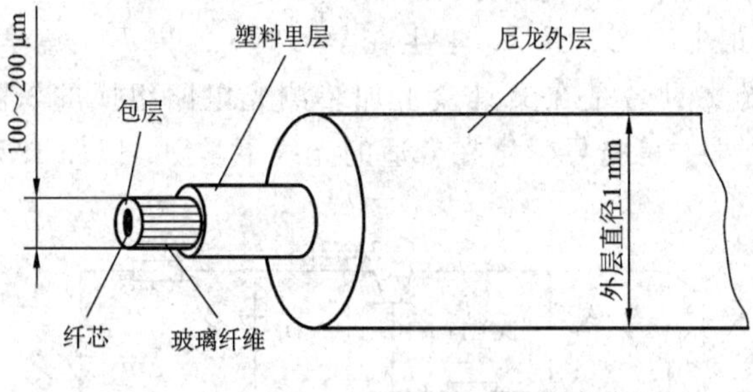

图7-30 光纤的结构

2. 光纤的传光原理

光在空间是直线传播的，在光纤中，光的传输被限制在光纤中，并随光纤传送到很远的距离，光纤的传输是基于光的全反射的。当光纤的直径比光的波长大很多时，可以用几何光学的方法来说明光在光纤内的传播。

根据几何光学理论，当光线以某一较小的入射角 θ_1，由折射率较大的光密物质射向折射率较小的光疏物质时，一部分入射光以折射角 θ_2 折射入光疏物质，其余部分以 θ_1 角度反射回光密物质，根据光的折射定律，光折射和反射之间的关系为

$$\frac{\sin\theta_1}{\sin\theta_2} = \frac{n_2}{n_1} \tag{7-1}$$

式中：n_1，n_2——光密物质和光疏物质的折射率。

当光线的入射角 θ_1 增大到某一角度 θ_c 时，透射入光疏物质的光线的折射角 $\theta_2 = 90°$，折射光沿界面传播，称此时的入射角 θ_c 为临界角。大于临界角入射的光线在介质交界面全部被反射回来，即发生光的全反射现象。

临界角由下式确定：

$$\sin\theta_c = \frac{n_2}{n_1} \tag{7-2}$$

从上式可知：临界角 θ_c 仅与介质的折射率之比有关。

利用光的全反射原理，只要使射入光纤端面的光线与光轴的夹角小于一定值，使得光纤中的光线发生全反射时，则光线射不出光纤的纤芯(纤芯折射率＞包层折射率)，如图 7－31 所示。

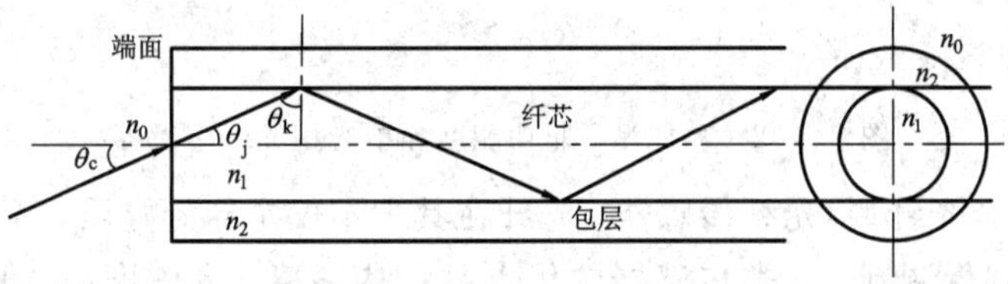

图 7－31　光纤的传光原理

光线在纤芯和包层的界面上不断地发生全反射，经过若干次的全反射，光就能从光纤的一端以光速传播到另一端，这就是光纤导光的基本原理。

7.5.2　光纤传感器的原理与分类

1. 光纤传感器的原理

光纤传感器的基本原理是将来自光源的光经过光纤送入调制器，使待测参数与进入调制器的光相互作用后，导致光的光学性质(如光的强度、波长、频率、相位、偏振态等)发生变化，成为被调制的信号光，再经过光纤送入光探测器，经解调器解调后，获得被测参数。

由于光纤既是一种电光材料，又是一种磁光材料，即同电和磁存在着某些相互作用的效应，因而可以说光纤兼具“传”和“感”两种功能。

2. 光纤传感器的分类

在光纤传感器技术领域里，可以利用的光学性质和光学现象很多，而且光纤传感器的应用领域极广，从最简单的产品统计到对被测对象的物理、化学或生物等参量进行连续监测、控制等，都可以采用光纤传感器。其分类方法可根据光纤在其中的作用、光受被测量调制的形式或根据光纤传感器中对光信号的检测方法的不同来划分。

1) 根据光纤在传感器中的作用分类

根据光纤在传感器中作用的不同，光纤传感器分为功能型、非功能型和拾光型三类，

如图 7－32 所示。

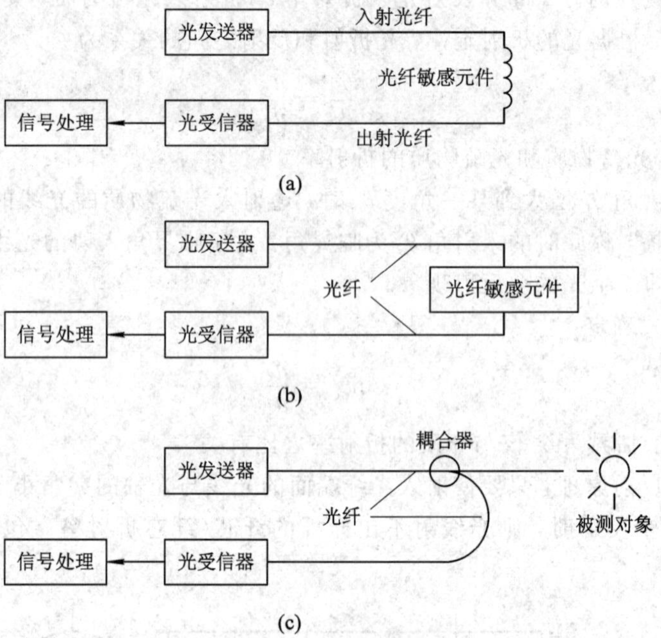

图 7－32　功能型、非功能型和拾光型光纤传感器

(1) 功能型(全光纤型)光纤传感器。光纤在其中不仅是导光媒质，而且也是敏感元件，光在光纤内受被测量调制。此类传感器的优点是结构紧凑、灵敏度高。但是，它须用特殊光纤和先进的检测技术，因此成本高。

(2) 非功能型(传光型)光纤传感器。光纤在其中仅起导光作用，光照在非光纤型敏感元件上受被测量调制。此类光纤传感器无需特殊光纤及其他特殊技术，比较容易实现，成本低。但灵敏度也较低，因而用于对灵敏度要求不太高的场合。

(3) 拾光型光纤传感器。此类传感器用光纤作为探头，接收由被测对象辐射的光或被其反射、散射的光。其典型的例子如光纤激光多普勒速度计、辐射式光纤温度传感器等。

2) 根据光受被测对象的调制形式分类

根据光受被测对象的调制形式，光纤传感器可分为以下四类：

(1) 强度调制型光纤传感器。这是一种利用被测对象的变化引起敏感元件的折射率、吸收或反射等参数的变化，而导致光强度变化来实现敏感测量的传感器。常见的有利用光纤的微弯损耗，各物质的吸收特性，振动膜或液晶的反射光强度的变化，物质因各种粒子射线或化学、机械的激励而发光的现象，以及物质的荧光辐射或光路的遮断等来构成压力、振动、温度、位移、气体等各种强度调制型光纤传感器。强度调制型光纤传感器的优点是结构简单、容易实现、成本低。其缺点是受光源强度的波动和连接器损耗变化等的影响较大。

(2) 偏振调制光纤传感器。这是一种利用光的偏振态的变化来传递被测对象信息的传感器。常见的有利用光在磁场中媒质内传播的法拉第效应做成的电流、磁场传感器；利用光在电场中的压电晶体内传播的泡尔效应做成的电场、电压传感器；利用物质的光弹效应构成的压力、振动或声传感器；以及利用光纤的双折射性构成温度、压力、振动等传感器。这类传感器可以避免光源强度变化的影响，因此灵敏度高。

(3) 频率调制光纤传感器。这是一种利用由被测对象引起的光频率的变化来进行监测的传感器。通常有利用运动物体反射光和散射光的多普勒效应制成的光纤速度、流速、振动、压力、加速度传感器；利用物质受强光照射时的喇曼散射制成的测量气体浓度或监测大气污染的气体传感器；以及利用光致发光的温度传感器等。

(4) 相位调制传感器。其基本原理是利用被测对象对敏感元件的作用，使敏感元件的折射率或传播常数发生变化，从而导致光的相位变化，然后用干涉仪来检测这种相位变化而得到被测对象的信息。通常有：利用光弹效应的声、压力或振动传感器；利用磁致伸缩效应的电流、磁场传感器；利用电致伸缩的电场、电压传感器以及利用 Sagnac 效应的旋转角速度传感器(光纤陀螺)等。这类传感器的灵敏度很高，但由于须用特殊光纤及高精度检测系统，因此成本高。

7.5.3　光纤传感器的应用实例

作为 20 世纪 70 年代中期出现的一种新型传感器，光纤传感器是对以电信号为基础的传统传感器的变革。通过前面对光纤传感器工作原理的介绍可知，光纤可以被应用到很多领域。目前的工程应用中，光纤可以构成位移、应变、压力、速度、加速度、转距、角速度、角加速度、温度、电流、电压、浓度、流量、流速，以及磁、光、声、射线等近百种物理量检测的传感器，所以光纤传感器可被称为万能传感器。当然，光纤传感器在开发过程中还有不少实际困难，如噪声源、检测方法、封装、光纤的被覆盖等问题。因此，光纤传感器的实用化仍在研制中。

下面列举几种实用的光纤传感器。

1) 光纤位移传感器

图 7 - 33 所示为光纤位移测量的原理图。光纤作为信号传输介质，起导光作用。光源发出的光束经过光纤 1 射到被测物体上并发生散射，有部分光线进入光纤 2 并被光电探测器件(此处为光敏二极管)接收，转变为电信号。由于入射光的散射作用随着距离 x 的大小而变化，因而进入光纤 2 的光强也会发生变化，光电探测器件转换的电压信号也将发生变化。

实践证明：在一定范围内，光电探测器件的输出电压 U 与位移量 x 之间呈线性关系。在非接触式微小位移测量、表面粗糙度测量等场合采用这种光纤传感器是很实用的。

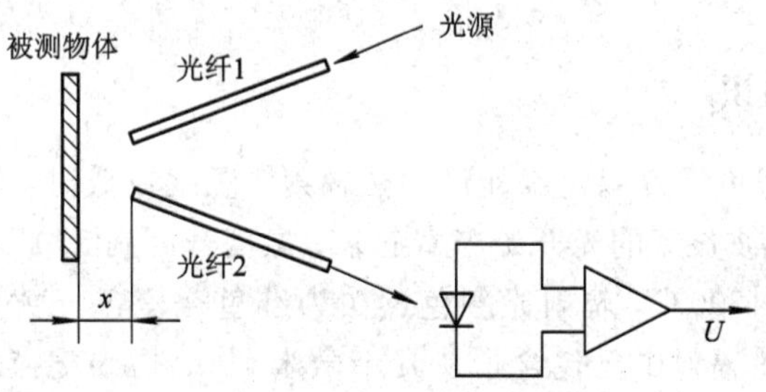

图 7 - 33　光纤位移测量的原理图

2）光纤液位传感器

光纤液位传感器是利用了强度调制型光纤反射式原理制成的，其工作原理如图 7-34 所示。

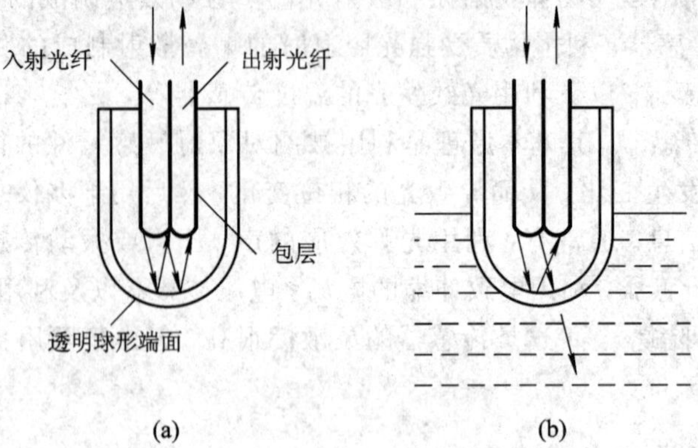

图 7-34　光纤液位传感器原理图

(a) 不接触液体的工况；(b) 浸在液体中的工况

LED 发出的红光被聚焦射入到入射光纤中，经在光纤中长距离全反射，到达球形端部。有一部分光线透出端面，另一部分经端面反射回到出射光纤，被另一根接收光纤末端的光敏二极管 VD 接收(图中未画出)。

当球形端面与液体接触时，因为液体的折射率比空气大，通过球形端面的光透射量增加而反射量减少，由后续电路判断反光量是否少于阈值，就可以判断传感器是否与液体接触。该液位传感器的缺点是，液体在透明球形端面的黏附现象会造成误判。另外，不同液体的折射率不同，对反射光的衰减量也不同，例如水将引起－6 dB 左右的衰减，而油可引起达－30 dB 左右的衰减，因此，必须根据不同的被测液体调整相应的阈值。

7.6　红外传感器

凡是存在于自然界的物体，例如人体、火焰甚至于冰都会放射出红外线，只是其发射的红外线的波长不同而已。人体的温度为 36℃～37℃，所放射的红外线波长为 9～10 μm(属于远红外线区)；加热到 400℃～700℃的物体，其放射出的红外线波长为 3～5 μm(属于中红外线区)。红外线传感器可以检测到这些物体发射出的红外线，用于测量、成像或控制。

7.6.1　红外辐射知识

任何物体在开氏温度零度以上都能产生热辐射。温度较低时，辐射的是不可见的红外光，随着温度的升高，波长短的光开始丰富起来。温度升高到 500℃时，开始辐射一部分暗红色的光。从 500℃～1500℃，辐射光颜色逐次为红色→橙色→黄色→蓝色→白色。也就是说，在 1500℃时的热辐射中已包含了从几十微米到 0.4 μm 甚至更短波长的连续光谱。如果温度再升高，如达到 5500℃时，辐射光谱的上限已超过蓝色、紫色，进入紫外线区域。因此测量光的颜色以及辐射强度，可粗略判定物体的温度。

红外辐射是比可见光波段中最长的红光的波长还要长，介于红光与无线电波微波之间的电磁波，其波长范围在 $7\times10^{-7}\sim1$ mm 之间。太阳光和物体的热辐射都包括红外辐射，其波长范围及在电磁波谱中的位置如图 7－35 所示。红外光的最大特点就是具有光热效应，能辐射热量，它是光谱中的最大光热效应区。红外光与所有电磁波一样，具有反射、折射、干涉、吸收等性质。红外光在介质中传播会产生衰减，红外光在金属中传播衰减很大，但红外辐射能透过大部分半导体和一些塑料，大部分液体对红外辐射吸收非常大。气体对它的吸收程度各不相同，大气层对不同波长的红外光存在不同的吸收带。

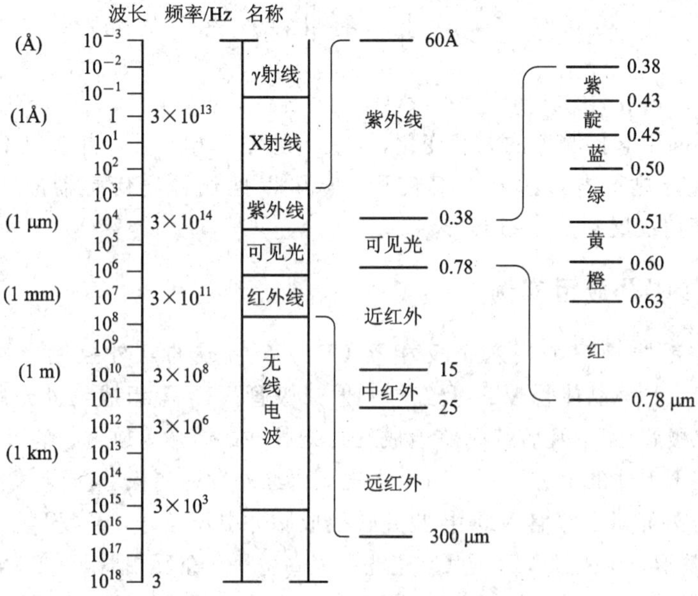

图 7－35　电磁波的频谱分布

7.6.2　热释电传感器

典型的热电型红外光敏器件是热释电红外传感器。一些晶体受热时两端会产生数量相等、极性相反的电荷，这种由热变化产生的电极化现象称为热释电效应。这种能产生热电效应的晶体称为热电体，又称热电元件。通常，晶体自发极化所产生的电荷被附集在晶体外表面的空气中的自由电子所中和，显电中性。当温度变化时，晶体中的极化迅速减弱，而附集的空气中的自由电子变化缓慢，在晶体表面会产生剩余电荷，其电荷量与温度变化有关。如果在热电元件两端并联上电阻就会有电流流过，电阻两端将产生电压信号。热电元件常用的材料有单晶压电陶瓷高分子材料。

用热电元件、结型场效应晶体管、电阻、二极管、滤光片及外壳等可组成热释电传感器，其结构如图 7－36 所示。它是探测人体用的红外传感器，适用于防盗报警，来客告知及非接触开关等红外领域。

滤光片对于太阳和荧光灯的短波长具有高的反射率，而对人体发出来的红外热源有高的透过性，其光谱响应为 6 μm 以上，人体红外线波长为 10 μm。热释电型红外探测器的嗲亚响应率正比于入射幅值变化的速率。当恒定的红外辐射照射在热释电探测器上时，探测器没有电信号输出。所以对于恒定的红外辐射，必须进行调制(或称斩光)，使恒定辐射变

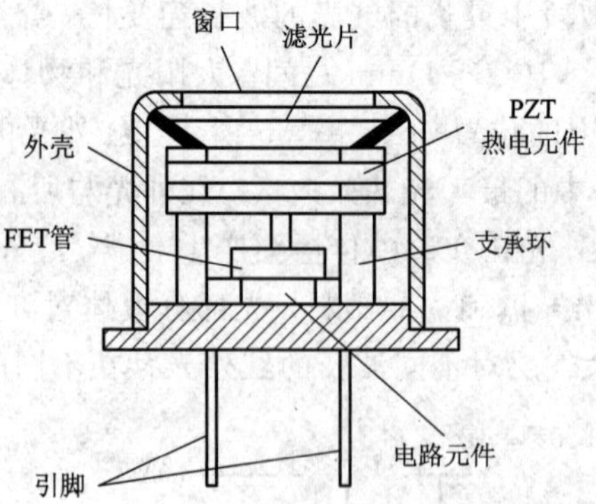

图 7-36　热释电红外传感器的结构

成交变辐射，不断引起探测器的温度变化，才能导致热释电产生，并输出不变的电信号。

菲涅耳透镜与热释电传感器配套使用，它可以把热释电传感器的检测距离扩大到10～15 m，视野角扩展到84°～135°。

7.6.3　红外传感器应用实例

红外自动干手器是一个用六个反相器CD4096组成的红外控制电路，如图7-37所示。反相器F_1、F_2，晶体管VT_1及红外发射二极管VL_1等组成红外光脉冲信号发射电路。红外光敏二极管VD_2及后续电路组成红外光脉冲的接收、放大、整形、滤波及开关电路。当将手放在干手器的下方10～15 cm处时，由红外发射二极管VL_1发射的红外光线经人手反射后被红外光敏二极管VD_2接收并转换成脉冲电压信号，经VT_2、VT_3放大，再经反相器F_3、F_4整形，并通过VD_3向C_6充电变为高电平，经反相器F_5变为低电平，使VT_4导通，继电器KM得电工作，触点KM_1闭合接通电热风机，热风吹向手部。与此同时，红外发射二极管VL_5也点亮，作为工作显示。为防止人手晃动偏离红外光线而使电路不能连续工作，由VD_3、R_{12}、C_6组成延时关机电路。C_6通过R_{12}放电需一段时间，在手晃动时仍保持高电平，使吹热风工作状态不变，延迟时间为3 s。

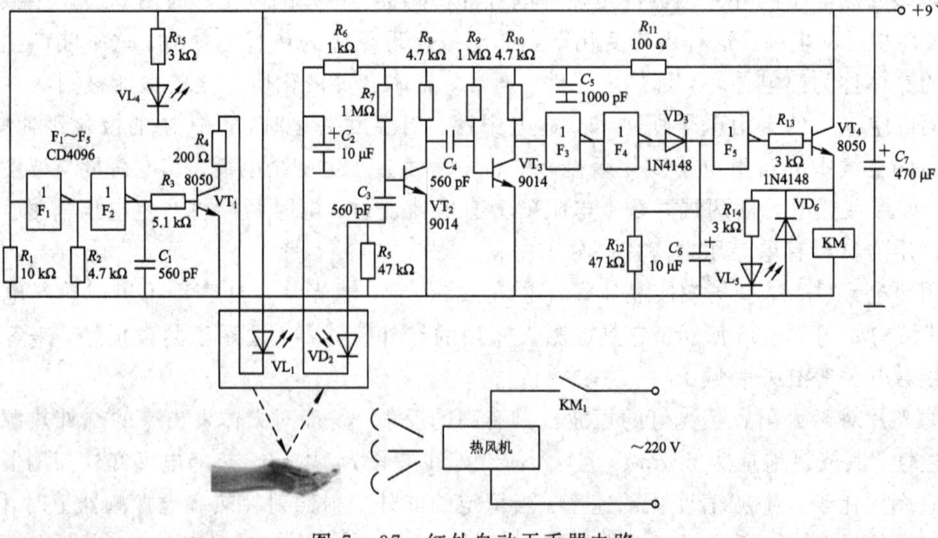

图 7-37　红外自动干手器电路

7.7 CCD图像传感器

CCD(Charge Coupled Device)图像传感器由CCD电荷耦合器件制成，是固态图像传感器的一种，是贝尔实验室的W. S. Boyle和G. E. Smith于1970年发明的新型半导体传感器。它是在MOS集成电路基础上发展起来的，能进行图像信息光电转换、存储、延时和按顺序传送，能实现视觉功能的扩展，能给出直观真实、多层次的、内容丰富的可视化图像信息。它的集成度高、功耗小、结构简单、耐冲击、寿命长、性能稳定，因而被广泛应用于军事、天文、医疗、广播、电视、传真、通信以及工业检测和自动控制等领域。

7.7.1 CCD图像传感器的工作原理

1. CCD电荷耦合器件

CCD电荷耦合器件是按一定规律排列的MOS(金属－氧化物－半导体)电容器组成的阵列，其构造如图7－38所示。

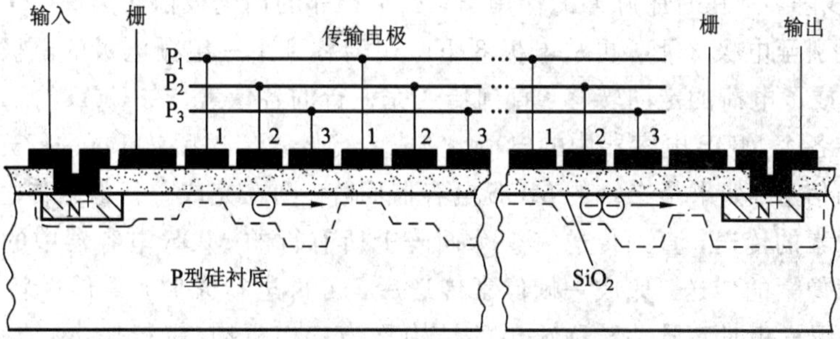

图7－38 CCD电荷耦合器件构造

在P型或N型硅衬底上涂一层很薄(约1200 Å)的二氧化硅，再在二氧化硅薄层上依次沉积金属或掺杂多晶硅形成电极，称为栅极。该栅极和P型或N型硅衬底形成了规则的MOS电容阵列，再加上两端的输入及输出，二极管就构成了CCD电荷耦合器件芯片。

MOS电容器和一般电容器不同的是，其下极板不是一般导体而是半导体。假定该半导体是P型硅，其中多数载流子是空穴，少数载流子是电子。若在栅极上加正电压，衬底接地，则带正电的空穴被排斥离开硅－二氧化硅界面，带负电的电子被吸引到紧靠硅－二氧化硅界面。当栅极电压高到一定值时，硅－二氧化硅界面就形成了对电子而言的陷阱，电子一旦进入就不能离开。栅极电压越高，产生的陷阱就越深。可见MOS电容器具有存储电荷的功能。如果衬底是N型硅，则在栅极上加负电压，可达到同样目的。

2. CCD图像传感器的工作原理

每一个MOS电容器实际上就是一个光敏元件，假定半导体衬底是P型硅，当光照射到MOS电容器的P型硅衬底上时，会产生电子－空穴对(光生电荷)，电子被栅极吸引存储在陷阱中。入射光强，则光生电荷多；入射光弱，则光生电荷少。无光照的MOS电容器则无光生电荷。这样把光的强弱变成与其成比例的电荷的多少，实现了光电转换。若停止光照，由于陷阱的作用，电荷在一定时间内也不会消失，可实现对光照的记忆。一个个的MOS电容器可以被设计排列成一条直线，称为线阵；也可以排列成二维平面，称为面阵。一维的线阵接收一条光线的照射，二维的面阵接收一个平面的光线的照射。CCD摄像机、照相机就是通过透镜把外界的景像投射到二维MOS电容器面阵上，产生MOS电容器面阵的光电转换和记忆的，如图7-39所示。

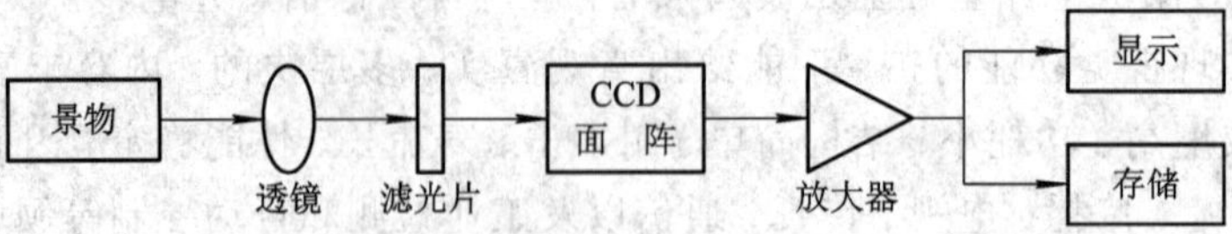

图7-39 CCD图像传感器的工作原理

线阵或面阵MOS电容器上记忆的电荷信号的输出是采用转移栅极的方法来实现的。在图7-38中可以看到，每一个光敏元件(像素)对应有三个相邻的栅电极1、2、3，所有栅电极彼此之间距离很近，所有的1电极相连加以时钟脉冲 P_1，所有的2电极相连加以时钟脉冲 P_2，所有的3电极相连加以时钟脉冲 P_3，三种时钟脉冲时序彼此交迭。若是一维的MOS电容器线阵，则在时序脉冲的作用下，三个相邻的栅电极依次为高电平，将电极1下的电荷依次吸引至电极3下，再从电极3下吸引转移到下一组栅电极的电极1下。这样持续下去，就完成了电荷的定向转移，直到传送完一行的各像素，在CCD的末端就能依次接收到原存储在各个MOS电容器中的电荷。完成一行像素传送后，可再进行光照，再传送新的一行像素的信息。如果是二维的MOS电容器面阵，则在完成一行像素传送后，可开始面阵上第二行像素的传送，直到传送完整个面阵上所有行的MOS电容器中的电荷为止，也就完成了一帧像素的传送。完成一帧像素传送后，可再进行光照，再传送新的一帧像素的信息。这种利用三相时序脉冲转移输出的结构称为三相驱动(串行输出)结构。还有两相、四相等其他驱动结构。

CCD电荷耦合器件的集成度很高，在一块硅片上制造了紧密排列的许多MOS电容器光敏元件。线阵的光敏元件数目从256个到4096个或更多。而面阵的光敏元件的数目可以是500×500个(25万个)，甚至在2048×2048个(约400万个)以上。当被测景物的一幅图像由透镜成像在CCD面阵上时，被图像照亮的光敏元件接收光子的能量产生电荷，电荷被存储在光敏元件下面的陷阱中。电荷数量在CCD面阵上的分布反应了图像的模样。在CCD芯片上同时集成有扫描电路，它们能在外加时钟脉冲的控制下，产生三相时序脉冲信号，由左到右，由上到下，将存储在整个面阵光敏元件下面的电荷逐位、逐行快速地以串行模拟脉冲信号输出。输出的模拟脉冲信号可以转换为数字信号存储，也可以输入视频显示器显示出原始的图像。

MOS电容器在光照下产生光生电荷，经三相时序脉冲控制转移输出的结构实质上是一种光敏元件与移位寄存器合而为一的结构，称为光蓄积式结构。这种结构最简单，但是因光生电荷的积蓄时间比转移时间长得多，所以再生图像往往产生“拖尾”，图像容易模糊不清。另外，直接采用MOS电容器感光虽然有不少优点，但它对蓝光的透过率差，灵敏度较低。

7.7.2　CCD图像传感器的应用

CCD电荷耦合器件单位面积的光敏元件位数很多，一个光敏元件形成一个像素，因而用CCD电荷耦合器件做成的图像传感器具有成像分辨率高、信噪比大、动态范围大的优点，可以在微光下工作。

光敏二极管产生的光生电荷只与光的强度有关，而与光的颜色无关。彩色图像传感器则采用三个光敏二极管组成一个像素的方法。在CCD图像传感器的光敏二极管阵列的前方，加上彩色矩阵滤光片，被测景物的图像的每一个光点由彩色矩阵滤光片分解为红、绿、蓝三个光点，分别照射到每一个像素的三个光敏二极管上，各自产生的光生电荷分别代表该像素红、绿、蓝三个光点的亮度。每一个像素的红、绿、蓝三个光点的光生电荷经输出和传输后，可在显示器上重新组合，显示出每一个像素的原始彩色。这就构成了彩色图像传感器。CCD彩色图像传感器具有高灵敏度和好的彩色还原性。

CCD图像传感器输出信号具有如下特点：

(1) 与景像的实时位置相对应，即能输出景像时间系列信号，也就是"所见即所得"。

(2) 串行的各个脉冲可以表示不同信号，即能输出景像亮暗点阵分布模拟信号。

(3) 能够精确反映焦点面信息，即能输出焦点面景像精确信号。

将不同的光源或光学透镜、光导纤维、滤光片及反射镜等光学元件灵活地与这三个特点相组合，就可以获得CCD图像传感器的各种用途，如图7-40所示。

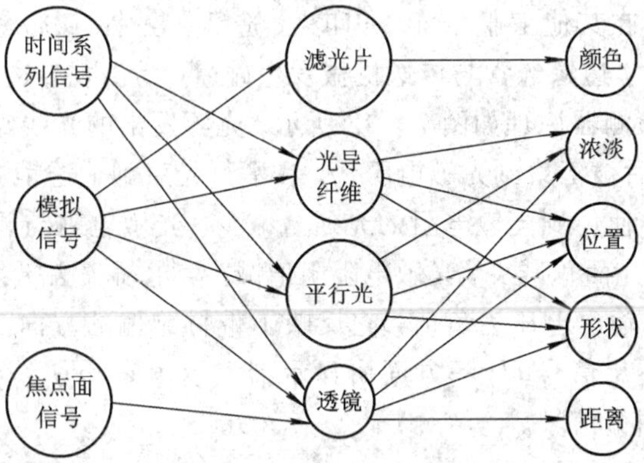

图7-40　CCD图像传感器的用途

CCD图像传感器进行非电量测量是以光为媒介的光电变换，因此，可以实现危险地点或人、机械不可到达场所的测量与控制。它能够测试的非电量和主要用途大致为

(1) 组成测试仪器，可测量物位、尺寸、工件损伤等。

(2) 作为光学信息处理装置的输入环节，可用于传真技术、光学文字识别技术以及图像识别技术、传真、摄像等方面。

(3) 作为自动流水线装置中的敏感元件，可用于机床、自动售货机、自动搬运车以及自动监视装置等方面。

(4) 作为机器人的视觉，监控机器人的运动。

下面以数码相机为例来介绍CCD图像传感器的应用。

数码相机的基本结构如图7-41所示。

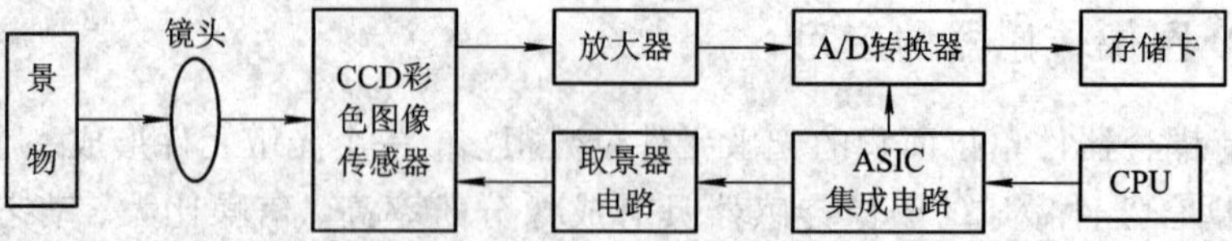

图 7-41 数码相机的基本结构

变化的外界景物通过镜头照射到 CCD 彩色图像传感器上，当使用者感到图像满意时，可由取景器电路发出信号锁定，再由 CCD 彩色图像传感器转换为串行模拟脉冲信号输出。该串行模拟脉冲信号由放大器放大，再由 A/D 转换器转换为数字信号，存储在 PCMCIA 卡(个人电脑存储卡国际接口标准)上。该存储卡上的图像数据可送微型计算机显示和保存。A/D 转换器输出的数字图像信号也可由串行口直接送微型计算机显示和保存。

7.8 光电传感器设计实例

此节以设计带材跑偏检测器为例。

7.8.1 设计思路

带材跑偏检测器用来检测带形材料在加工中偏离正确位置的大小及方向，从而为纠偏控制电路提供纠偏信号。例如在冷轧带钢厂中，钢带在某些工艺，如连续酸洗、退火、镀锡等过程中易产生走偏。在其他工业部门，如印染、造纸、胶片、磁带等生产过程中也会发生类似问题。带材走偏时，边缘经常与传送机械发生碰撞，易出现卷边，造成废品。

光电式带材跑偏检测器原理如图 7-42 所示。光源发出的光线经过透镜 1 会聚为平行光束，投向透镜 2，随后被汇聚到光敏电阻上。在平行光束到达透镜 2 的途中，有部分光线受到被测带材的遮挡，使传到光敏电阻的光通量减少。光敏电阻与测量电桥组成光通量电路，当带材左偏时，遮光面积减少，光敏电阻阻值减少，电桥失去平衡。差动放大器将这一不平衡电压加以放大，输出电压为负值，它反映了带材跑偏的方向及大小。反之，当带材右偏时，U_o 为正值。输出信号 U_o 一方面由显示器显示出来，另一方面被送到执行机构，为纠偏控制系统提供纠偏信号。

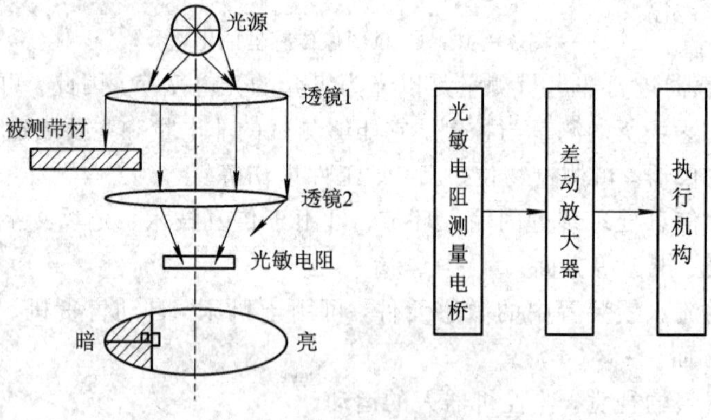

图 7-42 带材跑偏检测系统原理图

7.8.2　设计要求

对照图 7－43 完成下列设计：

（1）光敏电阻测量电桥。

（2）差动放大器。

（3）执行机构。

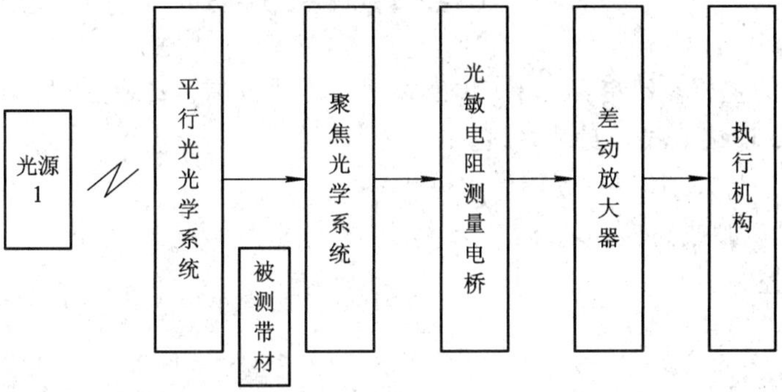

图 7－43　带材跑偏检测系统框图

7.8.3　设计过程

图 7－44 为测量电路简图。R_1、R_2 是同型号的光敏电阻。R_1 作为测量元件装在带材下方，R_2 用遮光罩罩住，起温度补偿作用。当带材处于正确位置(中间位)时，由 R_1、R_2、R_3、R_4 组成的电桥平衡，使放大器输出电压 U_o 为 0。当带材左偏时，遮光面积减少，光敏电阻 R_1 阻值减少，电桥失去平衡。差动放大器将这一不平衡电压加以放大，输出电压为负值，它反映了带材跑偏的方向及大小。反之，当带材右偏时，U_o 为正值。输出信号 U_o 一方面由显示器显示出来，另一方面被送到执行机构，为纠偏控制系统提供纠偏信号。

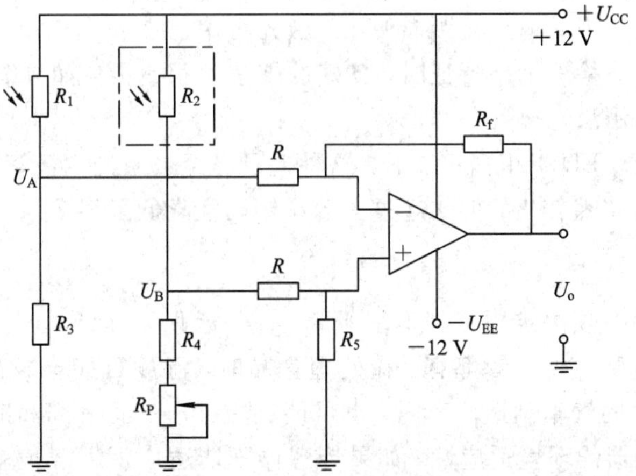

图 7－44　测量电路简图

执行机构是由比例调节阀来实现的。比例调节阀是由一个液压缸(内置液压油和活塞)和一个电磁线圈组成的。当带材右偏时，U_o为正值。输出信号U_o一方面由显示器显示出来，另一方面被送到比例调节阀的电磁线圈，使液压缸中的活塞左、右运动。

设带材右偏，正的U_o使液压油从液压缸的左侧进入，将卷取辊支架及滑台向右推，纠正带材的跑偏，图中的R_P用于微调电桥的平衡。

7.9 光电传感器的选择

光电传感器的主要参数有：尺寸、传感模式、传感范围、安装方式、输出、工作模式、工作电压、光源、连接方式和封装材料。

光电传感器的特殊功能包括：

(1) 可在高速和/或高温环境下工作。

(2) 可逻辑控制。

(3) 可计算机编程。

(4) 具有网络兼容性。

这种过剩的选择可以采用以下两种方式来缩小范围：首先需要考虑检测对象；其次是传感器的工作环境。

1. 装箱

光学性质与物理距离将决定采用何种传感模式与哪种光源最合适。例如，在检测单色纸箱的情况下，也许可以采用廉价的、从纸箱上反射光束的散射传感器。

但当纸箱为彩色从而使反射率不同时，就不能采用以上解决方案。在这种情况下，最好的解决方案也许是采用相反或反射模式传感器。在此方案中，系统是通过屏蔽光束来工作的。当纸箱到位时，光束被遮挡，从而使纸箱检测。如果没有透明的箱子，此技术应该能获得可靠的结果。目前已有好几种传感器能检测不同高度的纸箱。

距离在选择光源，例如LED或激光时起重要作用。LED虽比较便宜，但由于它是一种散射度较高的光源，因此适合短距离使用。激光可聚焦在一个点上，因此能获得传播距离更远的光束。当需要检测细微特征时，良好的聚焦也很重要。如果需要从几英尺外对准细微特征，则必须使用激光。

激光传感器要比LED贵很多倍，不过这种差别已经被激光二极管价格的下降缩小了。虽然目前使用的激光仍然较贵，但比起过去的花销已经降低了很多。

2. 环境挑战

选择传感器的另一项决定因素是工作环境。一些行业(如食品与汽车行业等)的工作环境可能会很脏或很危险，或二者都有。在处理食品时，湿度可能会较高以及有很多液体。处理引擎或其他零件的汽车制造厂车间，也可能会有沙子、润滑剂和冷却剂等。在这种情况下，必须考虑传感器的环境适应性，如果传感器不能适应污垢环境就不能被使用。这种考虑还会影响所需的检测范围，因为可能需要将传感器放在恶劣环境外一个更远的位置上(而不是放在所需的位置)。如果指示灯被弄脏或信号减弱，那么能够主动告警和通知是很有帮助的。

类似的环境问题也会影响传感器的尺寸，尺寸的变化可以从比一个手指还小到比张开的手掌还大。小尺寸传感器比大尺寸传感器要贵，因为将所有部件都装入一个小空间内的成本更高。小尺寸传感器收集光线的面积更小，一次检测范围更小，光学性能更低。这些缺点必须克服，以便小尺寸传感器能更好地与可用物理空间相匹配。

再如，在半导体洁净室设备中所使用的传感器虽然工作环境不恶劣，但必须在狭窄的空间内工作，其检测距离通常为数英寸，因此传感器一般都较小。这些传感器还常常使用光纤来将光线导入(或导出)检测区。

3. 安装与价格

另一项考虑的因素是安装系统。传感器通常需要用盒子或其他方法来进行机械保护。这种机械与光学保护的成本可能要比传感器本身的成本还高，因此是购买时需考虑的一项重要因素。如果厂商拥有灵活的安装系统，以及针对传感器的保护性安装安排，则产品更容易实现，寿命也更长。

激光与专用光电传感器的价格约为150～500美元。像低级封装、标准光学性能以及有限的(或完全没有)外部调整等，都是每种传感器低端产品所具有的特征。而高端产品则拥有高级封装(如不锈钢或铝等)、高光学性能以及可调增益、定时或其他选项。低端产品适合普通应用，而高端产品则可以在高速、高温或易爆等特殊环境下使用。

最后请记住，一种传感技术不可能满足应用的所有需求，如果需要改动，那么可能需要一种完全不同的传感器技术。如果厂商在同一封装与安装尺寸内提供了多种传感器技术，则转向一种新的方法并不难。如果真是这样，那么随着需求的改变，很容易从一种传感器技术转向另一种传感器技术。

思考题及习题

1. 光电效应可分为几类？试说明其原理并指出相应的光电器件。

2. 请谈谈如何利用热释电传感器及其他元器件实现宾馆玻璃大门的自动开闭。

3. 造纸工业中经常需要测量纸张的“白度”以提高产品质量，请你设计一个自动检测纸张“白度”的测量仪，要求：

(1) 画出传感器简图。

(2) 画出测量电路简图。

(3) 简要说明其工作原理。

4. 何谓光电池的开路电压及短路电流？为什么作为检测元件时要采用短路电流输出形式？

5. 光电阵列器件包括哪几大类？主要应用在什么领域？

6. 如图7-45所示电路，请判断：

(1) 哪些电路可以正常工作？

(2) 哪些电路可以实现光通控制？

(3) 哪些电路可以实现暗通控制？

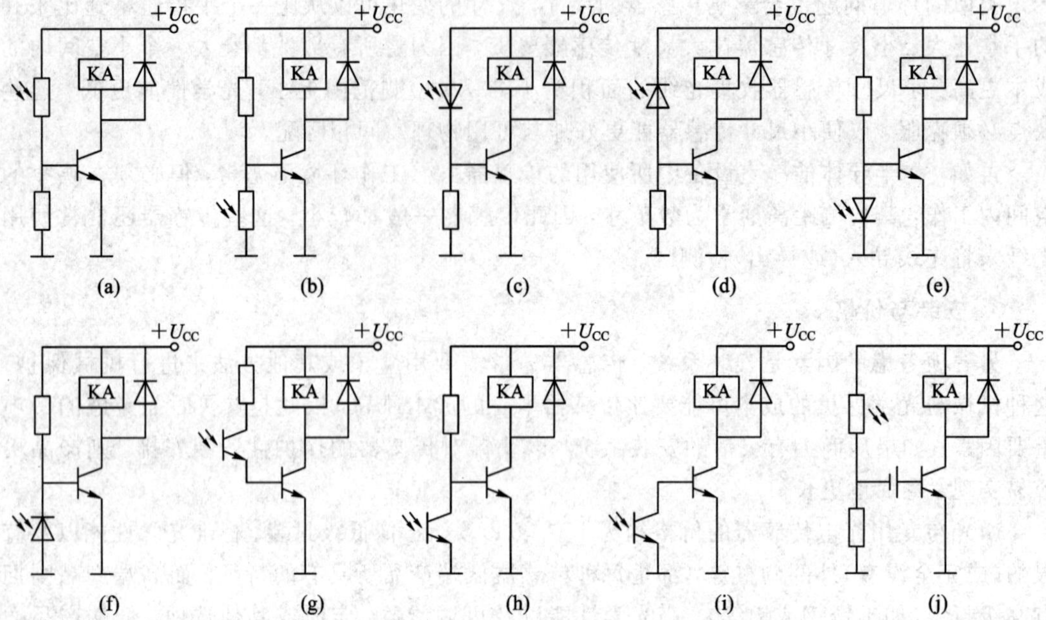

图 7-45 习题 6 图

7. CCD 电荷耦合器件的 MOS 电容器阵列是如何将光照射转换为电信号并转移输出的?

8. 光纤的基本结构如何?说明其传光原理。

第 8 章　物 位 的 检 测

8.1　概　　述

物位检测在现代工业生产中具有重要的地位，通过物位测量，可以确定容器中的储料数量，以保证连续生产的需要或进行经济核算；也可以监视或控制容器的物位，使它保持在规定的范围内，或对它的上、下极限位置进行报警，以保证生产安全、正常的进行。

8.1.1　物位的测量对象

1. 物位的概念

物位是指存放在容器或工业设备中物质的高度和位置。如液体介质液面的高低称为液位；液体一液体或液体固体的分界面称为界位；固体粉末或颗粒状物质的堆积高度称为料位。液位、界位及料位统称为物位。

2. 物位传感器

用来对物位进行测量的传感器称为物位传感器，由此制成的仪表称为物位计。物位计是液位计、料位计、界面计的统称。液位是指开口容器或密封容器中液体介质液面的高低，用来测量液位的仪表称为液位计；料位是指固体粉状或颗粒物在容器中堆积的高度，用来测量料位的仪表称为料位计；相界面是指两种液体介质的分界面，用来测量分界面的仪表称为界面计。

物位检测在现代工业生产过程中具有重要地位。一方面通过物位检测可确定容器里的原料、半成品或成品的数量，以保证能连续供应生产中各个环节所需的物料或进行经济核算；另一方面是通过检测，连续监视或调节容器内流入和流出物料的平衡，使之保持在一定的高度，使生产正常进行，以保证产品的质量、产量和安全。一旦物位超出允许的上、下限则报警，以便采取应急措施。

8.1.2　物位的测量方法及分类

为满足生产过程物位检测的要求，目前已建立起各种各样的物位检测方法，如直读法、浮力法、静压法、电容法、核辐射法、超声波法以及激光法、微波法等。

根据测量原理的不同，可分为：静压式物位检测、浮力式物位检测、电学式物位检测、声学式物位检测、射线式物位检测、雷达式物位检测等。

按照与被测介质接触与否分为：接触式物位检测和非接触式物位检测。静压式物位检测、浮力式物位检测、电学式物位检测属于接触式物位检测；声学式物位检测、射线式物位检测、雷达式物位检测属于非接触式物位检测。

8.2 静压式液位检测

静压式物位检测方法是根据液柱静压与液柱高度成正比的原理来实现的，其原理如图8-1所示。根据流体静力学原理，可得A、B两点之间的压力差为

$$\Delta P = P_B - P_A = H\rho g \tag{8-1}$$

式中：P_A——容器中A点的静压；

P_B——容器中B点的静压；

H——液柱的高度；

ρ——液体的密度。

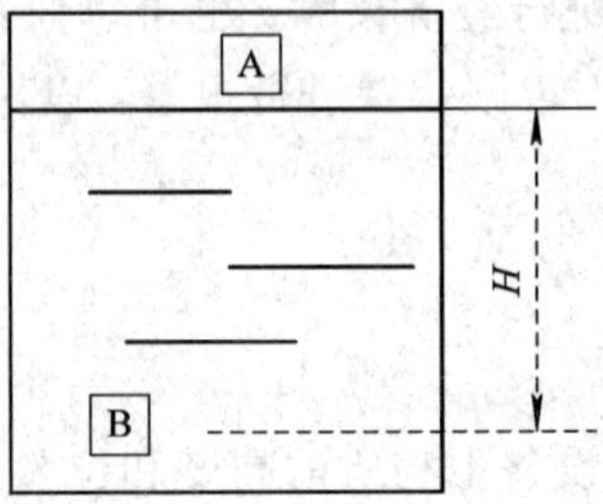

图8-1　静压式物位检测原理图

当被测对象为敞口容器时，则P_A为大气压，上式变为

$$P = P_B - P_A = H\rho g \tag{8-2}$$

式中：P——容器中B点的压力；

由式(8-1)和式(8-2)可知，在测量过程中，如果液体密度ρ为常数，则在密闭容器中，A、B两点的压差与液面高度H成正比；而在敞口容器中，P与H成正比，也就是说，测出ρ和ΔP就可以知道敞口容器或密闭容器中的液位高。

可见，凡是能够测量压力或压差的仪表，只要量程合适，就可以测量物位。

8.2.1 差压液位计

在对密闭容器液位进行测量时，容器下部的液体压力除与液位高度有关外，还与液面上部介质压力有关。根据式(8-1)可知，在这种情况下，可以用测量差压的方法来获得液位，如图8-2所示。

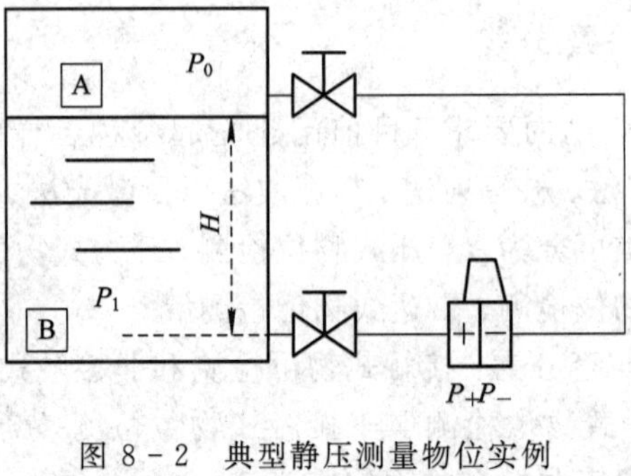

图8-2　典型静压测量物位实例

实现静压式物位测量可以通过压力表、引压装置来实现。图 8－2 所示为静压式物位测量的典型应用实例。

图 8－2 为无量程迁移的情况，选取两个引压点 P_0、P_1，引入差压计，可得差压 ΔP。则有：

$$P_{+}=P_0+H\rho_1 g$$
$$P_{-}=P_0$$

所以

$$\Delta P=P_{+}-P_{-}=H\rho_1 g$$

得

$$H=\frac{\Delta P}{\rho_1 g}$$

从而得出物位与静压差成正比。

和压力检测法一样，差压检测法的差压指示值除了与液位高度有关外，还与液体密度和差压仪表的安装位置有关。当这些因素影响较大时必须进行修正。

8.2.2 浮子式液位计

浮力式液位计是根据液位变化时，漂浮在液体表面的浮子随之同步移动的原理工作的，它是利用作用于圆筒式平衡浮子的浮力与液位成正比的原理(阿基米德定律)来进行测量的，故实际上随着液位的变化，平衡浮子也随之上下浮动，产生移动距离。这一移动距离通过机构传出或变成气信号或电信号，即可测出液位，即为变浮力式测量；也可将浮筒的一部分浸入液体中，并使之不能自由漂浮，则其所受的浮力将随液位或相界面位置而变化，测出此浮力变化即可测出液位，即恒浮力式测量。

1. 恒浮力式液位检测

恒浮力式液位检测原理如图 8－3 所示，将液面上的浮子用绳索连接并悬挂在滑轮上，绳索的另一端挂有平衡重锤，利用浮子所受重力和浮力之差与平衡重锤的重力相平衡，使浮子漂浮在液面上的原理，得公式：

$$W-F=G \tag{8-3}$$

式中：W——浮子的重力；

F——浮力；

G——重锤的重力。

当液位上升时，浮子所受浮力 F 增加，$W-F<G$，使原有平衡关系被破坏，浮子向上移动。但浮子向上移动的同时，浮力 F 下降，$W-F$ 增加，直到 $W-F$ 又重新等于 G 时，浮子将停留在新的液位上，反之亦然。因而实现了浮子对液位的跟踪。由于式(8－3)中的 W 和 G 可认为是常数，因此浮子停留在任何高度的液面上时，浮子所受的浮力不变，故称此法为恒浮力法。该方法的实质是通过浮子把液位的变化转换成机械位移(线位移或角位移)的变化。上面所讲的只是一种转换方式，在实际应用中，还可采用各种各样的结构形式来实现液位－机械位移的转换，并可通过机械传动机构带动指针对液位进行指示。如果需要远传，还可通过电或气的转换器把机械位移转换为电信号或气信号。

图 8－3 所示的浮力液位计只能用于常压或敞口容器，通常只能就地指示。由于传动

部分暴露在周围环境中，使用日久摩擦增大，液位计的误差就会相应增大，因此这种液位计只能用于不太重要的场合。

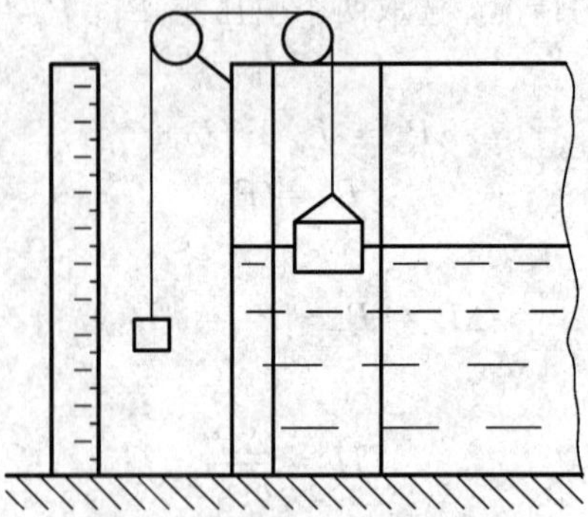

图 8-3　恒浮力物位测量原理

图 8-4(a)所示为在密闭容器中设置一个测量液位的通道，在通道的外测装有浮标 1 和磁铁 2，通道内测装有铁芯 3。当浮子随液位上下移动时，铁芯被磁铁吸引而同步移动，通过绳索带动指针指示液位的变化。

图 8-4(b)所示为适用于高温、黏度大的液体的液位计，浮球 6 是不锈钢的空心球，通过杠杆 7 和转动轴 8 连接，配合 9 用来调节液位计的灵敏度，使浮球刚好一半浸没在液体中。浮球随液位升降而带动转轴旋转，指针就在标尺上指示液位值。

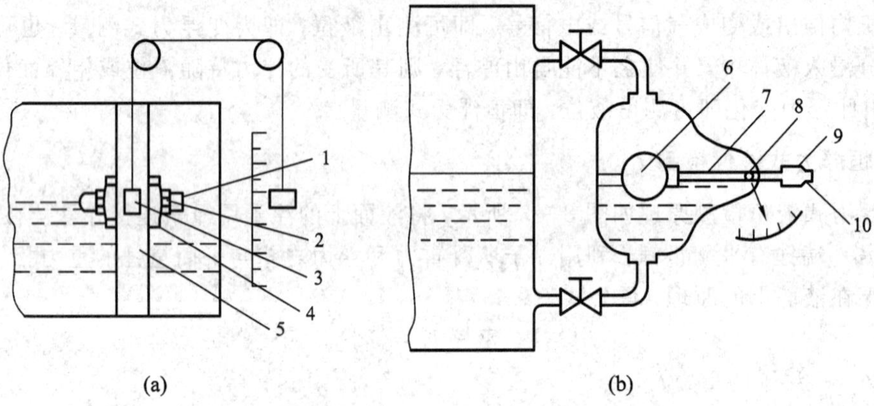

1—浮标；2—磁体；3—铁芯；4—导轮；5—非导磁管；6—浮球；
7—连杆；8—转动轴；9—秤锤；10—杠杆

图 8-4　浮力式液位计示意图

2. 变浮力式液位测量

变浮力式液位测量如图 8-5 所示，通过由于被液体浸入高度不同以致所受的浮力不同来检测液位的变化。将一横截面积为 A，质量为 m 的圆筒形空心金属浮筒挂在弹簧上。由于弹簧的下端被固定，因此弹簧因浮筒的重力被压缩，当浮筒的重力与弹簧的弹力达到平衡时，浮筒停止移动，平衡条件为

$$Cx_0 = G \tag{8-4}$$

式中：C——弹簧阻力系数；

x_0——不受浮力时弹簧与浮筒力平衡后弹簧的长度；

G——浮筒的重力。

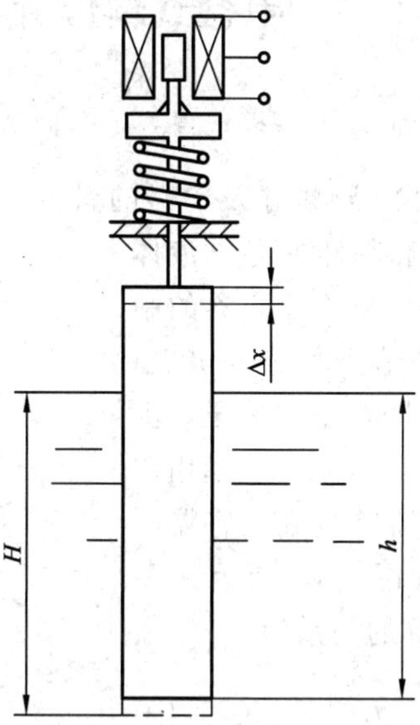

图 8 - 5　变浮力式液位计原理

当浮筒的一部分被浸没时，浮筒受到液位对它的浮力作用而向上移动；当它与弹力和浮筒的重力平衡时，浮筒停止移动。设液位高度为 H，浮筒由于向上移动而实际浸没在液体中的高度为 h，则浮筒移动的距离即弹簧的位移改变量 Δx 为

$$\Delta x = H - h \tag{8 - 5}$$

根据力平衡原理，有

$$G - F = C(x_0 - \Delta x) \tag{8 - 6}$$

式中：F——浮力。

将上式化简得

$$mg - Ah\rho g = C(x_0 - \Delta x) \tag{8 - 7}$$

式中：ρ——液体的的密度。

由式(8 - 4)和式(8 - 7)可得

$$Ah\rho g = C\Delta x \tag{8 - 8}$$

由于 $H \gg \Delta x$，$H \approx h$，因而

$$H = \frac{C\Delta x}{A\rho g} \tag{8 - 9}$$

由式(8 - 9)可知，当液位变化时，使浮筒产生位移，其位移量 Δx 与液位高度 H 成正比关系。因此变浮力式物位检测方法实质上就是将液位转换成敏感元件浮筒的位移变化。可应用信号变换技术，进一步将位移变化转换成电信号，配上显示仪表在现场或控制室进行液位指示和控制。

图 8 - 5 是在浮筒的连杆上安装一铁芯，可随浮筒一起上下移动，通过差动变压器使输出电压与位移成正比关系，从而检测液位。除此之外，还可以将浮筒所受的浮力通过扭力管达到力矩平衡，把浮筒的位移变成扭力管的角位移，进一步用其他转换元件转换为电

信号，构成一个完整的液位计。浮筒式液位计不仅能检测液位，而且还能检测界面。

8.3 电容式料位计

1. 电容式料位计的工作原理

用电容法可以测量固体块状、颗粒体及粉料的料位，其工作原理与液位测量大致相同。当测量粉状导电固体料位和粘滞非导电液体液位时，可采用内电极直接插入圆筒形容器的中央，将仪表地线与容器相连，以容器作为外电极，物料或液体作为绝缘物质构成圆筒形电容器。由于固体间磨损较大，容易“滞留”，因此一般不用双电极式电极。可用电极棒及容器壁组成电容器的两极来测量非导电固体料位，如图 8-6 所示。

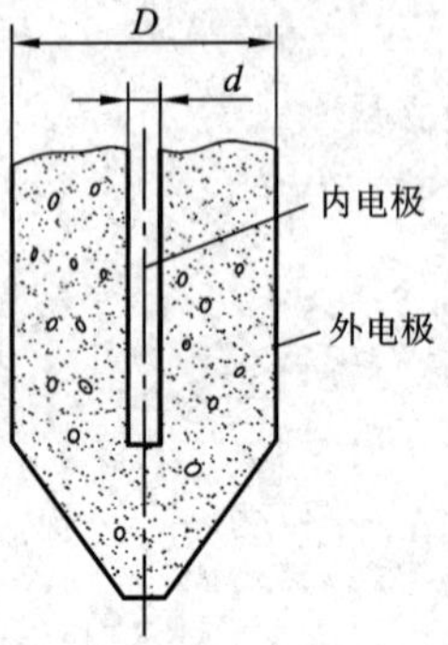

图 8-6　电容式料位计原理图

它的电容量变化与料位升降的关系为

$$\Delta C=\frac{2\pi(\varepsilon_1-\varepsilon)}{\ln(D/d)}h \qquad (8-10)$$

式中：D、d——分别为容器的内径和传感器的外径；

ε、ε_1——分别为空气和物料的介电常数。

2. 电容式料位计的应用实例

图 8-7 是电容式料位计测量结构图，它利用电容传感器对于密封仓内导电性不良的松散物质的料位进行检测，并能进行自动控制。检测料位时，可以用指示灯来监视料位的情况，如到达上限时应停料，到达下限时应加料等。

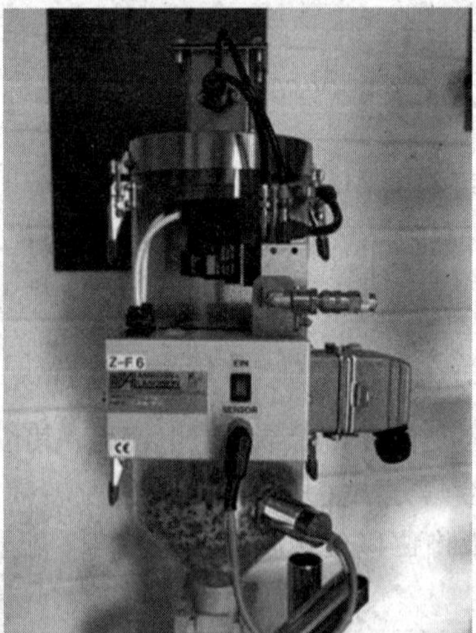

图 8-7　电容式料位计用于自动控制

电容式传感器侧装于料仓里，利用它对料仓壁形成的分布电容来检测。图8－8是电容式料位计的电路图。电路分为信号测量电路和控制电路两部分。利用C_x、C_2、C_3、C_4组成电桥，当$C_2C_4=C_3C_x$时，电桥平衡。料面增加时，C_x随之增大，电桥失去平衡，按电桥输出电压来判断料面的情况。电桥输出交流信号，经VT_2放大后，由VD_1检波变成直流信号，电桥的输入电压由VT_1和LC回路组成的振荡器供电，其频率约为70 kHz，幅值约为250 mV。

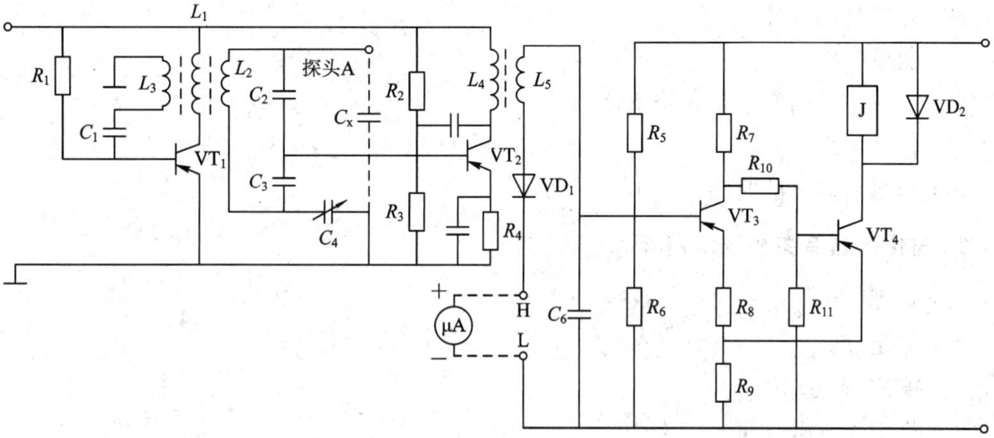

图8－8　电容式料位计电路图

控制电路由VT_3和VT_4组成的射极耦合触发器及继电器J组成。从测量电路送来的直流信号，当其幅值达到一定值时，触发器翻转，VT_4由截止变为饱和状态，继电器J吸合，由它的触点控制相应的指示灯亮。

此仪器在安装时，为减少探头对地的固有电容，常用两只高压瓷瓶相串联做绝缘体。探头接线不能太长，否则引线间的杂散电容过大。在调整仪器时，电路中的H、L两点要断开，串上电流表。当电流表在50 μA挡时，调C_4使表头指零。将电流表撤除，H、L短接。

电容式料位计的传感部分结构简单、使用方便。但由于电容变化量不大，要精确测量，就需借助比较复杂的电子线路才能实现。(电容式传感器的测量电路在前面已经讲过，本章不再赘述。)此外，还应注意介质浓度、温度变化时，其介电系数也要发生变化这一情况，以便及时调整仪表，达到预期的测量目的。

8.4　物位测量中应注意的问题

物位是工业过程中最常用、最重要的测量参数之一，而物位测量仪表种类多样，测量方法各不相同。如何正确进行物位测量，得到准确的数据是对测量者提出的更高要求。本节将主要介绍物位测量中应当注意的问题。

为了保证物位测量的准确性，一般从被测量介质、物位计选型、测量电路、安装方式、技术要求、传感器标定等几个方面来考虑。

8.4.1 物位计的选型

液位计的选型主要从测量要求、测量范围、被测量介质、二次仪表的匹配、传感器安装方式等几个方面考虑。

1. 与测量条件有关的因素

(1) 测量目的。

(2) 被测量的选择。

(3) 测量范围。

(4) 输入信号的幅值及频带宽度。

(5) 精度要求。

(6) 测量所需要的时间。

2. 与传感器有关的技术指标

(1) 精度。

(2) 稳定度。

(3) 响应特性。

(4) 模拟量与数字量。

(5) 输出幅值。

(6) 对被测物体产生的负载效应。

(7) 校正周期。

(8) 超标准过大的输入信号保护。

3. 与使用环境条件有关的因素

(1) 安装现场条件及情况。

(2) 环境条件(湿度、温度、振动等)。

(3) 信号传输距离。

(4) 所需现场提供的功率容量。

物位计无论是连续量的信号或开关量的信号都是用作高度指示的。在不同场合应用不同的产品,这是根据实际现场环境而定的。比如现场要求防腐并且要求测量仪器不能与测量介质接触,那就选用非接触的仪表;若环境不太复杂,没有高温、高压、雾气的场合并且要求尽量经济,那么超声波液位计就是最为理想的选择;反之,若出现高温、高压、雾气等情况时,就只能选用价格稍高的雷达液位计来测量。

任何仪表选型首先考虑的是符合应用,其次才能考虑价格。静压液位计的应用环境是深水井、深水池,一般都是大中等量程,而小量程选用静压液位计的很少。它的最小测量范围为 0.5 米时才能保证仪表精度。浮筒式液位计一般是在现有的设备上没有安装位置,需引出旁通管时选用的。激光式物位计的应用与超声波雷达有相似之处,即都是非接触式测量,但就激光式物位计而言,它测量的空隙狭小。导纳式物位计的测量范围最为广泛,几乎可以测量所有的介质,最常用的是测量粘稠、油类等。磁伸缩液位计是高精度测量的产品，精度能达到1 mm，一般用于成品油的测量，在油站、油库应用的特别广泛。磁翻板液位计是现场直观显示的仪表，红白对比显示，在水箱、锅炉上应用广泛，且室内外均可。玻璃管液位计也是直观显示的，主要用于室内，它的防护性能较差。浮球式液位计接液部分为机械式机构，持久耐用，价格经济。电容式液位计现阶段普及的很快，在很多场合已经替代了浮球式液位计。钢带式液位计主要用于油库测量，虽然精度不是很高但价格适中，是性价比很好的一款产品。振动物位开关是测量一些不导电，并且可能带静电的一些介质的，一般塑料颗粒用振动物位开关效果是最好的。电容物位开关只要是导电性能好的介质就可以测量。导纳物位开关是电容物位开关的升级产品。电容测量液体效果显著，抗粘稠性能不如导纳物位开关，导纳物位开关是属于万能的产品，几乎可以测量所有的介质。导纳物位开关已经被更多地应用于实际生产和工作中。

对于需要通过物位检测确定容器里的原料、半成品或成品的数量的，可以选用各种物位计；对于生产中需连续监视或调节容器内流入和流出物料的平衡，使之保持在一定的高度，使生产正常进行，且一旦物位超出允许的上、下限就报警的，则可以选用物位开关。

在采用差压法测量液位时，差压变送器量程的确定是能否进行正确测量的关键所在。通常设计者在差压变送器量程的确定中，往往忽略了二次仪表刻度范围与差压变送器量程之间的“匹配”问题，从而造成了整个液位测量系统设计上的不合理，甚至是产生不安全的因素。

对于高压、高温和有毒的密封容器的液位测量，必须采用非接触式液位计，如核辐射液位计或超声波物位计等，它不易受周围电磁场、烟气和灰尘等影响，但使用时须注意保护。

对于用电容式物位计的选择，可以根据现场实际情况，即被测介质的性质(导电特性、黏滞性)、容器类型(规则/非规则金属罐、规则/非规则非金属罐)进行。测量导电液体的电容物位传感器，容器和液体作为电容器的一个电极，插入的金属电极作为另一个电极，绝缘套管作为中间介质，三者组成圆筒形电容器。当容器为非导电体时，需加一个接地极，其下端浸至被测容器底部，上端与安装法兰可靠连接，以使两电极有一个与大地及仪表地线相连，保证仪表正常测量。测量非导电液体的电容物位传感器，当用于较稀的非导电液体(如轻油等)时，可采用一金属电极，外部同轴套上一金属管，相互绝缘固定，以被测介质为中间绝缘物质构成同轴套筒形电容器。当测量粉状非导电固体料位和黏滞性非导电液体液位时，可采用金属电极直接插入圆筒型容器的中央，将仪表地线与容器相连，以容器作为外电极，物料或液体作为绝缘介质构成圆筒形电容器。

另外，对于购买和维修等的有关因素，如价格、零配件的储备、服务与维修制度、保修时间、交货日期等，也是选择传感器中要注意的事项。

8.4.2　测量电路

物位的测量信号按信号类型可分为模拟信号和数字信号。数字信号又分为数字开关量信号和数字脉冲信号。大部分的物位传感器输出的是模拟信号，信号一般比较弱，如电压信号可能为mV级甚至μV级，电流信号为mA级甚至nA级。这些信号在传输过程中会产生各种衰减及干扰，因而在物位测量传感器后还需设计测量电路对信号进行处理。测量电路起到信号放大、阻抗匹配、信号调理等作用，通过测量电路可使物位信号变为标准(或近似标准的)电信号。

设计一个合理的测量电路对于物位的检测是十分有必要的。通常的物位测量电路包括信号转换电路、放大电路、阻抗匹配电路及信号调理电路。在设计电路时必须考虑以下几点。

1. 信号转换

物位的输出信号有可能为电流、电压、电阻、电容、电感甚至脉冲，一般要求通过相应的转换电路将之转换为电压信号。如电桥可将电阻、电容、电感转换为电流或电压信号；*I*/*U* 变换器可将电流信号转换为电压信号；电荷放大器将电场型传感器输出产生的电荷转换为电压；*F*/*U* 转换电路可将频率信号转换为电压信号。

2. 信号放大

传感器的输出信号一般比较微弱，需通过放大电路将其输出的直流信号或交流信号进行放大处理，为检测系统提供高精度的信号。放大电路各种各样，针对不同的信号有不同的放大电路。信号放大的目的将信号放大为标准电压信号：1 ～ 5 V(0～10 V)或标准电流信号：4～20 mA(0～20 mA)，或其他标准电压电流信号，方便被测信号的后续变换、处理、记录、分析等工作。

放大电路包括电荷放大器、同相比例放大器、反相比例放大器、电流电压变换放大器、差动放大器、自举型高输入阻抗放大器、斩波稳零放大器、仪用放大器、隔离放大路等。

3. 信号调理

通常的传感器输出为高阻抗，为了使信号能够传输到后续电路进行处理，一般要通过电阻匹配电路将高阻抗变换为低阻抗。在传感器获取的信号中往往会混入一些干扰信号，所以必须采取相应的措施，提取有用信号、抑制噪声。以上对于阻抗匹配及抗干扰的处理称为信号调理。典型的信号调理电路包括阻抗匹配电路、抗干扰电路、调制及解调电路等。

如对电容式物位计可以采用桥式电路将电容变化值转换为电压变化值，然后用射极跟随器进行阻抗匹配，再通过放大电路进行放大得到标准信号，最后进行输出的阻抗匹配。

8.4.3 系统安装

物位传感器系统的安装对于测量结果的影响也非常大，通常从以下几个方面进行考虑。

1. 传感器的安装

传感器的安装取决于测量的介质及现场安装条件。一般要注意安装的位置、支架或底座。支架或底座要有足够的强度和刚性，一般要求高于传感器本身的强度和刚度。安装的位置要合理，并且安装面要平整，清洁，无任何油膜、胶膜等存在。安装搬运时，为保证其不受损坏，必须轻拿轻放，尤其是用铝合金制作的传感器，任何冲击、跌落，对其性能均可能造成极大的损坏，同时应尽可能使用专用工具。

例如，对于超声波物位传感器的安装来说，其注意事项为

(1) 传感器和最高液(物)位之间距离应大于盲区(安置高度≥液(物)位最高高度+盲区)。

(2) 同时要保证传感器轴线应垂直于被测液(物)，以保证超声波的发射正对液面。

(3) 在固定当中必要时可加橡胶垫圈，同时尽可能远离噪声源。

(4) 因传感器发射波夹角的存在，在安置时应与器壁保持一定的距离，并保证波束区内不得有障碍物。

(5) 尽量避免日光直接照射，建议配遮阳罩或保护箱。

图8-9为常见错误安装方式，图8-10为正确安装方式。

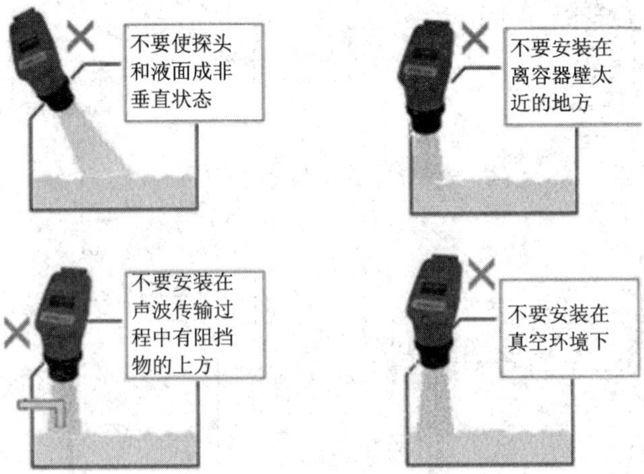

图8-9　常见错误安装方式

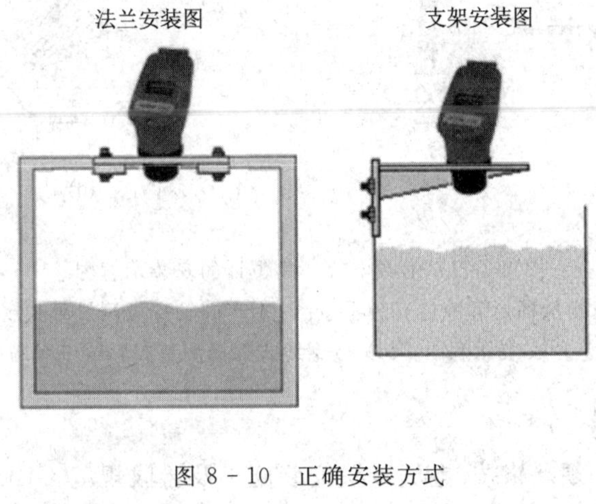

图8-10　正确安装方式

射频电容式物位计的安装如图8-11所示，需注意以下几个方面：

(1) 测量液体罐时，电极应与罐壁平行。电极与罐壁的距离应大于200 mm。

(2) 如果液体罐为非金属应选用同轴探极，或者由罐底至罐顶加装金属带作为参考电极并与传感器外壳接地端子用导线可靠连接。

(3) 测量固体时若仓壁为混凝土，应注意使传感器外壳接地端子与混凝土钢筋用导线可靠连接。

(4) 传感器与二次表之间用双绞线连接，距离小于 1 公里(注意：“+”、“-”极不能接反)。

(5) 电极长度应稍大于量程范围。

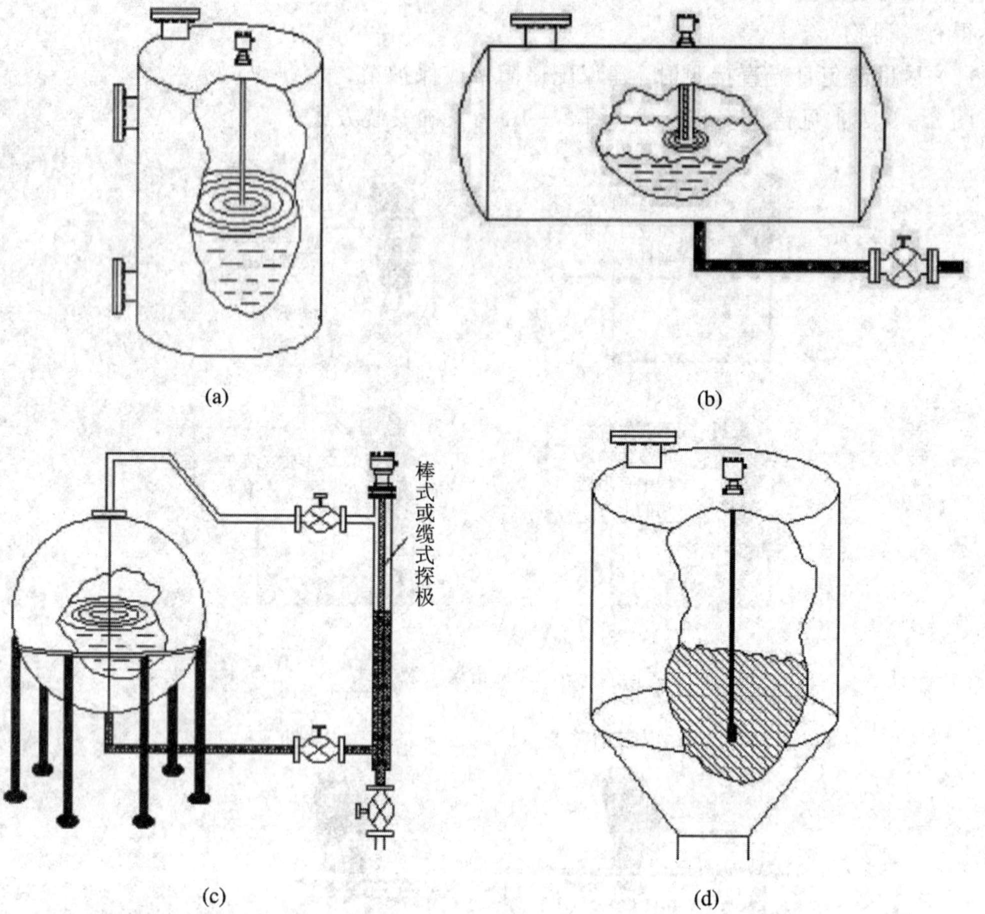

图 8-11　射频电容式物位计的安装示意图

(a) 棒式或缆式探极测量桶形罐液位安装示意图；(b) 同轴探极测量卧式罐液位安装示意图；(c) 联通器测量球形罐液位安装示意图；(d) 重型缆式探极测量粉料或细颗粒料仓料位安装示意图

2. 测量电路的安装

测量电路的安装必须严格按《电气装置安装施工及验收规范 GBJ232—82》实施。在测量电路正确安装，可靠运行的同时还要注意仪表测量回路中接地点的正确、可靠。传感器接地的正确、可靠也直接影响到被测参数的测量。

例如在一些软缆式电容式物位计安装电路中，经常出现传感器指示紊乱或者没有指标的现象，此时在测量传感器没有损坏的情况下，则主要是测量电路的安装有问题。一般可能是安装时传感器周围不均衡，没有远离金属设置或者是传感器接地不良而引起的。

8.4.4 传感器的标定、保养与校验

液位传感器本身的指标也是影响测量的一个重要方面。传感器在开始使用时需进行标定与调试，以保证测量的准确性。大多数液位测量系统在最先投入运行时，一般测量效果很好，但是运行了一段时间后就会出现各种问题。这种现象的出现主要是因为传感器在测量过程没有进行定期的维护保养与检验。

大多数物位计测量存在着传感器调试、维护保养和定期校验的问题。

1. 传感器的标定

传感器的调试，通过也称为传感器的标定。标定的主要方法有以下两种：

(1) 如果现场条件较好，物位可以随意调整，那么先使物位下降至零点，调整零点电位使显示仪表指示为0%，电流输出为4 mA；然后使物位上升至满刻度，调整量程电位使显示仪表为100%，电流输出为20 mA。重复上述调整步骤，直到零、满位准确为止(通常大部分的传感器的标定都如此)。

(2) 如果不可能重复进行现场设备物位排空和满位调整，则采用传感器提升的方法。

假设安装时物位高度为h_1，输出电流为I_1，满程高度为h_2，输出电流为I_2，零位高度为h_0，输出电流为I_0。将传感器提升Δh，可根据传感器生产厂家提供的换算公式求出$\Delta A=K\times\Delta h$，其中K一般为常数。

满量程标定：先根据公式$I_2=I_1+K(h_2-h_1)$算出I_2的值，然后调整传感器量程电位器，使输出电流为I_2。

零位标定：先根据公式$I_0=I_1+K(h_0-h_1)$算出I_0的值，然后调整传感器零点电位器使输出电流为I_0。

再通过测量安装高度h_1与满量程高度h_2之间的传感器的输出进行比较，验证标定结果的准确性。

2. 传感器的维护与保养

物位传感器的维护与保养一般根据传感器的使用说明书或操作手册进行。首先应定期检查，保持敏感元件的清洁；其次要注意液位传感器使用的环境宜在空气温度为0～+40℃，室内空气中不含有腐蚀仪表的杂质；同时要特别保证物位计不碰撞、摔损和受潮。

3. 传感器的校验

在正常的维护与保养条件下，物位计的测量也可能由于本身的原因，如零漂、温漂或器件老化等产生测量误差。

为了克服这种误差，根据国家计量法有关规定，需定期将物位计送指定部门校验一次。传感器的校验主要是指对传感器进行校准与检验，使传感器的测量结果能够满足测量要求。根据不同的使用环境、使用要求及使用部门对于物位计的检验级别、计量周期是不一样的，如对于一般生产设备的物料检测的电容传感器，由于只是用于料仓的计量及用于控制下料，对于测量结果要求不高，其物位传感器等级一般不会高于5级，其计校验周期一般为一年。但是对于工厂分析室内的用于物位检测的仪表，由于其测量的要求高，传感的等级一般为2级以上，检验周期一般低于一年，有可能是6个月甚至3个月。

思考题及习题

1. 简述物位的定义。
2. 试说明静压式液位检测的原理。
3. 简述电容式物位的工作原理。
4. 查资料，简述核辐射式物位计的工作原理。
5. 列举出几种能测液面高度的传感器。
6. 如何进行物位计的选型?
7. 物位测量中应注意哪些事项?
8. 查资料，设计出一种物位检测系统。

第 9 章　传感器实用技术

9.1 信号调理

传感器将被测物理、化学量的变化过程转换为电信号，但这种电信号在形式、幅值等方面常常受敏感元件及检测电路的特点所限，一般无法直接用来实现对被测量的进一步分析、显示、记录及控制等。所谓信号调理(Signal Conditioning)，即对信号进行处理，将其转换成适合后续测控单元接口的信号。

随着数字电路技术的不断进步，越来越多的测量系统采用数字电路对传感器信号进行进一步的处理。相应地，传感器的信号调理更多的是针对后续的数字式数据获取系统(Data Acquisition System，DAQS)的，即通过对传感器输出信号进行适当的调理，使之更适合转换为离散数据流。对于大部分 DAQS 的输入信号，要求如下：

(1) 输入信号必须是电压信号。将传感器的输出转换为电压信号的同时，也可降低无用信号(噪声)的影响。

(2) 输入信号的动态变化范围应符合或接近 DAQS 的动态范围，这样可充分利用 A/D 转换器的分辨率。

(3) 输入信号源的内阻应足够低，以使 DAQS 的输入电阻不至于对输入信号产生显著影响。

(4) 输入信号的带宽应限制在 A/D 采样频率的一半以下，防止混叠。

此外，信号调理的作用还在于满足模拟传感器与数字 DAQS 之间的接口要求。这方面的内容主要包括以下几方面。

(1) 信号隔离：大部分应用中需要将传感器与计算机的电源系统隔离开来。常用的隔离手段有两种：磁隔离或光隔离。磁隔离主要用于防止计算机与传感器电源之间的耦合，通常采用变压器实现。光隔离则用于将传感器信号与 DAQS 输入端隔离，这种隔离一般采用光发射二极管一光电检测器联合的方式实现。这两个功能可集成在同一个器件中。

(2) 信号的预处理：在采集信号之前，经常需要对传感器信号进行预处理。预处理的内容取决于具体应用，一般应达到降低计算机处理时间开销、降低系统采样频率甚至整个 DAQS 结构的功能。

(3) 去除无用信号：大量传感器的输出信号中包含有许多不同的信号成分。在对信号进行采集之前，需要甚至必须去除信号中的某些成分，如 50 Hz 的工频信号。

信号调理是传感器与测量系统中非常重要的单元，所涉及的信号既有模拟信号，也有数字信号。相应地，所采用的电路往往既有模拟电路，也有数字电路，且以模拟电路居多。信号调理大致可分为四种类型，即电平调整、线性化、信号形式变换、滤波。

9.1.1 电平调整

电平调整是测量系统中最常用的信号调理。随着集成电路技术的应用，现在有了大量的可输出标准信号的变送器，但在具体测量系统的设计实现中，经常采用的还是传感器结合电平调整环节的方案。其原因不仅是变送器的价格相对较高，还在于如下两方面。首先，在系统设计及调试过程中，为得到理想的传递函数，对传感器—放大器这一子系统的传递函数进行调节，比较起系统中的其他环节要便利一些。因此，相对于传感器而言，变送器虽然在大多数时候使用起来要方便一些，但其缺乏可调节环节的特性，有时会影响用户在使用时的灵活性。尤其是在系统的原型设计期，可能选用低信号输出水平的传感器更方便一些。其次，变送器的输出是标准信号，其量程范围等参数也是标准的，但对于工程问题而言，它在量程范围、精度及分辨率等方面的要求，不可能恰恰符合变送器的标准系列。因此，在具体的测控系统设计时，可能更多地采用传感器加电平调整的方案。

1. 无源电平调整电路

图 9-1 所示的分压器电路可以说是最简单的电平调整电路，利用该电路可实现对信号的衰减：

$$U_o = \frac{R_2}{R_1 + R_2} U_i$$

其中，分压电阻 R 的精度及稳定性直接影响电平调整的效果。在实际应用中，电平调整电路作为前级传感器电路输出的负载，希望输入阻抗高一些。但作为后一级电路的输入端，希望输出阻抗小一些。因此，具体 R 阻值的选取需要综合考虑两方面的因素。此外，由于大阻值(兆欧量级)的电阻器在阻值精度及噪声方面均较差，在选用时需特别注意。实际上，无源电平调整电路一般仅用于精度要求不高的场合，工程应用中大量的电平调整采用的还是以运算放大器为核心的有源调整电路。

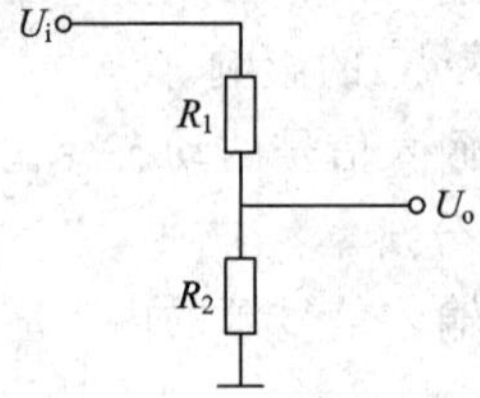

图 9-1　无源电平调整电路

2. 有源电平调整电路

由运算放大器为核心器件组成的电路是最常见的有源电平调整电路。

1) 运算放大器的特点及分析法则

我们把具有理想参数的运算放大器称为理想运算放大器，它具有以下特点：

(1) 开环放大倍数 $A_v=\infty$。

(2) 输入阻抗 $R_i=\infty$。

(3) 输出阻抗 $R_o=0$。

(4) 共模抑制比 CMRR$=\infty$。

(5) 频带宽度 $BW=\infty$。

(6) 没有温度漂移。

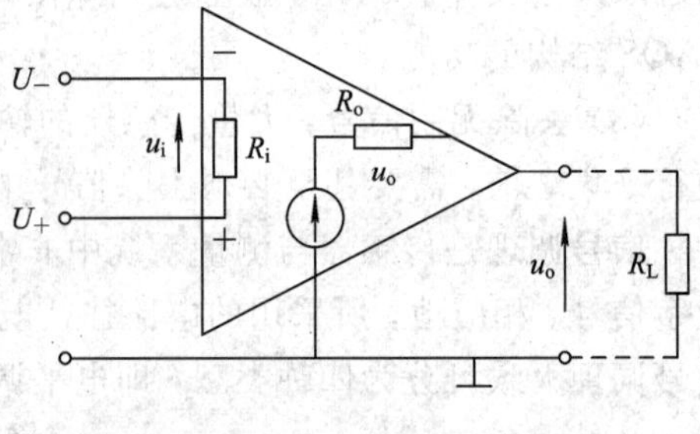

图 9-2　运算放大器的等效电路

实际的运算放大器等效电路如图 9-2 所示。工作中，其性能指标不可能达到理想程度，但当其工作在线性区时，我们仍然将其视为理想状况来分析，遵从两条分析的基本法则：

(1) 同相与反相端的电位永远相等(虚短)。

(2) 同相与反相端之间输入电流为零(虚断)。

2) 典型实用运算放大电路

(1) 单端输入放大电路。单端输入放大电路有同相输入和反相输入两种形式，图9-3所示为反相输入放大电路。

反相输入放大电路其电压增益为

$$G=-\frac{R_f}{R_i}$$

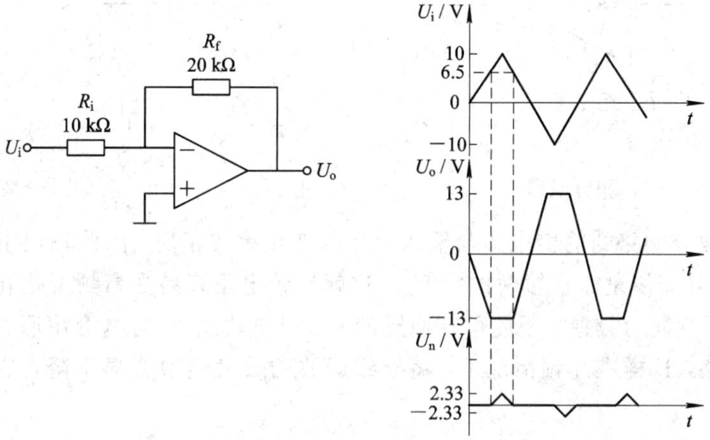

图9-3　反相放大电路

电路的输入阻抗约为R_i，输出阻抗接近于零。因此，这种有源电平调整电路不仅实现了传感器输出与后续电路之间的电压调整，而且满足了阻抗匹配的要求。同时，较之同相输入放大电路，它实现了输出信号的负反馈，因此在追求稳定性的自动测量与控制系统中常用。

需要注意的是，电路的输出范围受运算放大器供电电源电压的限制。例如，图9-3中的运算放大器采用±15 V供电电源，则其输出电压范围为±13 V。如电阻采用图中的阻值，则对于较大的输入信号，可能出现图中所示的“削波”现象。

作为特例，图9-4所示为电压跟随器，在低频情况下，其特点为：$U_o=-U_i$；具有高输入阻抗和低输出阻抗。因此它常在信号处理中用作阻抗变换器。在使用中需注意其输入电压幅度不能超过其共模电压输入范围。

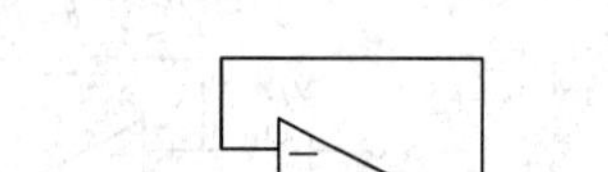

图9-4　电压跟随器

(2) 积分电路和微分电路。积分电路如图9-5所示，其输出电压为

$$u_o=-\frac{u_i t}{R_1 C}$$

实际积分器的特性不可能与理想积分器的特性一致，其误差来源很多，如运放的开环增益有限、输入阻抗及带宽不为无穷大、失调电压与失调电流不为零、电容器存在漏电阻等。由于电容器对稳态分量表现为开路特性，因此运算放大器对于稳态分量相当于开环工

作状态，这时输入端的微小失调漂移都将导致输出端的较大漂移。所以当输入信号为零时，仍会有缓慢变化的输出电压，这种现象称为积分漂移或爬行现象。为了克服积分漂移，可对图 9－5 所示积分电路略加改进，在电容器两端并联一个电阻，其负反馈作用能较有效地抑制积分漂移现象。

图 9－6 所示为微分电路，其输出电压为

$$u_o = -R_f C \frac{du_i}{dt}$$

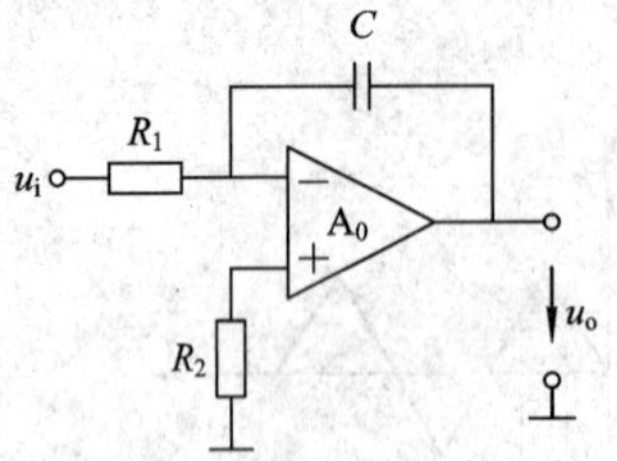

图 9－5　积分电路

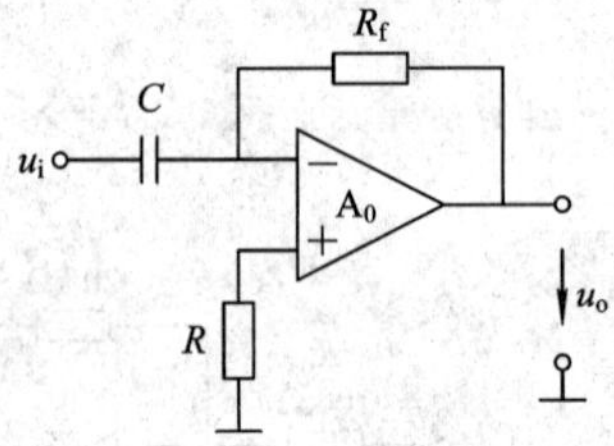

图 9－6　微分电路

由于基本微分电路的输出电压与输入电压的变化率成正比，因此输出电压对输入信号的突变十分敏感(即使是非常短暂的突变)，这就导致电压容易受高频干扰和噪声信号的干扰，使电路抗干扰能力较差。因此可在原图的基础上增加电阻与电容串联、增加电容与反馈电阻并联电路，这样在高频情况下，将导致运放的放大倍数明显下降，从而在一定程度上抑制了干扰。

(3) 指数电路与对数电路。有很多器件输出特性是呈指数规律的，如光电池、PN 结等。图 9－7 所示为指数运算电路，根据二极管的电压－电流关系，可得输出为

$$u_o = -i_R R = -i_D R = -RI_s e^{u_i/U_T}$$

通过对数变换，就可以将非线性的指数规律转换为线性的对数关系。图 9－8 所示为对数运算电路，输出为

$$u_o = -u_D = -U_T \ln \frac{u_i}{RI_s}$$

图中，二极管还可以用三极管替代。

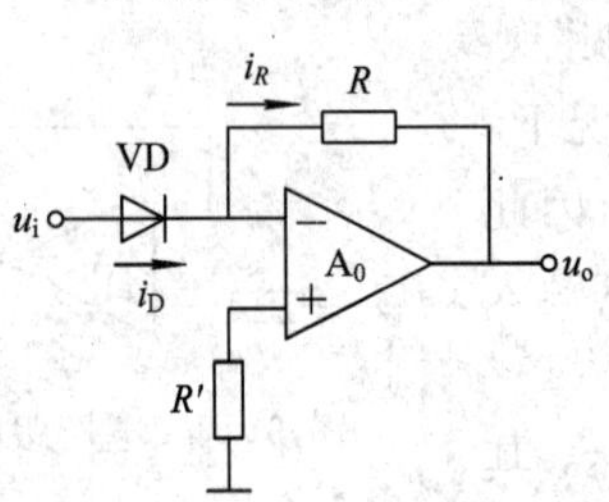

图 9－7　指数电路

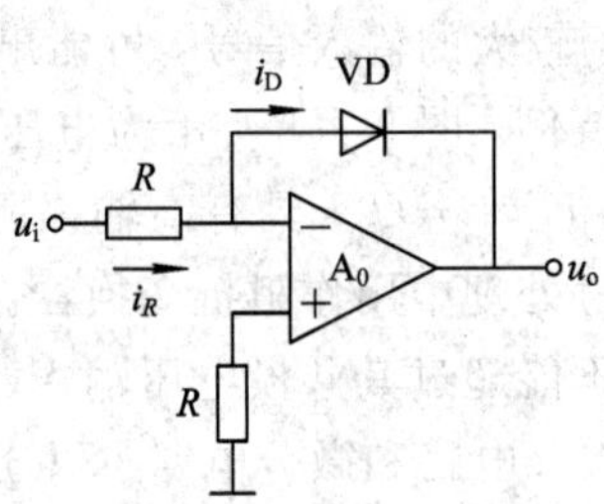

图 9－8　对数电路

(4) 差分运算放大电路。双端输入运算放大电路应用最多又最重要的就是差分运算放大电路，如图 9－9 所示。其输出电压可表示为

$$U_o = (U_2 - U_1)\frac{R_2}{R_1}$$

(5) 仪表运算放大电路。仪表运算放大电路又被称为高阻抗三运放测量放大电路，如图 9 - 10 所示。它常用于自动控制、自动测量系统。被放大的微弱信号从两个运放的同相端输入，这种输入连接法称为对称输入(或平衡输入)，输出由第三个运放的输出端输出，称为不对称(或不平衡)输出。若按图 9 - 10 所示选取元件，则该放大电路的放大倍数为

$$A_u = \frac{u_o}{u_i} = 1 + \frac{2R_f}{R_G}$$

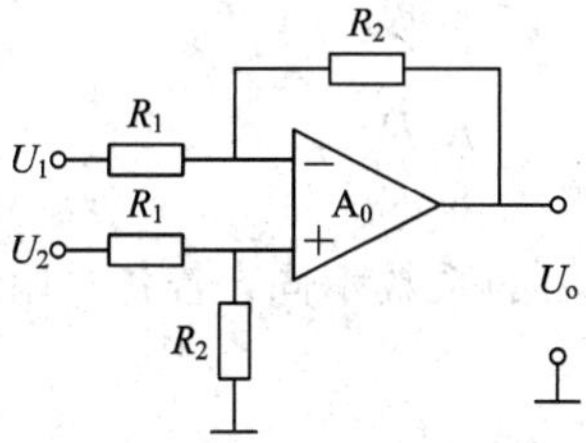

图 9 - 9　差分运放电路

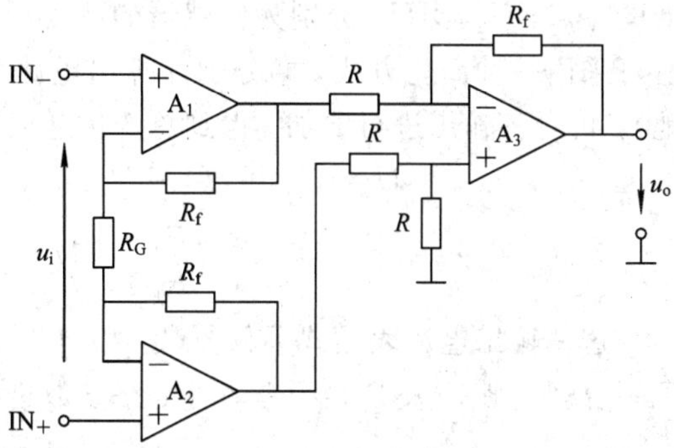

图 9 - 10　仪表运算放大电路

为取得较好的共模抑制能力，第三个运放周边的 4 个电阻宜取等值。该电路具有以下特点：输入方式为平衡输入，容易与测量系统中的传感器(特别是接成桥路结构的传感器)配接；输入阻抗高，有利于发挥传感器的灵敏度，减小信号损失；共模抑制能力强，失调漂移小；采用不平衡输出，易与后续其他电路配接；增益仅由一个电阻 R_G 调节，使用方便。

3. 有源电平调整电路实例分析

下面结合一个实际的压力传感器，介绍有源电平调整电路在传感器信号调理方面的应用。

设某压力传感器的输出特征为

(1) 差动电压输出。

(2) 零压力时输出电压为 33 mV。

(3) 满量程时输出电压为 58 mV。

如图 9 - 11 所示，利用该压力传感器实现压力的实时测量，采用的数据采集卡输入范围为 0.5～4.5 V，须在传感器与数据采集卡之间加入电压调整电路。

图 9 - 11　测量调整采集逻辑框图

显然，电压调整电路输出电压的最低值应高于数据采集卡的最低输入电压，最高值应低于数据采集卡的最高输入电压，且应有一定余量，否则一旦信号超出边界，就会造成非线性。

因此，电压调整电路应具有如下特性：

(1) 满量程输出电压为 58 mV～4 V(留 0.5 V 的余量)。

(2) 零压力输出：33 mV～0.5 V。

(3) 能将差动电压转换为对地电压。

(4) 共模抑制比高。

(5) 输入阻抗高。

(6) 输出阻抗低。

图 9-12 为一种由双运放组成的电压调整电路。U_{ref}为参考直流电压值，用于调整传感器的零点，U_{in1}及U_{in2}分别为传感器的两个浮地输出。由于有三个输入端，因此对电路的分析可采用一种简化方式，即分别计算出电路对每一路输入信号的传递函数(其他输入端接地)，再对各输出进行叠加，得到总的传递函数，写出总电压：

$$\begin{aligned}U_o &= U_{o1} + U_{o2} + U_{oref} \\ &= -\frac{R_4}{R_3}\left(\frac{R_2}{R_1}+1\right)U_{in1} + \left(\frac{R_4}{R_3}+1\right)U_{in2} + \frac{R_4 R_2}{R_3 R_1}U_{ref}\end{aligned}$$

这一输出电压表达式不仅复杂，而且由于式中U_{o1}与U_{o2}的系数不同，若各电阻之间匹配不合理，则 CMRR 会很差。对电路参数进行简化，取

$$\frac{R_4}{R_3} = \frac{R_1}{R_2}$$

则输出简化为

$$U_o = \left(1+\frac{R_4}{R_3}\right)(U_{in2} - U_{in1}) + U_{ref}$$

显然，这种参数设置可得到比较高的 CMRR，电路的增益为

$$G = 1 + \frac{R_4}{R_3}$$

由于U_{in1}及U_{in2}之间的差即为压力传感器的实际差分输出电压U_{sensor}，因此电路输出为

$$U_o = \left(1+\frac{R_4}{R_3}\right)U_{sensor} + U_{ref}$$

式中：U_{ref}——传感器的输出加上一个零位电压。当采用单电源供电时，U_{ref}只能为正值。

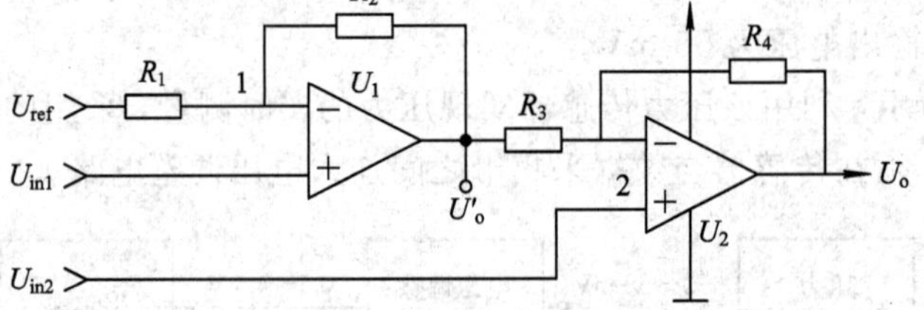

图 9-12 由双运放组成的电压调整电路

这样，采用图 9-12 的电路就可实现对压力传感器输出电压的调整。如通过调节电压增益使输出电压变化为 4 V，则结合设定零位电压$U_{ref}=0.5$ V，即可将输出范围调整为 0.5～4.5 V。

如欲对信号调理电路的输出电压范围进行调节，则需要调整增益的同时，还要保证电路的 CMRR，因此必须调节两个电阻，这非常不方便。因此，常采取的方法是在两级反相

输入端之间跨接一个反馈电阻 R_G，使得在保证电路的 CMRR 不变的同时，可通过单个电阻实现增益的调节。

注意到前面所述的电路中，对零位电压的调整项 U_{ref} 始终是正的。当实际传感器的零位电压输出太高时，就需要把零位输出电压降下来。因此，可以在 U_{CC} 与第二个运放的反相端间接入电阻 R_{off}，这样就提供了一个负电压，方便了零位电压的调整。

9.1.2　线性化

在测量系统中，希望传感器的输入、输出特性是线性的。线性特性不仅有利于后续电路设计，而且可大大简化传感器的标定工作。然而，现实中大量的传感器特性在原理上就是非线性的。虽然数字电路，尤其是单片机技术、嵌入式系统的介入，可以在某种程度上对传感器特性的非线性进行补偿(也可视为一种数字式线性化技术)，然而这种方式适用范围有限，尤其受到 A/D 采样速度及运算处理速度的限制，在需要动态测量的场合往往难以满足要求。

对于传感器，如果输入、输出特性曲线的非线性不太大，可以用切线或割线等直线近似代表实际曲线的一段，比如采用拟合直线。这种方式的基础在于传感器在该段输入范围内的特性曲线可近似视为线性而不会引起显著误差。传感器线性化的目的就在于通过在信号调理电路中加入非线性补偿环节，使传感器的这段线性范围最大化。

按所使用的元件，传感器的线性化可分为无源线性化方法和有源线性化方法。又根据线性化所处的阶段不同，在数字化以前进行的线性化，称为模拟线性化；在数字化以后进行的线性化，称为数字线性化。

采用硬件方法对传感器特性进行线性化，在实时性、简便、经济等方面具有软件方法难以替代的优势。在许多应用中，采用模拟电路对传感器的输出进行线性化是最佳的选择。因此本节也将主要针对模拟线性化方法进行介绍。虽然传感器的种类和型号繁多、特性各不相同，但每种校正方法的原理和技术都具有普遍意义。

1. 无源线性化电路

无源线性化电路比较简单，性能可靠，成本低廉。在某些应用场合，通过合理设计电路结构及元件参数，可以获得满意的精度，是一种广泛应用的线性化方法。

一种简单的无源线性化电路是用固定参数元件与敏感器件并联或串联。对有些非线性传感器，简单地用固定电阻器与传感元件串、并联，只要电阻值选取合适，即可将非线性校正到满意的程度。这方面比较典型的例子就是 Dummre 式湿敏传感器的非线性校正。

如图 9 - 13(a)所示，湿敏传感器的电阻值 R_H 与相对湿度 RH 的关系曲线是非线性的。根据具体测量需要，选择 A、B、C 三点，相应的电阻 R_H 与相对湿度 RH 的值分别为 R_{Ha}、R_{Hb}、R_{Hc} 及 H_a、H_b、H_c，且 $H_c-H_b=H_b-H_a$。选择如图 9 - 13(b)所示的无源电路，用一个固定电阻 R 与 R_H 并联。通过计算可求出：

$$R=\frac{R_{Hb}(R_{Ha}+R_{Hc})-2R_{Ha}R_{Hc}}{R_{Ha}+R_{Hc}-2R_{Hb}}$$

经修正后的特性曲线呈如图 9 - 13(c)所示的 S 形，线性度得到改善。

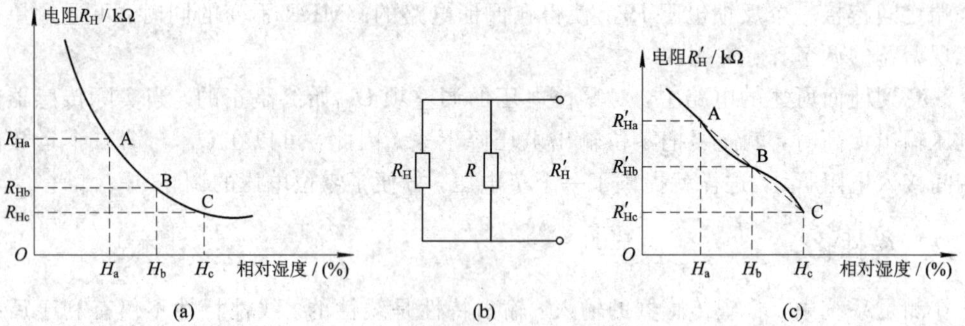

图 9－13　湿敏电阻的线性化

(a) 湿敏电阻的非线性曲线；(b) 无源线性化并联电路；(c) 修正后的特性曲线

若想直接对输出电压进行线性化，则可采用串联电阻校准的方法，修正算法思路类似。

热敏电阻的非线性校正也常用这种方法。热敏电阻阻值与温度间呈指数关系。实践中可用温度系数很小的金属电阻器与其串联或并联，或同时串、并联，一起构成电阻网络，来代替单个热敏电阻。只要金属电阻器的阻值选择合适，可使其等效电阻值与温度的关系在一定的温度范围内呈线性。一般情况下，取回路电流作输出量时选用串联形式；在电桥测量电路中则选用并联形式或串、并联形式。这种方法可使热敏电阻最大非线性误差校正在 0℃～40℃范围内为 0.15℃，在 0℃～100℃范围内为 1.5℃。

2. 有源线性化电路

无源线性化方法虽然电路简单，容易实现，但由于引入了固定参数元件进行串、并联，因而必然引起变换灵敏度的降低。有源线性化电路则没有这个缺点，它利用运放、场效应管或三极管等有源元件实现函数变换。由于运放有很高的增益、极高的输入阻抗、灵活多变的接法，因而可以获得各种各样的函数变换特性。从原则上讲，任何敏感器件的变换特性都可以校正为足够好的直线特性。随着运算放大器性价比的不断提升，在实际应用中被越来越多地采用。但这种校正方法线路复杂、调整不便，成本也比无源线性化电路高。

一种简单的有源线性化电路是利用非线性反馈，使反馈支路的非线性和原有敏感器件变换特性的非线性相互抵消，从而得到线性化。目前市场上已经有了多种函数运算电路，使用起来很方便。

此外，也可自行采用运算放大器搭建函数运算器的形式进行线性化。比如，硅光电池的输出为指数规律，通过对数运算幅度电路，可实现线性输出。

对有些非线性传感器，通过多级运算放大器，将信号调理电路的输出信号反馈到相关放大器的输入端，从而构造出一个与传感器特性相近的函数运算器，可以实现较理想的非线性校正。例如，热电阻(如铂电阻、铜电阻)的特性表达式一般为二次多项式，当温度变化范围较宽时，非线性十分明显。图 9－14 所示为一实用铂电阻(TRRA102B)的非线性校正电路。

该电路是把传感器输出电压 U_s 馈送到 A_1 的输入端，因经 A_3 反相，故构成正反馈。电路可提高 500℃附近的饱和输出电压，非线性得到明显改善。电路的调整方法如下(用普通电阻代替 TRRA102B 进行调整)：

(1) 接入相当于 0℃的 1 kΩ 电阻器，用 R_{P1} 调零。

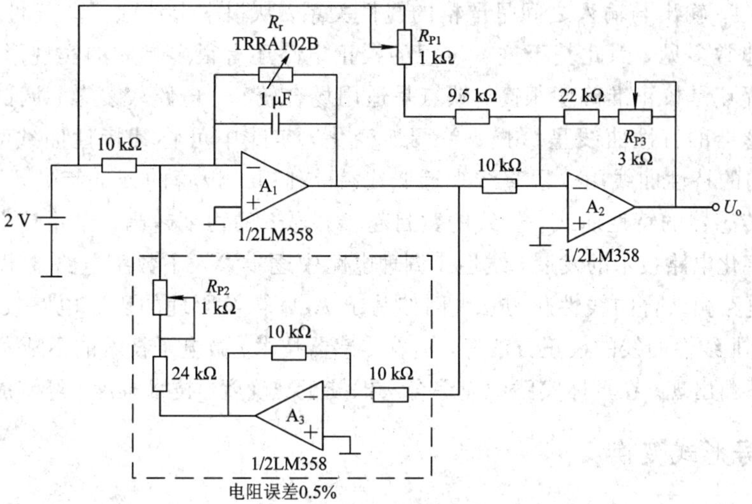

图 9－14　铂电阻的非线性修正电路

(2) 接入相当于 100℃的 1.385 kΩ 电阻器，用 R_{P3} 调增益。

(3) 接入相当于 500℃的 2.809 kΩ 电阻器，用 R_{P2} 调线性。

(4) 反复调整，使之在 0℃～500℃范围内都适用。

该电路可将非线性误差由最大 2%(0℃～500℃)降至 0.1%左右，且基本呈线性特性。

不过，虽然这种校正方法校正范围宽，校正准确度高，但电路较复杂，调试较麻烦。

对电桥传感器电路，可利用其输出对电源电压敏感的特性，将电路的输出信号反馈到电桥的供桥电源端，使电源电压随输出信号变化，从而使输出信号与输入信号之间呈线性关系。这种方法可以实现精确校正。图 9－15 所示为一实用的传感器桥路非线性校正电路。设桥路的四臂平衡电阻值均为 R，传感器(如应变计)的阻值 R_x 与变量 x 的关系为 $R_x=(1+x)R$，桥路电源电压为 U_c，则桥路输出为非线性关系：

$$U_{o(b)}=\frac{U_c}{4}\frac{x}{1+\dfrac{x}{2}}$$

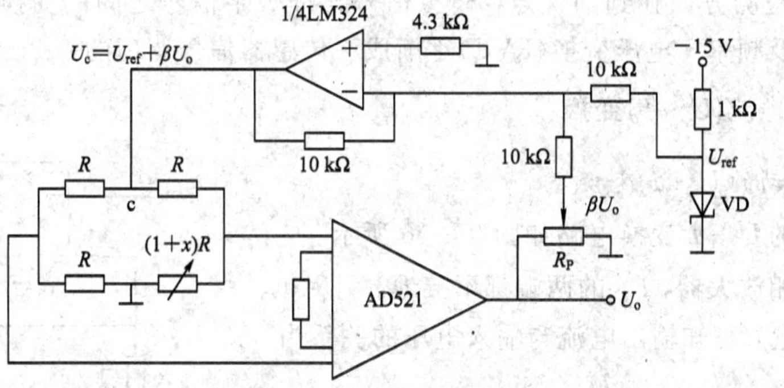

图 9－15　传感器桥路的非线性校正电路

AD521 构成前置放大器，输出 U_o 的一部分 βU_o(β 为反馈系数，由 R_P 调节)，与基准电压 U_{ref}(由稳压二极管 VD 提供)一起，经运放综合后，反馈到电桥的电源端，使电桥的电源随 U_o 的变化而变化。调整电路，使 $A_v\cdot\beta=2$，其中 A_v 为 AD521 的增益，则可以得到

$U_o = A_v U_{ref} x/4$。输出与输入之间呈严格的线性关系，从根本上消除了非线性。由于电桥电路在测量中非常多见，因此基于这一思想的校正电路还有很多具体的实现形式。这种校正方法的突出优点是校正准确度很高，缺点是适用场合较窄、电路较复杂、调试较麻烦。

有些传感器的特性曲线呈缓慢、单调地变化，实践中可将其特性曲线划分成若干区间，每个区间的特性曲线用一段直线来近似代替。利用二极管的开关特性，采用多段折线近似地代替传感器的特性曲线，折线的数目越多，逼近的程度越高，误差越小。

随着数字化电路技术的发展，线性化调理电路中逐步渗入了数字电路技术，出现了一些模拟－数字电路相结合的线性化方法。例如基于 A/D 转换原理的函数电路校正方法、利用 EPROM 存储非线性曲线的校正方法等。随着传感器技术、微电子技术的不断发展，新的线性化方法也会不断出现。在具体实践中应综合考虑校正准确度、技术难度、经济成本等要求。

9.1.3 信号形式变换

在实际应用中，敏感元件或传感器输出的信号可能是直流电压、直流电流，也可能是交流电压、交流电流，甚至是电阻值、电容值等。在进行处理、传输、接口、显示记录过程中，常常需要借助于各种信号变换器，进行信号变换。

电压－电流转换与电流－电压转换电路是信号变换中的重要的一类。

在许多远程监控系统的应用中，以电流的形式传送信息，满刻度值为 16 mA，而偏置到 4～20 mA 的范围。电流传送方式具有抑制噪声的优点，因为所接收的信息不会受到传输线的压降、杂散的热电偶、接触电势和接触电阻，以及电压噪声等因素的影响。偏置电流是为了将零点(用 4 mA 的电流代表)与无信息的情况相区别，因为开路时流过的电流为零。

这种传送方式附加的优点是，在某些应用中，利用对于传递信息并不需要的 4 mA 电流，可以实现从远端供电。在一个方向传送电源，在返回的方向传送信号。在这样的传感器中就只需要两根传输线，而不需要一条接线另外提供电源。此外，电流形式的信息可以供几个不同地方的负载串联起来使用。

越来越多数字电路的应用，使得模拟信号与数字信号之间的转换成为信号变换的重要类型。其中包括模拟－数字变换(ADC)与数字－模拟变换(DAC)。此外，由于准数字信号在信号传输与检测方面独到的优点，模拟信号与准数字信号之间的变换，即电压－频率(VFC)变换以及频率－电压变换(FVC)逐渐成为传感器信号调理的一个重要部分。

1. 电压－电流($U-I$)变换

1) 负载浮动的 $U-I$ 变换

一个简单的 $U-I$ 变换电路如图 9－16 所示。它类似于一个同相放大器，R_L 的两端都不接地。利用运算放大器的概念，可知输出电流与输入电压的关系为

$$I_o = \frac{U_1}{R_1 + R_2}$$

调节 R_P 就可以改变输入电压与输出电流之间的变换系数。通常所用的运算放大器其输出电流最大约为 20 mA，为了降低运算放大器的功耗，扩大输出电

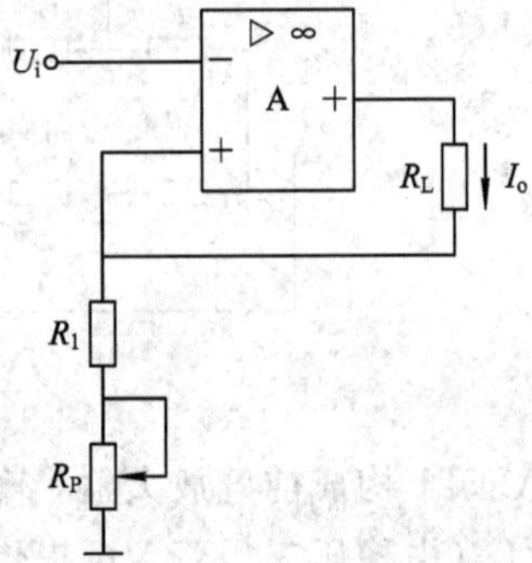

图 9－16 负载浮动的 $U-I$ 变换电路

流，在运算放大器的输出端还可加一个三极管驱动电路。该电路的输入为 0～1 V，输出为 0～10 mA。

2）负载接地的 $U-I$ 变换

一种负载接地的 $U-I$ 变换电路如图 9－17 所示。该变换器的工作原理与浮动负载 $U-I$ 变换器相类似。所不同的是，电流采样电阻 R_7 是浮动的，而负载 R_L 则有一端接地，所以需要两个反馈电阻 R_3 和 R_4。当 $R_1=R_2$，$R_3=R_4+R_7$ 时，输出电流为

$$I_o=\frac{R_3}{R_1R_7}U_1$$

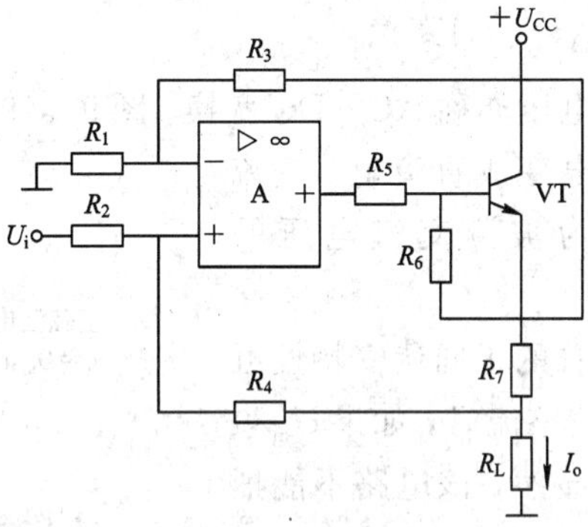

图 9－17　负载接地的 $U-I$ 变换电路

对于来自传感器的微弱电压信号，实现远距离传输是比较困难的。此时，将电压信号变换为电流信号后再进行长线传输，就可得到满意的效果。图 9－18 所示就是一个精度较高的电压－电流变换器电路。运算放大器 A_1、A_2 以及有关元件一起组成差动放大器，其共模和差模输入阻抗高达 10^8。A_1 和 A_2 经过选配，可获得很低的温度漂移和很强的共模抑制能力。放大倍数在 34～200 之间连续可调。

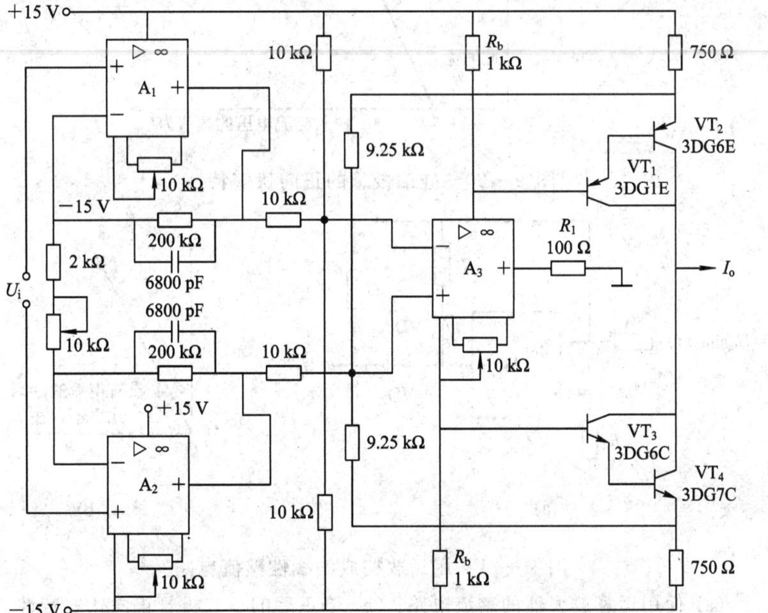

图 9－18　高精度的 $U-I$ 变换电路

运算放大器 A_3 以及周围元件组成一个高精度的压控双向电流源。当 $U_i=0$ 时，A_3 的输入也为零，达到平衡，其静态电流在 R_b 上产生压降，给四只晶体管提供一定的偏置。当 A_3 的输入端出现差动信号时，其正、负电源线上的两个电流就不相等，二者朝相反的方向变化，从而使复合管 VT_1、VT_2、VT_3、VT4 的电流也朝相反的方向变化，这两个电流的差值就是输出电流 I_o。

从复合管的发射极取出负反馈信号给 A_3，不仅提高了输出电流 I_o 的稳定性，而且抑制了共模信号对输出的影响。采用复合管可提供很大的负载电流，负载既可直接接地，也可浮动，并且能带动多个负载同时工作。

2. 交流电压一直流电压($u-U$)变换

把交流电压变换成直流电压亦称 AC－DC 变换。图 9－19 所示是使用二极管的整流电路，它利用半波整流把交流电变成直流电。直流输出电压 $U_0=U_m/\pi$（U_m 为被测交流电压的峰值）。

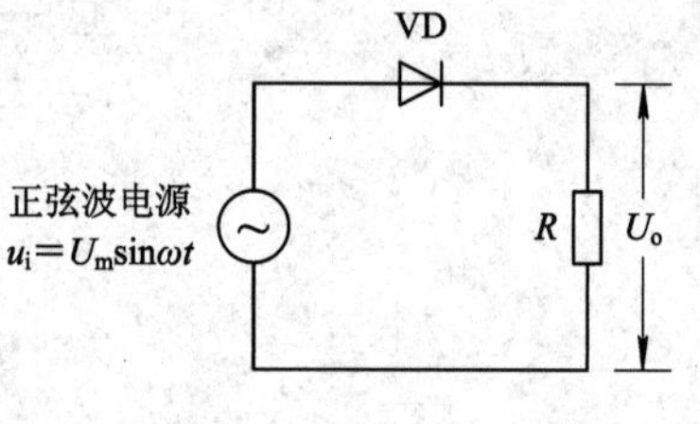

图 9－19　简单整流电路

从图 9－20 所示硅二极管的正向伏安特性可以看出，用硅二极管进行半波整流时，如果 $U_m<0.5$ V，则输出电压 $U_o\approx0$。显然，该电路不能把峰值在 0.5 V 以下的交流电压转换成直流电压。为此，可采用图 9－21(a)所示的由运算放大器构成的线性整流电路。这时，U_m 与 U_o 呈线性关系，如图 9－21(b)所示。在实际应用中，图 9－21(a)所示电路的输出端对地还要接滤波电容，使输出电压 U_o 平滑。

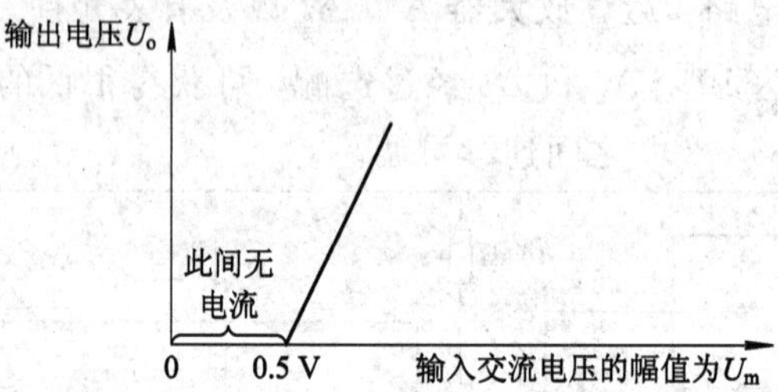

图 9－20　硅二极管的正向伏安特性

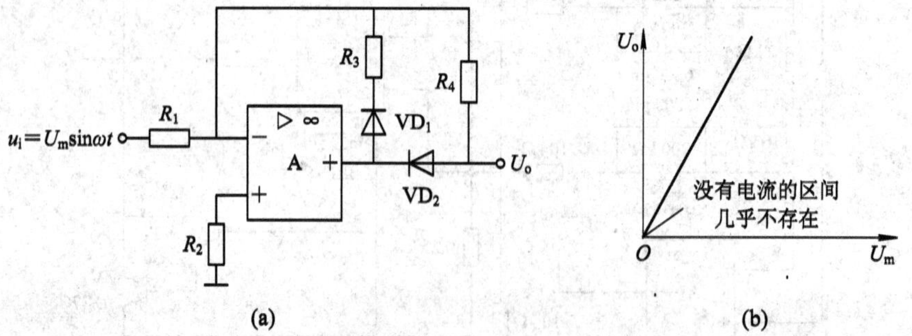

图 9－21　用运放构成的线性整流电路

(a) 使用运算放大器的整流电路；(b) 修正后的硅二极管正向伏安特性

如果要测量输入正弦波的有效值，还需增加一级放大器，并能对放大器的增益进行调整，以便对输入正弦波的有效值进行校准。图 9－22 所示就是一种实用的电路。该电路是由半波整流电路和平均有效值转换器构成的线性变换电路。考虑到下级是反相放大器，图中 VD_2 的输出(即 R_5 的输入)是负半周整流波形。20 μF 电容起平滑作用，使输出得到直流。与 R_7 相串联的电位器 R_P 用来调整电压，可使平均值等于有效值。输出端将得到与交流电压的有效值相等的直流电压输出。

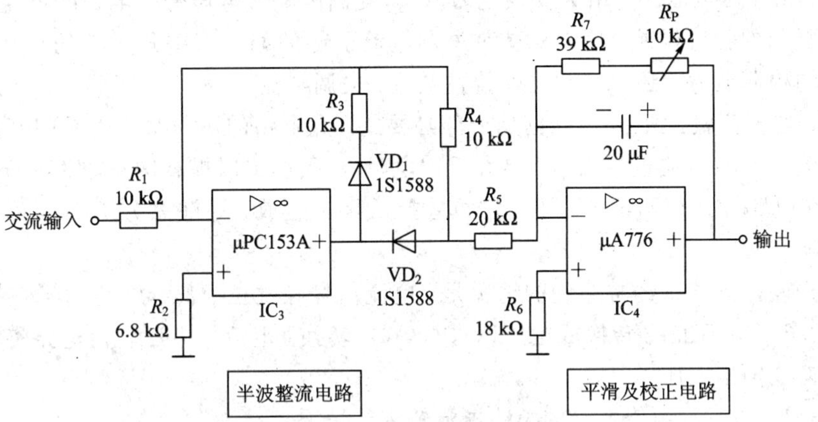

图 9－22　实用的 $u-U$ 变换电路

3. 电流—电压($I-U$)变换

电流—电压变换最典型的应用当属光电检测。光敏二极管将光信号转换为二极管反向电流，因此传感器的检测电路首先就需将电流转换为电压。图 9－23(a)就是由运放构成的电流—电压变换电路原理图。光敏二极管在光照射下，产生的光电流 I 流入运放的反相端，在理想运放条件下，运放的输出电压为 $U_o=IR_f$。

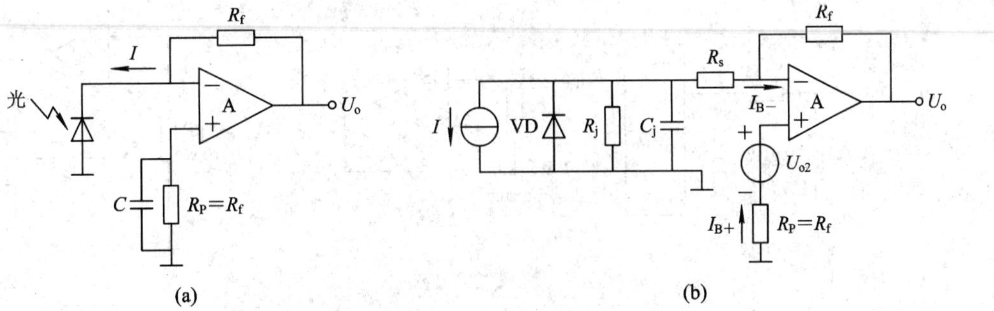

图 9－23　光电检测的电流—电压变换电路

通常，电流式传感器的输出电流比较小，特别是在弱信号检测时，必须分析运放失调电流和失调电压所带来的误差。在分析这一项误差时，必须连同电流式传感器所表现出来的等效电路参数一起分析。仍以光敏二极管为例，画出图 9－23(b)所示的等效电路。图中 I 为光敏效应所产生的电流源，二极管为理想二极管，R_s 为等效串联电阻，R_j 为结的漏电阻，C_j 为结电容。在分析失调电流和失调电压引起的误差时，可假设运放其他条件调至理想条件，则可导出此变换电路的输出电压为

$$U_o = IR_f + U_{os}\left(1+\frac{R_f}{R_j}\right) - I_{B+}R_j\left(1+\frac{R_f}{R_j}\right) + I_{B-}R_f$$

由于 $R_s \ll R_j$，在上式中已经忽略了 R_s 的影响。通常情况下，$R_f \ll R_j$，为了补偿偏置电流带来的误差，应选择同相端接地电阻 $R_P = R_f$，则上式改写为

$$U_o \approx IR_f + U_{os} - I_{os}R_f$$

式中右端第一项为电流一电压变换电路输出的有用信号，后两项分别为失调电压和失调电流引起的误差。不难看出，增大反馈电阻 R_f 可提高电流一电压变换电路的增益，也可降低失调电压引起的相对误差，然而对减小失调电流引起的相对误差是无效的。因此，为了提高弱电流的检测能力，必须注意选取偏置电流、失调电流小的运放。当选择的反馈电阻 R_f 比较大时，选择高输入阻抗运放也是十分必要的。此电路的噪声水平也是限制这种电路对弱信号电流检测能力的重要因素。增大反馈电阻 R_f 固然可以提高增益，然而随之噪声也增大，因此在电路设计与调试中，还应注意选择低噪声运放，并注意分析噪声对电流检测分辨力的影响。

在远程监控系统中经常遇到的情况是，电流信号经过长距离导线传送到数据采集接口电路，需要再将电流信号转换成电压以进行 A/D 转换。电流一电压转换电路将输入电流成比例地转换成输出电压。

图 9 - 24(a)所示为传感器的长线电流输入的情况。

图 9 - 24(b)的输入电流 I_i 直接流过基准电阻 R，输出电压为 $U_o = I_iR$。当工作范围为 $-10\ \text{V} < I_i \cdot R < +10\ \text{V}$ 时，一般根据 I_i 适当选取 R，而对 I_i 的大小没有限制。当 R 值很小时，I_i 可能取很大的值。例如 $R = 10\ \Omega$ 时，I_i 最大值可能取 ± 1 A。这时应注意 R 的发热情况。由于 R 为电路的输入阻抗，因此当主信号源内阻不太大时，电流值将产生误差。

当输入电流很小时，可使用图 9 - 24(c)所示的电压放大电路，则有：

$$U_o = I_iR\frac{R_1 + R_2}{R_2} = 100RI_i$$

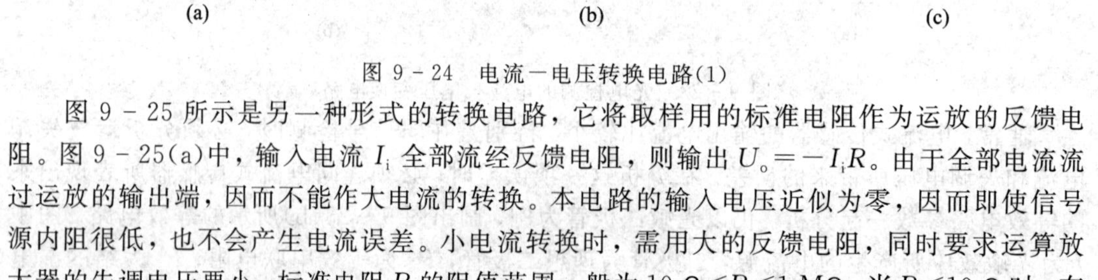

图 9 - 24　电流一电压转换电路(1)

图 9 - 25 所示是另一种形式的转换电路，它将取样用的标准电阻作为运放的反馈电阻。图 9 - 25(a)中，输入电流 I_i 全部流经反馈电阻，则输出 $U_o = -I_iR$。由于全部电流流过运放的输出端，因而不能作大电流的转换。本电路的输入电压近似为零，因而即使信号源内阻很低，也不会产生电流误差。小电流转换时，需用大的反馈电阻，同时要求运算放大器的失调电压要小。标准电阻 R 的阻值范围一般为 $10\ \Omega < R < 1\ \text{M}\Omega$。当 $R < 10\ \Omega$ 时，布线电阻的影响将增大；当 $R > 1\ \text{M}\Omega$ 时，电阻精度难以保证且很容易受噪声影响。图 9 - 25(b)的电路用于小电路的情况。例如，将 10 nA 的电流转换为 1 V 时，如采用图 9 - 25(a)

的方案，则 $R=100\ \text{M}\Omega$，精度难以保证。而利用图 9－25(b)的电路时，先将 10 nA 电流转换成 10 mV，再用一个增益为 100 的电压放大器将电压放大到 1 V，避免了大电阻的采用。

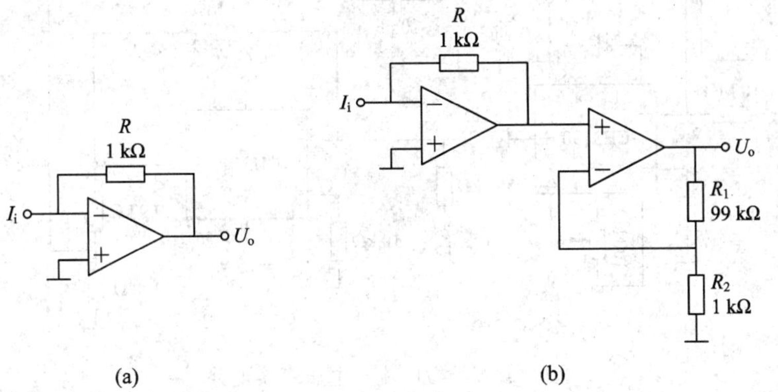

图 9－25　电流一电压转换电路(2)

一种大电流一电压变换器电路如图 9－26 所示。电路中，利用小阻值的取样电阻 R，把电流转变为电压后，再用差动放大器进行放大。输入电流在 0.1～1 A 范围内，变换精度为±0.5%。根据该电路的结构，只要选用 $R_1=R_2=R_F$，$R_3=R_4=R_5=R_6=R_f$，则差动放大倍数为

$$K_d = 2\left(1+\frac{R_f}{R_F}\right)\left(\frac{R_f}{R_F}\right)$$

由上式可见，R_7 越小，K_d 越大。调节 R_{P2}，可以使 K_d 在 58～274 内变化。当 $K_d=100$ 时，电流一电压变换系数为 10 V/A。运算放大器必须采用高输入阻抗(10^7～10^{12} Ω)、低漂移的运算放大器。

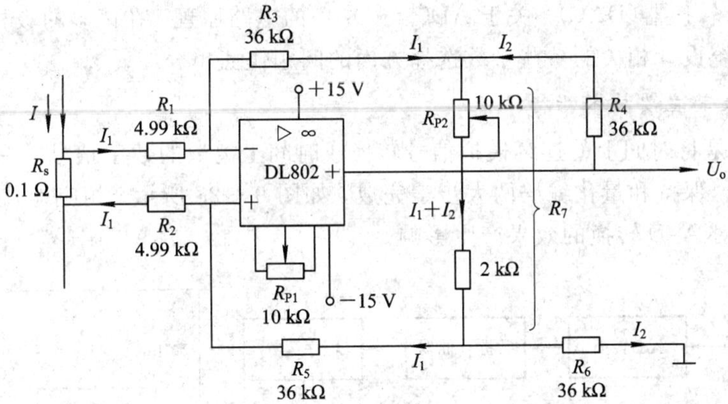

图 9－26　大电流一电压变换电路

另一种微电流一电压变换器电路如图 9－27 所示。该电路只需输入 5 pA 电流，就能得到 5 V 电压输出。图中，输入级 CH3130 本身输入阻抗极高，加上因同相输入端和反相输入端均处于零电位，进一步减小了漏电流。如果对输入端接线工艺处理得好，其漏电流可以小于 1 pA。第二级 CH3140 接成 100 倍反相放大器。根据输入电流的极性，一方面产生反相的电压输出，一方面提供负反馈，保证有稳定的变换系数。

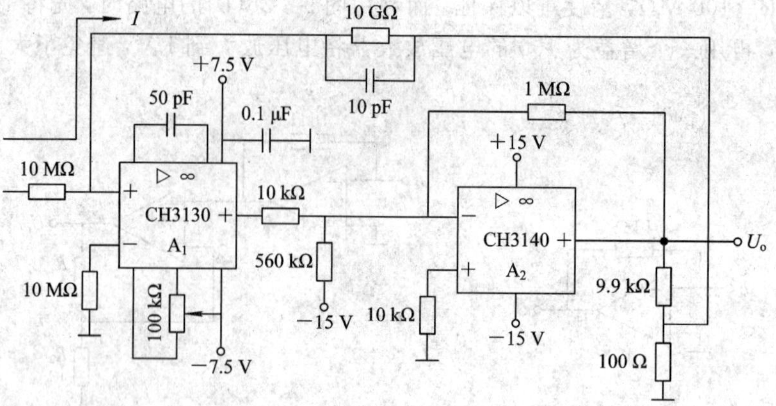

图 9-27 微电流—电压变换电路

该电路的一个特点在于反馈引出端不是在 U，而是在 100 Ω 和 9.9 kΩ 电阻中间。按常规的接法，10 GΩ 反馈电阻产生的变换系数为 10^{10}，即 5 pA 电流产生 0.05 V 电压。但是该电路的反馈从输出电压的 1/100 分压点引出，将灵敏度提高了 100 倍。于是，当输出 U_o=5 V 时，反馈电阻两端的电压为 50 mV，这时仅需电流为 50 mV/10 GΩ=5 pA。

4. 模/数与数/模转换

随着计算机技术的普及，以单片机、嵌入式系统乃至分布式计算机网络取代处理系统已经成为主流。在这类系统中，测量对象往往是一些连续变化的模拟量，如温度、压力、流量、速度等。传感器的输出一般为模拟量，必须经过 A/D 转换后才能被计算机所接受。同样，如欲实现反馈控制，计算机输出的数字信号必须先经 D/A 转换后才能驱动相应的执行机构。将模拟量变换成数字量的器件称为 A/D 转换器(ADC)，将数字量转换成模拟量的设备称为 D/A 转换器(DAC)。关于 ADC 与 DAC 的电路原理，在诸多的教材中均有介绍。下面仅对与系统设计相关的一些参数选择方面的问题作简单介绍。

1) ADC 及其主要技术指标

A/D 转换是将时间上的连续模拟信号转换成时间上离散的数字信号。一般而言，A/D 转换需经采样-保持和量化编码两大步骤完成，如图 9-28 所示。相应地，两个步骤中的参数设计均会对 A/D 转换的效果产生影响。

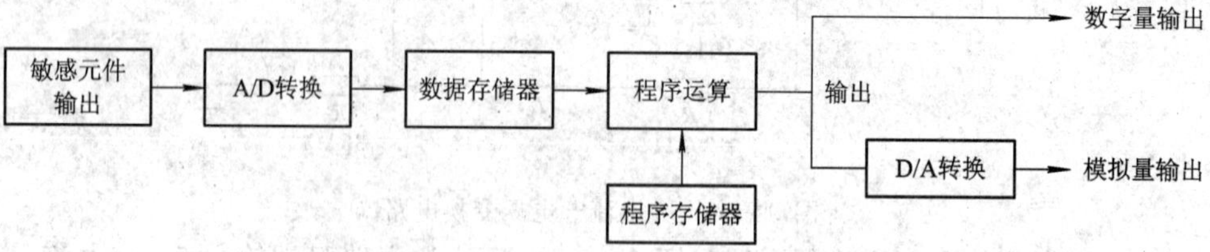

图 9-28 利用 ADC 与 DAC 结合实现传感器的非线性校正

首先，A/D 转换是对连续时间信号进行采样的过程。由于将采样信号再转换成数字量需一定时间，因此在前后两次采样之间，应将采样得到的模拟信号储存起来，即所谓的保持。这个被储存的采样信号要保持到后续采样脉冲到来。

连续信号包含有无数个独立样本点，经采样后，样本点数减至有数个，因此采样后的信号所包含的信息量比连续信号少。由采样定理可知，如采样频率低于信号 $x(t)$ 中最高频率成分的 2 倍，则会因混叠效应而在信号中引入混叠噪声。实际上，模拟信号均为非有限带宽，无论采样频率多高，各个频谱间的重叠总是不可避免的，其结果也总会有误差。对于检测和控制系统所处理的模拟信号来说，大部分信号能量集中在某一频谱范围内，因此在实际中经常采用在 ADC 之前加抗混滤波器（低通）的方法，结合适宜的采样频率，使高频分量的影响减到很小，提高检测和控制精度。

ADC 的基本功能是将模拟电压成正比地转换成相应的数字量。然而，实际上 A/D 转换的量化过程是用离散值近似表示连续值的过程。由于数字信号只能取有限位，因此量化过程必然会引入误差，称为量化误差。图 9－29 所示的量化过程可视为一种“数值分层”的过程。如 ADC 为 N 位，则其输出量最多可有 2^N 个不同的代码。对应输出码的一个最低有效位（LSB）所代表的模拟量（每个分层所包含的最大值与最小值之差）为 ADC 的量化单位：

$$q = \frac{1}{2^N}$$

图 9－29(a)中给出的是理想 3 位单极性 ADC 的转换特性，横坐标是输入电压 U_i 的相对值，纵坐标是经过采样量化的数字输出量，以二进制 000～111 表示。理想的 ADC 第一位变化发生在相当 1/2 LSB 的模拟压值上，以后每隔 1 LSB 都发生一次变化，直到距离满刻度的 1/2 LSB。因为 ADC 的模拟量输入可以是任何值，但数字输出是量化的，所以实际的模拟输入与数字输出之间存在 1/2 LSB 的量化误差。

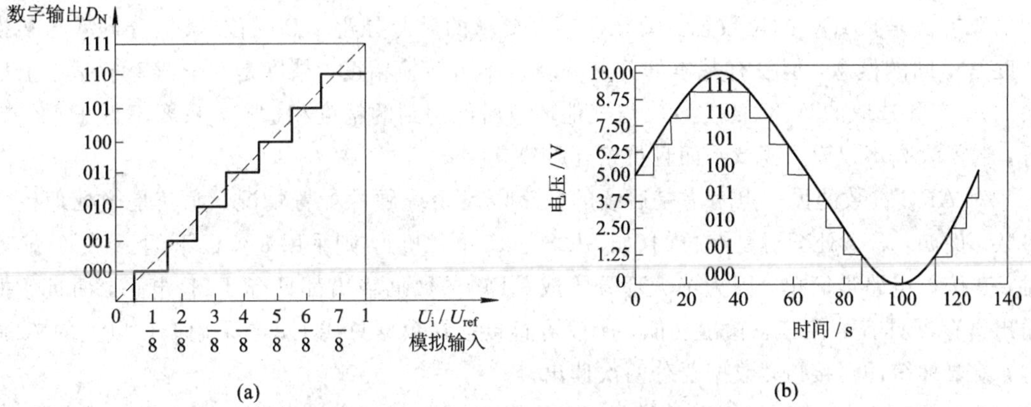

图 9－29　ADC 的量化过程可视为“数值分层”

在交流采样应用中，这种量化误差会产生量化噪声。图 9－29(b)所示为采用 3 位的 ADC 对正弦信号进行 A/D 转换。信号的电压变动范围为 0～10 V，ADC 的转换分辨率为 10 V/23＝1.25 V，量化误差为±0.625 V。显然，量化的结果引入了量化噪声，使 ADC 转换后的信号呈“阶梯”状。

ADC 的常用技术指标如下：

(1) 分辨率。二进制数末位变化为 1 所需的最小输入电压与满量程之比称为分辨率，即理想的输出数字量变化一个相邻数码，所需输入电压的最小变化量。它表示 ADC 对微小输入信号变化的反应灵敏的程度，通常用数字量的位数来表示，如 8 位、10 位、12 位、16 位等。对于 N 位的 ADC，有

$$分辨率=\frac{满刻度值}{2^N}$$

(2) 转换误差。转换误差也称为转换精度，有两种表示方式，绝对误差和相对误差。绝对误差是指与输出数字量对应的理论模拟值与产生该数字量的实际输入模拟值之间的差值，常用数字量的位数作为度量绝对误差的单位。

(3) 转换时间。ADC 完成一次转换所需要的时间即为转换时间。转换时间的倒数就是每秒钟能完成的转换次数，称为转换速率。转换时间与 A/D 转换原理密切相关。双积分 ADC 转换慢，而逐次比较式 ADC 转换较快。

(4) 对电源电压变化的抑制比。即改变电源电压使数据发生±1 LSB 变化时所对应的电源电压的变化范围。

(5) 量程。量程即 ADC 输入模拟电压的变化范围。需要注意的是，有些 ADC 提供多个模拟输入引脚，对应不同的量程。

随着超大规模集成电路技术的发展，市场上的集成 ADC 芯片品种繁多、性能各异。在实际设计测量系统时，需要根据具体工程需求对 ADC 进行合理的选择。下面简要介绍在确定 ADC 具体技术指标时应该考虑的一些要点。

(1) 如何确定 ADC 的位数。ADC 位数的确定与整个系统所要测量的范围和精度有关，但又不能唯一确定系统的精度。因为系统精度涉及的环节较多，包括传感器变换精度，信号调理电路的精度和 ADC 及输出电路、伺服机构的精度，甚至还包括软件控制算法。基本的估算方法是，ADC 的位数至少要比总精度要求的最低分辨率高一位(虽然分辨率与转换精度是不同的概念，但没有基本的分辨率就谈不上转换精度，精度是在分辨率的基础上反映的)。实际选取的 ADC 的位数应与其他环节所能达到的精度相适应，只要不低于它们就行，选得太高不仅没有意义，而且价格还要高得多。

对 ADC 位数的另一点考虑是后续的数字电路系统硬件配置情况，尤其是微处理机的参数。例如，若微处理机是 8 位的(如 MCS - 51 单片机)，则采用 8 位以下的 ADC 转换器时，其接口电路最简单。因为绝大部分集成 ADC 的数据输出都具有 TTL 电平，而且数据输出寄存器具有可控三态输出功能，所以可直接挂在数据总线上。当采用 8 位以上的 ADC 时，就要加缓冲器接口，数据要分两次读出。

(2) 如何确定 A/D 转换器的转换速率。用不同原理实现的 ADC，其转换时间是大不相同的。总的来说，积分型、电荷平衡型和跟踪比较型 ADC 的转换速度较慢，转换时间从几毫秒到几十毫秒不等，只能构成低速 ADC，一般适用于对温度、压力、流量等缓变参量的检测和控制。逐次比较型 ADC 的转换时间可从几微秒到 100 μs 左右，属于中速 ADC，常用于工业多通道监控系统和声频数字转换系统等。转换时间最短的高速 ADC 是那些用双极型或 CMOS 工艺制成的全并行型、串并行型和电压转移函数型的 ADC，转换时间仅 20～100 ns，即转换速率可达 10～50 兆次/秒。高速 ADC 适用于雷达、数字通信、实时光谱分析、实时瞬态记录、视频数字转换系统等。

转换速率的确定主要考虑的是信号的最高频率，需要满足采样定理。例如，转换时间为 100 μs 的 ADC，其转换速率为 10 千次/秒。一般来说，实际的采样频率需要比最高频率高 5～7 倍，即一个周期的波形至少需采 10 个点，那么这样的 ADC 最高也只能处理 1 kHz

的信号。把转换时间减小到 10 μs，则信号频率可提高到 100 kHz。

(3) 如何决定是否要加采样保持器。原则上直流和变化非常缓慢的信号可不用采样保持器，其他情况都要加采样保持器。实际操作时需要根据分辨率、转换时间、信号带宽等数据决定是否要加采样保持器。例如，用一个 12 位的 ADC(转换时间为 100 μs，基准电压为 10.24 V，量化误差为 0.5 LSB)，对一个幅值 $U_f=5$ V 的正弦信号 $u=U_f\sin(2\pi f t)$进行 A/D 转换时，信号对时间的变化率为

$$du/dt = U_f\,2\pi f\cos 2\pi f$$

信号在横坐标(时间轴)的交点上有最大变化：

$$\Delta U = U_f 2\pi f \times \Delta t$$

A/D 的量化误差为

$$\Delta E = 0.5\ \text{LSB} = \frac{0.5\times 10.24}{2^{12}} = 1.25\ \text{mV}$$

为充分发挥 ADC 的转换精度，要求在 A/D 转换时间内输入信号的变化幅度小于量化误差，即

$$\Delta U < \Delta E = 1.25\ \text{mV}$$

所以对输入信号的最高频率有所限制：

$$f_{max} < \frac{1}{2\pi U_f}\times\frac{\Delta E}{\Delta t} = \frac{1.25\times 10^{-3}}{2\pi\times 5\times 100\times 10^{-6}} \approx 0.4\ \text{Hz}$$

这种情况下，基本只能用于直流或缓变量的采集。而如加上采样保持器(采样时间为 5 μs)，则

$$f_{max} < \frac{1}{2T_s} = \frac{1}{2(100+5)\times 10^{-6}} = 4.76\times 10^3\ \text{Hz}$$

(4) 工作电压和基准电压的选择。工作电压的选择主要应该考虑输入信号的电压幅值以及与数字电路的兼容性。例如，若选择使用单+5 V 工作电压的 ADC 芯片，则与后续电路系统可共用一个电源，使用起来就比较方便，但相应地，对输入信号的要求就苛刻些。

基准电压源用于提供给 ADC 在转换时所需要的参考电压，这是保证转换精度的基本条件。在要求较高精度时，基准电压要单独用高精度稳压电源供给。

2) DAC 及其主要技术指标

数模转换器(DAC)就是一种把数字信号转换成为模拟电信号的器件。实际上，DAC 输出的电量并不真正能连续可调，而是以所用 DAC 的绝对分辨率为单位增减，实际上是准模拟量输出。

与 ADC 的情况类似，DAC 芯片技术已经很成熟。在实际系统的设计中，主要任务是选择合适的 DAC 芯片，配置外围电路及器件，实现数字量到模拟量的线性转换，既不需要涉及 DAC 的结构原理设计，也不必对其内部电路作详细分析。下面仅简单介绍一下 DAC 的基本原理、相关的主要技术指标以及选择 DAC 芯片时需要注意的一些问题。

DAC 用来将数字量转换成模拟量，因此对它的基本要求就是输出电压 U_o 应该和输入数字 D 成正比，即

$$U_o = DU_R$$

其中，U_R 为参考电压，数字 D 是数字代码的按位加权组合：

$$D=d_{n-1}\cdot 2^{n-1}+d_{n-2}\cdot 2^{n-2}+\cdots+d_1\cdot 2+d_0\cdot 2^0$$

每一位数字代码都有一定约“权”，对应一定大小的模拟量。为了将数字量转换成模拟量，应该将其每一位都转换成相应的模拟量，然后求和即得到与数字量成正比的模拟量。一般的 ADC 都是按这一原理设计的。

DAC 的基本原理如图 9－30 所示，通常由一组权电阻网络或梯形电阻网络与一组控制开关组成。其输入端为一组数据输入线与联络信号线(控制线)，其输出端为模拟信号线。按输入端的结构，DAC 大致可分为两种：一种是输入端带有数据锁存器的，这样，DAC 的数据线可以直接和计算机的数据总线相接；另一种是 DAC 的数据输入端不带数据锁存器的，这时就需要另外配接数据寄存器。一般 DAC 芯片的电路结构至少包含图 9－30 中虚线框内的电路部分。

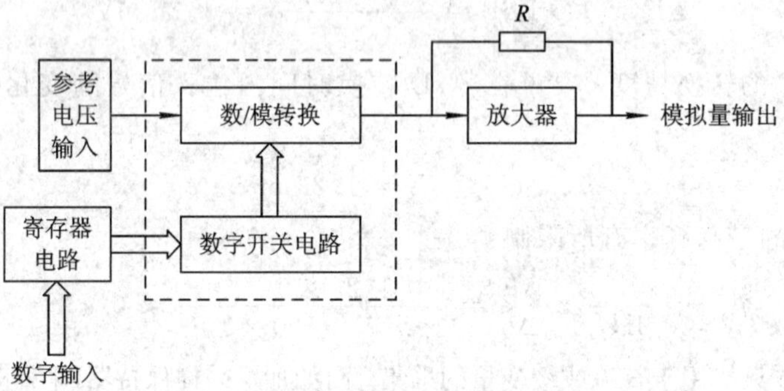

图 9－30　DAC 的基本原理图

具体 ADC 芯片的类型很多，下面给出 DAC 的主要技术指标。

(1) 分辨率。分辨率是最小输出电压(相应的输入数字量只有最低有效位为“1”)与最大输出电压(对应的数字输入信号所有有效位全为“1”)之比。分辨率越高，转换时对应数字输入信号最低位的模拟信号电压数值越小，也就越灵敏。与 ADC 类似，有时也用数字输入信号的有效位数来给出分辨率。

(2) 线性度。通常用非线性误差的大小表示 DAC 的线性度。一般把实际的输入－输出特性与理想特性之间的偏差与满刻度输出之比的百分数定义为非线性误差。例如，某 DAC 的线性度(非线性误差)可给出为＜±0.02％FSR(FSR 为满刻度的英文缩写)。

(3) 转换精度。转换精度以最大的静态转换误差的形式给出。这个转换误差应该是包含非线性误差、比例系数误差以及漂移误差等的综合误差。也有的 DAC 的产品说明书中只是分别给出各项误差，而没有给出综合误差。应该注意的是，精度和分辨率是两个不同的概念。精度是指转换后所得的实际值对于理想值的接近程度，而分辨率是指能够对转换结果发生影响的最小输入量。分辨率很高的 DAC 并不一定具有很高的精度。

(4) 建立时间。对于一个理想的 DAC，其数字输入信号从一个二进制数变到另一个二进制数时，其输出模拟信号电压应立即从原来的输出电压跳变到与新的数字信号相对应的新的输出电压。但是在实际的 DAC 中，电路中的电容、电感和开关电路会引起电路时间延迟。所谓建立时间，是指 DAC 的输入代码有满度值的变化时，其输出模拟信号电压(或模拟信号电流)达到满刻度值±1/2LSB(或与满刻度值差百分之多少)时所需要的时间。不同型号的 DAC，其建立时间不同，一般从几个毫微秒到几个微秒。

(5) 温度系数。在满刻度输出的条件下，温度每升高 1℃，输出变化的百分数定义为温度系数。

(6) 电源抑制比。对于高质量的 DAC，要求开关电路及运算放大器所用的电源电压发生变化时，对输出的电压影响极小。通常把满量程电压变化的百分数与电源电压变化的百分数之比称为电源抑制比。

(7) 输出电平。不同型号 DAC 的输出电平相差较大，一般为 5～10 V。有的高压输出型 DAC，输出电平可高达 24～30 V。有些电流输出型的 DAC，低的为几个毫安到几十个毫安，高的可达 3 A。

(8) 输入代码。有二进制码、BCD 码(二－十进制编码)及双极性时的符号——数值码、补码、偏移二进制码等。

(9) 输入数字电平。指输入数字信号分别为“1”和“0”时，所对应的输入高低电平的起码数值。

(10) 工作温度范围。由于工作温度会对运算放大器和加权电阻网络等产生影响，因而只有在一定的温度范围，才能保证额定精度指标。较好的 DAC 工作温度范围在－10℃～85℃之间，较差的转换器工作温度范围在 0℃～70℃之间。

在具体选择 DAC 芯片时，主要考虑芯片的性能、结构及应用特性。在性能上必须满足 D/A 转换的技术要求，在结构和应用特性上应满足接口方便、外围电路简单、价格低廉等要求。具体选择 DAC 时需要注意的要点如下。

(1) DAC 芯片主要性能指标的选择。前面所介绍的 DAC 主要性能指标，在芯片的器件手册上都会给出。在 D/A 接口设计的实际应用中，用户在选择时主要考虑的是用位数(8 位、12 位)表示的转换精度和转换时间。

(2) DAC 芯片的主要结构特性与应用特性的选择。DAC 的特性虽然主要表现为芯片内部结构的配置状况，但这些配置状况对 D/A 转换接口电路设计带来很大影响。主要有以下特性：

① 数字输入特性：包括接收数的码制、数据格式以及逻辑电平等。目前批量生产的 DAC 芯片一般都只能接收自然二进制数字代码。因此，当输入数字代码为偏置码或 2 的补码等双极性数码时，应外接适当的偏置电路后才能实现。输入数据格式一般为并行码，对于芯片内部配置有移位寄存器的 DAC，可以接收串行码输入。在输入逻辑电平方面，不同的 DAC 芯片要求不同。对于固定阈值电平 DAC，一般只能和 TTL 或低压 CMOS 电路相连，而有些逻辑电平可以改变的 DAC 可以满足与 TTL、高低压 CMOS、PMOS 等各种器件直接连接的要求。不过应当注意，这些器件往往为此设置了“逻辑电平控制”或者“阈值电平控制端”，用户需要按手册规定，通过外电路给这一端以合适的电平才能工作。

② 数字输出特性：目前多数 DAC 器件均属电流输出器件。手册上通常给出在规定的输入参考电压及参考电阻之下的满码(全 1)输出电流。另外还给出最大输出短路电流以及输出电压允许范围。对于输出特性具有电流源性质的 DAC，一般用输出电压允许范围来表

示由输出电路(包括简单电阻负载或者运算放大器电路)造成的输出端电压的可变动范围。只要输出端的电压小于输出电压允许范围，输出电流和输入数字之间就保持正确的转换关系，而与输出端的电压大小无关。对于输出特性为非电流源特性的DAC，无输出电压允许范围指标，电流输出端应保持公共端电位或虚地，否则将破坏其转换关系。

③ 锁存特性及转换控制：DAC对数字量输入是否具有锁存功能将直接影响与CPU的接口设计。如果DAC没有输入锁存器，通过CPU数据总线传送数字量时，必须外加锁存器，否则只能通过具有输出锁存功能的I/O口给DAC送入数字量。有些DAC并不是对锁存输入的数字量立即进行D/A转换，而是只有在外部施加了转换控制信号后才开始转换和输出。具有这种输入锁存及转换控制功能的DAC，在CPU分时控制多路D/A输出时，可以做到多路D/A转换的同步输出。

④ 参考电压源：D/A转换中，参考电压源是唯一影响输出结果的模拟参量，是D/A转换接口中的重要电路，对接口电路的工作性能、电路的结构有很大影响。使用内部带有低漂移精密参考电压源的DAC不仅能保证有较好的转换精度，而且可以简化接口电路。

利用ADC与DAC结合，可实现传感器性能的数字化补偿。例如，利用图9-31所示的系统，可通过对传感器特性曲线的拟合，实现传感器非线性特性的线性化校正。这种方法由于采用的是数字计算方式，因此只要通过标定得到的特性曲线有足够的精度，就可以得到非常好的效果。需要注意的是，由于ADC及DAC环节均需要转换时间，且非线性补偿的计算也需要时间开销，因此在系统设计时需要充分考虑响应速度的问题。一般来说，数据处理部分采用DSP芯片的方式会比采用单片机的方式速度快许多。

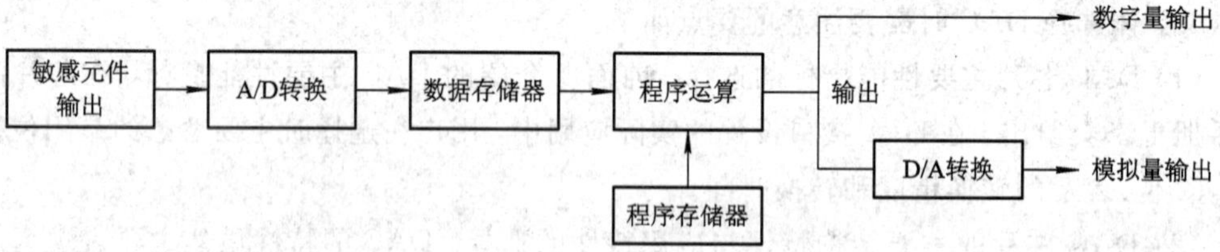

图9-31 利用ADC与DAC结合实现传感器的非线性校正

5. 电压—频率($U-f$)变换器(简称VFC)和频率—电压($f-U$)变换器(简称FVC)

VFC是输出信号频率正比于输入信号电压的线性变换装置，其传输函数为

$$f_0 = KU_i$$

FVC是输出信号电压正比于输入信号频率的线性变换装置，其传输函数为

$$U_o = Qf_i$$

由于集成$U-f$与$f-U$变换器不需要同步时钟，因此，其成本比ADC和DAC低得多，与计算机连接时，特别简单。另外，电压模拟量经$U-f$变换成频率信号后，其抗干扰能力大为增强，故非常适用于远距离传输，在遥控系统以及噪声环境下，更显示出它的使用必要性。

目前$U-f$与$f-U$变换器有模块式(混合工艺)和单片集成式(双极工艺)两种。通常，单片集成式是可逆的，即兼有$U-f$和$f-U$功能，而模块式是不可逆的。

对于理想的VFC和FVC，K、Q应该为常数，特性应该为通过原点的直线，但实际上会出现非线性误差。

模块式 VFC 常采用恒流恢复型；模块式 FVC 常采用精密电荷分配器和积分平均电路。

单片集成式 VFC 大致分为超宽扫描多谐振荡器式和电荷平衡振荡器式；FVC 基本分为脉冲积分式和锁相环式。

VFC 电路和 FVC 电路都可以用运算放大器加上一些元件组成。然而，由于目前单片集成式 VFC、FVC 和模块式 VFC、FVC 组件已大量商品化，因而它们只要外接极少元件就可构成一个高精密的 VFC 电路或 FVC 电路。如国产 5GVFC32、BG382 等，以及外国产 D6508、LM131/231/331 等。

下面简单介绍一下 LM331。

LM331 是一种简单、廉价的 VFC 单片式集成电路，它的特点是：

(1) 保证最大线性度为 0.01%。

(2) 双电源或单电源工作。

(3) 脉冲输出与所有逻辑形式相容。

(4) 低功率消耗，5 V 下的典型值为 15 mW。

(5) 宽的满量程频率范围：1 Hz～100 kHz。

LM331 的电路原理图如图 9 - 32 所示，它包括一个开关电流源、输入比较器和单脉冲定时器。

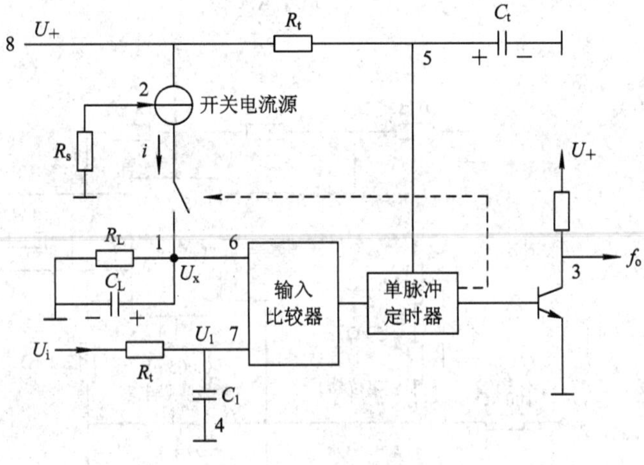

图 9 - 32　LM331 的电路原理图

电压比较器将正输入电压 U_1(7 脚)与电压 U_i 比较，若 U_i 大，则比较器启动单脉冲定时器，定时器的输出将同时打开频率输出晶体管和开关电流源，周期为 $t=1.1R_tC_t$。在这个周期中，电流 i 通过开关电流源向电容 C_L 充电，电荷为 $q=i_xt$。当充电使 U_x 大于 U_1 时，电流 i 被关断，定时器自行复位。

此时，1 脚无电流通过。电容 C_L 的电荷逐渐通过 R_L 放掉。直到 U_x 以后，比较器将重新启动定时器，开始另一个循环。

输入电压 U_1 越大，定时器工作周期越短，输出频率 f_o 越高，且 f_o 正比于 U_1。

LM331 的典型应用如图 9 - 33 所示。

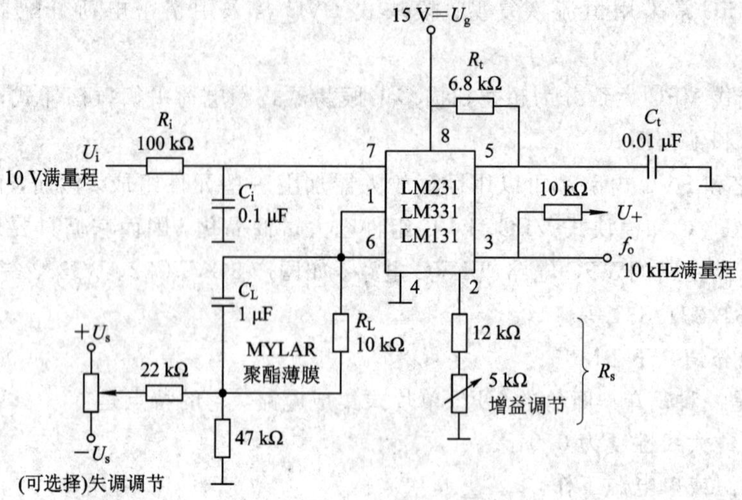

图 9 - 33　LM331 的典型应用

LM331 构成的精密 VFC 电路如图 9 - 34 所示。电路中标有＊号的元件稳定性要好，标有＊＊号的元件，在 U_o=8～22 V 时，元件阻值用 10 kΩ；而在 U =4.5～8 V 时，电阻必须是 10 kΩ。A_1 应选用低失调电压和低失调电流的运算放大器。输出频率的计算公式为

$$f_o = \frac{-U_s R_s}{2.09 R_i R_t C_t}$$

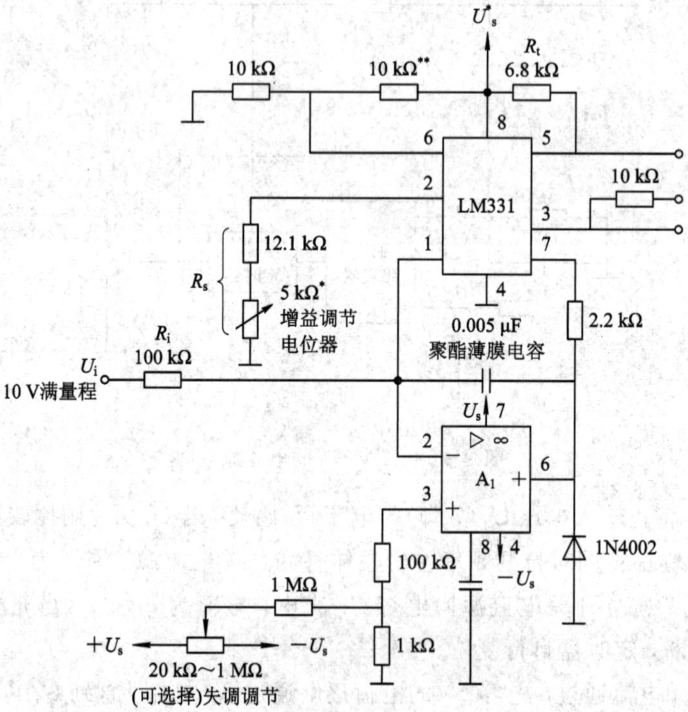

图 9 - 34　精密 VFC 电路

LM331 也可方便地用于频率－电压变换器(FVC)，如图 9－35 所示。在图示的电路中，f_i 的输入脉冲经 $C-R$ 网络微分，其 6 脚上的负沿脉冲引起输入比较器输出，触发定时电路动作，使输出 U_o 为一脉动直流电压，该电压的大小正比于输入信号的频率 f_i。输出电压 U_o 的计算公式为

$$U_o = f_i \times 2.09 \cdot \frac{R_F}{R_s} \times (R_t C_t)$$

电阻

$$R_x = \frac{U_s - 2\ \text{V}}{0.2\ \text{mA}}$$

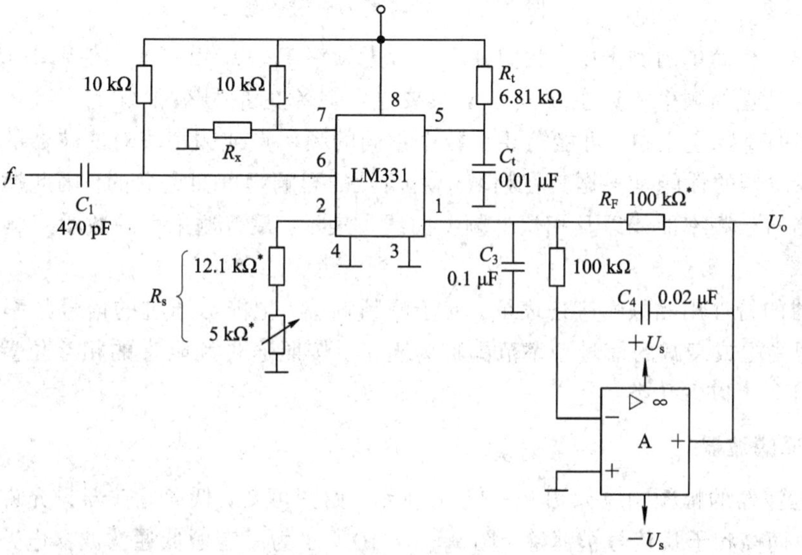

图 9－35　精密 FVC 电路

9.1.4　滤波及阻抗转换

在传感器获得的测量信号中往往含有许多与被测量无关的频率成分，需要通过信号滤波电路将之去掉。滤波与阻抗匹配电路的功能在于滤除信号中的冗余成分，如高频噪声、传输线引进的干扰等，减小由于传感器内阻或传输线阻抗等因素带来的测量误差，达到提高测量精度的目的。

在某种程度上，滤波器可以说是电子电路的基础。因此，能够设计和调试满足特定参数需求的滤波器，是一种很重要的能力。然而，对许多人来说，在实际的电路设计中，滤波器的设计和使用并不是一件容易的事。其原因主要有两个：一是对滤波器的相关知识不是很熟悉，另一是复杂一些的滤波器设计往往会涉及到比较多的数学计算。

在电路理论中，滤波器是一种电子电路网络，可以根据信号的频率成分改变其幅值及相位特性。理想的滤波器既不会在输出信号中加入新的频率成分，也不会改变信号中原有的频率成分，但会改变各频率成分的相对幅值及/或相位。在电子系统中，滤波器经常用于增强输入信号中特定频率范围的信号成分，削弱其他频率范围的信号成分。如图 9－36 所示，某信号中频率为 f_1 的成分为有用信号，被频率为 f_2 的信号所污染。如果让该信号通

过一个滤波器，该滤波器对频率为 f_2 的信号的增益比对频率为 f_1 的信号的增益要小很多，则滤波器的输出信号中，无用的信号将被大大衰减，但有用信号仍然保留。

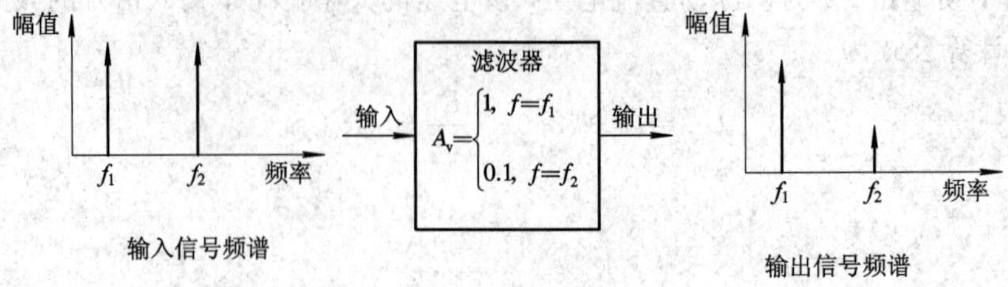

图 9-36　滤波器的应用举例

在这样一个简单的例子中，我们并没有考虑频率 f_1、f_2 以外的其他频率成分，因为影响后续信号处理的频率成分主要是 f_2，只要这一频率的信号被很好地衰减，就可满足要求。在许多的实际应用中，可能需要在数个不同的频率点或频率段对滤波器的增益进行定义。由于滤波器的性能是根据其在频域中对信号的影响程度而定义的，因此滤波器的性能经常采用增益－频率曲线以及相位－频率曲线来表示。最普遍采用的数学工具也是基于频域的。

滤波器的特性用幅频响应来表征。对于幅频响应，把能够通过的信号频率范围定义为通带，而把受阻或衰减的信号频率范围称为阻带。按照通带和阻带的相互位置不同，滤波电路通常可分为以下几类：

1. 低通滤波器

低通滤波器的幅频响应如图 9-37(a)所示。由图可知，低通滤波器只允许有用的低频信号通过，而高频干扰信号被滤除。图 9-37(b)所示为一有源低通滤波器电路。

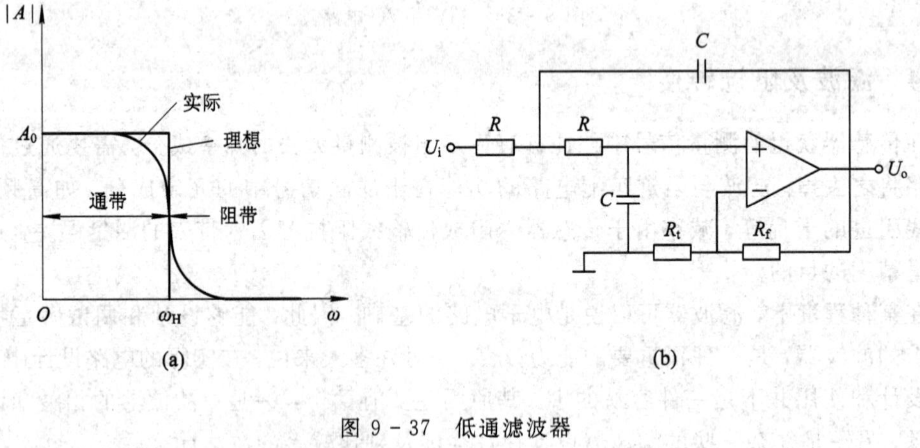

图 9-37　低通滤波器

(a) 低通滤波器幅频响应特性图；(b) 有源低通滤波器

2. 高通滤波器

高通滤波器的幅频响应如图 9-38(a)所示。由图可知，与低通滤波器相反，它将低频干扰信号滤除，而让高频有用信号通过。图 9-38(b)所示为一有源高通滤波器电路。

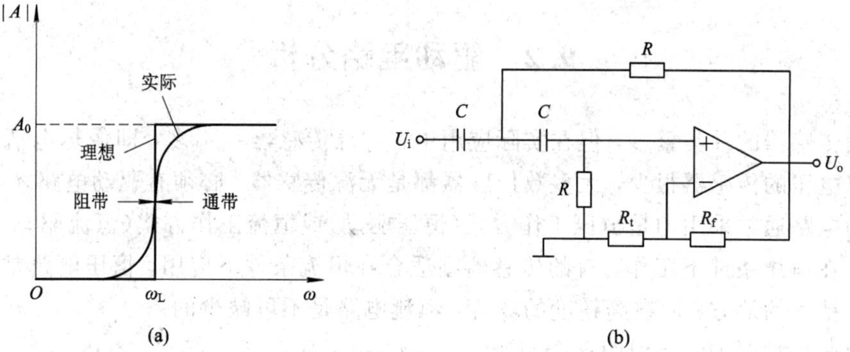

图 9－38　高通滤波器

(a) 高通滤波器幅频响应特性图；(b) 有源高通滤波器

3. 带通滤波器

带通滤波器的幅频响应如图 9－39(a)所示。由图可知，它有两个阻带，一个通带，只允许某一频带(通带)内的信号通过。而通带下限频率 ω_L 以下、上限频率以上的信号均被滤除。图 9－39(b)所示为一带通滤波器电路。

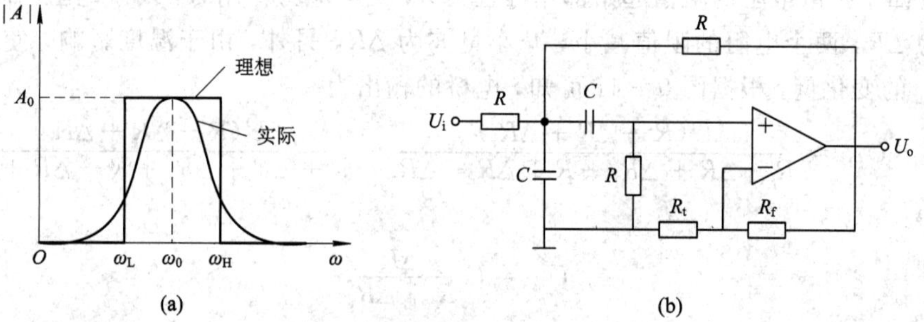

图 9－39　带通滤波器

4. 带阻滤波器

带阻滤波器的幅频响应如图 9－40(a)所示。由图可知，与带通滤波器相反，它有两个通带，一个阻带，只使某一个频带内的信号被阻隔，其余部分可以通过。图 9－40(b)所示为一带阻滤波器电路。

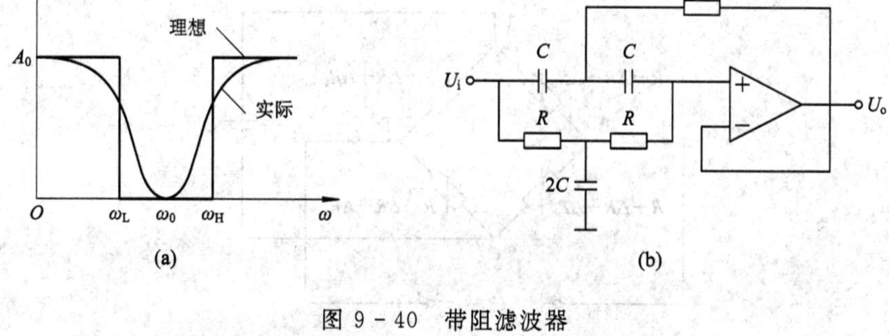

图 9－40　带阻滤波器

(a) 带阻滤波器幅频响应特性图；(b) 有源带阻滤波器

9.2 驱动电路分析

虽然传感器的种类繁多，但在实际应用中，有源传感器并不多，即像热电偶那样可以直接输出电压的传感器很少，大多数传感器都是无源传感器，必须有驱动电路才能工作。

驱动电路通常采用的是恒压工作方式(恒压驱动)或恒流工作方式(恒流驱动)。有的传感器适合在恒压条件下工作，有的传感器则适合在恒流条件下应用。恒压电路常使用在不需要很高精度的地方，而在高精度的场合，恒流电路是不可缺少的。

下面通过举例进一步说明这个问题。

由于压阻式半导体应变片传感器通常是在基片上扩散出四个电阻，这四个电阻一般接成电桥，使输出信号与被测量成正比，并且在受到应力作用后，使阻值增加的两个电阻对接，阻值减小的两个电阻对接，使电桥的灵敏度最大。电桥的驱动电源既可采用恒压源供电，也可采用恒流源供电。

9.2.1 恒压源驱动电路分析

假设四个扩散电阻的阻值起始都相等且为 R，当有应力作用时，两个电阻的阻值增加，增加量为 ΔR，两个电阻的阻值减小，减小量亦为 ΔR，另外，由于温度影响，使每个电阻都有 ΔR_t 的变化量。根据图 9-41 可知，电桥的输出为

$$U_{sc}=U_{BD}=\frac{U(R+\Delta R+\Delta R_t)}{R-\Delta R+\Delta R_t+R+\Delta R+\Delta R_t}-\frac{U(R-\Delta R+\Delta R_t)}{R+\Delta R+\Delta R_t+R-\Delta R+\Delta R_t}$$

整理后得

$$U_{sc}=U\frac{\Delta R}{R+\Delta R_t}$$

如果 $\Delta R_t=0$，即没有温度影响，则

$$U_{sc}=U\frac{\Delta R}{R}$$

这说明电桥输出与 $\Delta R/R$ 成正比，也就是与被测量成正比，同时又与 U 成正比。这亦说明电桥的输出与电源电压的大小都与精度有关。

如 $\Delta R_t\neq 0$，则 U_{sc} 与 ΔR_t 有关，也就是与温度有关，而且与温度的关系是非线性的，所以用恒压源供电时，不能消除温度的影响。

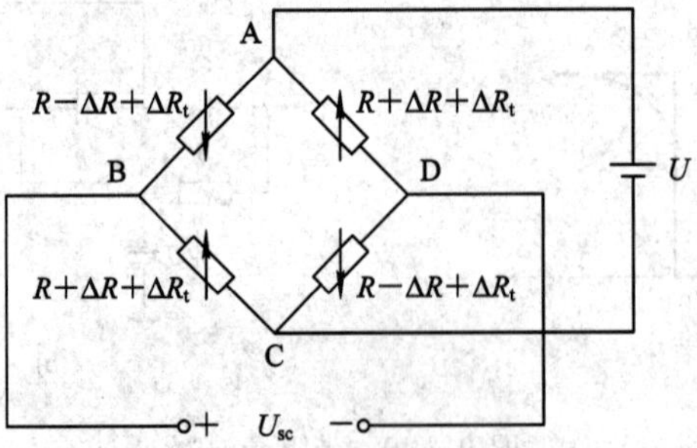

图 9-41 恒压源供电

9.2.2　恒流源驱动电路分析

恒流源供电时的电路如图 9 - 42 所示。假设电桥两个支路的电阻相等，即 $R_{ABC}=R_{ADC}=2(R+\Delta R_t)$，则有：

$$I_{ABC}=I_{ADC}=\frac{1}{2I}$$

因此，电桥的输出为

$$U_{AC}=U_{BD}=\frac{1}{2}I(R+\Delta R+\Delta R_t)-\frac{1}{2}I(R-\Delta R+\Delta R_t)$$

整理后得

$$U_{sc}=I\Delta R$$

可见，电桥的输出与电阻的变化量成正比，即与被测量成正比，当然也与电源电流成正比。但是电桥的输出与温度无关，不受温度影响，这是恒流源供电的优点。

压阻式半导体应变片的温度稳定性差，在高精度测量的场合，就必须采用恒流驱动电路。

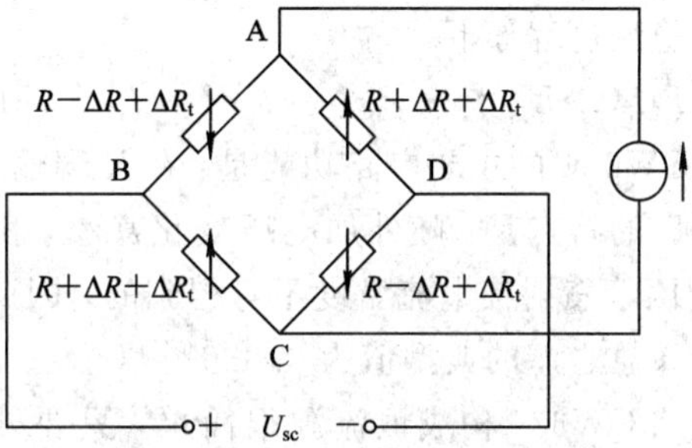

图 9 - 42　恒流源供电

当然，对传感器的测量电路、变换电路、放大电路、校正电路等外围电路，都应根据实际要求，选择合适的恒压工作或恒流工作状态。

关于恒压(稳压)问题的参考文献很多，这里不作介绍，下面着重讨论恒流源。

恒流源电路可由分立元件与运算放大器组成，但是利用恒流元件组成的电路则更加简单。专用的恒流元件有恒流二极管、三端可调恒流源和四端可调恒流源。它们的优点是体积小，允许浮置，不需附加电源，使用方便。用三端和四端可调恒流源外接一个或两个电阻，就可构成两端恒流元件。通过调节外接电阻的阻值，就可调整输出电流值和电流温度系数，使其满足不同应用的要求。

下面介绍一种常用的三端可调恒流源 CW334。

图 9 - 43 所示为 CW334 的内部等效原理电路。图中 R 是外接电阻，VT_1、VT_2、VT_4 和 VT_3 组成恒流源，VT_2、VT_3 和 VT_6 组成三级误差信号放大器。

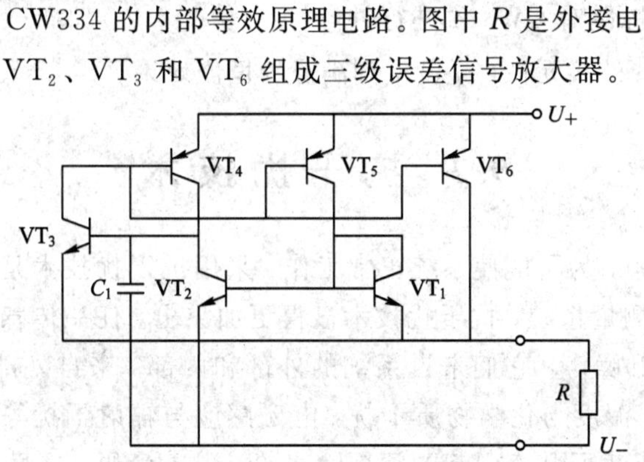

图 9 - 43　CW334 的内部等效原理电路

在U_+和U_-两端刚加上电压的瞬间，由于C_1上的电压不能突变，VT_2管集电极电位和U_-端电位相等，因此，VT_4管的集电极与发射极之间的电压等于外加电压。此时，VT_4管的穿透电流I_{ceo4}流向电容C_1，使C_1上积累的电荷逐渐增加。当C_1上的电压达到某一数值时，I_{ceo4}会有部分注入VT_3的基极，而I_{b3}的增加会使I_{c3}增大，而I_{c3}的增加会使I_{b4}增大，而I_{b4}的增加会使I_{c4}增大，而I_{c4}的增加又进一步会使I_{b3}增大，这是一个正反馈过程。同时，I_{c3}的增加会使I_{b5}增大，I_{c5}流过VT_1，从而建立VT_1和VT_2的工作点，完成启动过程。这一过程所需的时间和所设置的电流大小有关。若设置电流大，则所需时间短。例如，$I_{set}=1$ mA 时，所需时间约为 5 μs。

VT_1、VT_2和VT_6构成的负反馈环节用以稳定设置的电流。外接电阻R将设置电流的变化转换为误差电压信号，送入VT_2管基极($U_{be2}=U_{be1}+U_R$)，VT_2和VT_3将误差信号放大、反相(VT_4为恒流管)。

稳流过程如下：

$I_{set}\uparrow\rightarrow U_R\uparrow\rightarrow U_{b1}\uparrow\rightarrow I_{b2}\uparrow\rightarrow I_{c2}\uparrow\rightarrow I_{b4}\downarrow\rightarrow I_{c3}\downarrow\rightarrow I_{b6}\downarrow\rightarrow I_{c6}\downarrow\rightarrow I_{set}\downarrow$

CW334 的主要电路功能是：在R端输出一个相对于U_-端的 64 mV 电压(25℃时)。这个电压的特点是：随外加电压变化甚小，随温度变化呈线性关系。该电压是利用VT_1和VT_2两管发射极电流密度不等得到的，因此，温度对VT_1和VT_2两管的U_{be}影响不同，其温度系数之差的典型值为 0.336%/℃。

用 CW334 构成恒流源很简单，只要外接一只电阻即可，如图 9-44(a)所示。设置电流是指流入U_+端的电流，在温度为 25℃时，U_R相对于U_-是 64 mV。但在求R值时，还应将U_-端电流加以考虑，所以有

$$I_{set}=\frac{18}{17}\times\frac{64(\text{mV})}{R}\approx\frac{67.8(\text{mV})}{R}$$

系数 18/17 是一个典型值。要想获得准确的I_M Ω 值，还应根据实际测试，调整R的值。

当需要零温漂的电流源时，要按照图 9-44(b)所示电路进行连接。电路中利用外接二极管的负温度特性对 CW334 进行补偿。只要仔细选择这些外接元件，就可得到满意的恒流效果。

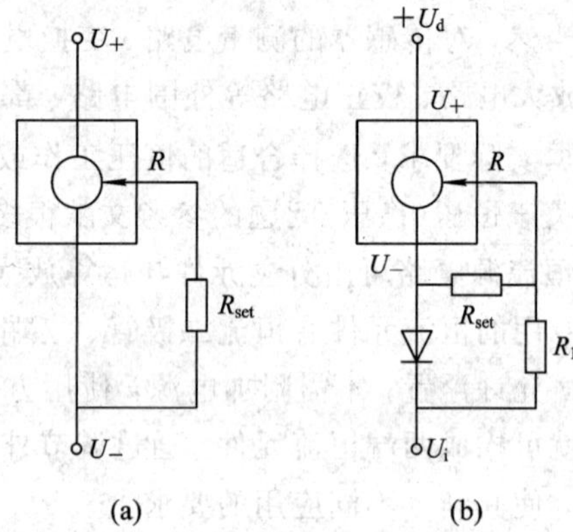

图 9-44　CW334 的应用电路

9.3　抗干扰技术

在电子测量过程中，为了能使系统正常工作，采用抗干扰技术是非常必要的。而对使用微弱信号的传感器测量系统，抗干扰技术显得更加突出。任一传感器的输出中总不可避免地混杂着各种干扰和噪声，它们来自系统的外部和内部。来自外部的干扰有市电干扰，温度变化、机械振动、湿度与化学物质干扰，电磁感应与辐射干扰等，来自内部的噪声有热运动产生的白噪声、表面状态引起的闪烁噪声等。限于篇幅，这里只讨论外部干扰源及电磁干扰的问题。

9.3.1　噪声及防护

1. 机械干扰

机械干扰是指机械振动或冲击使电子检测装置中的元件发生振动，改变了系统的电气参数，造成可逆或不可逆的影响。

例如，若将检测仪表直接固定在剧烈振动的机器上或安装于汽车上时，可能引起焊点脱焊、已调整好的电位器滑动臂位置改变、电感线圈电感量变化等，并可能使电缆接插件滑脱，开关、继电器、插头及各种紧固螺钉松动，印制电路板从插座中跳出等，造成接触不良或短路。

在振动环境中，当零件的固有频率与振动频率一致时，还会引起共振。共振时零件的振幅逐渐增大，其引脚在长期交变力作用下，会引起疲劳断裂。

对于机械干扰有效的措施是选用专用的减振弹簧降低系统的谐振频率，吸收已知的能量，从而减小系统的振幅。

2. 湿度及化学物质骚扰

当环境相对湿度大于 65%时，物体表面就会附着一层厚度为 0.1～1.1 nm 的水膜，当相对湿度进一步提高时，水膜的厚度将进一步增加，并渗入材料内部。不仅降低了绝缘强度，还会造成漏电、击穿和短路现象。潮湿还会加速金属材料的腐蚀，并产生原电池电化学干扰。在较高的温度下，潮湿还会促使霉菌的生长，并引起有机材料的霉烂。

某些化学物品如酸、碱、盐，各种腐蚀性气体以及沿海地区由海风带到岸上的盐雾也会造成与潮湿类似的漏电腐蚀现象。

当传感器处于这样的环境下时，无论精度还是寿命都会受到致命的影响，因此，实际中要采用给某些元件涂抹绝缘漆、设备配备加热驱潮装置等必要措施。

3. 热骚扰

热量，特别是温度波动以及不均匀温度场对检测装置的干扰主要体现在以下三个方面：

(1) 各种电子元件均有一定的温度系数，温度升高，电路参数会随之改变，引起误差。

(2) 产生热电动势。由于电子元件多由不同金属构成，当它们相互连接组成电路时，如果各点温度不均匀就不可避免地产生热电动势，它会叠加在有用信号上引起测量误差。

(3) 元器件长期在高温下工作时，将降低使用寿命、降低耐压等级，甚至烧毁。

克服热骚扰的防护措施有：

(1) 在设计检测电路时，尽量选用低温漂元件。例如采用金属膜电阻，低温漂、高精度运算放大器，对电容器容量稳定性要求高的电路使用聚苯乙烯等温度系数小的电容器等。

(2) 在电路中考虑采取软、硬件温度补偿措施。

(3) 尽量采用低功耗、低发热元件。

(4) 选用的元器件规格要有一定的余量。例如电阻的阻值要比估算值大一倍以上，电容器的耐压、晶体管的额定电流、电压均要增加一倍以上。其成本并不与额定值成比例增加，但可靠性却大为提高。

(5) 仪器的前置级(通常指输入级)应尽量远离发热元件(如电源变压器、稳压模块、功率放大器等)；如果仪器内部采用上下层结构，前置级应置于最下层；如果仪器本身有散热风扇，则前置级必须处于冷风进风口(必须加装过滤灰尘的毛毡)，功率级置于出风口。

(6) 加强散热：

① 空气的导热性能比金属小几千倍，应给发热严重的元件安装金属散热片。应尽量将散热片的热量传导到金属机壳上，通过面积很大的机壳来散热。元器件与散热片之间还要涂导热硅脂或垫导热薄膜。

② 如果发热量较大，应考虑强迫对流，采用排风扇或半导体致冷(温差致冷)器件以及热管(内部充有低沸点液体，沸腾时将热量带到热管的另一端去)来有效地降低功率器件的温度。

(7) 采用热屏蔽。所谓热屏蔽，就是用导热性能良好的金属材料做成屏蔽罩，将敏感元件、前置级电路包围起来，使罩内的温度场趋于均匀，有效地防止热电动势的产生。对于高精度的计量工作，还要将检测装置置于恒温室中，局部的标准量具，如频率基准等还须置于恒温油槽中。

总之，温度干扰引起的温漂比其他干扰更难克服，在设计、使用中必须予以充分注意。

4. 电、磁噪声干扰

在交通、工业生产中有大量的用电设备会产生火花放电，在放电过程中，会向周围辐射出从低频到甚高频的大功率电磁波。无线电台、雷电等也会发射出功率强大的电磁波。上述这些电磁波可以通过电网，甚至以直接辐射的形式传播到离这些噪声源很远的检测装置中。在工频输电线附近也存在强大的交变电场和磁场，将对十分灵敏的检测装置造成骚扰或干扰。由于这些干扰源功率强大，要消除它们的影响较为困难，因此必须采取多种措施来防护。

9.3.2 电磁干扰的传播路径

电磁干扰的形成必须同时具备三项因素，即干扰源、干扰途径以及对电磁干扰敏感性较高的接收电路——检测装置的前置级电路。

消除或减弱电磁干扰的方法可针对这三项因素，采取三方面措施：

(1) 消除或抑制干扰源。积极、主动的措施是消除干扰源，例如使产生干扰的电气设备远离检测装置；将整流子电动机改为无刷电动机；在继电器、接触器等设备上增加消弧措施等，但多数情况是无法做到的。

(2) 切断干扰途径。对于以“电路”形式侵入的干扰，可采取诸如提高绝缘性能，采用隔离变压器、光耦合器等切断干扰途径；采用隔离、滤波等手段引导干扰信号的转移；改变接地形式切断干扰途径等方式。对于以“辐射”形式侵入的干扰，一般采取各种屏蔽措施，如静电屏蔽、磁屏蔽、电磁屏蔽等。

(3) 削弱接收回路对干扰的敏感性。高输入阻抗的电路比低输入阻抗的电路易受干扰；模拟电路比数字电路抗干扰能力差。一个设计良好的检测装置应该具备对有用信号敏感、对干扰信号尽量不敏感的特性。

日常生活中我们会发现，当电吹风机靠近电视机时，电视机屏幕上将产生雪花干扰，扬声器中传出“劈劈、啪啪”的响声，并伴随有 50 Hz 的喔喔声。

图 9-45 中，电吹风机是干扰源。电磁波干扰来源于电吹风机内的电火花，它产生高频电磁波，以两种途径到达电视机：一是通过公用的电源插座，从电源线侵入电视机的开关电源，从而到达电视机的高频头；二是以电吹风机为中心，向空间辐射电磁波的能量，以电磁场传输的方式到达电视机的天线。通常可认为电磁干扰的传输路径有两种方式，即“路”的干扰和“场”的干扰。

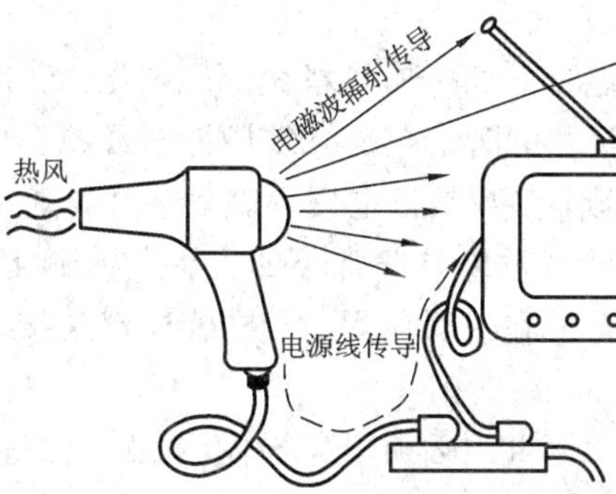

图 9-45　电吹风机对电视机的干扰途径

路的干扰又称传导干扰，场的干扰又称辐射干扰。

路的干扰必定在干扰源和被干扰对象之间有完整的电路连接，干扰沿着这个通路到达被干扰对象，例如通过电源线、变压器、信号线引入的干扰，通过共用一段接地线引入的共阻抗干扰，通过印制电路板、接线端子的漏电阻引入的干扰等都属于路的干扰。

场的干扰不需要沿着电路传输，而是以电磁场干扰发射(EMI)的方式进行。例如，当传感器的信号线与电磁干扰源的电源线平行时，高频干扰或 50 Hz 电场就通过两段导线的分布电容，将干扰耦合到信号线上。又如信号线与电焊机或电动机的电源线平行时，这些大功率设备的电源线周围存在大电流产生的强大磁场，通过互感的形式将 50 Hz 干扰耦合到信号线上。

9.3.3　抗电磁干扰技术

抗电磁干扰一般采取的措施有屏蔽、接地、隔离和滤波(有关滤波的技术在 9.1.4 节已介绍)。

1. 屏蔽技术

人们将防止静电或电磁的相互感应所采用的各项措施称之为“屏蔽”。例如，利用低阻材料铜或铝制成的容器，将需要防护的部分包起来；或者用导磁性良好的铁磁材料制成的容器，将需要防护的部分包起来。屏蔽的目的就是隔断“场”的耦合，也就是说，屏蔽主要是抑制各种场的干扰。

屏蔽可分为以下几类。

1）*静电屏蔽*

处于静电平衡状态下的导体内部，各点等电位，即导体内部无电力线，利用金属导体的这一性质，并加上接地措施，则静电场的电力线就在接地的金属导体处中断，起到隔离电场的作用。

静电屏蔽能防止静电场的影响，用它可消除或削弱两电路之间由于寄生分布电容耦合而产生的干扰。在电源变压器的一次绕组与二次绕组之间插入一个梳齿形导体，并将它接地，以此来防止两绕组间的静电耦合，就是静电屏蔽的范例。在传感器有关电路布线时，如果在两导线之间敷设一条接地导线，则两导线之间的静电耦合将明显减弱。若将具有静电耦合的两个导体在间隔保持不变的条件下靠近大地，其耦合也将减弱。

2）电磁屏蔽

所谓电磁屏蔽，是指采用导电良好的金属材料做成屏蔽层，利用高频电磁场对屏蔽金属的作用，在屏蔽金属内产生涡流，由涡流产生的磁场抵消或减弱干扰磁场的影响，从而达到屏蔽的效果。一般所谓的屏蔽，多数是指电磁屏蔽。电磁屏蔽主要用来防止高频电磁场的影响，其对低频磁场干扰的屏蔽效果是非常小的。基于涡流反磁场作用的电磁屏蔽，在原理上与屏蔽体是否接地无关，但在一般应用时，屏蔽体都是接地的，这样又同时起到静电屏蔽的作用。

电磁屏蔽依靠涡流产生作用，因此，必须用良导体(如铜、铝等)做屏蔽层。考虑到高频涡流仅流过屏蔽层的表面层，因此，屏蔽层的厚度只需考虑机械强度就可以了。当必须在屏蔽层上开孔或开槽时，必须注意孔和槽的位置与方向应不影响或尽量少影响涡流的途径，以免影响屏蔽效果。

3）低频磁屏蔽

电磁屏蔽对低频磁通干扰的屏蔽效果是很差的，因此，当存在低频磁通干扰时，要采用高导磁材料做屏蔽层，以便将干扰磁通限制在磁阻很小的磁屏蔽体的内部，防止其干扰作用。为了有效地进行低频磁屏蔽，屏蔽层材料要选用诸如坡莫合金之类对低磁通密度有高导磁率的铁磁材料，同时要有一定的厚度，以减小磁阻。

2. 接地技术

1）地线的种类

接地起源于强电技术，它的原意是接大地，主要从安全方面考虑。对于仪器、通信、计算机等电子技术来说，地线是指电信号的基准电位，也称为“公共参考端”，它除了作为各级电路的电流通道之外，还是保证电路工作稳定、抑制干扰的重要环节。它可以是接大地的，也可以是与大地隔绝的，例如飞机、卫星上的仪器地线。因此通常将仪器设备中的公共参考端称为信号地线。

信号地线可分为以下几种：

(1) 模拟信号地线(Grounded Wire of Analog Signal)。模拟信号地线是模拟信号的零信号电位公共线。因为模拟信号电压多数情况下均较弱、易受干扰、易形成级间不希望的反馈，所以模拟信号地线的横截面积应尽量大些。

(2) 数字信号地线(Grounded Wire of Digital Signal)。数字信号地线是数字信号的零电平公共线。由于数字信号处于脉冲工作状态，动态脉冲电流在接地阻抗上产生的压降往往成为微弱模拟信号的干扰源，为了避免数字信号对模拟信号的干扰，两者的地线应分别走线，在精心挑选的一点汇集在一起。

(3) 信号源地线(Grounded Wire of Signal Source)。传感器可看做是测量装置的信号源，多数情况下信号较为微弱。通常传感器安装在生产设备现场，而测量表设置在离现场一定距离的控制室内，从测量装置的角度看，可以认为传感器的地线就是信号源地线，它必须与测量装置进行适当的连接才能提高整个检测系统的抗干扰能力。

(4) 负载地线(Load Grounded Wire)。负载的电流比前级信号电流大得多，负载地线上的电流有可能干扰前级微弱的信号，因此负载地线须与其他信号地线分开。例如，若误将扬声器的负极(接地线)与扩音机话筒的屏蔽线碰在一起，就相当于负载地线与信号地线合并，可能引起啸叫。又如，当负载是继电器时，继电器触点闭合和断开的瞬间经常产生电火花，容易反馈到前级，造成干扰。这时经常让信号通过光电耦合器来传输，使负载地线与信号地线在电气上处于绝缘状态，彻底切断负载前级的干扰。

2) 检测系统的一点接地原则

检测系统通常由传感器(一次仪表)与二次仪表构成，两者之间相距甚远。当我们在实验室用较短的信号线将它们连接起来时，系统能正常工作，但当将它们安装到工作现场，并用很长的信号线连接起来时，可能发现测量数据跳动、误差变大。这里就涉及检测系统的一点接地问题。

(1) 大地电位差。当在工业现场相距 10 m 以上两部设备的接地螺栓之间跨接一只手电筒用的小电珠时，会发现小电珠时而很亮，时而又暗淡无光。显然，在两个接地螺栓之间存在一个变化的电位差 U_G，此电位差随工业现场用电设备的起停而随机波动。从理论上说，大地是理想的零电位，无论向大地注入多大的电流或电荷，大地各点仍为等电位。可是事实上，大地存在一定的电阻。如果某一电器设备对地有较大的漏电流，则以漏电点为圆心，在很大的一个范围内，电位沿半径方向向外逐渐降低，如在人体跨步之间可以测到或多或少的电压降。“跨步电压”及大地电位差示意图如图 9 - 46 所示。假设电气设备 A 的 U 相对地漏电，而电气设备 B 的 V 相对地漏电，则在它们附近的其他设备的接地棒之间就存在较大的电位差，将它称为“大地电位差”。在工业现场，由于电气设备很多，大地电流十分复杂，因此大地电位差有时可能高达几伏，甚至几十伏。

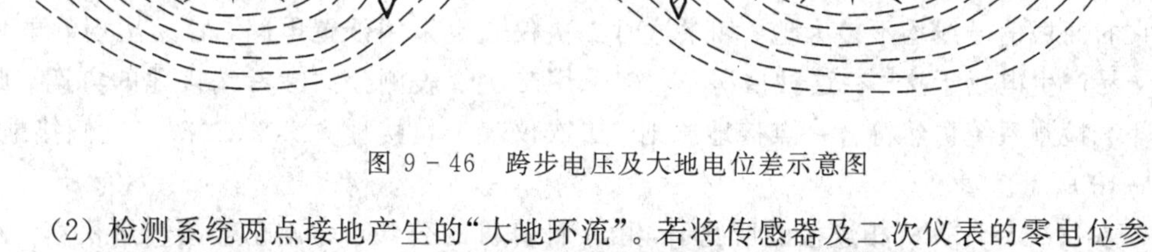

图 9 - 46　跨步电压及大地电位差示意图

(2) 检测系统两点接地产生的“大地环流”。若将传感器及二次仪表的零电位参考点在安装地点分别接各自的大地 G_1、G_2，则可能在二次仪表的输出端测到数值较为可观的 50 Hz 干扰电压。究其原因，是因为由大地电位差 U_G 在双端接地的那一根传输线上产生较大数值的大地环流 I_G，并在传输线的内阻 Z_s 上产生压降 U_{GO}，如图 9 - 47(a)所示。这个压降对二次仪表而言，相当于差模干扰。

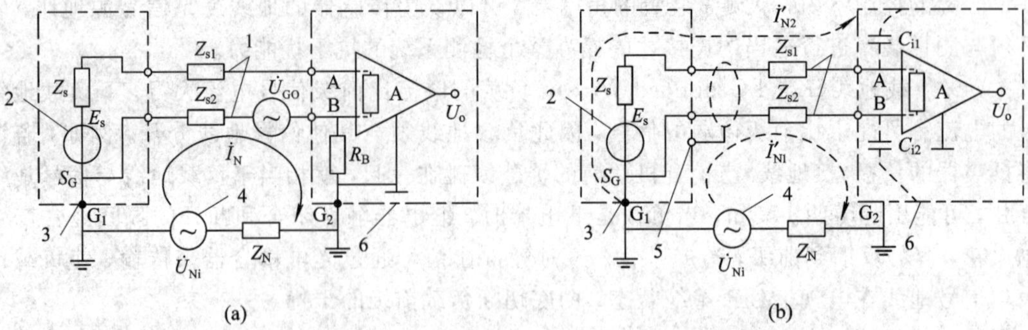

1—信号传输线；2—传感器的信号源；3—传感器外壳接地点；4—大地电位差；5—屏蔽层接地点；6—二次仪表外壳

图 9-47　检测系统的接地分析

(a) 系统两点接地(错误接法)；(b) 系统一点接地方案 1(传感器一侧接地)

(3) 检测系统一点接地方案 1(传感器侧接地)。由于许多传感器生产商在制造传感器时常将传感器输出信号的零电位端与传感器外壳相连接，又由于传感器外壳一般均通过固定螺钉、支撑构架等与大地 G_1 连接，因此这类传感器的输出信号线中有一根必然接大地，这样就迫使二次仪表输入端中的任何一端均不能再接大地，否则就会引起大地环流。当采用如图 9-47(b)所示的检测系统一点接地方案 1 后，大地电位差只能从 G_1 通过信号线流经二次仪表输入端与外壳之间很小的分布电容(一般约为几百 pF)到达二次仪表外壳的 G_2(二次仪表的外壳为安全起见必须接大地 G_2)端。由于分布电容小，对 50 Hz 的阻抗很大，因此大地环流比两点接地时小得多。

从图 9-47(b)还可以看到，这很小的大地环流是同时流经两根信号线的，只要 $C_{i1}=C_{i2}$，则两路环流基本相等，且在 Z_{s1}、Z_{s2} 上的压降也相等，最终施加在二次仪表 A、B 两端的只是很小的共模电压。由于仪用放大器的共模抑制比很大(大于 100 dB)，所以此共模干扰不会在放大器输出端反映出来。如果该信号线为屏蔽线(图中用虚线椭圆表示)，则在本方案中，屏蔽线的屏蔽层应接传感器的地线，而不允许屏蔽层两端均接地，否则大地环流又会通过屏蔽层形成回路，并在屏蔽层的内阻上产生压降，对信号线产生干扰。

(4) 二次仪表电路的浮置。在图 9-47(b)中，二次仪表电路在未接信号线之前，与大地之间没有任何导电性的直流电阻联系，这种类型的电路就称为浮置电路。采用干电池的数字表就是浮置的特例。浮置电路基本消除了大地电位差引起的大地环流，抗干扰能力较强。

(5) 检测系统一点接地方案 2(二次仪表侧接地)。有许多传感器采用两线制电流输出形式，它的两根信号线均不接大地。如果这时二次仪表也采用浮置电路，容易出现静电积累现象，易产生电场干扰。在这种情况下，多采用二次仪表侧公共参考端接地的方案。此种情况下，检测系统仍然符合一点接地原则。二次仪表一点接地方案 2(二次仪表侧接地)如图 9-48 所示。

在二次仪表与计算机相连接的情况下，由于计算机的公共参考端已被接金属机箱，并通过地线接大地，所以这时的二次仪表的零电位端(公共参考端)也就通过计算机接大地了。

从图 9-48 可以看到，在二次仪表侧接地方案中，大地电位差 U_{Ni} 引起的干扰环流从 A 点出发，经 C_{i3} 及 C_{i4}(信号线对传感器金属外壳的分布电容)→Z_{s1}、Z_g(信号线内阻)→

Z_{i1}、C_{i1}以及Z_{i2}、C_{i2}(二次仪表对地阻抗)→A/D 板的公共参考端 GND→C 点和 B 点。由于C_{i1}、C_{i2}、C_{i3}、C_{i4}容量均很小，因此大地环流很小，方案 2 同样具有较高的抗干扰能力。

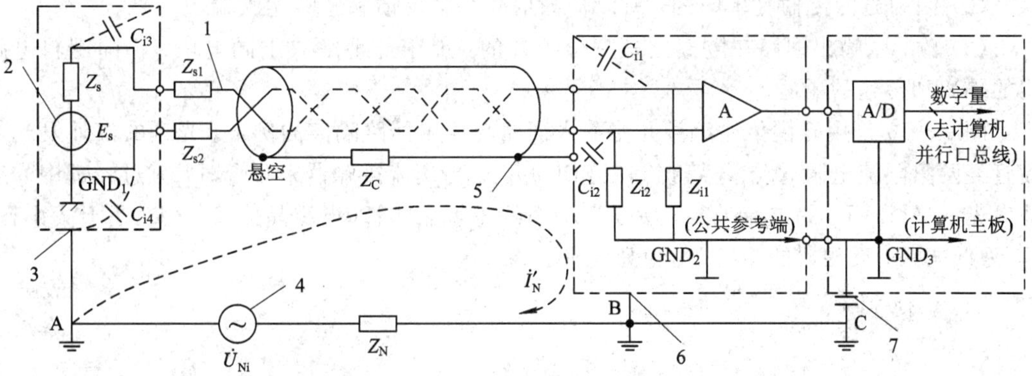

1—信号传输线；2—传感器的信号源；3—传感器外壳接地点；4—大地电位差；
5—屏蔽层接地点；6—二次仪表外壳接地点；7—计算机接地点

图 9-48　二次仪表一点接地方案 2(二次仪表侧接地)

图 9-48 中，由于传感器的信号线未接地而传感器的外壳是接地的，如将屏蔽线的屏蔽层接到传感器的外壳上时，则屏蔽层对信号线而言，存在较大的分布电容，会在两根信号线上感应出较大的共模干扰，所以应将屏蔽线的屏蔽层接到二次仪表的公共参考端(已被接大地)上，效果较好。

3. 光电耦合技术

在检测系统中经常用光耦合器来提高系统的抗共模干扰能力。

光耦合器是一种电/光/电耦合器件，它的输入量是电流，输出量也是电流，可是两者从电气上看却是绝缘的，光耦示意图如图 9-49 所示。发光二极管一般采用砷化镓红外发光二极管，而光敏元件可以是各种光敏晶体管，如光敏二极管、晶体管、达林顿管，甚至是光敏双向晶闸管、光敏集成电路等。发光二极管与光敏元件的轴线对准并保持一定的间距，当有电流流入发光二极管时，它立即发射红外光，光敏元件受红外光照射后，产生相应光电流，这样就实现了以光为媒介的电信号的传输。

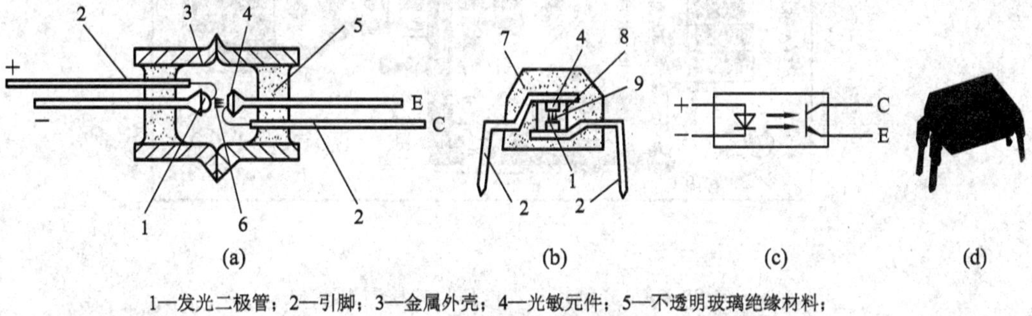

1—发光二极管；2—引脚；3—金属外壳；4—光敏元件；5—不透明玻璃绝缘材料；
6—气隙；7—黑色不透光塑料外壳；8—透明树脂；9—红外线

图 9-49　光耦示意图

(a) 管形轴向封装剖面图；(b) 双列直插封装剖面图；(c) 图形符号；(d) 外形

光耦有如下特点：

(1) 输入、输出回路绝缘电阻高(大于 10^{10} Ω)，耐压超过 1 kV。

(2) 因为光的传输是单向的，所以输入信号不会反馈和影响输入端。

(3) 输入、输出回路在电气上是完全隔离的，能很好地解决不同电位、不同逻辑电路间的隔离和传输的矛盾。

图 9－50 是用光耦传递信号并将输入回路与输出回路隔离的例子。光耦的红外发光二极管经两只限流电阻 R_1、R_2 跨接到三相电源中。当交流接触器未吸合时，流过光耦中的红外发光二极管 VL_1 的电流为零，所以光耦中的光敏晶体管(光敏晶体管)VT_1 处于截止态，U_E 为低电平，反相器的输出 U_o 为高电平。

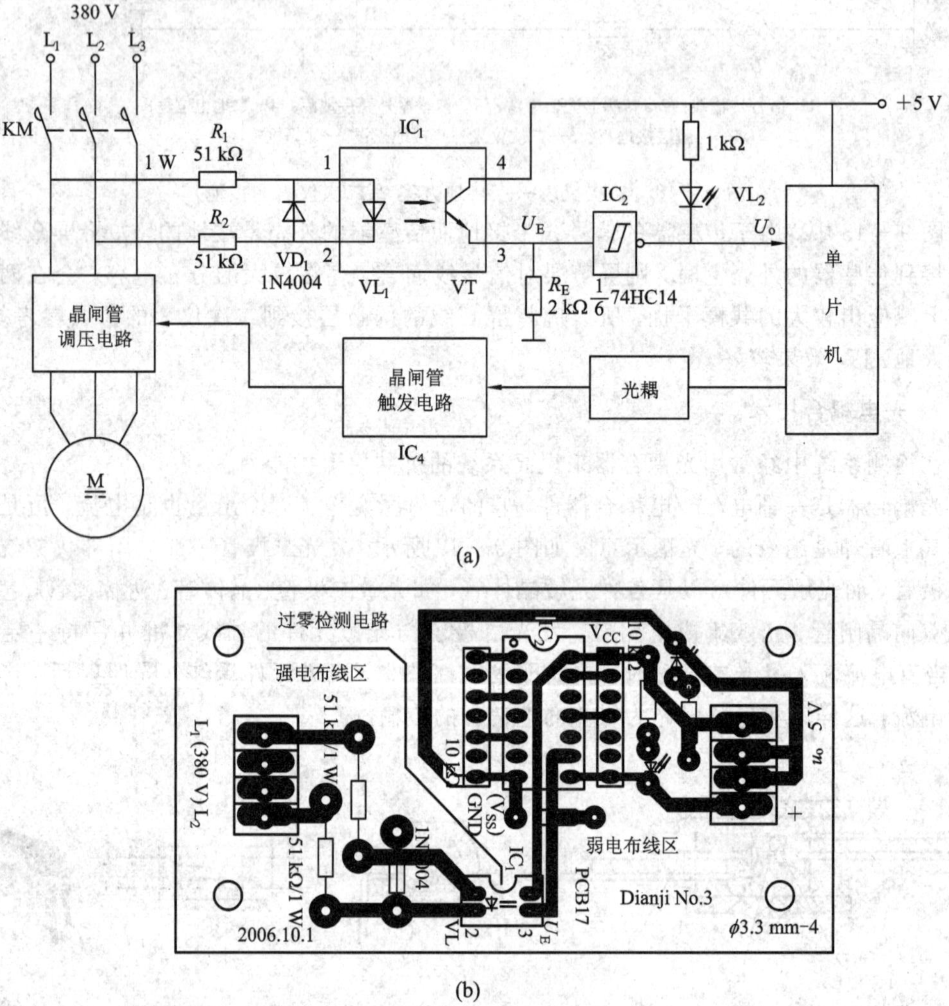

图 9－50　光耦用于强电信号的检测、隔离

(a) 电路；(b) 对应的印制电路板

图 9－51 是各点的波形图。在 t_1 时刻，当交流接触器得电吸合后，在电源的正半周配有电流流过 VL_1。合理选择 R_1、R_2、R_E 的阻值，可以使光耦中的光敏晶体管在正半周的大多数时间里处于饱和状态，U_E 为高电平。经具有施密特特性的反相器反相、整形为边陡峭

的方波，如图中的U_o波形。单片机检测到方波信号就可以判断出电源的过零刻，从而根据既定的程序控制晶闸管的导通角，调节电动机的转速。

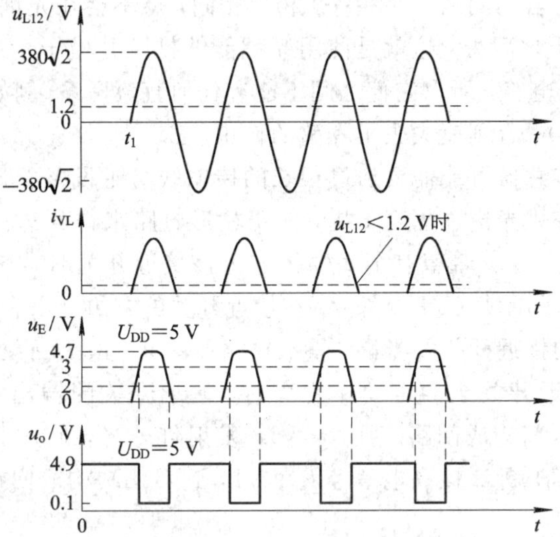

图 9－51　光耦的输入/输出信号波形

在这个例子中，光耦的主要作用并不在于传输信号，因为直接将 220 V 电压经电阻衰减后送到反相器也能得到方波信号。但这样做势必把有危险性的强电回路与计算机回路连接在一起，可能会使计算机主板带电，使操作者触电，甚至有烧毁计算机的可能。

采用图 9－50 所示的光耦电路之后，计算机既可得到方波信号，又与强电回路无电气连接。若用测电笔测量计算机的主板电路，就没有带电的现象。这就是光耦既可以传输有用信号，又可将输入、输出回路隔离的道理。设计印刷电路板时，光耦的左、右两边电路应严格绝缘，并保证有一定的间隔，以防击穿，请观察图 9－50(b)所示印制电路板各元件排列的特点。

利用光耦来隔离大地电位差干扰，并传送脉冲信号的示意图如图 9－52 所示。在距计算机控制中心很远的生产现场有一台非接触式转速表，它产生与转速成正比的 TTL 电平信号，经很长的传输线传送给计算机。假设该转速表的公共参考端在出厂时已与外壳连接，所以其中一根信号线接传感器的地。如果直接将这两根信号线接到计算机中，势必在传感器地 GND_1 与计算机地 GND_2 之间构成大地环流回路，在干扰很大的情况下，计算机可能无法正确地接收转速信号。

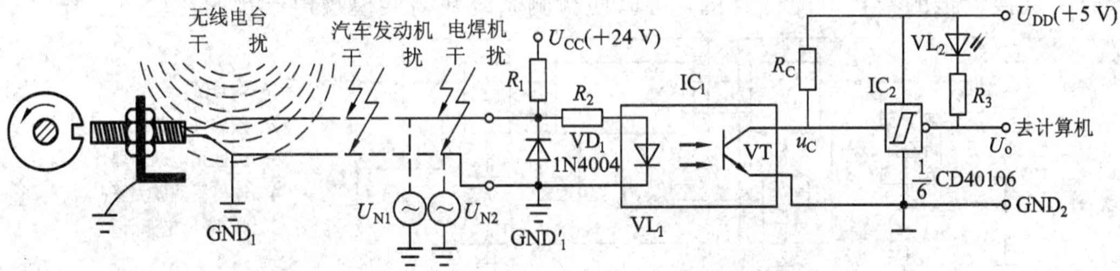

图 9－52　利用光耦来隔离大地电位差干扰，并传送脉冲信号的示意图

在传感器与计算机之间插入一只光耦(IC_1),它在传送信号的同时又将两个不同电位的地 GND_1、GND_2 隔离开来,避免了上述干扰。图中的 U_{N1} 与 U_{N2} 是各种干扰在传输线上引起的对地干扰电压。若它们的大小相等,相位相同,就不会在光耦中产生 I_{VL},所以也就不会将干扰耦合到光耦之后去,这就是使用光耦能够排除共模干扰的原因。图中的 U_{CC} 与 U_{DD} 分属于不同的接地电路,所以它们之间不能有任何直流联系(例如不能使用分压比电路或集成稳压 IC 降压等),否则就失去了隔离的作用。

在工程应用中,传感器可能需要通过很长的传输线与主设备相连,传输线可能受到很大的电磁干扰,必须使用光耦来隔离干扰,使用整形电路来得到边沿较陡的方波信号。常用的 NPN 常开型接近开关,希望有金属物体靠近该接近开关时,与接近开关相连接的整形电路输出为高电平,指示灯(VL_2)亮。请在接近开关的右边画出有关的光耦和整形电路。

分析:符合题意的接近开关及光耦、整形电路如图 9-53 所示,工作过程分析如下。

当金属板靠近接近开关至额定动作距离时,接近开关的输出 OC 门跳变为低电平,U_{CC1} 经 R_1、VL_1 至 OC 门构成回路。所以,VL_1 发射红外光,使 VT 饱和,U_C 为低电平,经 IC_1 反相,U_o 变为高电平。该高电平经 R_3、VL_2 到 GND_2 构成回路,所以 VL_2 亮,满足题意要求。

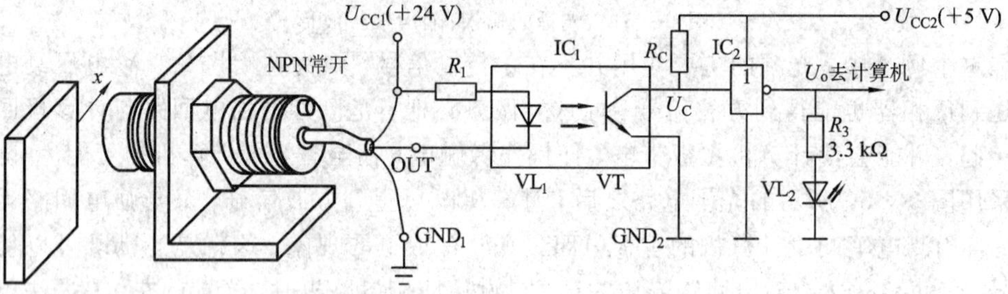

图 9-53 接近开关与光耦的连接

在本例中,光耦不但隔离了传输线上的共模干扰,而且隔离了传感器的 24 V 和计算机的 5 V 两个不同电平回路,所以光耦在此又起到电平转换作用。必须指出的是,GND_1 与 GND_2 绝对不应接在一起,否则就失去了使用光耦的抗干扰作用,U_{CC2} 也不能从 U_{CC1} 分压而来。

以上讨论的都是光耦在数字电路中的应用。在线性电路中,如果使用线性光耦,就能比较彻底地切断大地电位差形成的环路电流。近年来,半导体器件商努力提高线性光耦的性能,目前其误差已可以小于千分之一。图 9-54 是采用线性光耦的前置放大器原理框图。电源 5 和电源 6 相互间是隔离的,因此回路 1、2、5 与回路 4、6 之间在电气上是不会形成两点接大地的干扰电流回路的,可以使检测系统在高共模噪声干扰的环境下工作。

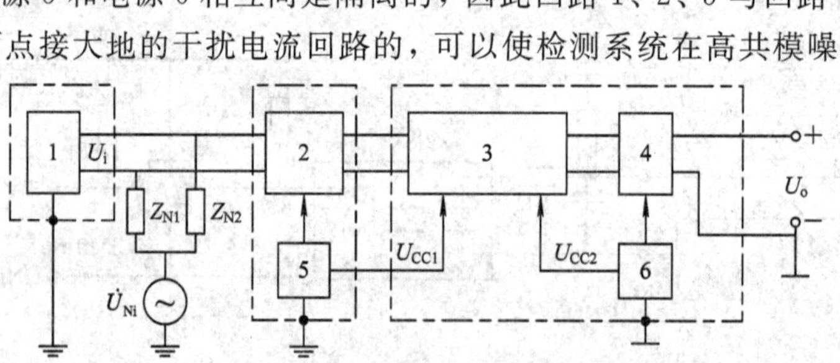

1—信号源;
2—预放大电路;
3—线性光电耦合器件;
4—输出驱动放大器;
5、6—隔离电源

图 9-54 采用线性光耦合器的前置放大器框图

9.4　传感器的工程应用思路

传感器的工程问题主要集中在传感器的生产和使用两方面。而每一种传感器都有着自己的特征，所涉及的领域非常广。因此，开发研制传感器和使用传感器这两个方面都存在技术分散性的问题，需要技术及管理人员有广泛的知识和经验。否则，面对具体工程测量问题，到底是哪一种传感器，哪一种检测原理最适合？在选择时就会感到迷惑。因此，梳理并建立解决传感器实际工程问题的一般思路，对从业人员有着事半功倍的效果。

9.4.1　传感器的设计思路

传感器技术是一门建立在实验基础上的应用技术，这点在传感器的设计中表现得尤为明显。在整个设计过程中，从基本构思到新产品的投放市场可能要经过多次计算分析和实验。因此，整个设计工作应当包括传感器的结构设计、工艺设计和实验设计三个部分。

从传感器研究与制作者的角度看，在进行传感器的设计时，需要考虑的问题有：

(1) 传感器的质量、激励、功率消耗和结构方面有什么限制？

(2) 传感器的输出端需要连接什么？

(3) 传感器应利用哪种转换原理？

(4) 传感器必须提供什么样的静态特性、动态特性、环境特性？

(5) 被测对象对传感器有什么影响？

(6) 传感器能否影响被测参量的实际值，从而导致测量误差？

(7) 传感器的工作寿命有多久？

(8) 国家标准或行业规范对传感器的设计有哪些制约？

(9) 传感器失效的形式是什么？失效对与相邻的元件或系统乃至工作人员是否潜在危害？

(10) 要求每个维护、安装和使用传感器的工作人员应具备的最低技术能力如何？

(11) 如何对传感器进行标定和校准？哪些实验由厂家完成？哪些由用户完成？

传感器的全部设计流程大体上可分为三个阶段。第一阶段为初步设计阶段，在这一阶段中首先应该根据原始设计要求(或任务书)及环境条件，拟定设计的目标，要达到的技术条件，并据此确定设计原则。然后，可以开始基本构思或概念性设计。在这一过程中，只要求从总体结构上进行方案的分析和比较，以确定基本方案。有时为了取得好的技术/经济指标，可能还需要进一步修改原定的技术条件。在基本方案确定后，就可以开始结构设计了。结构设计是将要求、环境条件、可靠性和工艺条件结合在一起的综合设计，要给出传感器样机图纸性能，以及初步的工艺规范，并开始研究性的实验工作计划和实验样机的研制。第二阶段的设计工作主要是依靠研究性试验，通过试验所获取的数据，分析各种误差因素，修正和调整原先的设计和工艺条件，为工艺设计提供依据。这一阶段可能是整个设计过程中最为复杂的阶段。当第一批合格的传感器样机被研制出来以后，就可以开始工艺设计和检验试验设计了。第三阶段是工艺设计，要求给出详尽的工艺规范，以便保证批量生产时产品性能稳定，且在技术规范的允许范围内，保证产品的成品率。检验试验是生产厂家向用户提供可靠的性能数据和使用条件的最后一次试验，包括性能测试、筛选、标定以及抽样的环境试验或破坏性试验等。传感器设计过程流程图如图 9－55 所示。

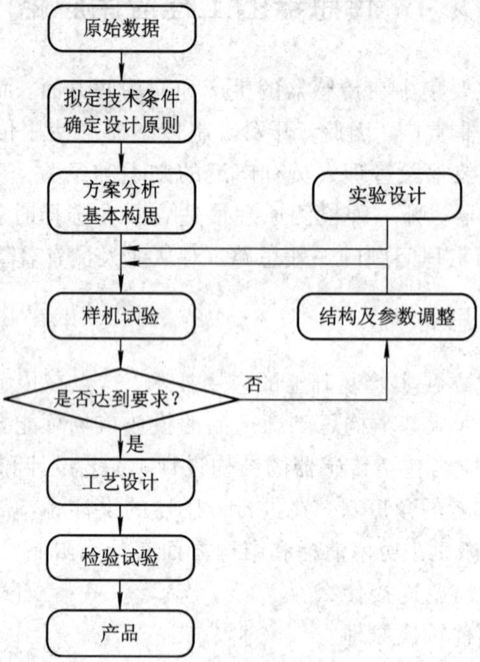

图 9－55　传感器设计过程流程图

9.4.2　传感器的合理选择

从传感器应用者的角度看，在实际工程应用中选择传感器时，需要考虑的内容主要有以下几方面。

1. 测量方面

(1) 测量的真正目的是什么？

(2) 被测对象是什么？

(3) 被测参量是单调增加还是单调减少，或者两者都有？

(4) 最终数据显示的测量值的范围如何？

(5) 将被测参量以最终数据表示应具有怎样的准确度？

(6) 被测参量的动态范围如何(波动频率范围、阶跃变化等)？

(7) 最终数据中需要反映的频率响应或时间响应特性如何？

(8) 被测对象的物理和化学性质如何？

(9) 传感器的安装位置、安装方法如何？

(10) 传感器的工作环境如何？

2. 数据获取与处理系统方面

(1) 数据获取与处理系统的一般性质是什么(如无线遥测、地面遥测、直接显示等)？

(2) 数据获取与处理系统的主要单元的性质是什么？

(3) 数据获取与处理系统及传感器接口的精确性和频率响应特性如何？

(4) 传感器输出信号范围如何？

(5) 传感器输出对负载阻抗的要求如何？

(6) 是否需要对传感器信号进行调理？

(7) 数据获取与处理系统需要对传感器进行怎样的检测或校正？

(8) 什么样的传感器激励电压最方便使用？

(9) 传感器可以从激励电源获得多大的电流？

3. 传感器的可用性

(1) 满足全部要求的传感器是否现成可用？

(2) 如果对问题(1)的答案是否定的话，需要做如下考虑：

① 对现有的传感器是进行较少的改动还是需要进行较多的改进才能达到要求？

② 什么厂家生产类似的传感器？

③ 传感器能否准时到货以满足安装计划？

4. 成本效果

(1) 传感器的成本与其所提供的测量功能是否相符？

(2) 传感器的调试、周期性校准、维护及安装费用如何？

(3) 传感器的成本主要用在满足哪项要求上面？

(4) 对系统进行何种改进可降低成本？

将以上思路结合工程实际经验，具体选择传感器时考虑的因素总结如表 9-1 所示。

表 9-1　选择传感器时应考虑的因素

基本特性	输出特性	电　源	环　境	其　他
传感器的安装位置 测量精确度 分辨率 稳定性 带宽 响应时间 输出阻抗 量程 抗干扰能力	灵敏度 信噪比 信号形式 连线形式 阻抗 若为数字输出，需考虑编码及带宽	电压 电流 有效功率 频率(交流电源) 稳定度 电压波动(交流电源) 抗强电干扰能力	温度 热冲击 温度循环 湿度 振动 冲击 化学试剂 爆炸危险 灰尘 浸渍 电磁环境 静电放电 电离辐射	可靠性 工作寿命 过载保护 购置费用 重量、尺寸 适用性 电缆敷设要求 装配要求 故障的可测性 可维护性 校准与测试费用 维护费用 更换费用

例如，在系统整体性能的一般讨论中，具体是哪个参量可能并不是太重要，然而对于有明确应用的测控系统，对具体被测参量的特殊性质必须给予充分考虑。例如，在夏季用电高峰时期，电网负荷高，变压器经常超负荷运转，其内部的温度可能超出设计极限，导致变压器工作不正常，甚至烧毁爆炸，因此必须对变压器油温进行监控。但变压器内部电磁环境复杂，而且易燃易爆，所采用的传感器必须具有很好的抗电磁干扰和耐腐蚀、耐高

温特性，且传感器探头本身最好不带电。这种情况下，传感器探头本身不带电的光纤温度传感器比起其他温度传感器来就有明显优势。传感器电路及信号处理、通信等单元模块可通过光纤连接放在远处。再比如，大型水库的堤坝建设，需要对堤坝中的应力进行连续多年的长期监测，因此在建设过程中需要预埋测量应力的传感器。由于电路元器件的抗腐蚀、抗温度变化等方面的问题，预埋的传感器中最好不要带有检测电路，因此传统的振弦式传感器仍然是首选。

思考题及习题

1. 用框图总结一下传感器的信号调理技术的内容。
2. 传感器的抗电磁干扰的措施有哪些?
3. 说明驱动电路对传感器的性能的影响。
4. 谈谈传感器的合理选用应考虑的因素。

附录　传感器课程设计实例

实例一　超声波测距显示仪

1. 任务背景

传统的距离测量存在不可克服的缺陷。例如，电极法是液面测量距离的传统方法，即采用差位分布电极，通过给电或脉冲来检测液面。这个过程中，电极长期浸泡于水中或其他液体中，极易被腐蚀、电解，失去灵敏性。超声波具有强度大、方向性好等特点，利用超声波测量距离就可以解决这些问题，因此超声波测量距离技术在工业控制、勘探测量、机器人定位和安全防范等领域得到了广泛应用。

超声波测距电路可以由传统的模拟或者数字电路构建，但是基于这些传统电路构建的系统往往可靠性和可扩展性差，且调试困难，所以基于单片机的超声波测距系统被广泛应用。该系统通过简单的外围电路发射和接收超声波，单片机通过采样获取超声波的传播时间，用软件计算出其距离，并且可以通过采集环境温度进行测距补偿，其测量电路小巧、精度高、反应速度快、可靠性好。

2. 任务要求

(1) 开机时，12864 液晶显示屏显示开机图片。

(2) 使用 12864 实时显示测得的距离(精确到厘米)。

(3) 超声波测距范围为 10～450 cm。

3. 系统构架

1) 系统框图

超声波测距的原理是利用超声波的发射和接收，根据超声波传播的时间来计算传播距离。实用的测距方法有两种：一种是在被测距离的两端，一端发射另一端接收的直接波方式，适用于身高计；另一种是发射波被物体反射回来后接收的反射波方式，适用于测距仪。此次设计采用反射波方式。超声波测距显示仪的系统框图如图 F1－1 所示。

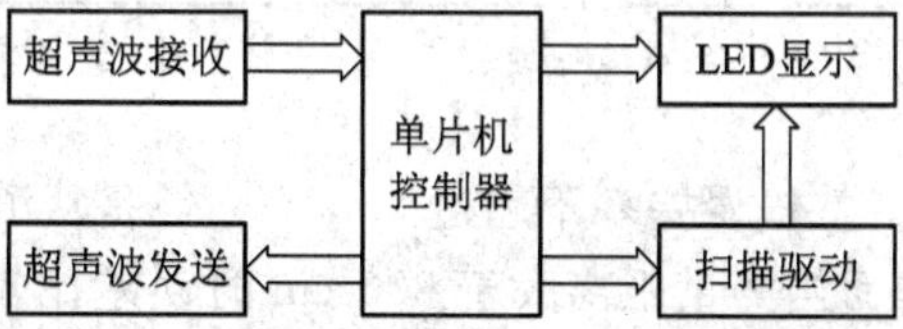

图 F1－1　超声波测距显示仪的系统框图

2) 核心器件组成说明

超声波测距显示仪中主要的器件有 HC-SR04 超声波测距模块、STC89C52 单片机、12864 液晶显示器。

HC-SR04 超声波测距模块属于反射式超声波测距模块，该模块只有四个接口，分别为 V_{CC}、TRIG(控制端)、ECHO(接收信号)、GND，控制非常简单。该模块价格低廉，主要用来发射和接收超声波信号，属于信号采集电路，采集到的超声波信号变为电压信号，送给单片机进行处理。

STC89C52 单片机易于控制，且价格低廉。该单片机的工作电压范围为 3.3～5.5 V，主要用于数据处理，便于后续液晶显示器显示。

12864 液晶显示器是一种具有 4 位/8 位并行、2 线或 3 线串行多种接口方式，内部含有国标一级、二级简体中文字库的点阵图形液晶显示模块，其显示分辨率为 128×64，内置 8192 个 16×16 点汉字和 128 个 16×8 点 ASCII 字符集，属于终端输出元件，主要用来显示处理后的数据，便于用户观测。

4. 系统电路设计

系统电路图如图 F1-2 所示，由图可以看出：单片机通过 P1.2 引脚控制超声波模块的 TRIG 信号端，进而控制超声波信号的发送；超声波传感器测量得到的数据通过 ECHO 信号端(连接单片机 P1.1 引脚)送入单片机进行数据处理，经单片机处理后的数据通过 P3.4 引脚送给 12864 液晶显示器显示。

5. 实验测试

设计制作完成后，将程序烧录到单片机中进行通电实验，部分实验现象如图 F1-3 所示。

经过测试获得的数据如表 F1-1 所示。

表 F1-1 超声测距实验数据

系统测量值/cm	实测值/cm	误差/(%)
126	124	0.016
142	140	0.014
174	175	−0.005
252	250	0.008
296	292	0.013
377	370	0.018

6. 误差分析

由表 F1-1 可以看出，整机误差率不超过 0.03%，但是从测试数据来看，当测量距离小于 300 cm 时误差很小，而当测量距离大于 300 cm 时误差比较大。虽然误差率不大，但是在精确测量下是不能容忍的。从设计的方案来看，这个误差的造成有多方面原因。首先，超声波发射和接收头安装之间有一个夹角(如图 F1-4 所示)，这样测量的值就是一个斜边的距离，所以程序中应该进行修正。其次，本次制作样机采用了两套电源系统，所以它们

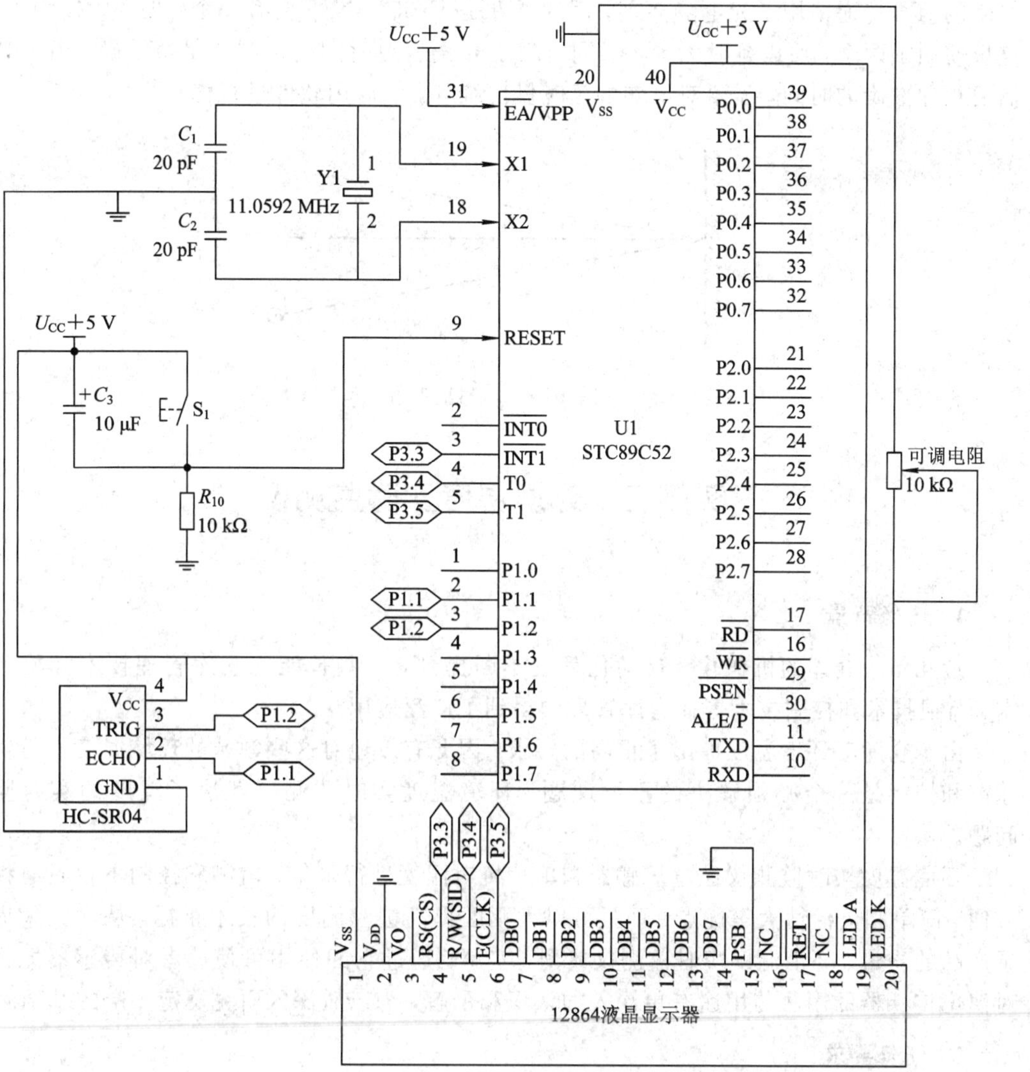

图 F1－2　系统电路图

(a)　　　　　　　　　　(b)

图 F1－3　部分实验现象

(a) 开机画面；(b) 测距数据

之间的信号传递使用了光电隔离，采用的器件是4N35。4N35会有一个延时，大概为4 μs，这里使用了两个，所以延时为8 μs。同时由于C语言对时间的控制不是很精确，所以如果需要更加准确的时间，需要对语句的延时做出统计，然后用软件进行修正。

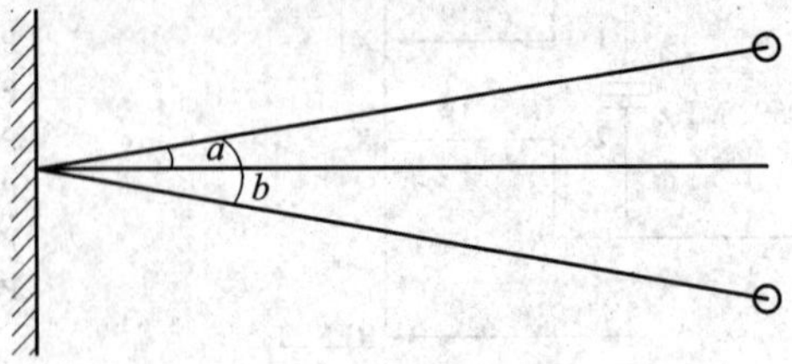

图 F1-4 测量夹角

实例二 环境温度实时监测仪

1. 任务背景

近几年来仓库的机械化、自动化程度不断提到，一些智能化仓库管理技术如检测技术、监视技术和控制技术等在仓库管理中得到了广泛应用。

由于仓库对环境温度提出了很高的要求，因此有效地对这些领域的环境温度进行实时监测和控制是一个必须解决的重要课题。环境温度实时监测仪解决了温度的实时监测问题。

环境温度实时监测仪通过传感器和单片机对温度进行采集、监测和控制不仅具有控制方便、简单和灵活性大等优点，而且可以大幅度提高被控温度的技术指标，从而大大提高了产品的质量。环境温度实时监测仪典型、实用，通过它的使用可使读者对传感器尤其是对温度传感器的用法与用途有更深入的认识和了解，为以后深入研究奠定一定的基础。

2. 任务要求

(1) 测温范围为－50℃～110℃。

(2) 4位LED数码管显示测得温度。

(3) 报警温度点可调。

3. 系统构架

1) 系统框图

环境温度实时监测仪的系统框图如图F2-1所示，其中主控制器采用STC89C52，温度传感器采用DS18B20，并用4位LED数码管显示数据，实现温度显示。

2) 核心器件组成说明

环境温度实时监测仪中主要的器件有DS18B20温度传感器和STC89C52单片机。

DS18B20温度传感器是美国DALLAS半导体公司推出的一种改进型智能温度传感器，与传统的热敏电阻等测温元件相比，它能直接读出被测温度，并且可根据实际要求通过简单的编程实现9～12位的数字值读数方式。

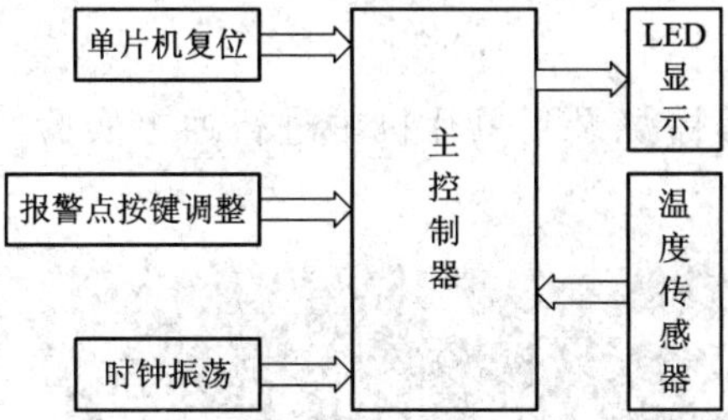

图 F2-1　环境温度实时监测仪的系统框图

STC89C52 单片机易于控制，且价格低廉。该单片机的工作电压范围为 3.3～5.5 V，主要用于数据处理，便于后续 LED 数码管显示数据。

4. 系统电路设计

系统电路图如图 F2-2 所示，由图可以看出：DS18B20 温度传感器测量得的数据通过 DS(连接单片机 P3.6 引脚)送入单片机进行数据处理，经单片机处理后的数据通过 P0.1～P0.7 引脚送给 4 位 LED 数码管显示温度数据。

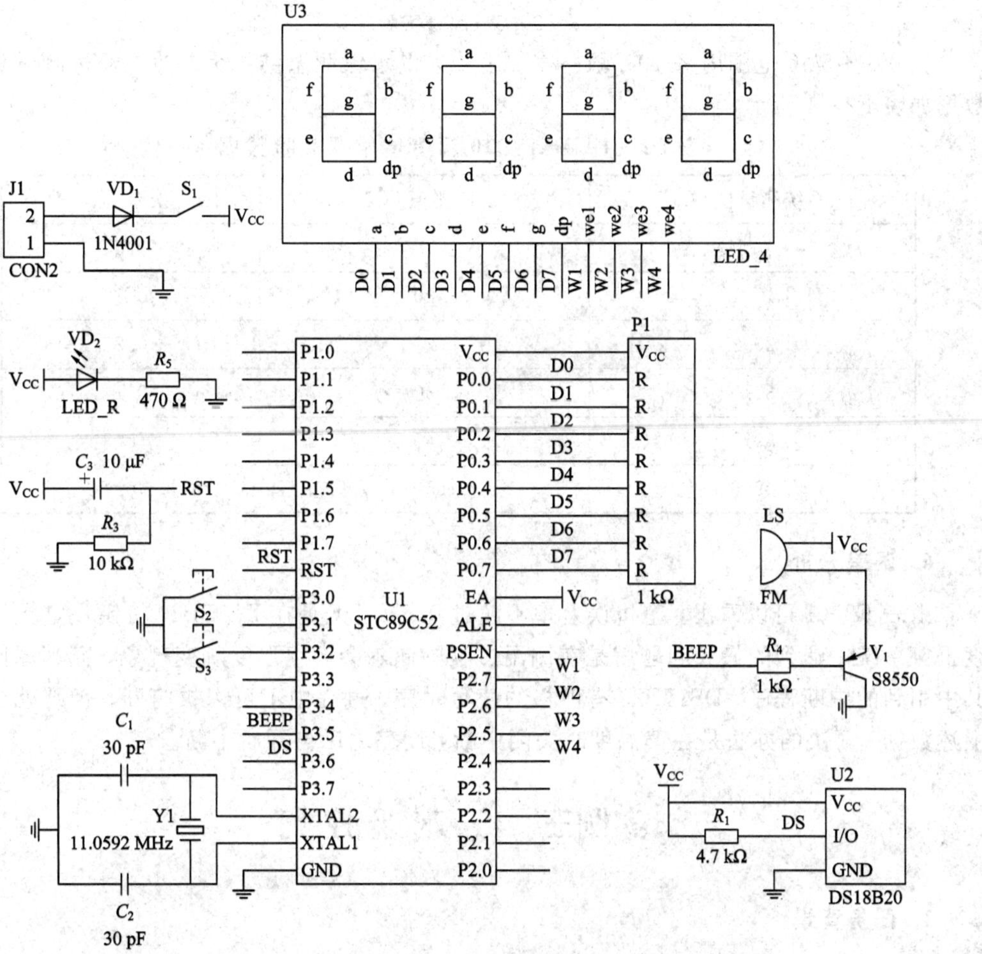

图 F2-2　系统整体硬件电路

5. 实验测试

设计制作完成后，将程序烧录到单片机中进行通电实验，部分实验现象如图 F2-3 所示。

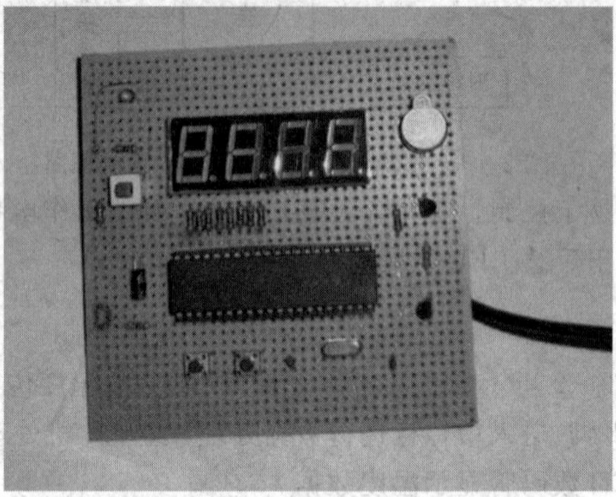

图 F2-3 部分实验现象

在 0℃～50℃范围内每 10℃取一个测温点，以水银测温结果为基准，经过测试获得的数据如表 F2-1 所示。

表 F2-1 DS18B20 温度传感器实验数据

系统测量值/℃	实测值/℃	误差/℃
0.5	0	0.5
10.1	10	0.1
20.2	20	0.2
30.1	30	0.1
39.7	40	-0.3
49.6	50	-0.4

6. 误差分析

由表 F2-1 可以看出，整机误差率不超过 0.5℃，但是在 DS18B20 按键设定上下限温度报警系统中遇到的最大问题就是在测温过程中偶尔会产生温度跳变现象，究其原因就是其中用到的中断程序。DS18B20 有严格的读写时序，过程中不可以被打断，否则就会出现上述数据。解决的办法是在读温度时关闭中断，读完之后再开启中断。

实例三 红外遥控灯

1. 任务背景

在现代遥控控制方面普遍采用的遥控方式有红外线遥控、声控、超声波遥控、无线电遥控等，其中红外线遥控是目前使用最广泛的一种通信和遥控方式。红外线遥控具有体积小、功能强、成本低等特点，并且安全可靠、抗光电干扰能力强。

2. 任务要求

（1）能有效隔绝环境光的干扰。

（2）可靠控制范围为 3～5 m。

3. 系统构架

1）系统框图

红外遥控灯的控制电路分为发射电路和接收电路两部分，发射部分采用固定频率的振荡器和光电转换器件产生 38 kHz 的红外脉冲信号作为控制信号，接收端采用一体化红外接收头和相应的控制电路完成控制，其系统框图如图 F3－1 所示。

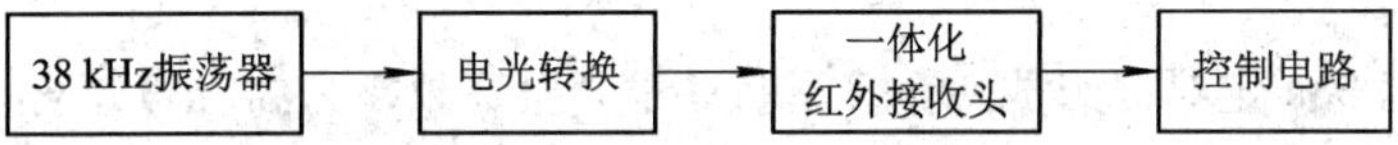

图 F3－1　红外遥控灯的系统框图

2）核心器件组成说明

红外遥控灯中主要的器件有 555 定时器、一体化红外接收头 HS38 等。

555 定时器是一种模拟和数字功能相结合的中规模集成器件。555 定时器成本低、性能可靠，只需要外接几个电阻和电容就可以实现多谐振荡器、单稳态触发器及施密特触发器等脉冲产生与变换电路。

一体化红外接收头 HS38 将红外接收管(光电二极管)、放大器、滤波器及解调器集成在一个硅片上，尺寸小，无需外部元件，并且具有抗光电干扰性能好(无需外加磁屏蔽及滤光片)、接收角度宽等特点。

4. 系统电路设计

发射电路和接收电路分别如图 F3－2 和图 F3－3 所示。

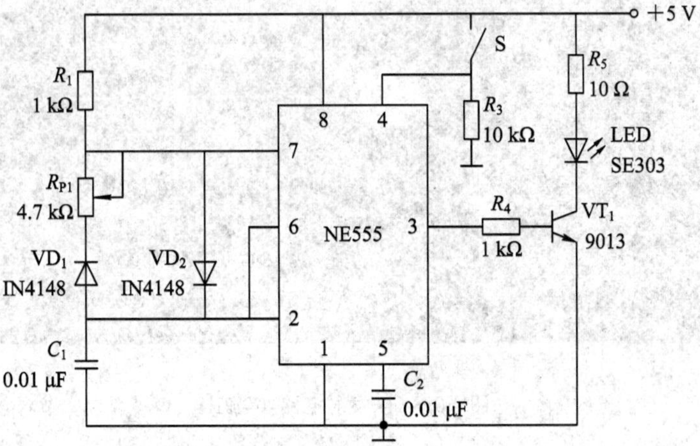

图 F3－2　发射电路

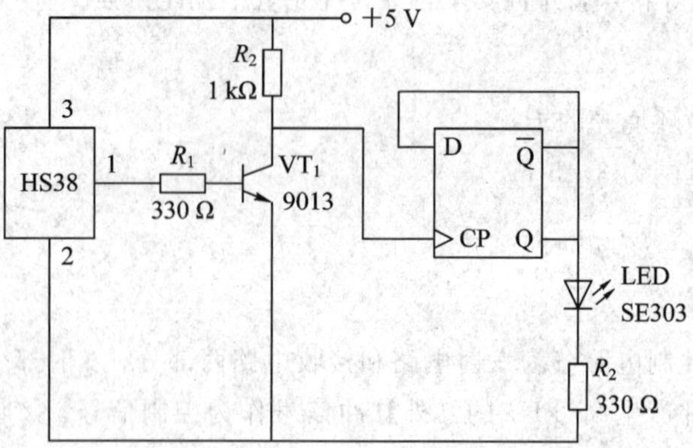

图 F3－3　接收电路

发射电路用 555 定时器组成一个多谐振荡器，振荡频率为 38 kHz，经三极管和红外发射管发射红外脉冲信号。接收电路以一体化红外接收头 HS38 接收 38 kHz 的红外信号。接收信号时，HS38 输出的低电平经三极管构成的非门后由 D 触发器对发光管进行控制。

5. 电路调试

一体化红外接收头的控制距离约 10 m 远，要达到这个指标，其发射的载波频率(38 kHz)要求十分稳定，而 555 定时器组成的振荡器频率稳定性差，往往偏离 38 kHz 甚至很远，这就大大缩短了遥控器的控制距离。

设计制作完成后，发射和接收电路实物图如图 F3－4 和图 F3－5 所示。对图 F3－4 中的电位器 R_{P1} 进行调节，使多谐振荡器的振荡频率为 38 kHz，以得到理想的控制范围。

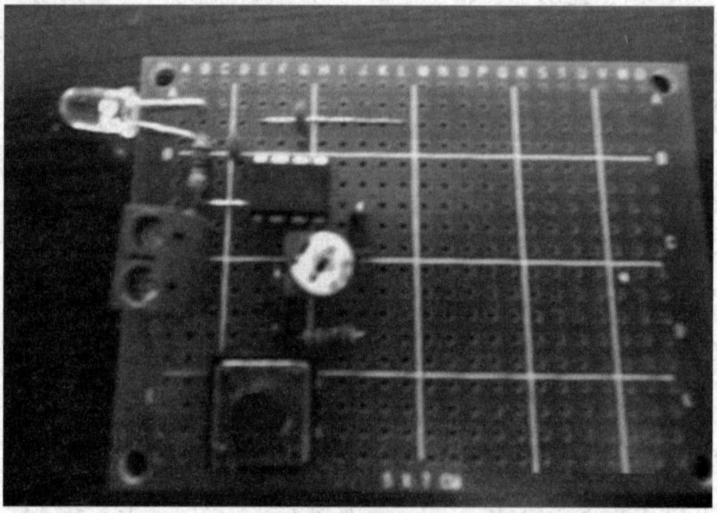

图 F3－4　发射电路实物图

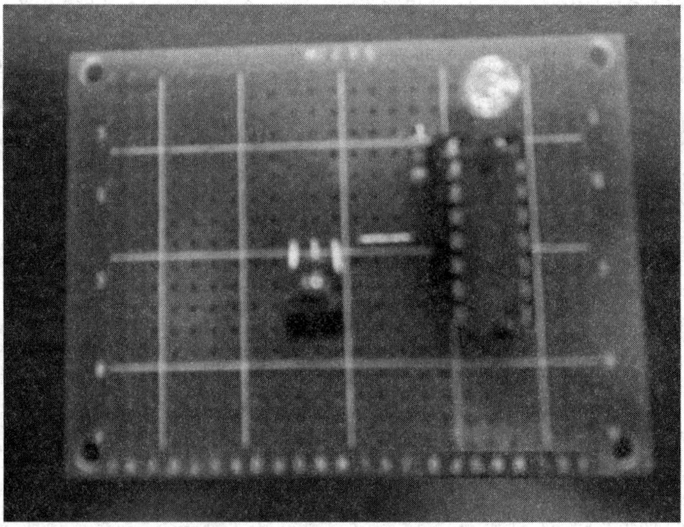

图 F3-5 接收电路实物图

实例四 光控灯电路

1. 任务背景

在现代科技高速发展的今天，降低能耗、节约能源、注重环保、简洁方便是当今家居生活的主题。因此，照明灯的需求也在不断的发展，人类有意识地采用各种方法改进它，以适应日常生活的各种需要。用光控开关(即只有在光线不足时灯会自动点亮，白天光线充足时灯不会亮)来代替路灯开关、住宅小区中楼道的开关，可以达到节能的目的。同时光控灯电路具有设计简单、制作容易、工作可靠的特点，可广泛应用于各种楼房走廊的照明设备。

2. 任务要求

(1) 采用光敏电阻来感受外界光的强弱，采用差分放大电路进行电压调理，进而控制灯的亮灭。

(2) 在日光照射下，接通+5 V电源后，发光二极管熄灭，没有光照的时候，发光二极管发光。

3. 系统核心器件说明

光敏电阻又称光导管，常用的制作材料为硫化镉，另外还有硒、硫化铝、硫化铅和硫化铋等材料。这些制作材料具有在特定波长的光照射下，其阻值迅速减小的特性。这是由于光照产生的载流子都参与导电，在外加电场的作用下作漂移运动，电子奔向电源的正极，空穴奔向电源的负极，从而使光敏电阻器的阻值迅速下降。光敏电阻器的阻值随入射光线(可见光)的强弱变化而变化，在黑暗条件下，它的阻值(暗阻)可达1～10 MΩ，在强光条件(100 lx)下，它的阻值(亮阻)仅有几百至数千欧姆。设计光控灯电路时，都用白炽灯泡(小电珠)光线或自然光线作控制光源，使设计大为简化。

4. 系统电路设计

光控灯的系统电路图如图 F4-1 所示。由图可以看出，光敏电阻和可调电阻分压控制差分放大电路的电压，进而控制后续三极管 Q4 的导通或截止，Q4 控制 Q2 的导通或截至，则 LED 发光二极管 D1 对应点亮或熄灭。在白天时，光敏电阻阻值小，分压小，则 Q4 导通，Q2 截止，因此 LED 发光二极管 D1 不发光；在夜晚时，情况正好与白天相反。

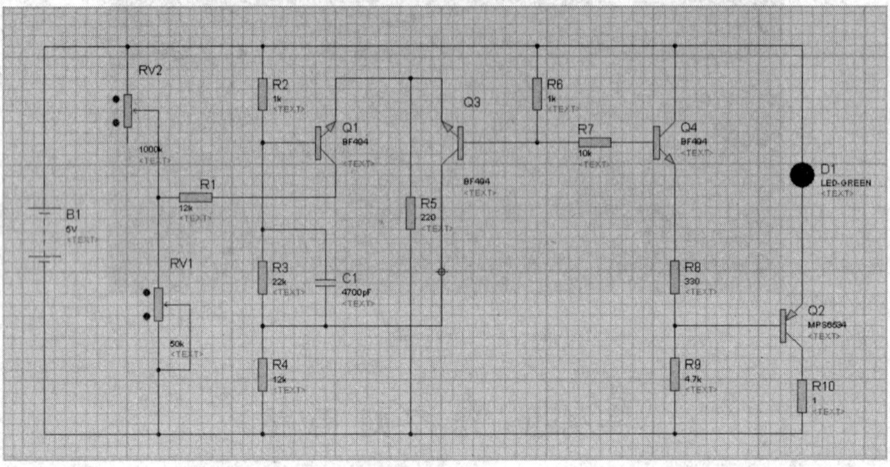

图 F4-1　光控灯的系统电路图

5. 仿真截图

仿真软件中没有光敏电阻，图 F4-2 中用可调电阻阻值最大代替光敏电阻无光照的情况。由仿真情况可以看出，发光二极管 D1 发光。

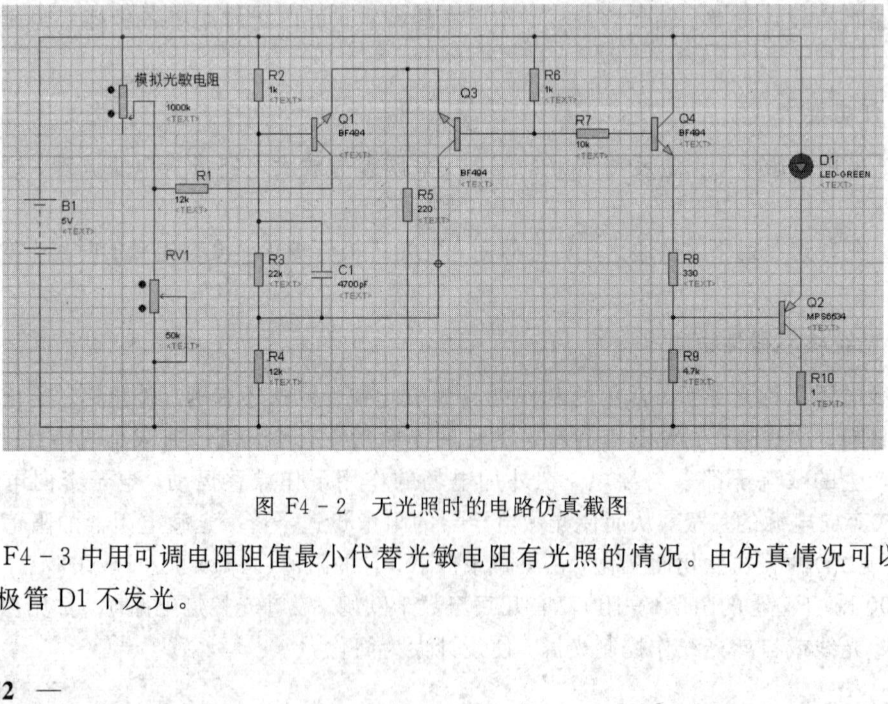

图 F4-2　无光照时的电路仿真截图

图 F4-3 中用可调电阻阻值最小代替光敏电阻有光照的情况。由仿真情况可以看出，发光二极管 D1 不发光。

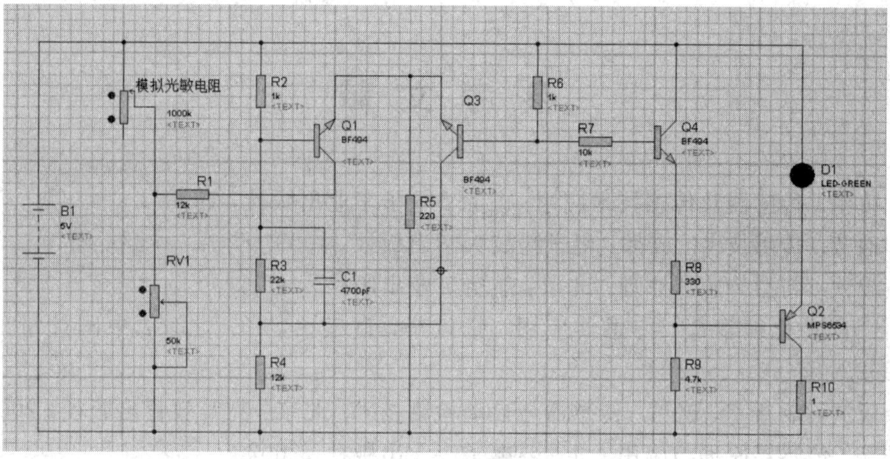

图 F4－3　有光照时的电路仿真截图

6. 实验测试

根据仿真电路制作光控灯实物电路，如图 F4－4 所示。

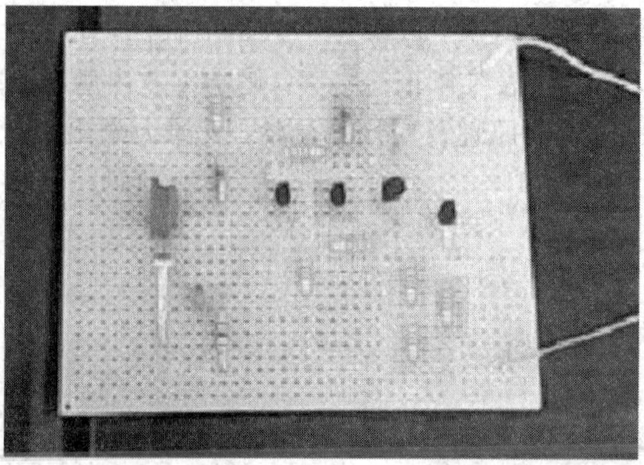

图 F4－4　电路实物照片

电路板制作完成后要进行测试，使其满足要求。

测试需要仪器：直流稳压电源 1 台。

调试过程如下：

(1) 调节直流稳压电源，使其输出为＋5 V 的电压，先不打开电源开关，将输出端接到电路板上。

(2) 连接好后检查线路的正、负端有没有接错，然后打开电源开关；观察二极管的发光情况，看其是否在有光照的情况下不发光，在没有光照的情况下发光(可以用障碍物遮住光敏电阻)。若其在有光照的情况下发光，可以调节可调电阻 RV1，使发光二极管熄灭。

参 考 文 献

[1] 丁镇生. 传感器及传感技术应用. 北京：电子工业出版社，1998.
[2] 李瑜芳. 传感技术. 成都：电子科技大学出版社，1999.
[3] 黄俊钦. 新型传感器原理. 北京：航空工业出版社，1991.
[4] [日]自动化编辑部. 传感器应用. 张旦华，肖盛怡，译. 北京：中国计量出版社，1992.
[5] 余成波，胡新宇，赵勇. 传感器与自动检测技术. 北京：高等教育出版社，2004.
[6] 郝芸. 传感器原理与应用. 北京：电子工业出版社，2002.
[7] [日]井口征士. 传感工程. 北京：科学出版社，2001.
[8] 刘汉凡，张明达，陈世才. 自动检测技术. 长沙：中南工业大学出版社，1991.
[9] 宋文绪，杨帆. 传感器与检测技术. 北京：高等教育出版社，2004.
[10] 周乐挺. 传感器与检测技术. 北京：高等教育出版社，2005.
[11] 戴焯. 传感与检测技术. 武汉：武汉理工大学出版社，2003.
[12] 施引萱，王丹均，等. 仪表维修工. 北京：化学工业出版社，2001.
[13] 王化祥，张淑英. 传感器原理及应用. 天津：天津大学出版社，1988.